Torsten Machert

Theorie und Praxis fotorealistischer Computergrafiken

Professional Computing

QM-Handbuch der Softwareentwicklung
von Dieter Burgartz

Qualitätsoptimierung der Software-Entwicklung
Das Capability Maturity Model (CMM)
von Georg Erwin Thaller

Management von DV-Projekten
von Wolfram Brummer

Die Feinplanung von DV-Systemen
von Georg Liebetrau

Microcontroller-Praxis
Ein praxisorientierter Leitfaden für Hard- und Software-Entwicklung auf der Basis der 80(c)51x-Familie
von Norbert Heesel und Werner Reichstein

Die Kunst der objektorientierten Programmierung mit C++
von Martin Aupperle

Theorie und Praxis fotorealistischer Computergrafiken
von Torsten Machert

Windows 95
Anwendungs- und Systemprogrammierung
von Frank Eckgold

C/C++ Werkzeugkasten
von Arno Damberger

Systemnahe Programmierung mit Borland Pascal
von Christian Baumgarten

SQL
Eine praxisorientierte Einführung
von Jürgen Marsch und Jörg Fritze

CICS
Eine praxisorientierte Einführung
von Thomas Kregeloh und Stefan Schönleber

Vieweg

Torsten Machert

Theorie und Praxis fotorealistischer Computergrafiken

Eine praxisorientierte Einführung in Raytracing, Modellierung und Animation inklusive Software und Beispielen auf CD-ROM

Die Deutsche Bibliothek – CIP-Einheitsaufnahme

Theorie und Praxis fotorealistischer Computergrafiken:
eine praxisorientierte Einführung in Raytracing, Modellierung
und Animation inklusive Software und Beispielen auf CD-ROM /
Torsten Machert. – Braunschweig; Wiesbaden: Vieweg.
(Vieweg professional computing)

NE: Machert, Torsten

Buch. – 1997

CD-ROM. – 1997

Additional material to this book can be downloaded from http://extras.springer.com

Das in diesem Buch enthaltene Programm-Material ist mit keiner Verpflichtung oder Garantie irgendeiner Art verbunden. Der Autor und der Verlag übernehmen infolgedessen keine Verantwortung und werden keine daraus folgende oder sonstige Haftung übernehmen, die auf irgendeine Art aus der Benutzung dieses Programm-Materials oder Teilen davon entsteht.

Softcover reprint of the hardcover 1st edition 1997

Der Verlag Vieweg ist ein Unternehmen der Bertelsmann Fachinformation GmbH.

Gedruckt auf säurefreiem Papier

ISBN 978-3-322-90448-5 ISBN 978-3-322-90447-8 (eBook)
DOI 10.1007/978-3-322-90447-8

Inhaltsverzeichnis

Anstelle eines Vorworts

Mit den klassischen Mal- und Zeicheninstrumenten...

können Sie solche Bilder...

sicher noch erstellen.

Schwieriger wird es damit...

Mit den klassischen Mal- und Zeicheninstrumenten...

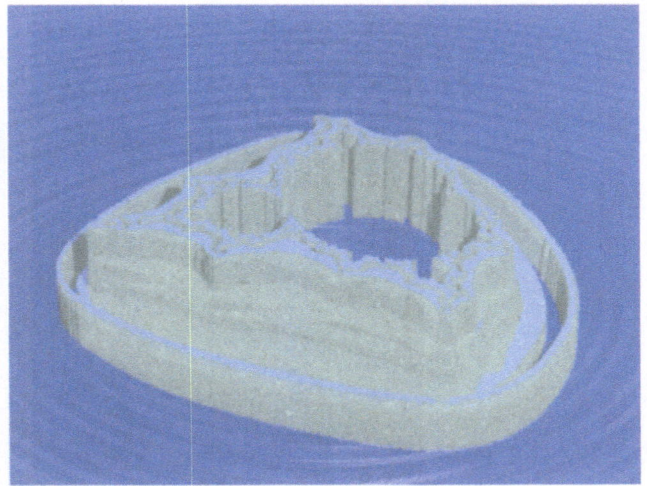

können Sie solche Bilder...

Raytracing ist das einzige Mittel....

mit dem Sie solche effektvollen Bilder erzeugen können.

1. Teil - Theoretische Grundlagen

1 Einführung

Dieses Buches soll Ihnen Wissen vermitteln, das Sie in die Lage versetzt, Grafiken zu erstellen, wie Sie auf den ersten Seiten des Buches gezeigt werden.

Um solche Bilder erzeugen zu können, müssen Sie sie nicht einmal malen oder zeichnen können. Die im Vorwort dargestellten Bilder wurden mit dem Raytracing-Programm POV-Ray erstellt, das sie im 2. Teil dieses Buch ausführlich kennenlernen werden (eine kurze Erläuterung des Raytracing-Verfahrens finden Sie weiter unten in diesem Kapitel).

Ich werde Ihnen in diesem Buch Schritt für Schritt erläutern, wie Sie mit den Programmen POV-Ray und MORAY solche und andere Computergrafiken erzeugen können.

Beide in diesem Buch beschriebenen Programme stehen in ihrem Leistungsvermögen nicht unbedingt hinter kommerziellen Programmen wie 3-D-Studio oder Truespace zurück. In bestimmten Bereichen übertrumpfen sie ihre „großen" Kollegen sogar. Darüber hinaus haben Sie jedoch für den ambitionierten Amateur den großen Vorteil, daß sie nichts (POV-Ray) oder nur sehr wenig (MORAY) kosten. Sie sind auch deshalb für diejenigen geeignet, die einen preiswerten und dennoch professionellen Ansprüchen genügenden Einstieg in die Welt der fotorealistischen Computergrafiken und Computeranimationen schaffen wollen.

Was wird nun neben einem PC (mindestens 486er) und der weiter unten beschriebenen Software benötigt? Häufig wird auf diese Frage von übermütigen Werbestrategen behauptet, daß weder Programmierkenntnisse noch künstlerische Fähigkeiten notwendig seien. Das ist nur zum Teil richtig. Um Computergrafiken erzeugen zu können, sollte man die wichtigsten Begriffe und Themen aus dem Bereich der Computergrafik kennen. Im 1. Teil des Buches werde ich Ihnen eine kompakte Einführung dazu geben.

Das durch uns verwendete Raytracing-Programm POV-Ray bedient sich einer Szenebeschreibungssprache, die man sich aneignen muß (was mit dem 2. Teil dieses Buch geschehen soll). Daneben sind eine Menge Phantasie (wie in jeder anderen Kunstrichtung auch) und vor allem räumliches Vorstellungsvermögen gefordert. Da das menschliche Vorstellungsvermögen bei komplizierteren Szenen arg strapaziert werden kann, bietet es sich an, für die Szenegestaltung ein sogenanntes Modellierprogramm zu verwenden. Im 3. Teil des Buches werden Sie daher das Programm *Monty, The Modeller* (kurz: MORAY) ausführlich kennenlernen, mit dessen Hilfe Szenen mit grafischer Unterstützung am Bildschirm des PC kreiert werden können.

Es soll an dieser Stelle auch nicht verschwiegen werden, daß Sie auch eine Menge Zeit benötigen werden. Raytracing ist ein zeitintensives Unterfangen. Selbst auf den schnellsten Rechnern kann das Berechnen eines einzelnen Bildes Stunden oder Tage dauern. Das soll Sie jedoch nicht davon abhalten, sich mit der faszinierenden Welt von fotorealistischen Grafiken und Animationen zu beschäftigen. Sie müssen ja nicht Ihrem PC Gesellschaft leisten, wenn er mit dem Berechnen eines Bildes beschäftigt ist. Lassen Sie ihn arbeiten, gehen Sie surfen oder widmen Sie sich Frau und Kindern! Und im Zeitalter von multitaskingfähigen Betriebssystemen kann man die Berechnung eines Bildes auch als Hintergrundprozeß ablaufen lassen. Zweifeln Sie auch auf keinen Fall an der Leistungsfähigkeit Ihres PC: Es wird noch einige Jahre dauern, bis Raytracing in Echtzeit möglich sein wird.

POV-Ray erzeugt in einer MS-DOS-Umgebung standardmäßig Bilder mit einer Farbtiefe von 24 Bit im Targa-Format. Wenn Sie die durch Sie erzeugten Bilder in voller Pracht genießen wollen, benötigen Sie eine Grafikkarte, die die Anzeige solcher Bilder ermöglicht. Empfohlen wird eine Grafikkarte mit einem Speicher von mindestens 2 Mbyte. Natürlich können Sie die Bilder mit entsprechenden Bildbearbeitungsprogrammen auch in andere Formate mit einer geringeren Farbtiefe konvertieren (z.B. in das GIF-Format).

Der freie Platz auf Ihrer Festplatte sollte auch nicht knapp bemessen sein, denn die durch POV-Ray erzeugten Bilddateien im Targa-Format benötigen wegen des 24-Bit-Farbtiefe viel Platz. Nehmen wir an, Sie erzeugen ein Bild mit einer Auflösung von 320 x 240 Pixeln. Bei einer Farbtiefe von 24 Bit müssen für das Ablegen der Farbinformation jedes einzelnen Pixels 3 Byte reserviert werden. Der Platz, den eine solche Grafik auf der Festplatte benötigt, errechnet sich nach der Formel Auflösung x Farbtiefe. Im konkreten Beispiel also 320 x 240 x 24 = 1843200 Bit = 230400 Byte.

Der Arbeitsspeicher Ihrers PC kann, wie eigentlich immer, nicht zu klein sein. POV-Ray funktioniert auch mit 4 Mbyte. Je mehr RAM Sie jedoch zur Verfügung haben, desto schneller wird das Programm, da es dann auf das Auslagern von Daten während der Bildberechnung verzichten kann.

Um was geht es in diesem Buch eigentlich?

Wie es der Titel des vorliegenden Buches schon vermuten läßt, wollen wir uns mit *fotorealistischen Computergrafiken* und *Animationen* beschäftigen. Diese Art von Grafiken und Animationen wird häufig in Verbindung mit dem Schlagwort „3D“ genannt und unter der Bezeichnung „3-D-Grafik“ behandelt. Ich möchte diesen Begriff nicht verwenden, da er meiner Meinung nach eher für Marketingzwecke und weniger zum Beschreiben der in diesem Buch betrachteten Grafiken und Animationen taugt. Um es kurz zu sagen: Sie werden in diesem Buch nicht lernen, wie man Hologramme erzeugt. Lassen Sie uns deshalb den vielleicht umständlicheren, dafür aber um so präziseren Begriff *fotorealistische Computergrafik* verwenden.

Was ist mit diesem Begriff gemeint? Eine fotorealistische Computergrafik ist eine mit Hilfe eines Computers erstellte zweidimensionale Abbildung einer dreidimensionalen Welt, die die in der abzubildenden Welt herrschenden Lichtverhältnisse realitätsgetreu widerspiegelt.

Diese Definition macht eigentlich schon deutlich, was mit dem Begriff *Fotorealismus* im Zusammenhang mit Computergrafiken zu verstehen ist. Es geht darum, beim Erstellen solcher Grafiken die Wirkung des Lichts weitgehend in Übereinstimmung mit den Gesetzen der Physik darzustellen. Es geht nicht darum, die Realität so realistisch wie möglich darzustellen. Eine Animation, in der ein Teller nicht auf den Fußboden, sondern an die Decke der Küche fällt, kann also sehr wohl fotorealistisch sein, wenn in ihr das Licht und die durch das Licht hervorgerufenen Effekte realistisch dargestellt sind.

Was ist eine Computergrafik?

Nachdem wir uns darüber verständigt haben, wie wir den Begriff *fotorealistisch* verstanden wissen wollen, wollen wir uns nun wichtige Begriffe rund um den Terminus *Computergrafik* ansehen. Dabei werden wir sehen, welche Arten von Computergrafiken es gibt und wie Farben im Bereich der Computergrafik erzeugt werden können.

Bitmap- und Vektorgrafiken

In Abhängigkeit davon, wie die Information einer Computergrafik gespeichert wird, unterscheiden wir Bitmap- oder Vektorgrafiken. Beiden Grafiktypen ist gemein, daß Ihre Koordinaten in Pixeln (Bildpunkten) angegeben werden.

Bildauflösung und Farbtiefe

Eine Bitmapdatei enthält für jeden einzelnen Pixel Informationen über die ihm zugeordnete Farbe. Abhängig davon, wie viele verschiedene Farbnuancen in der Bitmap möglich sein sollen, werden für die Speicherung der Farbinformation in der Regel ein, zwei oder drei Bytes reserviert. Steht für jedes Pixel ein Byte (8 Bit) zur Verfügung können ingesamt 256 [1] verschiedene Farbtöne kodiert werden, bei zwei Bytes (16 Bit) sind es 65536 und bei 3 Bytes (24 Bit) mehr als 16 Millionen. Die Anzahl der für das Speichern der Farbinformation eines Pixels verwendeten Bits bezeichnet man als Farbtiefe, die immer die maximal mögliche Anzahl von Farbtönen innerhalb einer Bitmapgrafik angibt. Diese Art von Computergrafiken werden in Mal- und Bildbearbeitungsprogrammen wie Paintbrush oder Photoshop angewendet. Auch im Ergebnis des Raytracing entsteht stets eine Bitmapgrafik.

Unterschiedliche Bedeutungen kann der Begriff „Bildauflösung" haben. Zum einen meint man mit diesem Begriff die Anzahl der Pixel pro Zoll, die ein Ausgabegerät wie ein Monitor oder ein Drucker darstellen können. Andererseits wird mit dem Begriff „Bildauflösung" auch die Zahl der Pixel eines Bildes in horizontaler und vertikaler Richtung angegeben (z.B. 320 x 200, 640 x 480).

Eine Vektorgrafik besteht, wie der Name schon sagt, aus Vektoren. Enthält eine solche Grafik beispielsweise eine Linie, wird in der Datei nicht gespeichert, welche Pixel beim Zeichnen dieser Linie ausgefüllt werden, sondern nur die für das Zeichnen der

---

[1] $2^8 = 256$

Linie notwendigen Informationen. Umgangssprachlich ausgedrückt könnte eine solche Information so aussehen: Zeichne eine Linie zwischen den Koordinaten x_1, y_1 und x_2, y_2. Der Vorteil ist, daß solche Grafiken wesentlich weniger Speicherplatz benötigen als Bitmapgrafiken und daß sie darüber hinaus wesentlich einfacher zu verändern sind. Einzig das Verändern der Koordinaten eines der Endpunkte der oben erwähnten Linie würde bewirken, daß die Linie entsprechend den neuen Koordinaten neu gezeichnet würde. Diese Art von Computergrafiken finden in CAD-Programm wie AutoCAD oder in Illustrationsprogrammen wie CorelDRAW, Designer oder Freehand Anwendung.

Bitmapgrafikformate

Weiter oben haben Sie eine allgemeine Vorstellung vom Aufbau einer Bitmapgrafik erhalten. Sie werden sicherlich schon bei Ihrer Beschäftigung mit dem PC festgestellt haben, daß es eine ganze Reihe von verschiedenen Bitmapgrafikformaten gibt. Als Windows-Anwender dürften Ihnen zumindest die Formate BMP und PCX bekannt sein. Wir wollen uns in diesem Abschnitt die Formate ansehen, die für uns im weiteren Verlauf des Buches von Interesse sein werden.

Das Targa-Format

Das Targa-Format wurde von der Firma Targa für ihre Grafikkarten entwickelt. Dieses Format eignet sich hervorragend zum Abspeichern von hochauflösenden Grafiken mit einer Farbtiefe von 24 Bit. Während es früher Probleme gab, Grafiken dieses Formats anzuzeigen oder Grafiken in diesem Format abzuspeichern, ist dieses Manko heute weitgehend beseitigt. Jedes bessere Bildverarbeitungsprogramm kann mittlerweile mit diesem Format umgehen.

Das GIF-Format

Ein in Online-Diensten und im Internet weit verbreitetes Grafikformat ist das GIF-Format. Die Abkürzung GIF steht steht für **G**raphics **I**nterchange **F**ormat. Dieses Grafikformat hat eine Farbtiefe von 8 Bit. Eine Grafik kann also aus maximal 256 verschiedenen Farbtönen bestehen. Dieses Format wurde bislang von CompuServe intensiv genutzt. Auf Grund von lizenzrechtlichen

Problemen ist allerdings zu erwarten, daß dieses Format gegenüber anderen Formaten an Bedeutung verlieren wird.

Das JPG-Format

Die Abkürzung JPG ist die Abkürzung der Abkürzung JPEG, die wiederum Joint Pictures Expert Group bedeutet. Ich erwähne an dieser Stelle das JPG-Format, obgleich wir es im Rahmen des Raytracing nicht benötigen werden. Das JPG-Format zeichnet sich gegenüber anderen Grafikformaten dadurch aus, daß es auf Grund von besonderen Kompressionsalgorithmen den Speicherbedarf einer Grafik drastisch senken kann. Deshalb eignet sich dieses Format insbesondere für den Datenaustausch per Diskette oder Modem. Es muß allerdings deutlich gesagt werden, daß die hohe Packdichte, die bei diesem Format möglich ist, nur auf Kosten der Qualität der Grafik erreicht werden kann.

Das PNG-Format

Das PNG-Format (Portable Networks Graphic) ist das jüngste aller Grafikformate. Es wird zunehmend in Online-Diensten eingesetzt, um dort das GIF-Format abzulösen, für dessen Verwendung nunmehr Lizenzgebühren an die Firma Unisys abgeführt werden müssen, die dieses Format entwickelt hat.

Farbmodelle in der Computergrafik

Nachdem wir nun gesehen haben, wie eine Bitmapgrafik aufgebaut ist, sollten wir uns ansehen, wie die verschiedenen Farbtöne gemischt werden können. Im Bereich der Computergrafik haben sich im Verlaufe der Zeit einige Verfahren und Modelle herausgebildet, die verschiedene Ansätze verfolgen und verschiedene Einsatzgebiete haben. Dieser Abschnitt wird sich mit den drei am häufigsten eingesetzten Modellen beschäftigen.

Das RGB-Modell

Beim RGB-Modell werden die einzelnen Farbtöne aus den drei Grundfarben Rot, Grün und Blau gemischt. Mit diesem Farbmodell werden Sie beispielsweise immer dann konfrontiert, wenn Sie auf den Monitor Ihres PC schauen. Das RGB-Modell ist ein sogenanntes additives Farbmodell. Das bedeutet, daß durch das Mischen aller drei Grundfarben zu jeweils gleichen Teilen die

Farbe Weiß entsteht. Sehen Sie sich dazu bitte den zur Darstellung dieses Farbmodells üblicherweise verwendeten Würfel in der Abbildung 1.1. an.

Abbildung 1.1
Das RGB-Modell

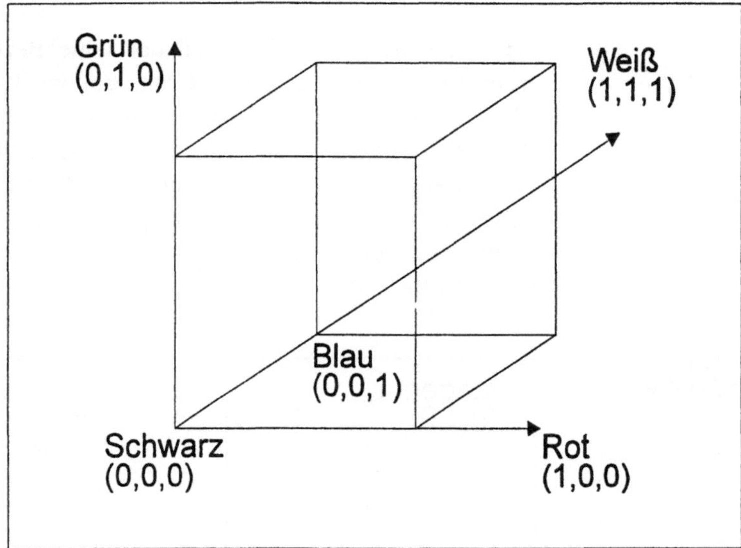

Dieses Farbmodell setzt voraus, daß die einzelnen Farben selbst leuchten bzw. von hinten angeleuchtet werden. Jeder Bildpunkt Ihres Monitors besteht eigentlich aus einem roten, einem grünen und einem blauen Punkt, dem sogenannten Tripel. In Abhängigkeit von der Intensität des über die Bildröhre streichenden Elektrodenstrahls leuchten die einzelnen Punkte mehr oder weniger intensiv. Im menschlichen Auge wird die Farbe der Punkte jedes Tripels zu einem Farbton zusammengefaßt. Leuchtet keine der drei Farben, bleibt der Tripel schwarz, leuchte alle Punkte gleich stark, sehen wir einen weißen Punkt. Wenn Sie sich die Abbildung 1 ansehen, finden Sie grafische Darstellung dieser Erläuterung. Im Koordinatenursprung, wo die Farbanteile aller drei Grundfarben gleich Null ist, finden wir Schwarz, und an den Koordinaten (1,1,1) sehen Sie die Farbe Weiß. Anstelle der Koordinatenangabe zwischen 0 und 1 findet man auch häufig Koordinaten, die sich zwischen 0 und 256 erstrecken. Welche Dimension hier verwendet wird, ist letzten Endes unerheblich, da sie immer nur einen Relativwert darstellt, der von der Farbiefe der Grafik abhängt. In einer Grafik mit einer Farbtiefe von 8 Bit kann es für jede drei Grundfarben 85 Abstufungen geben[2], bei 16 Bit sind es schon 21845 Abstufungen.

Das CYMK-Modell

Das sogenannte CYMK-Modell hat seine Bezeichnung von den in ihm verwendeten Farben **C**yan, **Y**ellow (Gelb), **M**agenta und Blac**k** (Schwarz). Dieses Farbmodell ist ein subtraktives Farbmodell. Das bedeutet, daß wir bei der Verwendung aller Komponenten eine schwarze Farbe erhalten. Alle weiteren Farbtöne ergeben sich dann daraus, daß der Anteil der Grundfarben immer weiter verringert wird, um schließlich Weiß zu erhalten, wenn keine Farbe verwendet wird.

Abbildung 1.2
Das CYMK-Modell

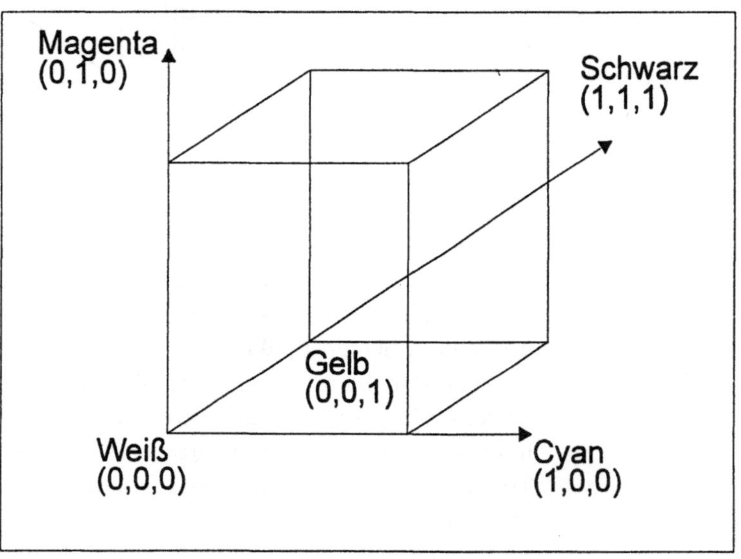

Bei diesem Farbmodell wird davon ausgegangen, daß die einzelnen Farben nicht selbst leuchten, also nur zu sehen sind, wenn sie durch Licht angestrahlt werden Das Haupteinsatzgebiet dieses Farbmodells ist die Drucktechnik. Der Theorie nach soll die Mischung aus den drei Farben Cyan, Gelb, und Magenta ein Schwarz ergeben. Auf Grund von technischen Umständen ist

[2] Ingesamt gibt es 255 Farbnuancen (Schwarz ausgenommen). Wird diese Zahl durch die Zahl der Grundfarben dividiert, erhalten wir 85.

dieses Ergebnis jedoch nicht zu erzielen. Um dennoch ein reines Schwarz drucken zu können, wird als vierte Komponente beim Druck schwarze Farbe hinzugegeben.

Diesem Farbmodell werden Sie im weiteren Verlauf dieses Buches nicht mehr begegnen, da es für das Raytracing keine Bedeutung hat. Ich wollte Ihnen diese kurze Erläuterung jedoch dennoch nicht vorenthalten, da Sie sich mit diesem Farbmodell beschäftigen werden müssen, wenn Sie die Ergebnisse Ihrer durch Raytracing entstandenen Grafiken qualitativ hochwertig ausdrucken wollen.

Das HLS-Modell

Während die ersten beiden dargestellten Farbmodelle doch recht mathematisch konstruiert anmuten, lernen Sie mit dem sogenannten HLS-Modell ein Verfahren kennen, das eher intuitiv einzusetzen ist. Die Bezeichnung dieses Farbmodell beruht auf den Bezeichnungen der bei diesem Modell eingesetzten Komponenten Farbwert (**H**ue), Helligkeit (**L**uminance) und Sättigung (**S**aturation).

Um eine Farbe nach diesem Farbmodell zusammenzumischen, wird zunächst mit der Komponente Hue (Farbwert) die gewünschte Farbe ausgewählt. Durch eine Veränderung der Komponente Luminance kann dieser Farbton aufgehellt oder abgedunkelt werden. Die Komponente Saturation ist für den Grauanteil am gewählten Farbton verantwortlich. Geht der Wert der Saturation gegen Null, wird die Farbe immer grauer, geht er gegen Eins, wird die gewählte Farbe immer reiner. Üblich ist die Darstellung dieses Farbmodells wie in der Abbildung 1.3 gezeigt, die folgendermaßen zu verstehen ist: Auf der Scheibe in der Mitte des dargestellten doppelten Kegels wird eine Farbe ausgewählt. Die Sättigung einer Farbe hängt in diesem Modell davon ab, wie weit sich der gewählte Farbpunkt vom Mittelpunkt der Scheibe entfernt befindet. Je näher er zur Mitte steht, desto grauer ist die Farbe. Ob der Farbton heller oder dunkler sein soll, wird wie oben erläutert durch die Veränderung des Helligkeitswertes L erzielt.

Dieses Farbmodell wird beim Raytracing nicht durch uns angewendet werden. Ich habe es dennoch ausführlich erläutert, weil uns das Modellierprogramm Moray, mit dem wir uns im dritten Teil dieses Buches beschäftigen werden, die Möglichkeit bietet, bei der Generierung eines Farbtons sowohl das RGB- als auch das HLS-Modell zu verwenden.

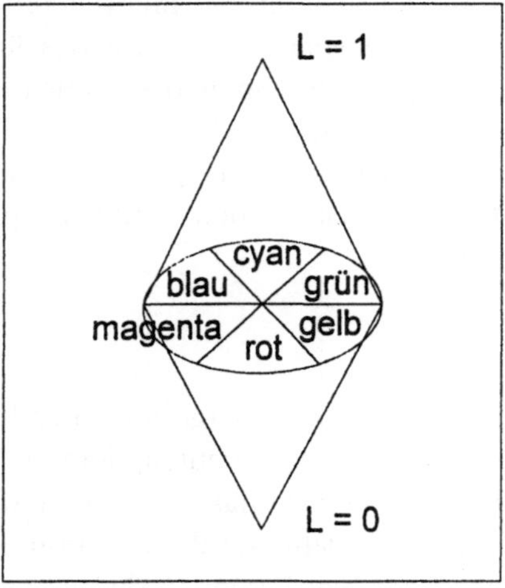

Abbildung 1.3
Das HLS-Modell

Was ist eigentlich Licht?

Gegenstand dieses Buches wird das in der Computergrafik verwendete Verfahren *Raytracing* sein, mit dem heute die Gesetze der Optik am realistischsten modelliert werden können. Da das im zweiten Teil dieses Buches besprochene Programm POV-Ray in der Version 3.0 auch das sogenannten *Radiosity*-Verfahren beherrscht, soll am Rande auch zu diesem Verfahren etwas gesagt werden.

Um die beiden in diesem Buch besprochenen Verfahren *Raytracing* und *Radiosity* besser zu verstehen, wollen wir uns in diesem Abschnitt die für das Raytracing maßgeblichen Gesetze der Optik ansehen und uns in Erinnerung rufen, wie es eigentlich kommt, daß wir Menschen sehen können.

Licht - Teilchen und Welle

Das Licht gehört mit Sicherheit zu den kompliziertesten physikalischen Erscheinungen. Das hat seine Ursache darin, daß Licht sowohl Teilchen- als auch Welleneigenschaften besitzt. Das bedeutet, daß man manche seiner Eigenschaften damit beschreiben kann, daß es eine elektromagnetische Strahlung ist und daß andere Eigenschaften wiederum nur so zu erklären sind, daß Licht aus Teilchen, den sogenannten Photonen besteht. Dieser Dualismus macht es auch so schwer, Licht umfassend zu beschreiben. Auch in diesem Buch soll dieser Versuch nicht gemacht werden. Wir werden uns lediglich Modelle ansehen, die das Licht hinreichend genau beschreiben und als Ausgangsbasis für das Raytracing-Verfahren dienen können.

Wir haben es auf der Erde im wesentlichen mit einer natürlichen Lichtquelle, der Sonne zu tun. Die Sonne sendet ein weißes Licht aus. Um es genau auszudrücken, müßte man sagen, daß die Sonne elektromagnetische Strahlen aussendet, die auf der Netzhaut unseres Auges die Wirkung auslösen, die uns als weißer Farbton bekannt sind. Dieses weiße Licht stellt die Summe von allen für das menschliche Auge sichtbaren Farbtönen dar. Jeder dieser Farbtöne ist, physikalisch gesehen, eine elektromagnetische Strahlung mit einer bestimmten Wellenlänge. Eine Farbe ist nur dann für den Menschen sichtbar, wenn sie Reaktionen auf der Netzhaut des menschlichen Auges hervorruft.

Wenn das von einer Lichtquelle ausgehende Licht auf die Oberfläche eines Körpers fällt, wird dieses Licht von dieser Oberfläche reflektiert, von ihr absorbiert bzw. geht durch sie hindurch. Wenn Licht durch einen Körper hindurchgeht, kann der Lichtstrahl auch gebrochen werden. Das heißt, daß der bis dahin gerade Lichtstrahl "abgeknickt" wird. In aller Regel kann man jedoch nicht davon ausgehen, daß eine Oberfläche nur reflektierend, nur absorbierend oder nur transmittierend ist. Die meisten Oberflächen sind dadurch gekennzeichnet, daß sie beispielsweise einen Teil des Lichtes reflektieren und einen anderen Teil absorbieren bzw. einen Teil reflektieren und einen anderen Teil des Lichtes durch die Oberfläche hindurchdringen lassen.

Im Sinne einer vereinfachten Systematik wollen wir uns jedoch die optischen Erscheinungen Reflexion, Absorption, Transmission und Refraktion (Lichtbrechung) einzeln ansehen.

Gesetze der Optik

Reflexion

Reflexion bedeutet, daß das auf eine Oberfläche treffende Licht von der Oberfläche zurückgeworfen wird. Dabei ist zwischen der spekularen Reflexion und der diffusen Reflexion zu unterscheiden.

Spekulare Reflexion

Die spekulare (vom lateinischen Wort "spekulum" - Spiegel) Reflexion stellt die ideale Reflexion dar. Sie ist dadurch gekennzeichnet, daß der Winkel (α), unter dem ein Lichtstrahl auf eine Oberfläche trifft, gleich dem Winkel (β) ist, unter dem er von der Oberfläche zurückgeworfen wird.

Abbildung 1.4
Spekulare Reflexion

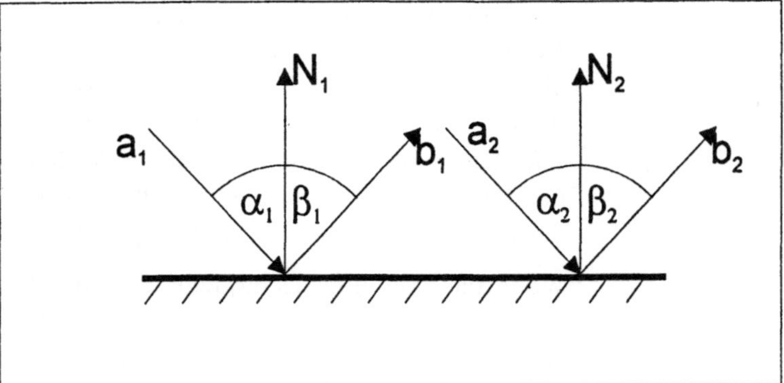

Als Einfalls- und Austrittswinkel betrachten wir dabei jedoch nicht den Winkel zwischen dem Lichtstrahl und der Oberfläche, sondern, wie in der Abbildung 1.4 zu sehen ist, zwischen dem Lichtstrahl und dem Vektor der Oberflächennormale (N). Ein Vektor der Oberflächennormale oder kurz *Normalenvektor* ist ein Vektor, der senkrecht aus jedem Punkt der Oberfläche herausragt.

Kennzeichnend für die spekulare Reflexion ist darüber hinaus, daß der Austrittswinkel aller von der Oberfläche reflektierten Lichtstrahlen gleich ist. Das bedeutet, daß in der oben gezeigten Abbildung die Winkel β_1 und β_2 gleich groß sind.

Diffuse Reflexion

Die diffuse Reflexion unterscheidet sich von der spekularen Reflexion dadurch, daß die einzelnen Lichtstrahlen von der Oberfläche in unterschiedliche Richtungen zurückgeworfen werden. Wenn wir nur einen einzigen Lichtstrahl betrachten, sind auch bei der diffusen Reflexion der Winkel, unter dem der Lichtstrahl auf die Oberfläche trifft, und der Winkel, unter dem er von ihr reflektiert wird, gleich. Betrachten wir dazu die Abbildung 1.5.

Die Lichtstrahlen a_1 und a_2 fallen unter dem gleichen Winkel auf die Oberfläche ein. Die Vektoren der Oberflächennormalen N_1

und N_2 sind in diesem Fall wegen der unterschiedlichen Oberflächenstruktur unterschiedlich gerichtet. Auch für den Lichtstrahl a_2 gilt jedoch, daß die Einfalls- und Austrittswinkel α_2 und β_2 gleich groß sind. Betrachten wir jedoch alle von der Oberfläche reflektierten Strahlen (b_1, b_2), stellen wir fest, daß sie nicht mehr parallel verlaufen.

Abbildung 1.5
Diffuse Reflexion

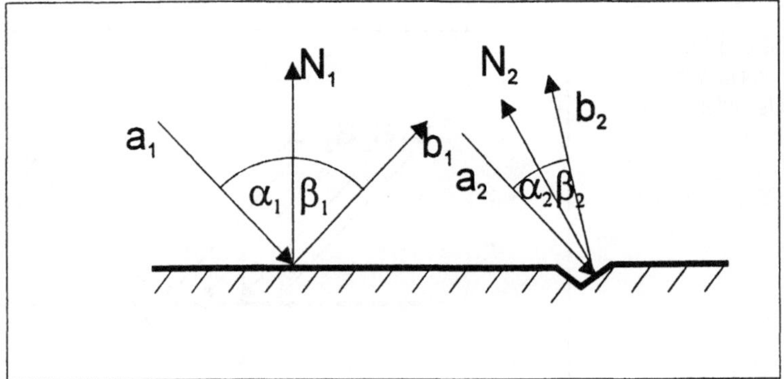

Diffuse Reflexionen finden wir bei matten Oberflächen. Je höher der Anteil diffus reflektierter Lichtstrahlen ist, desto matter erscheint uns eine Oberfläche.

Absorption

Nicht alle auf eine Oberfläche treffenden Lichtstrahlen werden durch die Oberfläche reflektiert. Ein Teil der Lichtstrahlen wird durch sie gleichsam "verschluckt" bzw. absorbiert. Diese Eigenschaft von Oberflächen ist dafür verantwortlich, daß uns Körper in unterschiedlichen Farben erscheinen. Wir sehen einen Körper als weißen Körper, wenn das auf seine Oberfläche treffende Licht vollständig reflektiert wird. Wird sämtliches auf den Körper fallende Licht durch die Oberfläche "verschluckt", wird als von diesem Körper kein Lichtstrahl auf die Netzhaut des menschlichen Auges geworfen, erscheint uns dieser Körper als schwarzes Objekt. Sehen wir einen Körper in einem Rotton, bedeutet das, daß von der Oberfläche dieses Körpers nur dieser Rotton reflektiert und alle anderen Bestandteile des Lichts absorbiert werden.

Lassen Sie uns dazu die Abbildung 1.6 betrachten. Auf die Oberfläche treffen insgesamt vier Lichtstrahlen (a_1 ... a_4). Die ersten drei dieser Lichtstrahlen werden durch die Oberfläche absorbiert (weder reflektiert noch hindurchgelassen). Einzig der vierte Lichtstrahl wird reflektiert und entfernt sich als b_4 von der Oberfläche.

In einem solchen Fall würden wir die Oberfläche in einer bestimmten Farbe sehen. Bei einer vollständigen Absorption aller einfallenden Lichtstrahlen erhielten wir eine schwarze Oberfläche.

Abbildung 1.6
Absorption von Lichtstrahlen

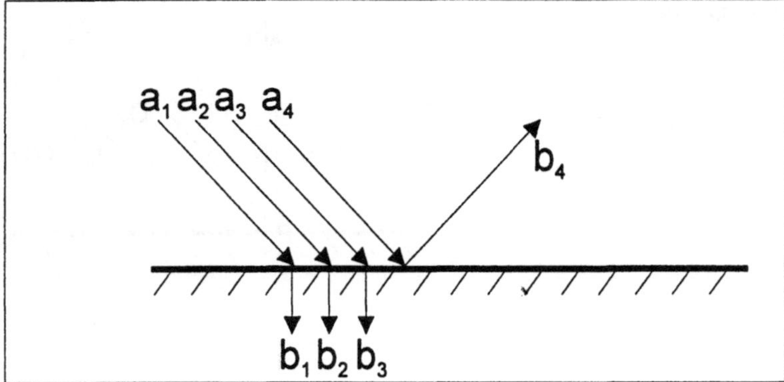

Natürlich verschwinden nach dem Energieerhaltungssatz die durch eine Oberfläche absorbierten Lichtstrahlen nicht spurlos. Ihre Energie finden wir häufig in Form von Wärmeenergie wieder. Sie werden sicher die Erfahrung gemacht haben, daß gerade schwarze Flächen bei intensiver Sonneneinstrahlung sehr heiß werden können.

Transmission

Lichtstrahlen, die weder reflektiert noch absorbiert werden, durchdringen den Körper. Man spricht in einem solchen Fall davon, daß der Körper transparent ist. Wenn ein Lichtstrahl einen Körper durchdringt, kann er jedoch ebenfalls durch den Körper manipuliert werden. Es ist möglich, daß er gebrochen wird oder daß er gefiltert wird. Sehen wir uns diese beiden Möglichkeiten näher an. Natürlich ist es darüber hinaus auch möglich, daß er sowohl gebrochen als auch gefiltert wird.

Transluzenz

Bisher sind wir bei der Besprechung der Transmission von Lichtstrahlen durch einen Körper immer davon ausgegangen, daß der Körper vollständig transparent ist. In der Realität ist es jedoch häufig so, daß Lichtstrahlen beim Durchdringen eines Körpers gleichzeitig gefiltert werden. Wenn weißes Licht beispielsweise durch eine rotgetönte Glasscheibe dringt, werden durch die Glasscheibe bis auf das rote Licht sämtliche Bestandteile des Lichtes herausgefiltert, also absorbiert. Man spricht daher in einem solchen Fall auch von einer gefilterten Transparenz.

Lichtbrechung

Die sogenannte Lichtbrechung (auch Refraktion genannt) finden wir häufig in den Grenzschichten zwischen zwei Medien mit einer unterschiedlichen Dichte.

Zum näheren Verständnis werfen Sie bitte einen Blick auf die Abbildung 1.7.

Wir finden hier erneut vier Lichtstrahlen (a_1 ... a_4), die auf die Oberfläche treffen. An der Oberfläche wird der Winkel, unter dem die Strahlen auf die Oberfläche treffen, verändert. Man spricht davon, daß die Strahlen gebrochen werden. In der Folge treten die Strahlen unter einem anderen Winkel wieder aus dem dem Körper aus.

Abbildung 1.7
Lichtbrechung

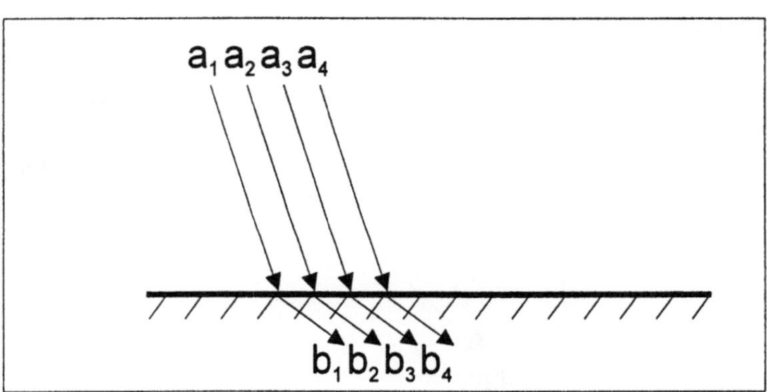

Ein solches Verhalten des Lichtes können Sie beobachten, wenn Sie einen Stab beispielsweise in einen Eimer mit Wasser stecken. Der Stab scheint direkt unter der Wasseroberfläche abgeknickt zu sein. Tatsächlich ist es jedoch so, daß das vom Stab reflektierte Licht beim Austritt aus dem Wasser an der Grenzschicht zwischen dem Wasser und der Luft so gebrochen wird, daß dieser Eindruck entsteht.

Wie sieht der Mensch?

Zur Beantwortung dieser Frage beschäftigen wir uns zunächst kurz mit der Anatomie des menschlichen Auges. Im Inneren des menschlichen Auges befindet sich die sogenannte Netzhaut, auf der sich die für den Sehvorgang wichtigen Zellen befinden. Das Licht fällt über die Linse des menschlichen Auges auf die Netzhaut und löst dort abhängig von der Wellenlänge des einfallenden Lichtes unterschiedliche Reize aus. Diese Reize werden über den Sehnerv in das Sehzentrum des Gehirns geleitet. Dort wird auf der Grundlage der eingehenden Reize ein Bild aufgebaut. Die auf der Netzhaut des menschlichen Auges befindlichen Sehzellen sind allerdings nur für einen sehr begrenzten Bereich der elektromagnetischen Strahlen empfindlich. So sind wir beispielsweise nicht mehr in der Lage, Strahlen im Infrarotbereich ohne Hilfsmittel zu sehen.

Um den Sehvorgang nachzuvollziehen, stellen wir uns zunächst eine einfache Szene vor. Diese Szene soll zunächst nur aus einer Lichtquelle und einer Kugel bestehen. Wir nehmen an, daß wir auf die Kugel sehen (der Einfachheit halber nur mit einem Auge!).

Abbildung 1.8

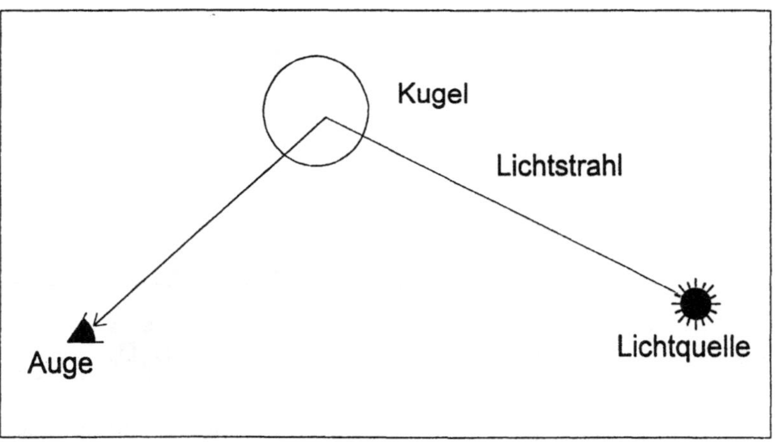

Von der Lichtquelle werden Lichtstrahlen gleichmäßig in alle Richtungen des Raums ausgesandt. Ein Teil der Strahlen trifft auf die Kugel und wird von dort auf die Netzhaut des Auges geworfen. Damit ist diese Kugel sichtbar.

Ein Allgemeinplatz ist die Feststellung, daß dort, wo Licht ist, auch Schatten sei. Wenn man es genau nimmt, muß man allerdings sagen, daß dort, wo kein Licht ist, Schatten ist. Das bedeutet, daß wir die Teile der Kugel, auf die kein Licht fällt, nicht sehen können.

Wenn wir bisher von Licht sprachen, meinten wir immer direkt einfallendes, also unmittelbar von der Lichtquelle kommendes Licht. Nun ist es aber in der Realität so, das zur Beleuchtung eines Körpers auch das Licht beiträgt, daß von anderen Körpern reflektiert wird bzw. das durch andere Körper hindurchdringt und anschließend auf den Körper fällt. Diese Art der Beleuchtung bezeichnet man als diffuse Beleuchtung. (Auch wenn Sie unter Ihrem Tisch keine Lampe haben, können Sie dort dennoch das Muster des Teppichs erkennen.)

Lassen Sie uns nun die Szene modifizieren und eine weitere Kugel hinter das Auge plazieren.

Abbildung 1.9

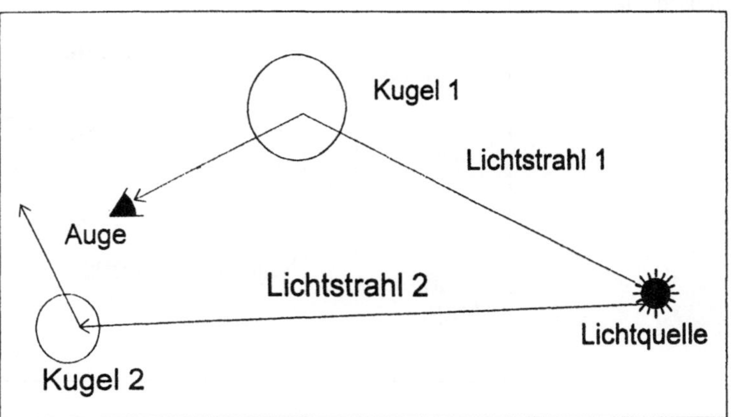

Auch auf die zweite Kugel fällt Licht von der Lichtquelle. Die von dieser Kugel reflektierten Strahlen werden jedoch nicht auf die Netzhaut des Auges projiziert. Die Kugel bleibt somit unsichtbar. Wäre die erste Kugel beispielsweise stark reflektierend, wäre es möglich, daß Licht, das von der zweiten Kugel auf die erste Kugel geworfen wird, von dort den Weg auf die Netzhaut des Auges findet. Bei einer solchen Konstellation wäre die zweite Kugel über diesen Umweg sichtbar.

Eine Einführung in das Raytracing-Verfahren

Das für das Erzeugen von fotorealistischen Computergrafiken verwendete Raytracing basiert auf den eben beschriebenen Modellen. Den Begriff Raytracing kann man ins Deutsche mit "Strahlenverfolgung" übersetzen. Raytracing bedeutet, daß ein von einer Lichtquelle ausgehender Lichtstrahl in seinem Verlauf verfolgt wird. Dabei wird untersucht, welchen Veränderungen der Lichtstrahl zwischen der Lichtquelle und dem Auge unterworfen wird. Zur besseren Veranschaulichung werden wir uns der im vorhergehenden Abschnitt verwendeten Abbildung mit einer kleinen Modifikation bedienen. Wir schieben zwischen das Auge und die zu betrachtende Ebene eine Projektionsfläche. Wir betrachten die Szene also nicht mehr direkt, sondern ein Abbild dieser Szene. Wenn wir eine Analogie zur Fotografie herstellen, können wir uns diese Projektionsfläche als das Foto vorstellen.

Abbildung 1.10

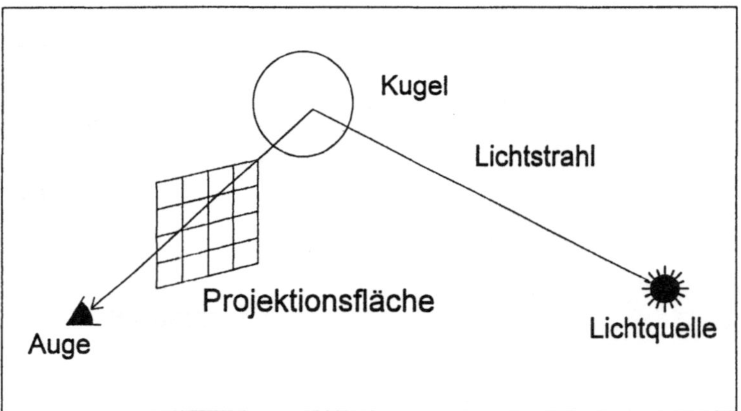

Vorwärts- und Rückwärts-Raytracing

Man unterscheidet das Vorwärts- und das Rückwärts-Raytracing. Beide Begriffe beschreiben dabei die Richtung, in der die Untersuchung eines Lichtstrahls erfolgt. Vorwärts-Raytracing heißt, daß alle von einer Lichtquelle ausgehenden Strahlen untersucht werden. Das erfordert eine Menge unsinniger Untersuchungen und Berechnungen, da nicht alle von der Lichtquelle ausgehenden Strahlen auf die Projektionsfläche (also das Auge) treffen. Um nur die Lichtstrahlen zu untersuchen, die tatsächlich zum Erzeugen des Bildes beitragen (also auf die Projektionsfläche treffen), wendet man das sogenannte Rückwärts-Raytracing an. Allgemein ausgedrückt, bedeutet das, daß alle Lichtstrahlen von der Projektionsfläche (dem Auge) ausgehend bis hin zur Lichtquelle analysiert werden. Damit ist gewährleistet, daß Lichtstrahlen, die irgendwo in der Unendlichkeit verschwinden und keinen Einfluß auf das Aussehen des Bildes haben, gar nicht erst untersucht werden.

Doch sehen wir uns das Raytracing-Verfahren an einem einfachen Beispiel an. Dazu stellen wir uns wiederum die Szene vor, die wir in den vorhergehenden Beispielen ausführlich bemüht haben. Wir nehmen an, daß die Szene auf einer Projektionsfläche abgebildet werden soll, die eine Ausdehnung von 4 x 4 Pixeln haben soll (Abbildung 1.11). Für jeden dieser insgesamt 16 Pixel wird nun der Raytracing-Prozeß durchgeführt. Wir wollen diesen Prozeß am Beispiel des Pixels in der linken oberen Ecke untersuchen. Diese Pixelkoordinaten werden ja auch in jedem Computerbild vorkommen.

Abbildung 1.11

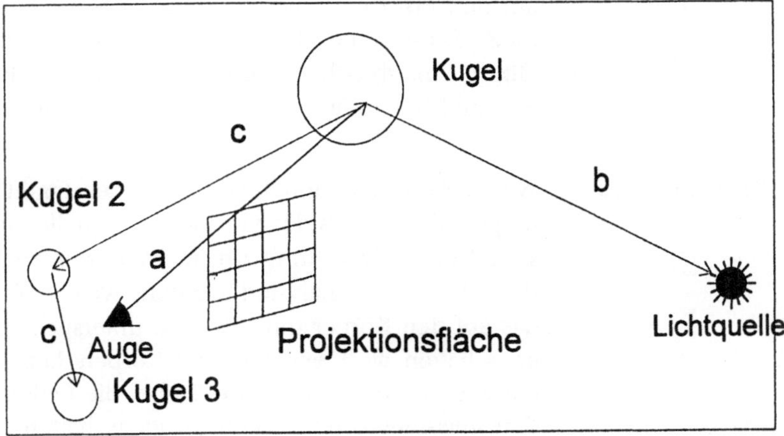

Sichtstrahl

Durch diesen Pixel wird ein sogenannter Sichtstrahl (a) gesandt (in der englischsprachigen Literatur häufig als *eye ray*[3] bezeichnet). In einem ersten Schritt wird durch das Raytracing-Programm geprüft, ob dieser Strahl auf ein Objekt der abzubildenden Szene trifft. Verliert sich dieser Strahl in der Unendlichkeit, trifft also auf kein Objekt der Szene, erhält das Pixel, durch das dieser Strahl gesandt wurde, die Farbe Schwarz. In Raytracing-Programmen, die die Möglichkeit bieten, eine Hinter-

[3] Ich gebe Ihnen an dieser Stelle auch die in der Literatur üblichen englischen Begriffe an. Das soll Ihnen einerseits helfen, wenn Sie später weitere Literatur zum Thema Raytracing lesen. Andererseits werden Sie auf diese Begriffe auch im Zusammenhang mit dem im nächsten Teil des Buches behandelten Raytracing-Programm POV-Ray treffen.

grundfarbe zu definieren, wird diesem Pixel die Hintergrundfarbe zugewiesen, sofern sie in der jeweiligen Szene verwendet wird. Da dem Pixel eine Farbe zugewiesen wurde, ist die Berechnung für dieses Pixel beendet und wird für das nächste Pixel begonnen.

Wenn der durch das erste Pixel gelegte Sichtstrahl allerdings auf ein Objekt der Szene trifft, wird die gesamte Berechnung deutlich komplizierter. Zunächst muß überprüft werden, ob das getroffene Objekt überhaupt durch von der Lichtquelle kommende Lichtstrahlen getroffen wird. Zu diesem Zweck wird, ausgehend von dem Punkt, auf den der Sichtstrahl traf, ein Strahl (b) bis zur Lichtquelle gezogen. Wenn dieser Strahl durch ein weiteres Objekt unterbrochen wird und in der Szene keine weitere Lichtquelle vorhanden ist, kann man davon ausgehen, daß kein Licht auf den Pixel fällt und er demzufolge die Farbe Schwarz haben muß[4]. Dieser Strahl hat in Abhängigkeit davon, ob er durch ein Objekt unterbrochen wird oder nicht, die Bezeichnung Schattenstrahl (shadow ray) bzw. Beleuchtungsstrahl (illumination ray).

Beleuchtungsstrahl

Wir wollen nun annehmen, daß der Strahl (b) ein Beleuchtungsstrahl ist, daß das von der Lichtquelle ausgehende Licht also auf den Körper trifft. Um nun zu ermitteln, welche Farbe das Pixel hat, muß analysiert werden, welche Farbe das Licht hat, das auf den Körper trifft. Es muß untersucht werden, welche Eigenschaften die Oberfläche des Körpers hat. Zu den Eigenschaften des Körpers gehören die Farbe, die Reflexions-, Absorptions-Transmissions- und Brechungseigenschaften. Ist die Oberfläche des Körpers reflektierend, muß untersucht werden, ob und welche von anderen Körpern kommenden Strahlen sich unter Umständen in dem Körper spiegeln. In der Abbildung 1.11 finden Sie solche Reflexionsstrahlen (reflection rays) unter der Bezeichnung (c).

Reflexionsstrahl

In komplizierten Szenen ist es möglich, daß ein Strahl erst nach der Reflexion von verschiedenen Körpern auf den zu untersuchenden Körper trifft (in der Abbildung 1.11 werden Strahlen untersucht, die von Kugel 3 über die Kugel 2 zur Kugel 1 reflektiert werden). Viele Raytracing-Programme erlauben es, festzulegen, wieweit solche Reflexionsstrahlen zurückverfolgt werden. Man spricht von der sogenannten Strahlungsverfolgungstiefe

[4] Beim Raytracing wird eine diffuse Beleuchtung ausgeschlossen. Mehr dazu weiter unten im Abschnitt "Grenzen des Raytracing".

(*trace level*), deren Parameter bei Szenen mit vielen reflektierenden Flächen recht hoch gesetzt werden sollte. Ist der eingestellte Parameter nicht ausreichend hoch genug, wird also ein Strahl nicht bis zu seinem Ursprung zurückverfolgt, wird das gerade berechnete Bildpixel mit der Farbe Schwarz gefüllt.

Nachdem nun untersucht wurde, welche Strahlen zur farblichen Gestaltung des gerade analysierten Pixels beitragen, wird aus allen auf diesen Pixel fallenden Farbanteilen der Durchschnittswert ermittelt und diesem Bildpunkt als Farbton zugeordnet. Anschließend wird der gesamte Raytracing-Prozeß für die restlichen Pixel des zu erzeugenden Bildes wiederholt.

Was ist der Unterschied zwischen Raytracing und Rendern?

Wenn von Raytracing-Programmen die Rede ist, fällt auch häufig der Begriff „Rendern". Diesen Begriff könnte man mit „Verkleiden" oder „Verputzen" übersetzen. Das ist genau das, was ein Raytracing-Programm macht, denn es dient ja dazu, Körpern und Objekten einer Szene ein realistisches Aussehen zu geben und kann ihnen dabei eine Oberfläche „verpassen", die an bestimmte Materialien (Holz, Stein, Metall usw.) erinnert.

Einfach ausgedrückt könnte man sagen, daß im Zusammenhang mit Raytracing-Programmen die Begriffe „Raytracing" und „Rendern" als Synonyme gebraucht werden können, obwohl „Raytracing" für die Methode (Verfolgen des Verlaufs von Lichtstrahlen) und „Rendern" für das Ziel steht (Erzeugung eines realistischen Aussehens von Körpern und Objekten).

Grenzen des Raytracing

Schon weiter oben habe ich angedeutet, daß es beim Raytracing um eine weitgehend realistische Modellierung der Wirkungen des Lichts geht. Das Raytracing-Verfahren ist bestimmten Einschränkungen unterlegen, die in diesem Abschnitt betrachtet werden sollen.

Grenzen des Beleuchtungsmodells

Beim Raytracing wird davon ausgegangen, daß Licht immer nur aus einer Farbe besteht. Es ist damit ausgeschlossen, weißes Licht durch ein Prisma zu senden, um es beim Austritt aus dem Prisma in die Spektralfarben zu zerlegen.

In mit dem Raytracing-Verfahren erzeugten Bildern gibt es keine diffuse Beleuchtung. Das bedeutet, daß Licht, das von Körpern einer Szene reflektiert wird, nicht zur Beleuchtung von anderen Körpern einer Szene verwendet wird. Wird also Licht zum Beispiel von einer blauen Kugel so reflektiert, daß es auf eine weiße Kugel fällt, werden Sie auf der weißen Kugel keinen blauen Lichtschein sehen! Diese Tatsache ist auch die Ursache für die für das Raytracing typischen scharfen Schattenwürfe, die wir so in der Realität nicht finden. Von reflektierenden Körpern fällt auch immer Licht auf einen Schatten. Ein Schatten ist deshalb selten tiefschwarz. Um diese Einschränkung etwas zu mildern, behilft man sich in vielen Raytracing-Programmen damit, daß man sogenanntes ambientes Licht (Umgebungslicht) verwendet. Diese Art von Licht gibt es in der Realität nicht. Man kann sich dieses Licht so vorstellen, daß überall im Raum kleine Lichtquellen vorhanden sind, die zur allgemeinen Beleuchtung der Szene beitragen und gewissermaßen einen Ersatz für die nicht vorhandene diffuse Beleuchtung darstellen.

Durch Raytracing-Programm können zwar spiegelnde Oberflächen simuliert werden. Auf solchen Oberflächen wird man auch die Spiegelbilder von anderen Objekten sehen. Man kann jedoch mit Raytracing-Programmen keine Lichteffekte durch Spiegel erzeugen. Es ist also beispielsweise unmöglich, das Bündeln von Lichtstrahlen in einem Hohlspiegel zu simulieren. Auch eine unmittelbar vor einem Spiegel befindliche Lichtquelle wird in dem Spiegel nicht zu sehen sein.

Aliasing-Probleme

Ganz allgemein ausgedrückt kann man *Aliasing* für den Bereich der Computergrafik so beschreiben, daß auf den Grafiken etwas zu sehen ist, was eigentlich nicht zu sehen sein dürfte bzw. daß sich etwas anders darstellt als erwünscht. Das klassische Alias-Beispiel ist die Darstellung einer diagonal verlaufenden Linie in einer Bitmapgrafik.

Anti-Aliasing

In der Abbildung 1.12 finden Sie die vergrößerte Darstellung einer solchen Linie. Obgleich die Kanten der Linie glatt sein sollten, können Sie in einer Bitmapgrafik nur als Treppen dargestellt werden.

Abbildung 1.12

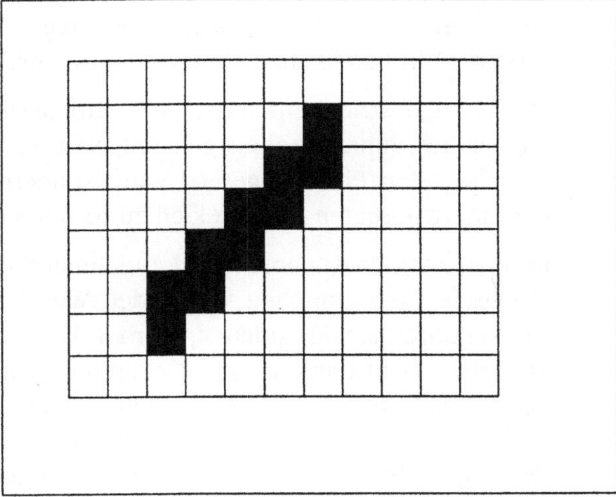

Um diese Probleme zu beseitigen bzw. deren Auswirkungen zumindestens abzuschwächen, werden sogenannte Anti-Aliasing-Methoden eingesetzt. Die in Raytracing-Programmen angewendeten Anti-Aliasing-Methoden basieren im wesentlichen darauf, daß nicht mehr nur noch ein Sichtstrahl pro Pixel verwendet wird, sondern mehrere. Um die Pixelfarbe bestimmen zu können, wird aus den Farben, die für jeden dieser Strahlen berechnet wurde, der Durchschnittswert ermittelt und dem entsprechenden Pixel zugewiesen. Dieses Verfahren bezeichnet man auch als Supersampling. In Abhängigkeit davon, wie diese zusätzlichen Strahlen durch den Pixel gesandt werden, unterscheiden wir dabei das adaptive Supersampling und das stochastische Supersampling.

Beim adaptiven Supersampling werden zusätzliche Strahlen durch die Eckpunkte und den Mittelpunkt des gerade bearbeiteten Pixels gesandt. Für jeden dieser Lichtstrahlen wird ermittelt, welche Farbe der Punkt hat, auf den sie treffen. Die Farben der Punkte, auf die die durch die Ecken des Pixels gesandten Strahlen treffen und die Farbe, die der durch den Mittelpunkt des Pixels gehende Sichtstrahl ermittelt, werden miteinander verglichen. Liegen die so ermittelten Farben nicht sehr weit auseinander, wird aus allen diesen Farben der Durchschnittswert berechnet und dem Pixel zugewiesen. Wenn der Unterschied zwischen den einzelnen Farben sehr groß ist, wird der gerade untersuchte Pixel in kleinere Pixel unterteilt, durch die in der beschriebenen Weise erneut Sichtstrahlen gelegt werden. Dieser Vorgang wird so lange wiederholt, bis die Übergänge zwischen den Farben der einzelnen Bereiche so weich sind, daß die unerwünschten "Treppen" in Pixelgrafiken weitgehend verschwunden sind.

Das eben beschriebene Verfahren wird deshalb adaptives, also angepaßtes Supersampling genannt, weil es nicht für jeden zu berechnenden Pixel eingesetzt wird, sondern nur dort, wo mit den unerwünschten Aliaseffekten zu rechnen ist.

In Raytracing-Programmen wird zunehmend das sogenannte stochastische Supersampling verwendet. Wie die Bezeichnung dieses Verfahren schon andeutet, werden bei diesem Verfahren zusätzliche Lichtstrahlen im Gegensatz zum adaptiven Supersampling nicht geordnet, sondern zufällig gestreut durch den gerade berechneten Pixel gesandt. Aus den Farbwerten, die dann für jeden dieser Lichtstrahlen berechnet werden, ermittelt das Raytracing-Programm dann wiederum den Durchschnittswert, um ihn dem Pixel als Farbe zuzuweisen.

Der Vorteil dieser Anti-Aliasing-Methoden besteht darin, daß sie in aller Regel zu einer Verbesserung der Bildqualität beitragen. Diese Verbesserung erkauft man sich allerdings wegen der deutlich höheren Anzahl von Sichtstrahlen mit einer wesentlich längeren Rechenzeit. Alias-Probleme, die in Grafiken mit einer recht geringen Auflösung auftreten, kann man häufig schon dadurch beseitigen, daß man die Auflösung des zu erzeugenden Bildes vergrößert. Das führt zwar auch zu einer längeren Rechenzeit. Sie ist allerdings häufig geringer als beim Einsatz von Anti-Aliasing-Verfahren bei geringen Auflösungen. Der Eindruck, den ein Bild beim Betrachter macht, hängt letzten Endes auch von der Entfernung zwischen Bild und Betrachter ab. Wenn Sie vor dem Generieren eines Bildes bereits wissen, daß es aus recht großer Entfernung betrachtet werden wird, können Sie auch bei geringen Auflösungen auf Anti-Aliasing-Methoden verzichten bzw. die Zahl der zusätzlich zu berechnenden Sichtstrahlen verringern.

Ein weiteres Problem beim Raytracing, das zwar nicht unbedingt ein Alias-Problem ist, aber dennoch im Zusammenhang mit der pixelweisen Darstellung zu tun hat, ist das Problem, daß nur Objekte ab einer bestimmten Größe beim Raytracing erfaßt und auf der zu erzeugenden Grafik abgebildet werden können. Stellen Sie sich eine Szene vor, durch die ein dünner Draht verläuft. Wenn dieser Draht nun dünner als ein Pixel des fertigen Bildes ist, kann es sein, daß dieser Draht gar nicht oder nur teilweise abgebildet wird. Wir haben ja weiter oben gesagt, daß nur das untersucht wird, was durch einen vom Betrachter kommenden

Strahl erfaßt wird. Ob nun ein derart dünner Draht von dem durch einen Pixel gesandten Strahl getroffen wird oder nicht, ist deshalb dem Zufall überlassen. Wenn Sie also später beim Raytracing sehr kleine Objekte nicht oder nur teilweise sehen, liegt der Grund in dieser Beschränkung. Abhilfe kann in einem solchen Fall wiederum nur dadurch geschaffen werden, indem die Bildauflösung erhöht wird.

Eine kurze Einführung in das Radiosity-Verfahren

Wir haben festgestellt, daß beim Raytracing eine Szene auf der Grundlage von optischen Gesetzen untersucht und das Bild nach diesen Gesetzen erzeugt wird. Als wir über die Grenzen des Raytracing sprachen, haben wir gesagt, daß das Raytracing-Verfahren keine diffuse Beleuchtung, also die Beleuchtung, die durch die von anderen Objekten der Szene reflektierten Lichtstrahlen erfolgt, berücksichtigt, obgleich in der Realität dieser Art der Beleuchtung die größte Bedeutung zu kommt.

Um diesen Nachteil des Raytracing zu eleminieren, haben Mathematiker ein weiteres Beleuchtungsmodell entwickelt, das sogenannte Radiosity-Modell. Dieses Modell basiert nicht auf den Gesetzen der Optik, sondern auf den Gesetzen des Wärmelehre. Das bedeutet, daß es den Wärme- und Energieaustausch zwischen den Körpern einer Szene untersucht. Dabei wurde durch Radiosity ursprünglich nur diffus reflektierende Oberflächen berücksichtigt und die Wechselwirkungen zwischen ihnen dargestellt. Da das im zweiten Teil des Buches behandelte Raytracing-Programm POV-Ray ab der Version 3.0 auch die Möglichkeit bietet, eine Szene mit Hilfe des Radiosity-Verfahrens zu rendern, soll es an dieser Stelle kurz erläutert werden.

Allgemein könnte man das Radiosity-Verfahren als das Verfahren bezeichnen, bei dem die Wechselwirkung von diffus reflektierenden Oberflächen untersucht wird. Dabei werden alle von einer Fläche abgestrahlten Energien (Eigenstrahlung, Reflexion, Transmission) berücksichtigt, um die Ausbreitung des Lichts in einem geschlossenen System zu modellieren.

In der Praxis unterscheidet sich deshalb auch der eigentliche Rendervorgang beim Radiosity. Während beim Raytracing die Bilderzeugung in einem Schritt erfolgt, wird beim Radiosity zunächst die Leuchtdichte in den einzelnen Bereichen des Bildes untersucht. Dazu wird das Bild in kleine Flächen unterteilt. Für jede dieser Flächen wird nunmehr die Leuchtdichte untersucht.

Dabei kann es Flächen geben, die selbst strahlen und Flächen, die das Licht nur reflektieren. Die Unterschiede zwischen den Leuchtdichten der einzelnen Flächen werden nun interpoliert, um einen weichen allmählichen Übergang zwischen diesen Flächen zu erzielen. Diese Flächen werden dann auf der Projektionsfläche (also dem zukünftigen Bild) abgebildet.

Erst jetzt werden die Objekte der Szene modelliert und die Farbe jedes einzelnen Bildpixels berechnet. Die Genauigkeit und damit die Bildqualität wird beim Radiosity gesteigert, wenn die Zahl der Flächenstücke, in die das Bild zunächst zerlegt wird, vergrößert wird. Der Berechnungsaufwand wächst allerdings erheblich.

Da die Lichtverhältnisse innerhalb der Szene unabhängig vom Betrachterstandpunkt sind, müssen Radiosity-Programme bei einer Veränderung des Kamerastandpunktes nur die Objekte der Szene, nicht aber die Lichtverhältnisse neu modellieren.

Das ist ein Vorteil des Radiosity-Verfahrens im Vergleich zum Raytracing-Verfahren. Weitere Vorteile bestehen darin, daß diffuse Beleuchtungen berücksichtigt und modelliert werden. Ich möchte jedoch nicht sagen, daß mit dem Radiosity-Verfahren gerenderte Bilder besser aussehen würden als Bilder, die durch Raytracing entstanden. Gerade die Modellierung des oben beschriebenen Umgebungslichtes macht dieses große Manko von Raytracing-Programmen recht häufig in akzeptabler Weise wett. Da beim Radiosity-Verfahren davon ausgegangen wird, daß alle Flächen das Licht diffus reflektieren, können beispielsweise keine Spiegeleffekte erzeugt werden. Andererseits sind Radiosity-Programme in der Lage, weiche Schatten zu erzeugen.

Modellierung von Körpern in Raytracing-Programmen

Oben haben wir gesehen, daß es zu den wichtigsten Aufgaben eines Raytracing-Programms gehört, zu bestimmen, ob ein Lichtstrahl auf einen Körper trifft oder nicht. In diesem Abschnitt wollen wir uns einmal ansehen, mit welchen Programmen Raytracing-Programme umgehen können bzw. aus welchen Körpern wir Szenen erstellen können. Es muß an dieser Stelle deutlich gesagt werden, daß nicht alle Raytracing-Programme alle der unten beschriebenen Körperarten anbieten. Das im zweiten Teil des Buches beschriebene Programm POV-Ray kann mit einer sehr großen Vielfalt verschiedenster Körper operieren. In anderen Raytracing-Programmen werden sämtliche Objekte lediglich aus Tausenden von kleinen Dreiecken zusammengesetzt.

Grundkörper

Die Grundkörper (im englischen Primitives) sind Körperformen, die Ihnen auf jeden Fall bekannt sind. Es handelt sich um Kugeln, Quader, Flächen und Kegel. Diese Körper sind mathematisch einfach zu beschreiben. Die Berechnung, ob ein Lichtstrahl auf einen solchen Körper trifft, ist daher recht einfach und schnell durchzuführen. Typisch für alle diese Grundformen ist, daß sie eine klar definierbare Innen- und Außenseite haben. Als Außenseite eines Körpers gilt dabei immer die Seite, aus der der Vektor der Oberflächennormale herausragt. Die entgegengesetzte Seite ist demzufolge die Innenseite.

Abbildung 1.13

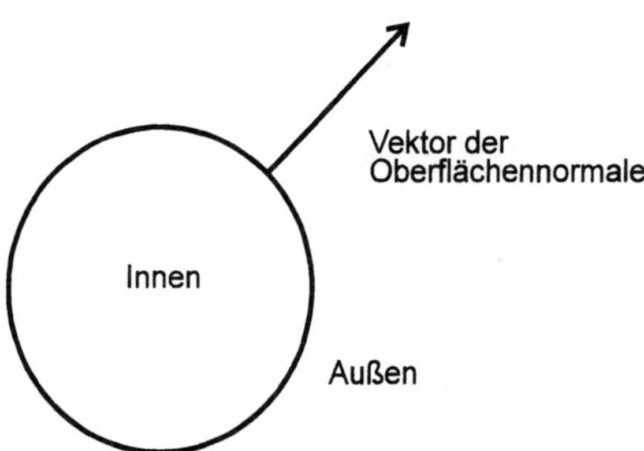

Constructive Solid Geometry - Körperorientiertes Modellieren

Unter „Körperorientiertem Modellieren" (im englischen: constructive solid geometry CSG) versteht man ein Verfahren, bei dem durch sogenannte Boolsche Operationen zwischen zwei oder mehreren Grundformen (Primitiven) neue Körperformen erzeugt werden. Zu diesen Boolschen Operationen gehören die Vereinigung (union), die Differenz (difference) und das Bilden der Schnittmenge (intersection). Es wichtig zu wissen, daß diese Operationen nur mit Körpern möglich sind, die eine klar definierte Innen- und Außenseite haben. Lassen Sie uns die einzelnen Operationen betrachten.

Die Vereinigung

Die Vereinigung zweier Grundformen ist dadurch gekennzeichnet, daß zum dabei entstehenden Körper alle Punkte sowohl des einen als auch des anderen Körper gehören. In der Abbildung 1.14 finden Sie als Beispiel die Vereinigung zweier Kugeln. Zum erzeugten Körper gehören sowohl die komplette Kugel A als auch die vollständige Kugel B.

Abbildung 1.14

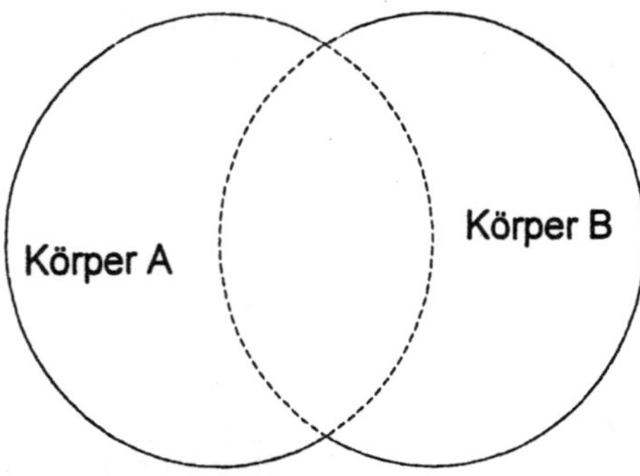

Die Bildungsvorschrift für den erzeugten Körper lautet also Vereinigung=Körper A + Körper B.

Differenz

Die Differenz zweier Körper entsteht durch die Subtraktion einer Körperform von einer anderen. Bedingung ist, daß beide Körper ein klar definiertes Innen und Außen haben.

Abbildung 1.15

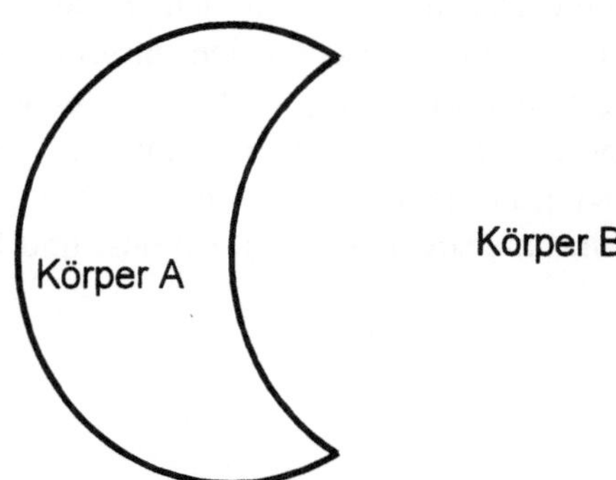

In der Abbildung 1.15 sehen Sie wiederum zwei Kugeln, die sich ebenso durchdringen wie in der Abbildung 1.15. Nur lautet nunmehr die Bildungsvorschrift Körper Differenz = Körper A - Körper B.

Durchschnittsmenge

Die dritte CSG-Operation ist die Durchschnittsmenge bzw. intersection. Sie ist dadurch gekennzeichnet, daß zu ihr die Punkte der beiden Körper gehören, die im Bereich liegen, in dem sich die beiden Körper überlappen.

Abbildung 1.16

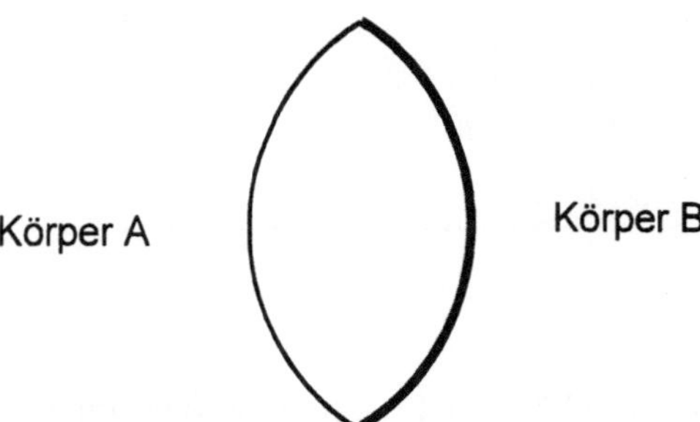

Modellieren mit Polygonen

Wenn es nicht möglich ist, eine bestimmte Körperform aus den oben beschriebenen Grundformen oder durch CSG-Operationen zu erzeugen, wird in der Computergrafik häufig ein Verfahren angewandt, bei dem der gewünschte Körper aus vielen kleinen, aneinander anliegenden Polygonen, also einem Polygonnetz gebildet wird. Je kleiner die dabei verwendeten Polygone sind, desto feinere Strukturen lassen sich modellieren, desto weicher sind die Übergänge zwischen den einzelnen Polygonen. Solche aus Polygonen zusammengesetzten Körper werden in der Regel mit Hilfsprogrammen und seltener „manuell" erzeugt. Körper, die in Raytracing-Programmen intern als Polygonnetze behandelt werden, sind die sogenannten Rotations- und Extrusionskörper.

Rotationskörper

Ein Rotationskörper wird erzeugt, indem ein Linienzug oder eine zweidimensionale Fläche um eine Rotationsachse rotiert wird. Die Fläche, die die Linie beim Rotieren um diese Achse streift, stellt die Oberfläche des Rotationskörpers dar.

Abbildung 1.17

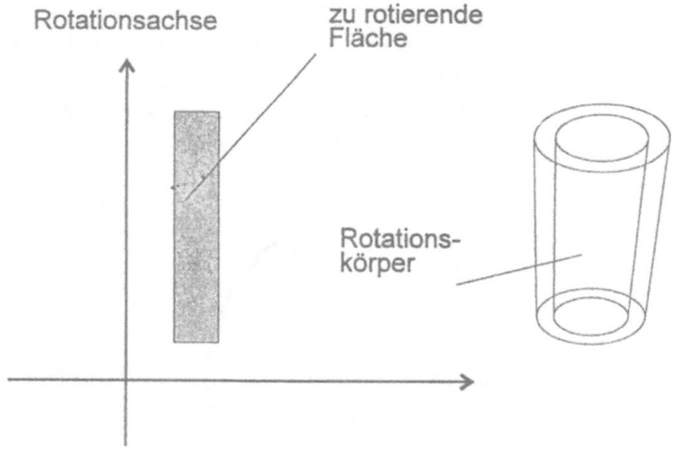

In der Abbildung 1.17 sehen Sie das prinzipielle Vorgehen beim Erzeugen eines Rotationskörpers. Im gezeigten Beispiel soll ein Hohlzylinder erzeugt werden. Dazu wird zunächst die Fläche gezeichnet, die beim späteren Hohlzylinder das Profil der Wand darstellt. Der Abstand der linken Kante der Fläche zur Rotationsachse wird der innere Radius des Hohlzylinders, der Abstand der rechte Kante zur Rotationsachse der äußere Radius. Wenn diese Fläche nun um 360° um die Rotationsachse gedreht wird, beschreibt sie eine Fläche, die dem gezeigten Rotationskörper entspricht.

Extrusionskörper

Ein Extrusionskörper entsteht, indem eine zweidimensionale Fläche entlang einer Achse gezogen wird. Die Fläche, die durch diese Fläche dabei überstrichen wird, bildet die Oberfläche des Extrusionskörpers.

Abbildung 1.18

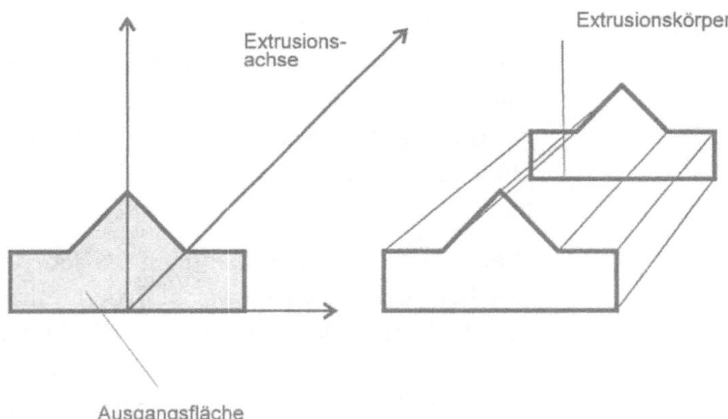

Freiformflächen

Viele Objekte der uns umgebenden Welt lassen sich nur sehr schwer oder gar nicht aus den oben beschriebenen Grundformen fester Körper oder aus Polygonen modellieren. Man stelle sich nur vor, man müßte die geschwungene Form der Karrosserie eines PKW aus solchen Formen zusammenbauen. Für die Erzeugung solcher Körper verwendet man sogenannte Freiformflächen. Diese Freiformflächen bestehen aus einem Netz von Kontrollpunkten, das über eine Fläche gelegt wird. Verändert man nun die Lage dieser Kontrollpunkte, paßt sich die darunterliegende Fläche der neuen Lage der Kontrollpunkte an. Das diesem Verfahren zugrundeliegende mathematische Modell wird als Béziertechnik bezeichnet. Namensgeber war der Franzose Pierre Bézier, der Ende der 60er Jahre diese Art der Modellierung von

Körpern für die Entwicklung von Automobilkarrosserien bei Renault entwickelte.

Höhenfelder

Höhenfelder haben ihre Bezeichnung daher, daß sie häufig verwendet werden, um hüglige Landschaften darzustellen. Um sie erzeugen zu können, benötigt man zunächst eine Grafikdatei. Aus dieser Grafikdatei wird ein Körper erzeugt, indem der Farbindex jedes einzelnen Pixels der Grafik in einen bestimmten Höhenwert umgerechnet wird. Pixel mit einem hohen Index bilden dabei große Höhen. Pixel, deren Indexe gegen Null gehen, bilden gleichsam die Ebene des Höhenfeldes.

Aus jedem Pixel wird also ein Punkt mit einer bestimmten Höhe. Alle so entstandenen Punkte des Höhenfeldes werden anschließend so kombiniert, daß sie die Eckpunkte von vielen kleinen Dreiecken bilden, die die Oberfläche des Höhenfeldes darstellen.

Hierbei ist der Zusammenhang zwischen einer Oberfläche mit weichen Übergängen zwischen den einzelnen Dreiecken und der Auflösung der verwendeten Grafikdatei und der Farbtiefe dieser Datei zu beachten. Aus einer Grafikdatei mit einer Auflösung von 320 x 240 Pixeln können eben nur 76800 Höhenpunkte gebildet werden. Verwendet man hingegen eine Grafik mit 640 x 480 Pixeln, sind es schon 307200 Punkte. Hat eine Grafik nur eine Farbtiefe von 8 Bit, können nur 256 unterschiedliche Höhen abgeleitet werden, hat sie dagegen eine Farbtiefe von 16 Bit, sind maximal 65536 unterschiedliche Höhen möglich. Höhere Auflösungen oder eine höhere Farbtiefe führen zu einem Höhenfeld, das eine wesentlich weichere Oberfläche als ein Höhenfeld hat, das aus einer Grafikdatei mit einer geringen Auflösung oder einer geringen Farbtiefe gebildet wird.

Blobs

Der Begriff *Blob* wird häufig mit Tropfenfigur übersetzt. Und wenn man einen Blick in ein englisch-deutsches Wörterbuch wirft, wird man unter dem Stichwort *Blob* auch *Tropfen* finden. Vermutlich hat man bei der Namensgebung für diese Körperform den alten amerikanischen Science-Fiction-Film „The Blob“ vor

Augen gehabt. Wenn Sie diesen Film kennen, werden Sie nun eine ungefähre Vorstellung von dem haben, was ein Blob ist.

Sollten Sie diesen Film nicht kennen, muß ich versuchen, Ihnen Blobs zu beschreiben. Blobs sind komplexe Körperformen, die aus mehreren einzelnen Komponenten bestehen. Die Grundform jeder Komponente ist ein Punkt. Die Lage dieses Punktes im Raum wird durch den Mittelpunkt definiert. Um diesen Punkt herum befindet sich ein Feld mit einer bestimmten Feldstärke. Die Feldstärke dieses Punktes ist in seinem Mittelpunkt am größten und nimmt nach außen hin immer mehr ab und erreicht am definierten Rand des Körpers den Wert Null.

Ob und wie die einzelnen Komponenten des Blobs sichtbar sind, ist abhängig von dem Verhältnis zwischen dem sogenannten Schwellenwert und der Feldstärke. Alle Punkte, deren Feldstärke größer ist als der Schwellenwert, befinden sich innerhalb des Blobs. Punkte, deren Feldstärke kleiner als der Schwellenwert ist, befinden sich außerhalb des Blobs und sind somit nicht sichtbar. Punkte, deren Feldstärke gleich dem Schwellenwert ist, befinden sich genau auf der Oberfläche des Blobs. Würde der Blob nur aus einer einzigen Komponente bestehen, hätte diese Komponente die Form einer Kugel, mit einem Radius, der dem Punkt entspricht, an dem die Feldstärke gleich dem Schwellenwert ist.

Wird ein Blob aus zwei Komponenten gebildet, deren Radien und damit deren Felder einander überlappen, beeinflussen beide Komponenten einander in ihrer Form. In Abhängigkeit davon, ob die Feldstärke positiv oder negativ ist, ziehen sich die Körper an oder stoßen sich ab. Mathematisch bedeutet das, daß die Feldstärken der einander überlappenden Komponenten addiert und mit dem Schwellenwert verglichen werden. Nach den oben beschriebenen Regeln wird dann entschieden, ob der Punkt zum Körper gehört oder nicht.

Blobs sind ein interessantes Mittel, um unregelmäßige Körperformen zu erzeugen. Es ist jedoch empfehlenswert, dafür ein Hilfsprogramm zu verwenden, das das interaktive Entwerfen von Blobs unterstützt. Wegen der komplizierten Abhängigkeit zwischen der Entfernung zwischen zwei Körpern sowie ihrer Feldstärke und dem Schwellenwert können ansonsten Blobs mit der gewünschten Form nur nach langwierigem Probieren gestaltet werden.

Digitalisierte Körper

Körper, die in einem Raytracing-Programm Verwendung finden sollen, müssen nicht in jedem Fall mühselig mit einem Modellierungsprogramm entworfen werden. Häufig bietet es sich an, bestimmte Objekte mit spezieller Hardware zu digitalisieren. Voraussetzung ist natürlich, daß man Zugang zu diesen recht teuren Geräten hat. Obgleich ich glaube, daß bei Ihnen diese Voraussetzungen nicht gegeben sind, will ich sie dennoch aus Gründen der Vollständigkeit erwähnen.

Die einfachste Möglichkeit der Digitalisierung besteht in der Verwendung eines sogenannten 3D-Digitizers. Eine solches Gerät besteht, ähnlich einem Digitalsiertablett, aus einem elektronischen Stift, mit dem allerdings nicht nur zwei, sondern drei Koordinaten ermittelt werden können. Um einen Körper mit einem 3D-Digitizer zu digitalisieren, wird auf diesen Körper zunächst ein Netz aus Dreiecken oder Vierecken gezeichnet. Der elektronische Stift des Digitizers wird dann auf die Eckpunkte der Flächensegmente gesetzt. Durch einen Knopfdruck werden die Koordinaten dieses Punktes eingelesen. Am Ende des Digitalisierungsvorgangs liegen die Daten des Körpers in digitaler Form, das heißt in Form der Eckpunktkoordinaten vor.

Heute werden zunehmend 3D-Scanner verwendet, um Körper zu digitalisieren. Der zu digitalisierende Körper wird mit einem Laserstrahl rundherum abgetastet. Dabei dreht sich entweder der Körper um seine eigene Achse oder der 3D-Scanner wird um den Körper herumgeführt. Auch bei diesem Verfahren entstehen Daten, die in elektronischer Form weiterverarbeitet werden können.

Farbliche Gestaltung von Objekten

Nachdem die Körper erzeugt wurden, müssen sie in der Regel noch mit einem „Anstrich“ versehen werden. Dazu existieren in der fotorealistischen Computergrafik verschiedene Techniken.

Pigmentierung

Die einfachste Technik ist die Pigmentierung, bei der einem Körper eine einfache Farbe zugewiesen wird. Diese Farbe ist in aller Regel keine „reine“ Farbe, sondern setzt sich aus den drei Komponenten Rot, Grün und Blau zusammen. Wie die Farbe letzten Endes auf dem Körper aussieht, hängt auch von anderen

Faktoren wie der Farbe der Lichtquellen, der Farbe des Umgebungslichtes usw ab.

Imagemapping

Die farbliche Gestaltung eines Körpers kann in einem Raytracing-Programm nicht nur dadurch erfolgen, daß der Körper mit einer Farbe überzogen wird. Viele Programme ermöglichen es, Körper mit einer Grafik zu „verhüllen". Soll beispielsweise eine hölzerne Kugel erzeugt werden, kann man das eingescannte Bild eines Holzmusters verwenden, um mit ihm die Kugel zu verhüllen. Die einzelnen Pixel der verwendeten Grafik werden dabei so positioniert, daß die Kugel vollständig bedeckt ist. Dieses Verfahren wird als *imagemapping* bezeichnet.

Solid Texturing

Während beim *imagemapping* zweidimensionale Grafiken um dreidiemsnionale Körper gelegt wurden, werden beim sogenannten *solid texturing* Oberflächenstrukturen (Texturen) verwendet, die anhand von mathematischen Modellen erzeugt werden. Diese Texturen haben drei Dimensionen. Halbiert man also beispielsweise eine so entstandene Holzkugel, wird man auch im Innern der Kugel die Textur erkennen.

Einführung in die Computeranimation

Wenn wir von *Computeranimationen* sprechen, meinen wir mit Computerunterstützung generierte Bewegungsabläufe. Solche Bewegungsabläufe entstehen, wenn mehrere Einzelbilder erzeugt werden, die sich dadurch voneinander unterscheiden, daß bestimmte Parameter der auf ihnen dargestellten Objekte verändert werden. Werden die Einzelbilder schnell hintereinander abgespielt, entsteht der Eindruck einer fließenden Bewegung. „Schuld" daran ist das menschliche Auge, das wegen seiner Trägheit nicht in der Lage ist, den Wechsel der Einzelbilder zu erfassen und dem Gehirn deshalb einen Film vorgaukelt.

Wir sprechen von *fotorealistischen Computeranimationen*, wenn die Einzelbilder der Animationen fotorealistische Computergrafiken sind. Solchen Computeranimationen begegnet man praktisch täglich beim Fernsehen. Es gibt kaum ein Fernsehhmagazin oder eine Nachrichtensendung, die nicht versuchen, die Aufmerksamkeit der Zuschauer durch aufwendig animierte Intros zu erhaschen.

Furore machte im Frühjahr 1996 der Film „Toy Story“ aus dem Hause PIXAR, der, wie es heißt, der „erste vollständig im Computer entstandene Spielfilm“ ist. Das amerikanische Unternehmen ist aber nicht erst durch diesen Film bekannt geworden. Frühe Beispiele des Schaffens dieses Unternehmens sind der mit einem Oskar prämierte Streifen „Luxo Jr.“ sowie die Kurzfilme „Red's Dream“ und „Tin Toy“. Letztgenannter Film war übrigens das Aha-Erlebnis für den Autor dieses Buches, das ihn zur Beschäftigung mit dem Thema fotorealistische Computergrafik führte. Wenn von gelungenen Beispielen die Rede ist, muß auch der Ende der 80er Jahre an der Universität Karslruhe entstandene Film „Occursus cum novo“ erwähnt werden.

Das Erzeugen von längeren fotorealitischen Computeranimationen ist stets mit einem hohen Hardware-Aufwand verbunden, da schon allein die Berechnung eines einzigen Bildes mehrere Stunden in Anspruch nehmen kann. Wenn man sich vor Augen führt, daß für eine Filmsekunde 24 oder 25 Einzelbilder notwendig sind, kann man ermessen, welchen Aufwand man schon betreiben muß, um eine Animation mit einer Länge von 5 Minuten zu erstellen.

Eine genaue Planung der Animationen und der einzelnen Bewegungsabläufe ist unbedingt notwendig, um unerwünschte Ergebnisse weitgehend zu vermeiden.

Animationstechniken

Um Bewegungsabläufe zu erzeugen, gibt es verschiedene Animationstechniken. Bewegungen können anhand eines sogenannten Bewegungspfades (motion path) erfolgen. Ein Bewegungspfad ist die Beschreibung des Weges, den ein bestimmtes Objekt innerhalb einer bestimmten Zeit bzw. innerhalb einer bestimmten Bildanzahl zurückgelegt haben soll. Solche Pfade entsprechen häufig mathematischen Funktionen. Einige im professionellen Bereich eingesetzte Animationsprogramme ermöglichen das grafisch unterstützte Festlegen des Bewegungspfades direkt am Bildschirm.

Eine weitere Möglichkeit, Bewegungen zu erzeugen, besteht in der sogenannten Schlüsselszenentechnik (keyframing). Der Animateur erzeugt eine Szene, die den Ausgangspunkt einer Bewegung darstellt, und eine Szene, die den Zustand nach Abschluß der zu generierenden Bewegung darstellt. Die Szenen dazwischen werden durch das Animationsprogramm automatisch erzeugt. Die Geschwindigkeit, mit der die so definierte Bewegung erfolgt, hängt davon ab, über wie viele Bilder sich die Bewegung erstrecken soll. Soll sie schnell erfolgen, werden zwischen dem Ausgangs- und dem Endbild wenig Einzelbilder liegen, soll sie langsam erfolgen, werden es viele Bilder sein. Solche Schlüsselszenen können aber nicht nur verwendet werden, um Bewegungen von Körpern zu animieren. Möglich ist es beispielsweise auch die Änderung einer Körperfarbe mit Hilfe von Schlüsselszenen in einer Animation zu generieren.

Zu den komplizierten Animationstechniken gehört die sogenannte inverse Kinematik. Mit ihr ist es möglich, Bewegungen von Objekten in Abhängigkeit von der Bewegung anderer Objekte zu erzeugen. Wenn wir beispielsweise unseren Zeigefinger in Richtung Zimmerdecke strecken, werden die Gelenke, der Unterarm und der Oberarm ebenfalls angehoben. Der Winkel zwischen Unter- und Oberarm und die Lage der Gelenke verändern sich. In Animationsprogrammen, die inverse Kinematik unterstützen, werden diese komplizierten Zusammenhänge erkannt und bei der Bewegung berücksichtigt.

Speicherung von Animationen

Als Standardformat für das Abspeichern von Computeranimationen hat sich das von der Firma Autodesk entwickelte FLIC-Format (Dateiendung *fli* oder *flc*) entwickelt. Dieses Format hat den Vorteil, daß in ihm nicht jedes einzelne Bild gespeichert wird, sondern nur die Unterschiede zwischen zwei aufeinanderfolgenden Bildern. Für das Abspielen von Animationen, die in diesem Format abgespeichert wurden, gibt es verschiedene Programme, die in der Regel kostenfrei oder gegen einen geringen Betrag zu beziehen sind. Mit den inzwischen recht verbreiteten Videobearbeitungsprogrammen wie *Premiere* von Adobe können FLIC-Dateien weiterberarbeitet werden. Das bedeutet, daß sie in andere Videos eingebunden, mit anderen Animationen zusammengeschnitten und sogar vertont werden können.

2. Teil - Persistence of Vision Raytracer

2 Das Raytracing-Programm POV-Ray

Die Abkürzung POV steht für **P**ersistence **o**f **V**ision. Man könnte diesen Begriff mit „Trägheit des Auges" übersetzen. Diese Trägheit macht man sich ja beispielsweise bei Filmen zunutze. Ein Film wird mit 25 Bildern pro Sekunde aufgenommen und später im Kino oder im Fernsehen mit der gleichen Geschwindigkeit abgespielt. Das menschliche Auge ist jedoch nicht in der Lage, die einzelnen Bilder zu erfassen. Im Gehirn entsteht der Eindruck einer fließenden Bewegung. Dieser Effekt tritt natürlich beim Betrachten eines Einzelbildes nicht auf.

POV-Ray in CompuServe und Internet

POV-Ray ist ein Programm, das der Kategorie „Freeware" angehört. Es kann also frei verwendet und unverändert weitergegeben werden. Für die Weitergabe und die Weiterverwendung des Programms sind die durch die Autoren des Programms aufgestellten Copyrightbedingungen einzuhalten. Neben seiner Leistungsstärke hat POV-Ray den großen Vorteil, daß für nahezu alle Betriebssysteme offizielle Programmversionen existieren. Das Programm wird durch ein Team entwickelt, das seine Heimstatt im CompuServe-Forum „POVRAY" gefunden hat. Wenn Sie Interesse am Raytracing gefunden haben und den Gedankenaustausch mit Gleichgesinnten suchen, sollten Sie diesem Forum einen Besuch abstatten. Dort finden Sie auch mit POV-Ray erzeugte Bilder, neue POV-Ray-Versionen, Versionen für verschiedene Betriebssysteme, Utilities zu POV-Ray sowie weitere Informationen und Raytracing-Programme. Darüber hinaus finden Sie Informationen zu POV-Ray im Internet unter der Adresse *http://www.povray.org*.

POV-Ray - Installation

Wenn wir über die Installation sprechen, meinen wir in erster Linie die Installation der MS-DOS-Version. Die Versionen für andere Betriebssysteme können geringfügig abweichen.

Die Installation von POV-Ray ist schnell und unkompliziert erledigt. Kopieren Sie die Datei POVMSDOS.EXE in ein temporäres

Verzeichnis. Starten Sie diese Datei, die ein selbstentpackendes Archiv darstellt. Nach dem Entpacken aller Dateien rufen Sie das Installationsprogramm mit

```
install <Return>
```

auf. Folgen Sie zur Installation den Anweisungen am Bildschirm. Standardmäßig wird das Programm im Verzeichnis *POVRAY3* installiert, das zusammen mit allen Unterverzeichnissen durch das Installationsprogramm erzeugt wird. Zum Abschluß der Installation werden Sie gefragt, ob die *autoexec.bat* automatisch aktualisiert werden soll. Diese Frage sollten Sie bejahen und Ihren Computer anschließend neu starten, um die dort gemachten Änderungen wirksam werden zu lassen.

Im Prinzip wäre damit die Installation von POV-Ray beendet. Da mir innerhalb des POVRAY-Verzeichnisses ein Verzeichnis fehlte, in dem die fertigen Bilder abgespeichert werden können, habe ich unterhalb von *POVRAY3* das Verzeichnis *images* angelegt. Wenn Sie die folgenden Beispiele nachvollziehen wollen, empfehle ich Ihnen, auch so ein Verzeichnis anzulegen.

Um die Arbeit mit dem Programm etwas komfortabler zu machen, werden wir eine Batchdatei erzeugen, die wir im weiteren Verlauf dieses Teils verwenden werden, um die durch uns erzeugten Szenerien zu rendern. Starten Sie also einen beliebigen Editor und erzeugen Sie dort die Datei *pov.bat*, die Sie unten finden.

```
rem pov.bat
rem Batch-Programm zum Starten von POV-Ray
rem
povray beispiel.ini -i%1.pov -oc:\povray3\images\%1
```

Speichern Sie diese Datei im Verzeichnis *povray3*. Dieses Batchprogramm wird zusammen mit der Bezeichnung der Szenedatei aufgerufen. Die Aufgabe dieses Programms ist es, POV-Ray zu starten, die angegebene Szenedatei abzuarbeiten, die Grafik unter der Bezeichnung der Szenedatei zu speichern und die in der Datei *beispiel.ini* verwendeten Optionen zu verwenden. Ich empfehle Ihnen, die Datei *beispiel.ini* so wie von mir unten vorgeschlagen zu übernehmen und in Ihrem POV-Ray-Verzeichnis zu speichern. Sollten Sie andere Bezeichnungen für Ihre Verzeichnisse verwendet haben, müssen Sie diese Bezeichnungen in der Datei *beispiel.ini* verwenden.

```
; Initialisierungsdatei für die Beispiele
; Bildbreite in Pixeln
Width = 320
;Bildhöhe in Pixeln
Height = 240
;
; Vorschaubild wird bis zu einem Tastendruck
; angezeigt
Pause_when_Done = on
;
; Schwellwert für das automatic bounding
Bounding_Threshold = 10
;
; Rendervorgang kann jederzeit durch einen Tasten
; druck abgebrochen werden
Test_Abort=On
;
; Bibliothekspfade, in denen POV-Ray nach benötigten
; Dateien suchen soll.
; Es werden hier bereits die Pfade angegeben, die bei
; der Arbeit mit Moray wichtig sind.
Library_Path=C:\POVRAY3
Library_Path=C:\POVRAY3\include
library_Path=c:\moray\raw
library_Path=c:\moray
library_Path=c:\moray\povscn

; Qualität der Vorschau
+DGT

; Ausgabeformat
Output_to_File = on
Output_File_Type = T
```

Auch wenn Sie den Inhalt der Datei *beispiel.ini* noch nicht verstehen, sollten Sie an dieser Stelle einfach meinen Vorschlägen folgen, damit die Vorbereitungsarbeiten schnell abgeschlossen sind und wir sofort dazu übergehen können, das erste Bild mit POV-Ray zu erzeugen. Eine vollständige Aufstellung aller Parameter finden Sie im Anhang 1.

```
; [illegible] für die Beispiele [illegible]
; Bildbreite in Pixeln
Width = 320
; Bildhöhe in Pixeln [illegible]
Height = 240

; Nach [illegible] wird bis zu einem Tastendruck
; angezeigt
Pause_when_Done = on

;
; Schwellwert für das automatic bounding
Bounding_Threshold = 20

; Berechnung kann jederzeit durch einen Tasten-
; druck abgebrochen werden
Test_Abort=on

; Bibliotheksverzeichnisse, in denen POV-Ray nach benötigten
; Dateien suchen soll.
; Es wurden hier bereits die Pfade angegeben, die bei
; der Arbeit mit Moray sinnvoll sind.
Library_Path=c:\POVRAY3
Library_Path=c:\POVRAY3\include
Library_Path=c:\moray\raw
Library_Path=c:\moray
Library_Path=c:\moray\[illegible]

; Qualität der Vorschau
+Q[illegible]

; Ausgabeformat
Output_[illegible]
Output_File_Type = T
```

Auch wenn Sie den Inhalt der Datei [illegible] noch nicht verstehen, sollten Sie an dieser Stelle [illegible] Vorschlägen folgen, damit die Vorbereitungsarbeiten schnell abgeschlossen sind und wir sofort [illegible] können, das erste Bild mit POV-Ray [illegible] und vollständige Erläuterung aller Parameter finden Sie im Anhang.

3 Das erste Bild

Beim Raytracing wird, wie bereits gesagt, gewissermaßen ein Foto einer durch uns geschaffenen Welt gemacht. Das bedeutet, daß für jedes mit einem Raytracer erzeugte Bild zunächst die zu "fotografierende" Welt geschaffen werden muß. Diese "Welt" bezeichnet man im Zusammenhang mit POV-Ray und anderen Raytracing-Programmen im allgemeinen als Szene. Um die Szene sehen zu können, muß sie beleuchtet werden. In dieser Szene muß eine Kamera an einer geeigneten Stelle vorhanden sein, um einen Schnappschuß der Szene zu machen.

In der ersten Übung soll eine Kugel auf eine ebene Fläche gestellt werden.

Wie bereits oben erwähnt, beginnt die Erzeugung eines fotorealistischen Bildes mit der Beschreibung der zu fotografierenden Welt, der Szene. Dafür stellt uns POV-Ray eine leistungsfähige Szenebeschreibungssprache zur Verfügung. Mit dieser Sprache definieren wir, wo sich welches Objekt mit welchen Oberflächeneigenschaften befindet.

Um eine Szene schreiben zu können, benötigen Sie einen Texteditor. Das zu MS-DOS gehörende Programm *Edit* ist im Prinzip ausreichend. Sie können aber auch ein beliebiges Textverarbeitungsprogramm verwenden, das in der Lage ist, Texte im ASCII-Format zu exportieren.

Am besten ist es, einen Editor zu benutzen, der speziell für den Einsatz mit POV-Ray geschrieben wurde. Anwender der Windows-Version werden einen hervorragend geeigneten Editor gleich mitgeliefert bekommen.

Der erste Schritt bei der Erschaffung der Szene besteht darin, Objekte innerhalb der Szene zu positionieren. Dazu bedienen wir uns eines dreidimensionalen Koordinatensystems.

Abbildung 3.1
Das POV-Ray-Koordinatensystem

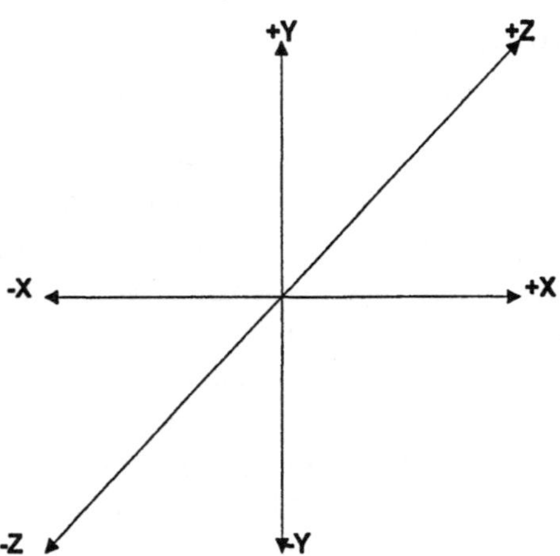

Wie Sie sehen, unterscheidet sich das in POV-Ray verwendete Koordinatensystem von Systemen, die in CAD-Programmen Verwendung finden. Man spricht von einem linkshändigen Koordinatensystem. Die Bezeichnung kommt daher, daß Sie mit Hilfe des Daumens, des Zeige- und des Mittelfingers Ihrer linken Hand bestimmen können, wie die drei Achsen des Koordinatensystems verlaufen. Um das Prinzip zu verstehen, stellen Sie sich die drei Achsen des Koordinatensystems vor. Richten Sie den Daumen Ihrer linken Hand nun so aus, daß er waagerecht liegt und nach rechts zeigt. Den Zeigefinger und den Mittelfinger richten Sie nun so aus, daß die beiden Finger und der Daumen senkrecht zueinander stehen. Der Zeigefinger und der Daumen liegen in der Ebene des Handrückens. Damit haben Sie ein linkshändiges Koordinatensystem erzeugt. Der Daumen steht dabei für die positive X-Achse, der Zeigefinger für die positive Y-Achse und der Mittelfinger für die positive Z-Achse. Das beschriebene Verfahren ist besonders hilfreich, wenn festgestellt werden soll, ob die Drehung eines Körpers um eine oder mehrere Achsen des Koordinatensystems in positiver oder negativer Richtung erfolgen muß, um einen gewünschten Effekt zu erzielen. Dabei gehen Sie folgendermaßen vor: Richten Sie den Daumen Ihrer linken Hand so aus, daß er in die positive Richtung der Achse zeigt, um die Sie einen Körper drehen wollen. Krümmen Sie nun leicht die linke Hand. Die Fingerspitzen zeigen nun die Richtung einer Rotation mit einem positiven Drehwinkel an.

Rechtshändiges Koordinatensystem

Zusammenfassend kann also gesagt werden, daß in POV-Ray die X-Koordinate für die Breite, die Y-Koordinate für die Höhe und die Z-Koordinate für die Tiefe eines Objektes stehen. Es ist selbstverständlich möglich, auch in POV-Ray ein Koordinatensystem zu verwenden, bei dem die Z-Achse für die Höhe eines Objektes steht. Mir scheint jedoch ein solches Vorgehen nicht sinnvoll zu sein, da bestimmte POV-Ray-Operationen so definiert sind, daß sie ein Koordinatensystem voraussetzen, bei dem die Y-Achse die Höhe darstellt. Entscheidet man sich für die Z-Achse als Höhenachse, müssen bestimmte Operationen auf die neuen Koordinatenverhältnisse umgerechnet werden. Das im 3. Teil des Buches besprochene Modellierprogramm verwendet allerdings die Z-Achse als Höhenachse, rechnet aber sämtliche Szenen für den Einsatz mit POV-Ray um.

Wie Sie festlegen können, welche Achse für die Höhe steht, werden Sie im Abschnitt "Kamera" kennenlernen.

Die Maßeinheit in POV-Ray ist die "Einheit". Es handelt sich dabei um einen relativen Wert, der sich nicht in Metern oder Zentimetern ausdrücken läßt, sondern nur das Größenverhältnis der Objekte untereinander und Entfernungen zwischen ihnen ausdrückt. Wenn Sie mit dieser Einheit nicht klarkommen, können Sie natürlich für sich selbst definieren, daß eine Einheit einem Zentimeter oder einem Meter entspricht.

Jedes Objekt kann mit Hilfe der Koordinaten x,y,z innerhalb der Szene positioniert werden. Diese Koordinaten beziehen sich dabei auf den Mittelpunkt des dreidimensionalen Körpers.

Definieren wir also zunächst eine Kugel mit einem Radius von 1 Einheit, die sich genau im Koordinatenursprung, also an den Koordinaten 0,0,0 befindet.

```
sphere{<0,0,0>,1}
```

Erläuterung:

Mit dem Schlüsselwort *sphere* weisen wir POV-Ray an, daß wir eine Kugel definieren möchten. *sphere* gehört zu den in der Datei *shapes.inc* vordefinierten Körpern. Wenn wir diesen Schlüsselbegriff verwenden wollen, müssen wir POV-Ray anweisen, sich die Informationen zum Erzeugen dieses Körpers aus dieser Datei zu holen bzw. diese Datei für den Raytrace-Prozeß zu nutzen. Dazu schreiben wir an den Anfang der Textdatei die Anweisung:

```
#include "shapes.inc"
```

Der Ausdruck *<0,0,0>* ist die Koordinate des Kugelmittelpunktes. Der Wert *1* steht für einen Radius von 1 Einheit. Zu beachten ist, daß die Anweisungen für die Beschreibung der Kugel in geschweiften Klammern stehen.

Unsere Definition ergänzen wir nun durch Angaben zur Farbe bzw. zur Oberflächenstruktur. Viele Farben und Oberflächenstrukturen (Texturen) sind in den beiden Dateien *colors.inc* und *textures.inc* vordefiniert.

Wie schon bei der Körperdefinition müssen wir POV-Ray anweisen, diese beiden sogenannten Include-Dateien während des Rendern zu nutzen. Wir ergänzen also den Anfang unserer Datei durch folgende zwei Zeilen:

```
#include "colors.inc"
#include "textures.inc"
```

Verwendung von Include-Dateien

Include-Dateien sind im Prinzip auch Szenebeschreibungsdateien. Enthält eine Szenedatei eine *include*-Anweisung, wird die Datei mit dem in dieser Anweisung stehenden Dateinamen durch POV-Ray geöffnet. Die in dieser Datei stehenden Anweisungen werden dann so behandelt, als würden sie in der Szenedatei selbst an eben dieser Stelle stehen. Solche Include-Dateien bieten sich an, um Teile von Szenebeschreibungen so abzulegen, daß sie auch in anderen Szenen einfach verwendet werden können. Umfangreiche Szenebeschreibungen kann man in mehrere kleine Dateien "zerlegen" und diese Dateien beim Rendern mit der include-Anweisung aufrufen. Sie werden im 3. Teil dieses Buches sehen, daß Moray zum Beispiel beim Export von Szenen für jede Szene immer eine Szenedatei mit der Dateiendung *pov* und eine Include-Datei mit der Endung *inc* erzeugt.

Zu den sogenannten Include-Dateien sei noch angemerkt, daß Sie innerhalb einer Szenedatei beliebige viele Include-Dateien aufrufen können, die auch verschachtelt sein können. Das heißt, daß eine Include-Datei auch eine andere Include-Datei aufrufen kann. Die Verschachtelungstiefe kann allerdings maximal 10 betragen. Include-Dateien müssen spätestens vor dem Objekt in der Szenebeschreibung auftauchen, in dem in ihnen enthaltene Anweisungen verwendet werden. Der Übersichtlichkeit halber empfiehlt es sich allerdings, alle in einer Szenebeschreibung benötigten Include-Dateien an den Anfang zu stellen.

Wir wollen nun der Kugel die Farbe Rot zuweisen. Dafür wird die Kugeldefinition folgendermaßen verändert:

```
sphere{<0,0,0>,1
texture{pigment{ color Red}}
}
```

Der Ausdruck in den eckigen Klammern enthält die Koordinaten des Kugelmittelpunktes. Anwender von früheren POV-Ray-Versionen beachten bitte die Kommata zwischen den Werten, die ab der Version 2.2 obligatorisch sind.

Zuweisen einer Farbe

Die Zeile

```
texture{pigment{ color Red}}
```

stellt die einfachste Farbdefinition dar. Das Schlüsselwort *texture* leitet den Prozeß der Farb- bzw. Oberflächengestaltung ein. Da wir im ersten Beispiel nur eine Farbe und keine Textur verwenden, folgt dem Schlüsselwort nach der geschweiften Klammer das Schlüsselwort *pigment*, das auf eine Farbdefinition hinweist. Das eigentliche Zuweisen der Farbe erfolgt durch den wiederum in geschweiften Klammern stehenden Ausdruck *color Red*. Sie können natürlich auch andere in *colors.inc* vordefinierte Farben verwenden. Eine weitere Möglichkeit der Farbzuweisung besteht darin, keine vordefinierten Farben, sondern eigene Farbmischungen zu verwenden. Solche Farbmischungen werden folgendermaßen definiert:

```
texture{pigment{color red x blue x yellow x}}
```

Das *x* steht dabei für einen Wert zwischen 0 und 1. Beachten Sie bitte die unterschiedliche Groß- und Kleinschreibung der Farbbezeichnungen. Wenn Sie Farbtöne verwenden, die in der Datei *colors.inc* definiert sind, dann werden die Anfangsbuchstaben der Bezeichnungen stets groß geschrieben. Wenn Sie eigene Farbtöne mischen und dafür die oben gezeigte Definition verwenden, werden die Bezeichnungen der drei Komplementärfarben immer in kleinen Buchstaben geschrieben.

Wenn Sie einem Objekt keine Textur, sondern nur eine Farbe zuweisen wollen, können Sie die Definition verkürzen und folgendes schreiben:

```
pigment{color <Farbname>}
```

Farbname ist dabei die Bezeichnung eines in der Datei *colors.inc* vordefinierten Farbtons.

Das nächste zu definierende Objekt ist die grüne Fläche, auf der die Kugel ruhen soll. Die komplette Definition der Fläche sieht so aus:

```
//Fläche
plane{<0,1,0>,-1
texture{pigment {color Green}}}
```

Die Definition der Fläche wird durch das Schlüsselwort *plane* eingeleitet. Nach der öffnenden geschweiften Klammer folgen in eckigen Klammern die Angaben zur Lage der Fläche. Im Gegensatz zur Definition der Kugel wird bei der Definition der Fläche nicht die Lage der Fläche im Raum, sondern ihre Ausrichtung definiert. Was das konkret bedeutet, werden Sie im 3. Kapitel ausführlich kennenlernen. An dieser Stelle sollten Sie die Definition der Fläche so, wie von mir vorgeschlagen, übernehmen. Die Zahl *-1* veranlaßt, daß die gesamte Fläche um eine Einheit nach unten "abgesenkt" wird. Das ist deshalb notwendig, da unsere Kugel so definiert wurde, daß sich ihr Mittelpunkt am Koordinatenursprung befindet und sie einen Radius von einer Einheit hat. Der tiefste Punkt der Kugel befindet sich demzufolge eine Einheit unter dem Koordinatenursprung. Damit die Kugel auf der Fläche liegt und sie nicht durchdringt, muß die Fläche entweder eine Einheit tiefer gesetzt werden, oder die Kugel muß um eine Einheit angehoben werden. Ich habe mich für das "Tieferlegen" der Fläche entschieden.

Nach dem Positionieren der Fläche wird ihr eine Farbe zugewiesen. Die Anweisung:

```
texture{pigment {color Green}}
```

sollte Ihnen nun schon verständlich sein. Bis auf den Farbnamen *Green* ist sie mit der Farbanweisung der Kugeldefinition identisch.

Obwohl wir jetzt der Kugel und der Fläche eine Farbe zugewiesen haben, wären sie auf dem gerenderten Bild nicht zu sehen. Zu einem wären sie in Dunkelheit gehüllt, da wir keine Lichtquelle definiert haben, und zum anderen benötigen wir auch noch eine Kamera, die das Foto unserer Szene "schießen" soll.

Definition einer Lichtquelle

Beginnen wir mit der Definition der Lichtquelle. Sie könnte so aussehen:

```
light_source{<0, 100,-100> color White}
```

Das Schlüsselwort für die Definition der Lichtquelle ist *light_source*. Der Ausdruck *<0, 100,-100>* positioniert die Lichtquelle. Sie befindet sich also 100 Einheiten über und 100 Einheiten vor dem Koordinatenursprung. Als Farbe ist Weiß definiert. Weißes Licht ist das hellste Licht in POV-Ray. Die Lichtquellendefinition kann noch detaillierter sein. Doch dazu mehr in den nächsten Beispielen.

Definition der Kamera

Fehlt zum Schluß noch die Definition der Kamera.

```
camera {
 location  <0.0, 0.0, -4.0 >
 direction <0.0, 0.0, 1.0 >
 up        <0.0, 1.0, 0.0 >
 right     <1.333, 0.0, 0.0 >
 look_at   <0.0, 0.0, 0.0 >
}
```

Eingeleitet wird die Definition durch das Schlüsselwort *camera*. Durch die *location*-Anweisung wird die Kamera innerhalb der Szene positioniert. In unserem Beispiel befindet sie sich also an den Koordinaten 0, 0, -4. Die Anweisung *direction* definiert die Brennweite der Kamera. Dabei erhöhen Werte >1 die Brennweite (Teleobjektiv), und Werte <1 verringern die Brennweite (Weitwinkelobjektiv). Mit der Anweisung *up* wird definiert, entlang welcher Koordinatenachse sich das "Oben" der Szene befindet. In unserem Fall also in positiver Y-Achse. Würde diese Anweisung lauten

```
up <0.0, 0.0,1.0>
```

würden wir ein rechtshändiges Koordinatensystem erzeugen. Die Z-Achse definiert in diesem Fall die Höhe.

Mit der Anweisung *right* wird zusammen mit dem Wert der *up*-Anweisung das Seitenverhältnis des fertigen Bildes definiert. Es beträgt also in unserem Fall 1,3333 : 1 und entspricht damit dem gängigen Bildformat von 4:3 auf IBM-kompatiblen Computern (Bildauflösungen von beispielsweise 320 x 240, 640 x 480 oder 800 x 600). Die letzte Anweisung *look_at* dreht die Kamera und richtet sie auf die in dieser Anweisung stehenden Koordinaten aus.

Die Definition der Kamera kann um eine weitere Anweisung ergänzt werden. Es handelt sich dabei um die Anweisung *sky*. Die *sky*-Anweisung enthält einen Vektor, der die Neigung der Kamera definiert. Standardmäßig verwendet POV-Ray die Anweisung

```
sky<0,1,0>
```

Um die Wirkung des *sky*-Vektors zu verstehen, müssen wir uns deutlich machen, wie eine Kamera durch POV-Ray behandelt wird. Mit der *location*-Anweisung wird die Kamera im Raum positioniert. Anschließend wird die Kamera gedreht, so daß sie auf den in der *look_at*-Anweisung definierten Punkt zeigt. Die Kamera wird dann so lange gekippt, bis ihre Hochachse mit dem in der *sky*-Anweisung definierten Vektor übereinstimmt. Wir haben gesagt, daß standardmäßig *sky<0,1,0>* verwendet wird. Die Kamera wird also immer so ausgerichtet, daß ihre Hochachse mit der Y-Achse übereinstimmt.

Abbildung 3.2 Kamera vor dem Ausrichten

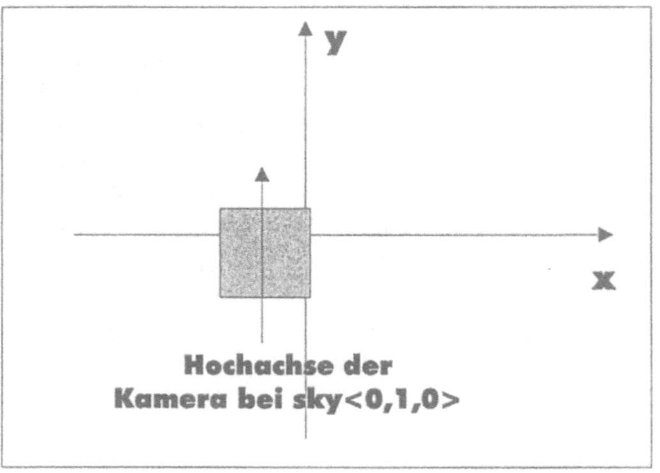

Würde die *sky*-Anweisung lauten:

```
sky<0.5,1,0>
```

würde die Hochachse der Kamera so ausgerichtet werden, daß sie mit dem Vektor zwischen dem Koordinatenursprung und den Koordinaten X=0.5 und Y=1.0 übereinstimmt.

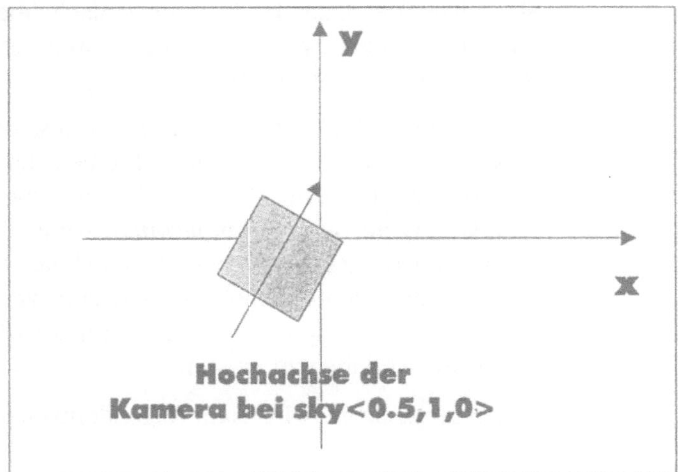

Abbildung 3.3
Kamera nach dem Ausrichten

Das gerenderte Bild würde dann so aussehen, als wäre es aus dem Cockpit eine Flugzeugs im Kurvenflug aufgenommen.

Wenn Sie solche Effekte nicht wünschen, können Sie innerhalb der Kameradefinition auf die *sky*-Anweisung verzichten.

Um dem ersten Bild ein noch besseres Aussehen zu verschaffen, habe ich die Szene um ein weitere Element erweitert. Würden wir die Szene so rendern, wie sie bisher beschrieben ist, erhielten wir eine auf einer grünen Fläche ruhende rote Kugel. Beide Objekte würden sich vor einem schwarzen Hintergrund befinden. Dieser schwarze Hintergrund soll nun durch einen Himmel ersetzt werden. Während man sich in früheren POV-Ray-Versionen noch damit behelfen mußte, daß man die gesamte Szene in eine riesige Kugel gesetzt hat, kann man nunmehr durch die Verwendung der *sky_sphere*-Anweisung schnell einen Himmel erzeugen.

```
//Hintergrundgestaltung
sky_sphere{
pigment{ gradient y
color_map{
[0.2 color LightSteelBlue]
[1.0 color Blue]}}
}
```

Diese Definition wird Ihnen im Moment noch völlig unklar sein. Sie sollten sie daher im Moment einfach übernehmen und auf die Erläuterungen warten, die Sie im weiteren Laufe diese Teils des Buches bekommen werden.

Um Ihr erstes Bild mit einem Himmel auszustatten, können Sie diese Zeilen in Ihre Szenedatei schreiben. Eine elegantere Möglichkeit besteht darin, diese Zeilen in eine Include-Datei zu schreiben (zum Beispiel *himmel.inc*). Wenn Sie in Ihre Szenedateien dann die Zeile *#include "himmel.inc"* setzen, können Sie den so definierten Himmel immer wieder verwenden, ohne die vollständige Definition des Himmels immer wieder in Ihren Szenedateien schreiben zu müssen.

Das gesamte Szene wird dann folgendermaßen beschrieben:

```
//Bild3_1

//Einbindung der benötigten Include-Dateien
#include "colors.inc"
#include "textures.inc"
#include "shapes.inc"
#include "himmel.inc"

//Definition der Kamera
camera {
 location  <0.0, 0.0, -4.0 >
 direction <0.0, 0.0, 1.0 >
 up        <0.0, 1.0, 0.0 >
 right     <1.333, 0.0, 0.0 >
 look_at   <0.0, 0.0, 0.0 >
}

// Kugeldefinition
 sphere {<  0 ,  0 ,  0 >, 1
 texture{ pigment {color Red}}
}

//Fläche
plane{<0,1,0>,-1
texture{pigment {color Green}}}

// Lichtquelle
  light_source{<-1 ,  5 , -10  > color White }
```

Kommentare

In dem oben dargestellten Listing werden Ihnen vor einigen Zeilen die Zeichen "//" auffallen. Diese Zeichen leiten einen Kommentar ein. Der Inhalt der Zeile wird von POV-Ray ignoriert. Sie sollten Szenebeschreibungen ausführlich mit Kommentaren versehen, denn sie machen damit eine Szenebeschreibung für sich oder für Freunde, denen Sie Ihre Szenebeschreibung weitergeben wollen, leichter verständlich. Aus eigener Erfahrung kann ich sagen, daß es selbst nach wenigen Wochen schwierig ist, eine Szene zu bearbeiten, wenn man mit Kommentaren zu geizig war.

Wenn Sie mehrzeilige Kommentare in Ihre Szenebeschreibung einfügen wollen, müssen Sie jedoch nicht jede Zeile mit "//" einleiten. Für mehrzeilige Kommentare bietet POV-Ray die Befehle "/*" und "*/ " an. Mit "/*" wird ein Kommentar eingeleitet und mit "*/" beendet. Alles, was zwischen diesen beiden Zeichengruppen steht, wird von POV-Ray ignoriert.

Das erste Bild ist nun in einer Form beschrieben, die POV-Ray versteht und abarbeiten kann.

Speichern Sie nun die Datei. Ich habe die Dateibezeichnung *bild3_1.pov* gewählt.

Die Bilderzeugung

Wenn Sie das Listing abgespeichert haben, können Sie diese Szene durch POV-Ray rendern lassen. Wenn Sie die weiter oben beschriebene Datei *pov.bat* angelegt haben, geben Sie jetzt am DOS-Prompt folgendes ein:

```
pov bild3_1
```

Bestätigen Sie diese Eingabe mit <Enter>. POV-Ray beginnt nun mit der Generierung des Bildes. Das Programm verwendet dabei die in den Dateien *pov.bat* und *beispiel.ini* eingestellten Parameter.

Kameraeinstellungen in POV-Ray

Im Beispiel *bild3_1.pov* haben wir die Grundform der *camera*-Anweisung verwendet, die Anwender frühere POV-Ray-Versionen auch so kennen. Mit der aktuellen Version 3.0 beherrscht POV-Ray weitaus ausgefeiltere Kameraeinstellungen, die in diesem Abschnitt besprochen werden sollen.

Vollständig müßte die *camera*-Anweisung in POV-Ray folgendermaßen aussehen:

```
camera {
  [ perspective | orthographic | fisheye |
  ultra_wide_angle | omnimax | panoramic |
  cylinder FLOAT ]
  location <x,y,z>
  look_at <x,y,z>
  right <x,y,z>
  up <x,y,z>
  direction <x,y,z>
  sky <x,y,z>
  right <x,y,z>
  angle Winkel
  blur_samples Wert
  aperture Wert
  focal_point <x,y,z>
  normal { Normalenanweisungen }
  }
```

Ich beziehe mich bei den folgenden Erläuterungen nur auf die Anweisungen und Parameter, die oben noch nicht besprochen wurden.

Kameraprojektionen

POV-Ray unterstützt mehrere Varianten, ein Bild durch eine Kamera aufzunehmen. Es simuliert, wenn Sie so wollen, verschiedene Linsen- und Objektivtypen, die Sie in der Kameradefinition in den eckigen Klammern finden. Pro Kameradefinition können Sie natürlich nur eine Projektionsart definieren. Standardmäßig verwendet POV-Ray die perspektivische Projektion. Wir haben oben bereits festgestellt, daß der durch die Kamera aufgenommene Auschnitt der Szene durch den Winkel des Vektors *direction* bestimmt wird. Werte, die größer als 1 sind, simulieren ein Teleobjektiv, Werte, die kleiner als 1 sind, ein Weitwinkelobjektiv. Der Winkel kann aber auch durch die Anweisung *angle Winkel* explizit angegeben werden. Bei der perspektivischen Projektion liegt der Winkel, unter dem eine Szene betrachtet wird, zwischen 0 und 180 Grad.

Während bei der perspektivischen Projektion die Sichtstrahlen strahlenförmig vom Kamerastandpunkt ausgehen, werden bei der orthogonalen Projektion die Sichtstrahlen parallel zueinander ausgesandt.

Diese Art der Projektion wird erzeugt, indem innerhalb der Kameradefinition das Schlüsselwort *orthographic* verwendet wird. Lassen Sie uns die Kamerdefinition des Beispiels *bild3_1.pov* wie unten gezeigt ändern:

```
 //Definition der Kamera
camera {
orthographic
 location  <0.0, 0.0, -4.0 >
 direction <0.0, 0.0, 1.0 >
 up        <0.0, 3.0, 0.0 >
 right     <4, 0.0, 0.0 >
 look_at   <0.0, 0.0, 0.0 >
}
```

Speichern Sie die Datei unter *bild3_2.pov*, und sehen Sie sich die Wirkung dieser Anweisung nach dem Rendern an.

Eine aus der Fotografie bekannte Projektionsart ist die Fischaugenprojektion, bei der ein Bild so aufgenommen wird, als würde man durch den Spion an der Wohnungstür sehen. Die aufzunehmende Szene wird gewissermaßen auf eine Kugel projiziert. Der Aufnahmewinkel bei der Fischaugenprojektion liegt zwischen 180 und 360 Grad. In POV-Ray wird eine solche Projektion erzeugt, indem der *camera*-Definition das Schlüsselwort *fisheye* und die *angle*-Anweisung hinzugefügt werden. Ersetzen Sie zur Veranschaulichung in der Datei *bild3_2.pov* die Kameradefinition durch folgendes Listing, und speichern Sie die Szene als *bild3_3.pov* ab.

```
//Definition der Kamera
camera {
fisheye
 location  <0.0, 0.0, -4.0 >
 direction <0.0, 0.0, 1.0 >
 up        <0.0, 1.0, 0.0 >
 right     <1.33, 0.0, 0.0 >
 look_at   <0.0, 0.0, 0.0 >
angle 180
}
```

Eine Variante der Fischaugenprojektion ist die sogenannte Omnimax-Projektion, bei der die Szene unter einem Winkel von 180 Grad aufgenommen und in vertikaler Richtung gestaucht wird. Die Wirkung dieser Anweisung sehen Sie, wenn Sie die Kameradefinition aus *bild3_1.pov*, wie unten zu sehen, ändern und die Szene als *bild3_4.pov* speichern.

```
//Definition der Kamera
camera {
omnimax
 location  <0.0, 0.0, -4.0 >
 direction <0.0, 0.0, 1.0 >
 up        <0.0, 1.0, 0.0 >
 right     <1.333, 0.0, 0.0 >
 look_at   <0.0, 0.0, 0.0 >
}
```

Eine Ultraweitwinkelprojektion kann in POV-Ray simuliert werden, indem das Schlüsselwort *ultra_wide_angle* verwendet wird. Mit der *angle*-Anweisung muß angegeben werden, unter welchem die Szene betrachtet werden soll. Um die Wirkung dieser Anweisungen zu sehen, manipulieren wir erneut die Kameradefinition aus der Datei *bild3_1.pov*, ändern Sie wie folgt und speichern die Datei als *bild3_4.pov*.

```
//Definition der Kamera
camera {
ultra_wide_angle
 location  <0.0, 0.0, -4.0 >
 direction <0.0, 0.0, 1.0 >
 up        <0.0, 1.0, 0.0 >
 right     <1.33, 0.0, 0.0 >
 look_at   <0.0, 0.0, 0.0 >
angle 180
}
```

Ohne Schwierigkeiten lassen sich mit POV-Ray auch Panoramaufnahmen einer Szene machen. Dazu stellt POV-Ray die Anweisung *panoramic* bereit. Im Prinzip könnte man solche Aufnahmen auch mit der perspektivischen Projektion machen. Solche Bilder wären bei großen Aufnahmewinkel allerdings sehr verzerrt. Ein Beispiel für eine Panoramaaufnahme finden Sie in *bild3_6.pov*, aus der ich Ihnen hier nur die Kameradefinition zeige.

```
//Definition der Kamera
camera {
panoramic
 location  <0.0, 0.0, -4.0 >
 direction <0.0, 0.0, 1.0 >
 up        <0.0, 1.0, 0.0 >
```

```
 right     <1.33, 0.0, 0.0 >
 look_at   <0.0, 0.0, 0.0 >
angle 270
}
```

Wir haben zur Fischaugenprojektion gesagt, daß es sich dabei um die Projektion der Szene auf eine Kugel handelt. Möglich ist auch die Projektion auf einen Zylinder. Dazu wird das Schlüsselwort *cylinder* verwendet. Diese Anweisung wird durch einen zusätzlichen Parameter näher spezifiziert, der angibt, wie die Projektion auf den Zylinder erfolgt. Möglich sind die 1 (Projektion auf einen vertikalen Zylinder und mit festem Blickpunkt), die 2 (Projektion auf einen horizontalen Zylinder und mit festem Blickpunkt), die 3 (Projektion auf einen vertikalen Zylinder und mit variablem Blickpunkt) sowie die 4 (Projektion auf einen horizontalen Zylinder und mit variablem Blickpunkt).

Nehmen Sie die unten gezeigte Kameradefinition aus *bild3_7.pov* als Grundlage für Experimente, um ein Gefühl für die Wirkung dieser Anweisung zu bekommen.

```
//Definition der Kamera
camera {
cylinder 1
 location  <0.0, 0.0, -40.0 >
 direction <0.0, 0.0, 1.0 >
 up        <0.0, 1.0, 0.0 >
 right     <1.33, 0.0, 0.0 >
 look_at   <0.0, 0.0, 0.0 >
}
```

Sie können auch die *angle*-Anweisung verwenden. Dann wird der durch die *direction*-Anweisung bestimmte Winkel allerdings ungültig.

Simulation von Tiefenunschärfe

Zum Hervorheben von bestimmten Bereichen einer Szene wird in der Fotografie häufig ein Objektiv verwendet, das nur den gewünschten Bereich scharf, den Rest der Szene jedoch unscharf darstellt. Einen solchen Effekt können wir auch in POV-Ray simulieren. Sehen Sie sich zunächst die Datei *bild3_8.pov* an, und rendern Sie das Bild.

```
//Bild 3_8

//Einbindung der benötigten Include-Dateien
#include "colors.inc"
#include "textures.inc"
#include "shapes.inc"
#include "himmel.inc"

//Definition der Kamera
camera {
 location  <0.0, 0.0, -4.0 >
 direction <0.0, 0.0, 1.0 >
 up        <0.0, 1.0, 0.0 >
 right     <1.33, 0.0, 0.0 >
 look_at   <0.0, 0.0, 0.0 >
focal_point <1,0,3>
aperture 1
blur_samples 50
}

// Kugeldefinition
 sphere {<0,0,0>,1
 texture{ pigment{color Red}}
translate<-1,0,0>
}

// Kugeldefinition
 sphere {<0,0,0>,1
 texture{ pigment{color Blue}}
translate<1,0,3>
}

//Fläche
plane{<0,1,0>,-1
texture{pigment {color Green}}}

// Lichtquelle
  light_source{<0 ,  100 , -100  > color White }
```

Sie sehen eine blaue und eine rote Kugel. Die blaue Kugel ist scharf, die rote Kugel unscharf dargestellt. Diesen Effekt erreichen wir in POV-Ray durch die Manipulation der Kameradefinition. In unserem Beispiel wurden der Kameradefinition die Zeilen

```
focal_point <1,0,3>
aperture 1
blur_samples 50
```

hinzugefügt. Mit der Anweisung *focal_point <1,0,3>* bestimmen Sie die Koordinaten des Brennpunktes des Kameraobjektives. Mit *aperture* legen Sie fest, wie große der scharfe Bereich um den Brennpunkt herum sein soll. Kleine Werte führen zu einem großen scharfen Bereich, große Werte zu einem kleinen scharfen Bereich. Die Anweisung *blur_samples* steuert die maximale Anzahl von zusätzlichen Strahlen zum Abtasten der unscharfen Bereiche. Je höher die Zahl, desto besser ist das Ergebnis und je länger ist die Rechenzeit.

Manipulation der Linsenoberfläche

Wenn Ihnen die saubere, glatte Linsenoberfläche der POV-Ray-Kamera nicht gefällt, können Sie sie manipulieren. Genauer gesagt manipulieren Sie die Oberflächennormale der Linse so, daß das aufgenommene Bild verzerrt wird. Sie können dazu alle Möglichkeiten zur Manipulation von Oberflächennormalen verwenden, die durch POV-Ray unterstützt werden[1]. Zur Veranschaulichung ändern Sie bitte in *bild3_1.pov* die Kameradefinition wie unten gezeigt, und speichern Sie die Datei als *bild3_9.pov*.

```
//Definition der Kamera
camera {
 location  <0.0, 0.0, -4.0 >
 direction <0.0, 0.0, 1.0 >
 up        <0.0, 1.0, 0.0 >
 right     <1.33, 0.0, 0.0 >
 look_at   <0.0, 0.0, 0.0 >
normal{waves 0.2 scale .2}
}
```

Nach dem Rendern des Bildes werden Sie dann sehen, daß die Linse „gestört" ist.

[1] Diese Möglichkeiten werden Sie im 7. Kapitel kennenlernen.

Verwendung von Initialisierungsdateien und Kommandozeilenparametern

Bis zur Version 2.2 kannte POV-Ray im Prinzip nur die Übergabe von Parametern in der Kommandozeile. Einige Parameter konnten auch in der *autoexec.bat* abgelegt werden. Rudimentär war die Verwendung von Initialisierungsdateien in der Form der *def*-Dateien entwickelt. Ab der aktuellen Version kann POV-Ray intensiven Gebrauch von Initialisierungsdateien machen und hat auch eine neue Syntax der Parameter bekommen. Die wichtigste Initialisierungsdatei für POV-Ray ist die *povray.ini*, die sich immer im gleichen Verzeichnis wie die ausführbare Datei befinden muß. Beim Start von POV-Ray wird diese Datei aufgerufen, und die in ihr enthaltenen Initialisierungen werden durchgeführt.

POV-Ray kann jedoch veranlaßt werden, beim Start auch andere Initialisierungsdateien zu berücksichtigen. Ein solches Beispiel haben Sie bereits oben kennengelernt.

Innerhalb von Initialisierungsdateien als auch in der Kommandozeile können für die Parameterübergabe sowohl die alte Syntax als auch die neue Syntax verwendet werden. Eine vollständige Aufstellung aller Parameter finden Sie im Anhang 1.

Obgleich durch POV-Ray momentan noch zwei Syntaxvarianten unterstützt werden, sollten Sie sich die neue Syntax aneignen, da man damit rechnen muß, daß nur sie in zukünftigen Versionen unterstützt werden wird.

Nunmehr können alle Parameter durch die wiederholte Angabe überschrieben werden. Nehmen wir an, wir legen in einer Anweisung fest, daß die Bildhöhe 320 Pixel beträgt. Wenn wir nun in einer weiteren Anweisung festlegen, daß die Bildhöhe 160 Pixel betragen soll, wird der zuerst festgelegte Wert überschrieben. Diese Möglichkeit gab es bis einschließlich der Version 2.2 nicht bei allen Parametern.

Da nunmehr aller Parameter überschrieben werden können, ist es wichtig zu wissen, in welcher Reihenfolge POV-Ray alle angegebenen Initialisierungsdateien und Kommandozeilenparameter abarbeitet. Zunächst liest es die Parameter der *povray.ini* ein, anschließend die in den weiteren angegebenen Initialisierungsdateien sowie die in der Kommandozeile angegebenen Parameter.

Aufbau einer Initialisierungsdatei

In einer Initialisierungsdatei stehen zeilenweise die zu verwendenden Parameter (eine vollständige Aufstellung finden Sie im Anhang 1). Um anderen Anwendern die Lesbarkeit einer Initialisierungsdatei zu erleichtern, können Sie sie mit Kommentaren versehen. Jeder Kommentar wird durch ein Semikolon eingeleitet. Dabei ist es unerheblich, ob ein Kommentar eine ganze Zeile ausfüllt oder hinter einer Anweisung steht: Alles, was hinter einem Semikolon steht, wird ignoriert.

```
; Das ist ein Kommentar
+DGT ; Das ist Kommentar hinter einem Parameter
```

Sie können innerhalb einer Initialisierungsdatei weitere Initialisierungsdateien aufrufen. Dazu setzen Sie einfach den Namen der aufzurufenden Datei in eine neue Zeile.

```
; Hier werden die Anweisungen aus der beispiel.ini
; eingefügt. Wird kein Dateiname angegeben, wird ini
; angenommen
Beispiel
; Hier geht es dann normal weiter
```

Innerhalb einer einzigen Initialisierungsdatei können mehrere Varianten einer Anweisung angegeben werden. Dazu müssen diese Anweisungen in verschiedenen Abschnitten der Initialisierungsdatei stehen. Ein Abschnitt einer Initialisierungsdatei wird durch eine Bezeichnung in eckigen Klammern eingeleitet. Ein Abschnitt endet an der Bezeichnung des nächsten Abschnitts bzw. am Ende der Initialisierungsdatei, wenn kein weiterer Abschnitt folgt.

Nehmen wir an, unsere Initialisierungsdatei *beispiel.ini* hätte zwei Abschnitte, mit denen gesteuert werden soll, ob während des Renderns eine Vorschau erfolgen soll oder nicht. Diese beiden Abschnitten würden wie unten gezeigt aussehen.

```
[mit_Vorschau]
+DGT

[ohne_Vorschau]
-D
```

Würden wir POV-Ray nun folgendermaßen aufrufen

```
povray beispiel[mit_Vorschau] +iszene
```

würde nur der Teil der Initialisierungsdatei *beispiel.ini* berücksichtigt werden, der hinter der Abschnittsbezeichnung *[mit_Vorschau]* und der Bezeichnung *[ohne_Vorschau]* steht. Alle anderen Abschnitte blieben unberücksichtigt.

4 Mehr Licht

Im ersten Kapitel haben Sie für die Ausleuchtung Ihrer Szene sozusagen eine Standardbeleuchtung verwendet. Wir wollen in diesem Kapitel sehen, welche weiteren Möglichkeiten POV-Ray bietet, eine Szene zu beleuchten. Anwender von früheren POV-Ray-Versionen werden feststellen, daß die Möglichkeiten der Lichtgestaltung in POV-Ray enorm angewachsen sind. Das betrifft nicht nur die gewachsene Zahl von unterschiedlichen Lichtquellen, sondern auch die enorm angestiegene Anzahl von Parametern, mit denen eine Lichtquelle spezifiziert werden kann.

Grundsätzlich unterscheidet POV-Ray vier Arten von Lichtquellen:

- punktförmige Lichtquellen
- Spots
- zylinderförmige Lichtquellen
- und flächige Beleuchtungen

Lichtquellen in POV-Ray

Punktförmige Lichtquellen

Eine punktförmige Lichtquelle ist eine Lichtquelle, die ausgehend von ihrem Standpunkt Lichtstrahlen in alle Richtungen ausstrahlt. Wenn Sie so wollen, handelt es sich um eine unendlich kleine, unsichtbare Lampe.

Wie Sie im vorhergehenden Kapitel gesehen haben, definieren Sie eine solche Lichtquelle durch die Anweisung

```
light_source{<X-Koordinate, Y-Koordinate,Z-
Koordinate> color Farbe}
```

Als Wert für den Parameter *Farbe* können Sie eine Farbe verwenden, die in der Datei *colors.inc* definiert ist. Im ersten Kapitel verwendeten Sie *White*. Wenn Ihnen jedoch die in *colors.inc* definierten Farben nicht ausreichen, haben Sie die Möglichkeit, andere Farben selbst zu definieren. Dazu modifizieren Sie die Definition der Lichtquelle wie folgt:

```
light_source{<X-Koordinate, Y-Koordinate,Z-
Koordinate> color red #, green #, blue #}
```

Das Zeichen # steht dabei für einen Wert zwischen 0 und 1 und definiert den Anteil der jeweiligen Komplementärfarbe am zu erzeugenden Farbton. Würden Sie beispielsweise das Zeichen # bei allen drei Komplementärfarben auf 1 setzen, erhielten Sie die Farbe Weiß.

Spots

Ein Spot ist im Grunde genommen auch eine punktförmige Lichtquelle. Er sendet sein Licht jedoch nur in Richtung eines durch Sie definierten Punktes und in einem durch Sie definierten Winkel aus. Die Definition eines Spots sieht folgendermaßen aus:

```
light_source{<X-Koordinate, Y-Koordinate, Z-
Koordinate>
color Farbe
spotlight
point_at<X-Koordinate, Y-Koordinate, Z-Koordinate>
radius #
falloff #
tightness #}
```

Wie Sie sehen, stellt die Definition eines Spots die Erweiterung der Defintion einer punktförmigen Lichtquelle dar. Nachdem Sie auch hier zunächst die Koordinaten der Lichtquelle und ihre Farbe definieren, wandeln Sie mit dem Schlüsselwort *spotlight* eine punktförmige Lichtquelle in einen Spot um.

Mit der Anweisung *point_at <X-Koordinate, Y-Koordinate, Z-Koordinate>* definieren Sie den Punkt, auf den der Spot gerichtet ist. Zusammen mit den Koordinaten der Lichtquelle und den Koordinaten des *point_at*-Punktes erhalten Sie den Richtungsvektor des Spots.

Die Anweisung *radius #* definiert den Radius des Spots an der definierten *point_at*-Koordinate. Der Radius wird nicht in Einheiten, sondern in Grad angegeben. Die Werte können zwischen 1 und 180 Grad liegen.

Da der Kegel des Spots jedoch nicht an der *point_at*-Koordinate endet, wird der Radius des Spots mit zunehmender Entfernung von der Lichtquelle immer größer.

Mit der Anweisung *falloff #* definieren Sie den Radius des Spotlichtes an der Koordinate des *point_at*-Punktes, an dem die Helligkeit des Spotlichtes den Wert Null annimmt. Wie bei der Definition des Radius ist auch hier die Einheit Grad. Die Werte können zwischen 1 und 180 Grad liegen.

Die Anweisung *tightness #* definiert, wie schnell die Helligkeit in dem Bereich zwischen dem Radius des Spots und dem *falloff*-Radius den Wert Null annimmt. Voreingestellt ist der Wert 10. Kleinere Werte machen den Übergang zwischen dem Radius und dem *falloff*-Bereich weicher, größere Werte machen ihn härter. Möglich sind Werte zwischen 1 und 100.

Abbildung 4.1
Spotlicht

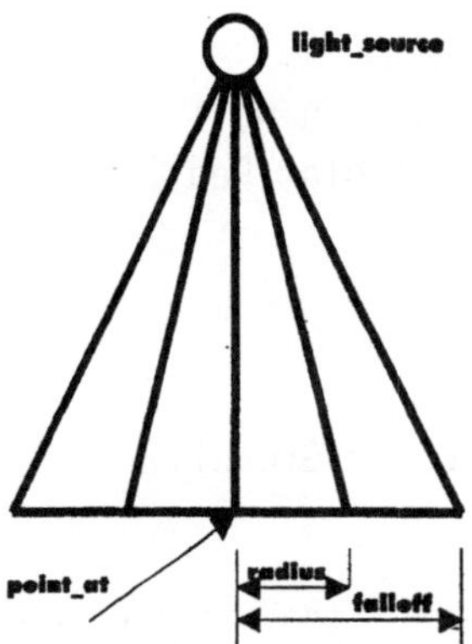

Nach diesen Erläuterungen wollen wir nun unsere erste Szene mit einem Spot „aufwerten“. Laden Sie dazu die Datei *bild3_1.pov* in Ihren Editor, verändern Sie die Szenebeschreibung wie unten gezeigt und speichern Sie sie unter *bild4_1.pov* ab.

Die gesamte Szene sieht dann so aus:

```
//Bild 4_1

//Einbindung der benötigten Include-Dateien
#include "colors.inc"
#include "textures.inc"
#include "shapes.inc"
#include "himmel.inc"

//Definition der Kamera
camera {
 location  <0.0, 0.0, -4.0 >
 direction <0.0, 0.0, 1.0 >
 up        <0.0, 1.0, 0.0 >
 right     <1.333, 0.0, 0.0 >
 look_at   <0.0, 0.0, 0.0 >
}

// Kugeldefinition
 sphere {<  0 ,  0 ,  0 >, 1
 texture{ pigment {color Red}}
}

//Fläche
plane{<0,1,0>,-1
texture{pigment{color Green}}}

// Lichtquelle
  light_source{<0 ,  100 , -100  > color White
spotlight
point_at <0,0,0>
radius 1
falloff 5
tightness 5
}
```

Anschließend können Sie das Bild wie im Kapitel 2 beschrieben generieren. Sie werden einen deutlichen Unterschied zum ersten Bild erkennen. Um ein Gefühl für den Einsatz eines Spots zu bekommen, empfehle ich Ihnen, nun ein wenig mit den Parametern *radius*, *falloff* und *tightness* zu experimentieren.

Zylinderförmige Lichtquellen

Die zylinderförmigen Lichtquellen sind eine neue Errungenschaft von POV-Ray. Wenn Sie sich die unten stehende allgemeine Definition einer zylinderförmigen Lichtquelle ansehen, werden Sie feststellen, daß sie sich von der Definition eines Spots nur dadurch unterscheidet, daß sie anstelle des Schlüsselwortes *spotlight* das Schlüsselwort *cylinder* enthält. Die übrigen Parameter haben nicht nur die gleiche Bezeichnung, sondern funktionieren auch gleich.

```
light_source{<X-Koordinate, Y-Koordinate, Z-
Koordinate>
color Farbe
cylinder
point_at<X-Koordinate, Y-Koordinate, Z-Koordinate>
radius #
falloff #
tightness #}
```

Ungeachtet der Übereinstimmung zwischen einem Spot und einem zylinderförmigen Licht gibt es dennoch einen großen Unterschied. Sehen Sie dazu zunächst die Abbildung 4.2 an.

Abbildung 4.2 zylinderförmige Lichtquelle

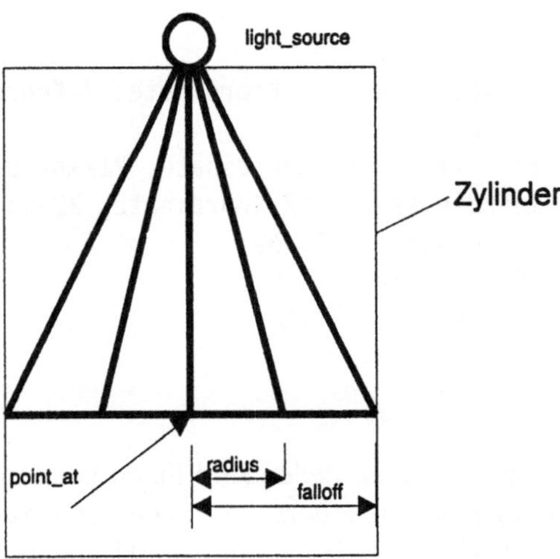

Eine zylinderförmige Lichtquelle ist zunächst auch eine punktförmige Lichtquelle, von der Licht ausgeht. Obgleich die Bezeichnung dieser Lichtquelle es vermuten läßt, breiten sich die Lichtstrahlen nicht parallel aus, sondern so wie die Lichtstrahlen der anderen bisher besprochenen Lichtquellen auch. Die Lichtstrahlen werden allerdings durch einen imaginären Zylinder begrenzt, so daß der in der Lichtquellendefinition angegebene Radius an jeder Stelle des Raums unabhängig von der Entfernung zur Lichtquelle gleich ist.

Ersetzen Sie zur Veranschaulichung in der Datei *bild4_1.pov* die Lichtquellendefinition durch das unten gezeigte Listing, speichern Sie die Datei als *bild4_2.pov* ab und rendern Sie das Bild. Wenn Sie dieses Bild mit dem Bild *bild4_1.tga* vergleichen, ist der Unterschied zwischem einem Spot und einer zylinderförmigen Lichtquelle deutlich zu sehen.

Flächige Beleuchtungen

Oben haben wir festgehalten, daß eine punktförmige Lichtquelle - wie der Name schon sagt - ein Punkt ist, von dem aus das Licht in alle Richtungen des Raums gleichmäßig ausgestrahlt wird. Flächige Beleuchtungen (in der POV-Ray-Sprache *arealights*) dagegen kann man sich als eine Form der Beleuchtung vorstellen, bei der mehrere Lichtquellen gleichmäßig über eine definierte Fläche verteilt sind.

Doch sehen wir uns zunächst die Definition näher an.

```
light_source{
<X-Koordinate, Y-Koordinate, Z-Koordinate>, color
Farbe
area_light <X1-Koordinate, Y1-Koordinate, Z1-
Koordinate>, < X2-Koordinate, Y2-Koordinate, Z2-
Koordinate>, N1, N2
adaptive Wert
jitter
}
```

Die ersten beiden Zeilen sind Ihnen bekannt. In der dritten Zeile beginnen wir mit dem Schlüsselwort *area_light* die Definition einer flächigen Beleuchtung. Die Fläche, auf der sich die einzelnen Lichtquellen befinden, wird durch die Koordinaten *<X1, Y1, Z1>* und *<X2, Y2, Z2>* definiert. Da die zu definierende Fläche immer ein Rechteck ist, müssen auch die beiden Richtungsvektoren rechtwinklig zueinander stehen.

Die Parameter *N1* und *N2* definieren die Anzahl der Lichtquellen auf der definierten Fläche. Die Anzahl der Lichtquellen entspricht also immer der Formel *Anzahl = N1 x N2*. Je höher die Anzahl der Lichtquellen je weicher und natürlicher werden die Schatten. Die Zeit zum Generieren des Bildes erhöht sich allerdings auch.

Die Anweisung *adaptive Wert* veranlaßt POV-Ray, die Berechnung nicht für jede einzelne Lichtquelle auf der definierten Fläche durchzuführen, sondern Lichtquellen vor der Berechnung zusammenzufassen. Der Vorteil besteht darin, daß die Berechnungszeit erheblich verringert wird. Allerdings wirkt das fertige Bild dann wieder weniger „natürlich". Je höher die Werte sind, desto natürlicher wirkt das Bild, desto weicher werden die durch die Objekte geworfenen Schatten. Diese verbesserte „Natürlichkeit" bezahlen Sie allerdings, wie bereits erwähnt, mit einer höheren Rechenzeit. Als *adaptive*-Parameter können nur ganze Zahlen verwendet werden.

Die Anweisung *jitter* bewirkt eine zufällige Verteilung der Lichtquellen auf der definierten Fläche. Wegen dieser zufälligen Verteilung der Lichtquellen sollte man diese Anweisung beim Rendern von Animationen nicht verwenden, um ein unerwünschtes Flimmern zu vermeiden.

Lassen Sie uns nun unsere Szene mit einer flächigen Beleuchtung versehen. Das komplette Listing von *bild4_3.pov* sehen Sie unten.

```
//Bild 4_3

//Einbindung der benötigten Include-Dateien
#include "colors.inc"
#include "textures.inc"
#include "shapes.inc"
#include "himmel.inc"

//Definition der Kamera
camera {
 location  <0.0, 0.0, -4.0 >
 direction <0.0, 0.0, 1.0 >
 up        <0.0, 1.0, 0.0 >
```

```
 right      <1.333, 0.0, 0.0 >
 look_at    <0.0, 0.0, 0.0 >
}


// Kugeldefinition
 sphere {< 0 , 0 , 0 >, 1
 texture{ pigment{color Red}}
}

//Fläche
plane{<0,1,0>,-1
texture{pigment{color Green}}}

// Lichtquelle
light_source{<0 , 100 , -100 > color White
area_light<-5,0,-5>, <5,0,5>, 5,5
adaptive 1

}
```

Die Fläche der Beleuchtung wird in der Anweisung *area_light <-5, 0,-5>, <5,0,5>* definiert. Die Y-Koordinaten sind auf Null gesetzt, da die Höhe, in der sich die Fläche befindet, in der Definition der eigentlichen Lichtquelle (im konkreten Fall also 100) festgelegt ist.

Als Anzahl der Lichtquellen habe ich pro Kante jeweils 5 genommen. Wir haben also ingesamt 25 Lichtquellen auf unserer Fläche.

Wenn Sie das *bild4_3.tga* generieren, werden Sie im Vergleich zum *bild3_1.tga* feststellen, daß nunmehr der Schattenwurf einen weitaus natürlicheren Eindruck macht. Um ein Gefühl für die Anweisung *adaptive* zu bekommen, empfehle ich Ihnen auch an dieser Stelle, mit verschiedenen Werten zu experimentieren.

Sie haben die Möglichkeit, auch einer *area_light*-Anweisung einen Spot hinzuzufügen. Das bietet sich an, wenn Sie einen bestimmten Bereich Ihrer Szene ausleuchten wollen. Im Listing *bild4_4.pov* finden Sie den Spot aus dem zweiten Beispiel wieder.

```
//Bild 4_4

//Einbindung der benötigten Include-Dateien
#include "colors.inc"
#include "textures.inc"
#include "shapes.inc"
#include "himmel.inc"

//Definition der Kamera
camera {
 location  <0.0, 0.0, -4.0 >
 direction <0.0, 0.0, 1.0 >
 up        <0.0, 1.0, 0.0 >
 right     <1.333, 0.0, 0.0 >
 look_at   <0.0, 0.0, 0.0 >
}

// Kugeldefinition
 sphere {<  0 ,  0 ,  0 >, 1
 texture{ pigment{color Red}}
}

//Fläche
plane{<0,1,0>,-1
texture{pigment{color Green}}}

// Lichtquelle
light_source{<0 ,  100 , -100  > color White
area_light<-5,0,-5>, <5,0,5>, 5,5
adaptive 1
spotlight
point_at <0,0,0>
radius 1
falloff 5
tightness 5
}
```

Ich möchte noch einmal zusammenfassen: Wenn Sie in Ihren Bildern einen „natürlicher" wirkenden Schattenwurf erzeugen wollen, sollten sie an Stelle von punktförmigen Lichtquellen flächige Beleuchtungen verwenden. Diese Verbesserung erkaufen Sie sich allerdings mit einer höheren Rechenzeit.

Lichtdämpfung

In den bisherigen Beispielen sind wir stets von einer idealen Ausbreitung des Lichts in alle Richtungen ausgangen. Das bedeutet, daß es an der Lichtquelle die gleiche Stärke wie an weiter entfernten Punkten hat. Um mehr Realismus in die Szenen zu bringen, kann in POV-Ray nunmehr eine Lichtdämpfung simuliert werden. Dazu werden einer Lichtquellendefinition die Anweisungen *fade_distance Entfernung* und *fade_power Parameter* hinzugefügt. Mit der Anweisung *fade_distance Wert* wird definiert, in welcher Entfernung die maximale Lichtstärke erreicht wird. Die Anweisung *fade_power Parameter* beschreibt hingegen, wie die Lichtstärke abnimmt. Ist der *Parameter* gleich 1, erfolgt das Abnehmen der Lichtstärke linear, ist der *Parameter* gleich 2, nimmt sie quadratisch ab.

Um uns die Wirkung dieser Anweisungen anzusehen, ergänzen wir die Lichtdefinition der Datei *bild4_1.pov* wie unten gezeigt und speichern die Datei als *bild4_5.pov* ab.

```
// Lichtquelle
  light_source{<0 ,  100 , -100  > color White
spotlight
point_at <0,0,0>
radius 1
falloff 5
tightness 5
fade_distance .5
fade_power 1
}
```

Nach dem Rendern können Sie deutlich erkennen, daß das auf die rote Kugel fallende Licht deutlich dunkler als im Beispiel *bild4_1.tga* ist. Um ein Gefühl für die Verwendung dieser beiden Anweisungen zu bekommen, empfehle ich Ihnen, ein wenig mit ihnen zu experimentieren.

Atmosphärische Dämpfung

Im 11. Kapitel dieses Buches werden Sie sehen, daß es in POV-Ray nunmehr möglich ist, atmosphärische Effekte und Partikelsysteme wie Staub, Dunst oder Nebel zu erzeugen. Die bisher durch uns besprochenen Lichtquellen wären aber durch solche Effekte unbeeinflußt. In der Realität wird Licht jedoch durch atmosphärische Einflüsse unter anderem auch gedämpft. Wenn das von einer Lichtquelle kommende Licht durch eine Atmosphäre in POV-Ray gedämpft werden soll, muß der Lichtquellendefinition die Anweisung

```
atmospheric_attenuation on
```

hinzugefügt werden. Standardmäßig wird keine atmosphärische Dämpfung verwendet.

Die Form des Lichts

Die Überschrift dieses Abschnitts scheint im Widerspruch zu dem zu stehen, was oben gesagt wurde, wo es hieß, daß eine Lichtquelle unsichtbar und unendlich klein sei. An dieser Tatsache soll auch nicht gerüttelt werden. POV-Ray erlaubt uns jedoch, über einen kleinen Umweg eine Lichtquelle quasi sichtbar zu machen.

Dazu verwenden wir innerhalb der Definition einer Lichtquelle die Anweisung *looks_like{körper}*. Bevor wir zu weiteren Erläuterungen dieser Anweisung übergehen, sehen wir uns das Beispiel *bild4_6.pov* an.

```
//Bild 4_6

//Einbindung der benötigten Include-Dateien
#include "colors.inc"
#include "textures.inc"
#include "shapes.inc"
#include "himmel.inc"

//Definition der Kamera
camera {
 location  <0.0, 0.0, -4.0 >
 direction <0.0, 0.0, 1.0 >
 up        <0.0, 1.0, 0.0 >
 right     <1.333, 0.0, 0.0 >
 look_at   <0.0, 0.0, 0.0 >
}


// Kugeldefinition
 sphere {< 0 ,  0 ,  0 >, 1
 texture{pigment{color Red}
```

```
}
}
//Fläche
plane{<0,1,0>,-1
texture{pigment{color Green}}}

// Lichtquelle
light_source{<-1 ,  1 , -1.5  > color White
looks_like{sphere{<0,0,0>,.5
texture{pigment{color Yellow}}}
}
}
```

Bis auf die Definition der Lichtquelle entspricht diese Datei dem Beispiel *bild4_3.pov*. Wir betrachten daher nur die veränderte Lichtquellendefinition.

Wie bisher wird die Lichtquellendefinition durch das Schlüsselwort *light_source* eingeleitet. Es folgt die Definition der Koordinaten der Lichtquelle und ihrer Farbe. Die Lichtquelle befindet sich 1 Einheit rechts neben, 1 Einheit über und 1.5 Einheiten vor dem Koordinatenursprung und hat die Farbe Weiß. Mit der Anweisung

```
looks_like{sphere{<0,0,0>,.5
texture{pigment{color Yellow}}}
}
```

sagen wir, daß die Lichtquelle wie eine gelbe Kugel mit einem Radius von 0.5 Einheiten aussehen soll. Die hier angegeben Koordinaten der Kugel spielen keine Rolle. Für die Positionierung werden die Koordinaten der Lichtquelle verwendet! Wenn Sie die *looks_like*-Anweisung verwenden, sorgt POV-Ray automatisch dafür, daß das Licht auch aus dem Körper austritt. Das Licht verhält sich so, als würde die Lichtquelle ohne die *looks_like*-Anweisung definiert sein. Das bedeutet, daß die Farbe des Körpers keine Auswirkung auf die Farbe des Lichts hat! Entscheidend für die Farbe des Lichts ist einzig und allein die Farbe, die in der Definition der Lichtquelle selbst definiert ist.

Sie werden im 7. Kapitel sehen, daß dennoch eine Möglichkeit besteht, die Farbe des Lichts durch die Farbe des Körpers zu manipulieren. An dieser Stelle soll nur erwähnt werden, daß man sich dazu der *filter*-Anweisung bedient, die im genannten Kapitel besprochen wird.

Szenen und Licht ohne Schatten

Standardmäßig erzeugt POV-Ray für jeden Körper einer Szene einen Schattenwurf. Eine Ausnahme bildet dabei nur eine Lichtquelle, die mit einer *looks_like*-Anweisung definiert wird. Eine solche Lichtquelle erzeugt keinen Schatten!

Es kann jedoch aus bestimmten Gründen erwünscht sein, daß in der gesamten Szene keine Schatten vorhanden sind oder daß bestimmte Körper keinen Schatten werfen. Für beide Fälle bieten Gestaltungsmöglichkeiten an, die wir im folgenden betrachten wollen.

Szenen ohne Schatten

Um eine Szene zu erzeugen, in der keine Schatten vorhanden sind, muß allen in der Szene vorhandenen Lichtquellen die Anweisung

```
shadowless
```

hinzugefügt werden. Wenn Sie wollen, daß nur die durch eine bestimmte Lichtquelle ausgesandten Lichtstrahlen keinen Schattenwurf hervorrufen, müssen Sie die *shadowless*-Anweisung nur der Definition dieser Lichtquelle hinzufügen.

Körper ohne Schatten

Wenn Sie wollen, daß nur bestimmte Körper keine Schatten werfen, können Sie das tun, indem Sie innerhalb der Körperdefinition die Anweisung *no_shadow* verwenden. Damit weisen Sie POV-Ray an, für diesen Körper keinen Schattenwurf zu generieren.

Öffnen Sie zur Veranschaulichung die Datei *bild3_1.pov*, verändern Sie die Körperdefinition wie unten gezeigt, und speichern Sie die Datei als *bild4_7.pov*.

```
// Kugeldefinition
 sphere {<0,0,0>,1
 texture{ pigment{color Red}}
 no_shadow}
```

5 Körper und Formen

In den bisherigen Beispielen haben wir nur einen einzigen Körper - eine Kugel - verwendet. POV-Ray kennt eine ganze Reihe weiterer Körper.

Grundsätzlich unterscheidet POV-Ray folgende Körperarten:

- feste, endlich große Körper
- feste, unendlich große Körper
- endlich große, zusammengesetzte Körper
- CSG-Körper[1]

Lassen Sie uns nun die einzelnen Körperarten näher betrachten und anhand von Beispielen veranschaulichen.

Feste, endlich große Körper

Zu den festen, endlich großen Körpern gehören:

- Kugeln
- Quader
- Zylinder
- Kegel
- Ringe
- Blobs
- Höhenfelder

Mit den ersten fünf Typen können Sie sicher etwas anfangen. Unverständlich dürften Ihnen die Körper Blob und Höhenfeld sein. Gedulden Sie sich jedoch noch ein wenig. Wir werden diese beiden Körpertypen im Kapitel „Spezielle Körperformen" ausführlich behandeln. Im folgenden betrachten wir die ersten fünf Körperformen, die innerhalb von POV-Ray die Grundformen fester und endlich großer Körper darstellen.

---

[1] CSG = constructive solid geometry (Festkörpergeometrie bzw. körperorientiertes Modellieren)

Kugeln

Die Kugel ist Ihnen ja bereits aus den ersten Beispielen bekannt. Eine Kugel wird durch die Anweisung

```
sphere{<Mittelpunktkoordinaten>,Radius
}
```

definiert.

Die *Mittelpunktkoordinaten* werden aus der *X-*, der *Y-* und der *Z-Koordinate* gebildet.

Abbildung 5.1

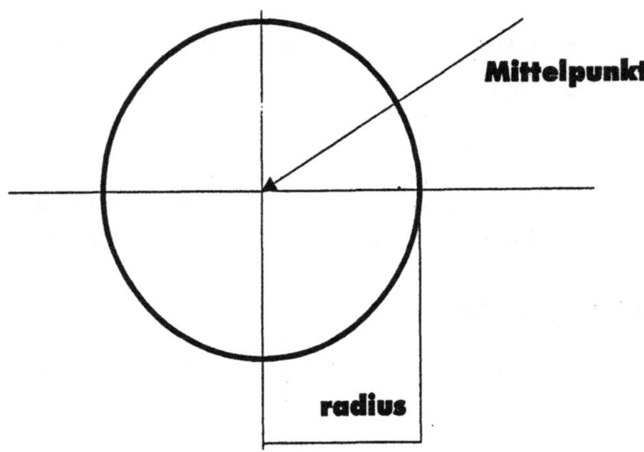

Eingeleitet wird die Definition der Kugel durch das Schlüsselwort *sphere*. Es folgt in geschweiften Klammern die Beschreibung der Kugel.

Die X-,Y- und Z-Koordinaten definieren dabei die Position des Kugelmittelpunktes, und *Radius* steht natürlich für den Radius der Kugel. Die Maßeinheit in POV-Ray ist wie bereits erwähnt die „Einheit".

Wie in den ersten Beispielen gezeigt, wird die Definition der Kugel durch Anweisungen für die Oberflächenstruktur bzw. die Farbgebung ergänzt. In den folgenden Kapiteln werden Sie sehen, welche weiteren Manipulationsmöglichkeiten von Körpern Ihnen offen stehen.

Quader

Ein Quader wird durch die Festlegung der Ecke vorn unten links und der Ecke hinten oben rechts definiert. Die Anweisung sieht folgendermaßen aus:

```
box{<Ecke1>, <Ecke2>}
```

Ecke1 liegt dabei an den Koordinaten X1, Y1, Z1 und *Ecke2* an den Koordinaten X2, Y2, Z2. Es ist zu beachten, daß stets folgende Bedingungen erfüllt sein müssen: X1 < X2; Y1 < Y2; Z1 < Z2.

Abbildung 5.2

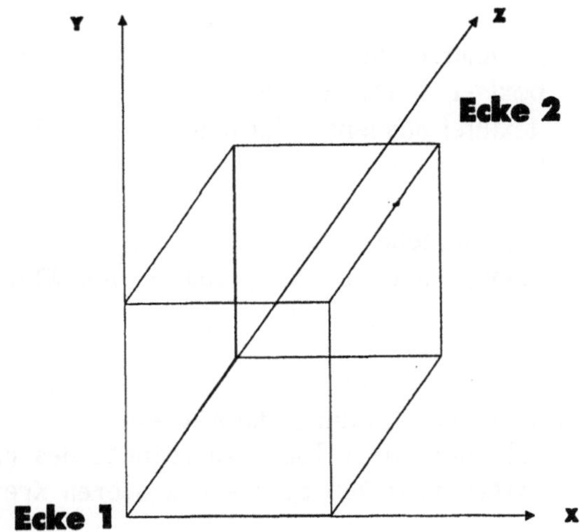

Doch betrachten wir das Ganze an einem Beispiel näher. Dazu verändern wir die Datei *bild3_1.pov* und speichern sie als *bild5_1.pov*. Wir ersetzen die Anweisungen für die Kugel durch die Anweisungen für den Quader.

Das komplette Listung sieht dann wie folgt aus:

```
//Bild 5_1

//Einbindung der benötigten Include-Dateien
#include "colors.inc"
#include "textures.inc"
#include "shapes.inc"
```

```
#include "himmel.inc"

//Definition der Kamera
camera {
 location  <0.0, 2.0, -4.0 >
 direction <0.0, 0.0, 1.0 >
 up        <0.0, 1.0, 0.0 >
 right     <1.333, 0.0, 0.0 >
 look_at   <0.0, 0.0, 0.0 >
}

//Fläche
plane{<0,1,0>,-1
texture{pigment{color Green}}}

// Quaderdefinition
box{<-1,-1,-1>, <1,1,1>
 texture{ pigment {color Red}}
}

// Lichtquelle
 light_source{<0 ,  100 , -100  > color White }
```

Zylinder

Ein Zylinder wird durch die Anweisung

```
cylinder{<Mittelpunktkoordinate des unteren Kreises>,
<Mittelpunktkoordinate des oberen Kreises>, Radius}
```

definiert.

Abbildung 5.3

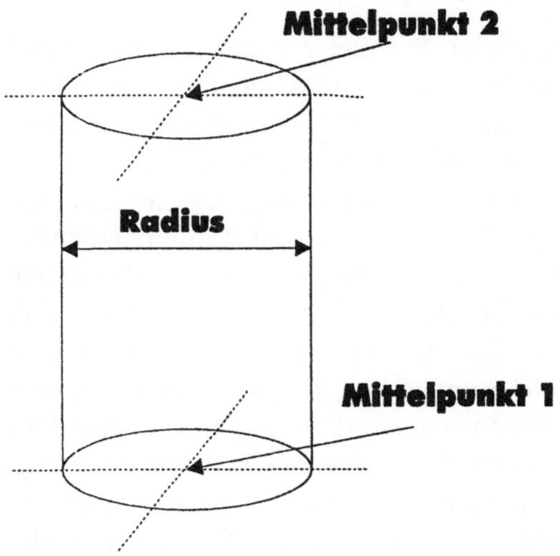

Die Mittelpunkte werden natürlich durch die jeweiligen X, Y- und Z-Koordinaten beschrieben. Standardmäßig ist ein Zylinder in POV-Ray ein „massives" Rohr. Wenn Sie zur Zylinderdefinition das Schlüsselwort „open" hinzufügen, wird der Zylinder zu einem hohlen Rohr.

```
cylinder{<Mittelpunktkoordinate des unteren Kreises>,
<Mittelpunktkoordinate des oberen Kreises>, Radius
open}
```

Zur Veranschaulichung verändern wir die Datei *bild5_1.pov.* und ersetzen die Definition des Quaders durch die Zylinderdefinition und speichern die Datei als *bild5_2.pov*:

```
//Zylinderdefinition
cylinder{<0,-1,0>,<0,1,0>,1 open
texture{pigment{color Red}}}
```

Nachdem Sie das Bild gerendert haben, können Sie die Anweisung *open* löschen und das Bild erneut rendern.

Superquadratischer Ellipsoid

Zu den superquadratischen Elliposiden gehören Quader und Zylinder mit abgerundeten Ecken und Kanten. Diese Körperart wird durch POV-Ray ab der Version 3.0 unterstützt. Die Syntax für diese Körper ist auf den ersten Blick recht einfach, bietet aber umfangreiche Kombinationsmöglichkeiten.

```
superellipsoid{<e,n>}
```

Die beiden Parameter *e* und *n* stehen dabei für den Rundungsgrad der Ecken und Kanten. Sie können Werte zwischen 0 und 1 annehmen. Die stärkste Rundung wird bei einem Wert von 1 und die schärfste Kante bei einem Wert von 0 erreicht. Anders ausgedrückt bedeutet das, daß Sie eine Kugel erzeugen, wenn beide Werte gleich 1 sind. Um einen Würfel zu erzeugen, müßten Sie beide Werte gegen einen Wert gehen lassen, der nur geringfügig größer als Null ist. Der Wert Null selbst ist nicht erlaubt. Die Bezeichnung der Parameter *e* und *n* rührt übrigens von der englischen Bezeichnung der Richtung, für die diese Parameter verantwortlich zeichnen. *e* steht für *east-west* und ist für die Form dieses Körpers in dieser Richtung verantwortlich (also von links nach rechts bzw. von -x nach +x). *n* steht für *north-south* und ist demzufolge für die Form des Körpers von vorn nach hinten bzw. von +z bis -z verantwortlich.

Im Beispiel *bild5_3.pov* finden Sie einen solchen superquadratischen Ellipsoid, der die Form eines Würfels mit abgerundeten Kanten hat. Verantwortlich dafür sind die Parameter *e* und *n*, die jeweils einen Wert von 0.5 haben.

```
//Bild 5_3

//Einbindung der benötigten Include-Dateien
#include "colors.inc"
#include "textures.inc"
#include "shapes.inc"
#include "himmel.inc"

//Definition der Kamera
camera {
 location  <0.0, 2.0, -4>
 direction <0.0, 0.0, 1.0 >
 up        <0.0, 1.0, 0.0 >
 right     <1.333, 0.0, 0.0 >
 look_at   <0.0, 0.0, 0.0 >
}

//Fläche
plane{<0,1,0>,-1
texture{pigment{color Green}}}
```

```
superellipsoid{<.5,.5>
pigment{color Red}}

// Lichtquelle
  light_source{<0 ,  100 , -100  > color White }
```

Sie sollten ein wenig mit den beiden Parametern des superquadratischen Elliposoids spielen, um ein Gefühl für deren Einsatz zu bekommen. Natürlich können Sie die entstehenden Körper auch skalieren, rotieren und verschieben.

Kegel

Ein Kegel wird in POV-Ray durch die Anweisung

```
cone{<Mittelpunktkoordinate des unteren Kreises>, Radius des unteren Kreise, <Mittelpunktkoordinate des oberen Kreises>, Radius des oberen Kreises}
```

definiert. Wenn der Radius des oberen Kreises null Einheiten beträgt, endet der Kegel in einer Spitze.

Abbildung 5.4

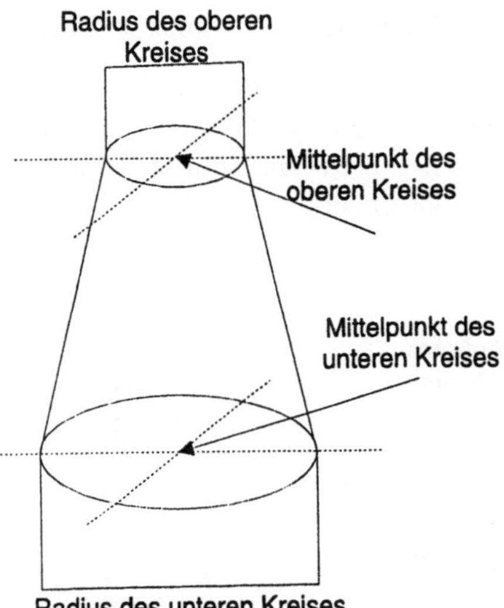

Wie auch ein Zylinder, so ist auch ein Kegel standardmäßig „massiv“. Sie können ihn hohl machen, indem Sie hinter den Parameter für den Radius des oberen Kreises das Schlüsselwort „open“ schreiben.

```
cone{<Mittelpunktkoordinate des unteren Krei-
ses>,Radius des unteren Kreises,
<Mittelpunktkoordinate des oberen Kreises>, Radius
des oberen Kreises open}
```

Als Beispiel ersetzen wir in der Datei *bild5_1.pov* die Quaderfinition durch eine Kegeldefinition und speichern die Datei als *bild5_4.pov*.

```
//Kegeldefinition
cone{<0,-1,0>,1,<0,1,0>,.5
texture{pigment{color Red}}}
```

Der so erzeugte Körper ist allerdings kein Kegel, sondern ein Kegelstumpf. Um einen „echten" Kegel zu erzeugen, muß einer der beiden Radien null Einheiten betragen.

Ringe

Ein Ring wird in POV-Ray durch den äußeren und den inneren Radius definiert.

```
torus{äußerer Radius, innerer Radius}
```

Beachten Sie bitte, daß die Torus-Anweisung keine Koordinaten für die Lage des Torus enthält. Ein Torus liegt standardmäßig auf der X-Y-Ebene. Sein Mittelpunkt befindet sich standardmäßig genau am Koordinatenursprung.

Abbildung 5.5

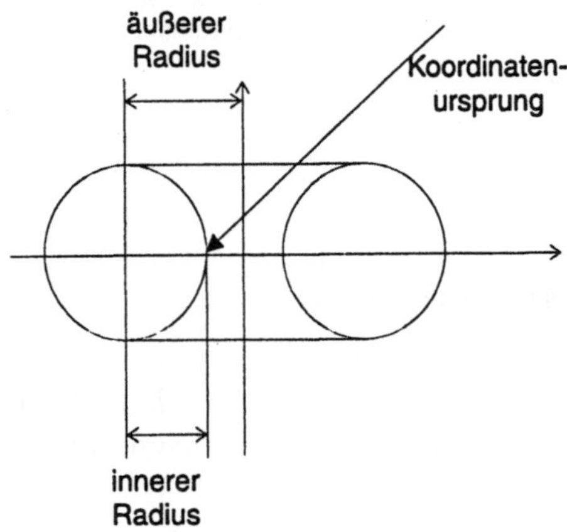

Wenn Sie sich das Bild ansehen, wird klar, daß der äußere Radius immer größer sein muß als der innere Radius!

Zu Verdeutlichung sehen Sie sich bitte die Definition des Rings aus dem Beispiel *bild5_5.pov* an.

```
//Ringdefinition
torus{2,.5
texture{pigment{color Red}}}
```

Prismen

Ein Prisma ist in POV-Ray ein fester Körper, der durch die Extrusion einer in der X-Z-Ebene liegenden, geschlossenen Fläche entlang der Y-Achse erzeugt wird. Die allgemeine Syntax für die Erzeugung eines Prismas lautet:

```
prism{
Art_der_Verbindungslinie
Höhe1,
Höhe2,
Anzahl_der_Eckpunkte,
<Punkt1>,
<Punkt2>,
.
.
.
<Punktn>}
```

Nach der Einleitung der Definition durch das Schlüsselwort *prism* wird zunächst festgelegt, wie die einzelnen Eckpunkte der als Ausgangspunkt dienenden Fläche miteinander verbunden werden sollen. Die einfachste Form der Verbindung zweier benachbarter Punkte stellt eine Linie dar. Eine solche Verbindungsart wird durch das Schlüsselwort *linear_spline* definiert. Etwas komplizierter sind die beiden anderen Verbindungen, die in POV-Ray als *quadratic_spline* und als *cubic_spline* bezeichnet werden. Wird die Anweisung *quadratic_spline* verwendet, werden zwei benachbarte Punkte durch eine Linie verbunden, die nach einer Funktion zweiter Ordnung berechnet wird. Bei der Verwendung von *cubic_spline* wird eine Funktion dritter Ordnung eingesetzt. In der Reihenfolge, wie die Verbindungsarten hier beschrieben wurden, wird auch der Übergang zwischen den einzelnen Segmenten immer weicher.

Die beiden Fließkommazahlen *Höhe1* und *Höhe2* geben an, an welcher Y-Koordinate sich die Unterkante (*Höhe1*) und die Oberkante (*Höhe2*) des Prismas befinden. Es folgt die Angabe der Anzahl der Eckpunkte, aus denen die Grundfläche des Prismas gebildet werden soll. Danach folgen die x- und z-Koordinaten jedes einzelnen Eckpunktes.

Sehen wir uns zur Veranschaulichung das Beispiel *bild5_6.pov* an.

```
//Bild 5_6

//Einbindung der benötigten Include-Dateien
#include "colors.inc"
#include "textures.inc"
#include "shapes.inc"
#include "himmel.inc"

//Definition der Kamera
camera {
 location  <0.0, 2.0, -7>
 direction <0.0, 0.0, 1.0 >
 up        <0.0, 1.0, 0.0 >
 right     <1.333, 0.0, 0.0 >
 look_at   <0.0, 2.0, 0.0 >
}

//Fläche
plane{<0,1,0>,0
texture{pigment{color Green}}}

prism{
linear_spline
0, 3
9, <-2,0>,<-2,2>,<2,2>,<2,0>,<1,0>,<1,1>,<-1,1>,<-
1,0>,<-2,0>
pigment{color Red}}

// Lichtquelle
  light_source{<0 ,  100 , -100  > color White }
```

Nach dem Rendern der Datei werden Sie ein rotes U-Profil erkennen. Sie können wie bei einem Zylinder oder einem Kegel die Ober- und Unterkante des Prismas durch das Hinzufügen des

Schlüsselwortes *open* entfernen. Sollte bei komplizierten Formen das entstandene Prisma Fehler aufweisen, können Sie POV-Ray zwingen, die Berechnung etwas langsamer, dafür aber auch genauer durchzuführen. Dazu fügen Sie der Definition des Prismas das Schlüsselwort *sturm* hinzu.

Lathe

Ein *lathe*-Objekt ist ein Rotationskörper. Sie haben im ersten Teil des Buches kennengelernt, wie solche Körper erzeugt werden. Ebenso ist auch das Vorgehen in POV-Ray. Es wird eine Kurve oder Fläche definiert, die dann um 360 Grad um die Y-Achse gedreht wird und somit den zu erzeugenden Körper beschreibt.

Ein *lathe*-Objekt wird in POV-Ray folgendermaßen definiert:

```
lathe{
Art_der_Verbindungslinie
Anzahl_der_Punkte
<Punkt1>,
<Punkt2>,
.
.
.
<Punktn>}
```

Eingeleitet wir die Defnition durch das Schlüsselwort *lathe*. Daran anschließend wird, wie beim Prisma beschrieben, festgelegt, wie die einzelnen Eckpunkte der als Ausgangspunkt dienenden Fläche miteinander verbunden werden sollen.

Nun wird festgelegt, wie viele Eckpunkte die Fläche haben soll. Die Koordinaten dieser Eckpunkte werden danach definiert. Sie müssen beim Festlegen der Eckpunkte stets beachten, daß die Fläche geschlossen ist. Das bedeutet, daß die Koordinaten des ersten und des letzten Eckpunktes immer gleich sein müssen. Doch sehen wir uns das Ganze an einem Beispiel an. Zunächst erzeugen wir die Fläche, aus der der *lathe*-Körper gebildet werden soll.

Abbildung 5.6

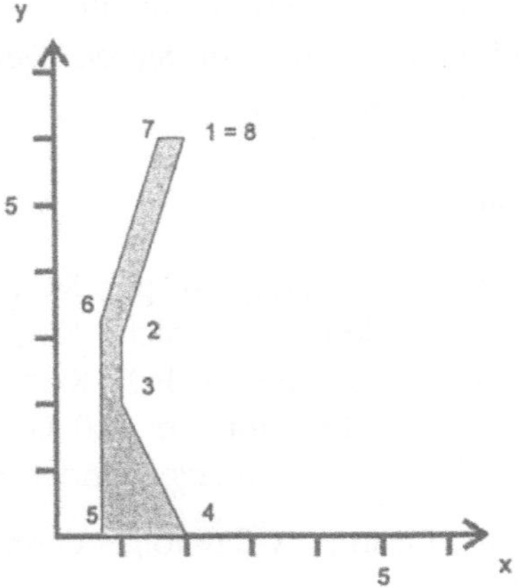

Nach den Vorgaben der Abbildung 5.6 würde das *lathe*-Objekt dann wie im Listing *bild5_7.pov* definiert werden.

```
//Bild 5_7

//Einbindung der benötigten Include-Dateien
#include "colors.inc"
#include "textures.inc"
#include "shapes.inc"
#include "himmel.inc"

//Definition der Kamera
camera {
 location  <0.0, 7.0, -15.0 >
 direction <0.0, 0.0, 1.0 >
 up        <0.0, 1.0, 0.0 >
 right     <1.333, 0.0, 0.0 >
 look_at   <0.0, 2.0, 0.0 >
}

//Fläche
plane{<0,1,0>,0
texture{pigment{color Green}}}
```

```
lathe{
linear_spline 8,
<2,6>,<1,3>,<1,2>,<2,0>,<.8,0>,<.8,3>,<1.8,6>,<2,6>
pigment{color Red}}

// Lichtquelle
  light_source{<0 ,  100 , -100  > color White }
```

Um die Wirkung der Anweisungen *quadratic_spline* und *cubic_spline* zu sehen, sollten Sie im Listing *bild5_7.pov* die Anweisung *linear_spline* durch jeweils eine dieser beiden Anweisungen ersetzen und das Bild erneut rendern.

Rotationskörper - Surface of Revolution

Während ein *lathe*-Objekt erzeugt wird, indem eine geschlossene Fläche um eine Achse rotiert wird, können in POV-Ray auch Rotationskörper generiert werden, indem eine Linie bzw. Kurve um eine Achse rotiert wird. Diese Körper werden in der Sprache von POV-Ray als *sor* (*surface of revolution*) bezeichnet. Diese Körper unterscheiden sich vom *lathe*-Objekt auch dadurch, daß sie auf der Grundlage einer Formel erstellt werden, die die Abhängigkeit zwischen der Entfernung eines Eckpunktes zur Rotationsachse und der Lage auf der Rotationsachse beschreibt. Das bedeutet, daß Sie keinen Einfluß darauf nehmen können, wie die einzelnen Punkte miteinander verbunden werden. Ungeachtet dieses Nachteils ist es häufig besser, ein *sor*- als ein *lathe*-Objekt zu erzeugen, da die Berechnung wesentlich schneller erfolgt und das Ergebnis ein Körper ist, dessen Oberfläche einen wesentlich weicheren Eindruck macht.

Doch sehen wir uns die vollständige Syntax des *sor*-Objektes an.

```
sor{
Anzahl_der_Punkte,
<Punkt1><Punkt2>
<Punktn>}
```

Beachten Sie bitte, daß zwischen die Koordinatenangaben der einzelnen Eckpunkte keine Kommata gesetzt werden.

Optional kann an das Ende der *sor*-Anweisung das Schlüsselwort *open* gesetzt werden. Es hat die gleiche Bedeutung wie beim

Zylinder und beim Kegel. Die POV-Ray-Entwickler empfehlen, das Schlüsselwort *open* nicht zu verwenden, wenn Sie ein *sor*-Objekt in einer CSG-Operation verwenden wollen, da das zu falschen Ergebnissen führen könnte.

Als Grundlage für Experimente sollten Sie das Listing *bild5_8.pov* verwenden, das Ihnen einen ersten Eindruck von den Möglichkeiten des *sor*-Objektes vermitteln soll.

```
//Bild 5_8

//Einbindung der benötigten Include-Dateien
#include "colors.inc"
#include "textures.inc"
#include "shapes.inc"
#include "himmel.inc"

//Definition der Kamera
camera {
 location  <0.0, 2.0, -10>
 direction <0.0, 0.0, 1.0 >
 up        <0.0, 1.0, 0.0 >
 right     <1.333, 0.0, 0.0 >
 look_at   <0.0, 2.0, 0.0 >
}

//Fläche
plane{<0,1,0>,0
texture{pigment{color Green}}}

sor{
5, <2,0><1,.5><1,3><1,6><7,9>
pigment{color Red}}

// Lichtquelle
  light_source{<0 ,  100 , -100  > color White }
```

Textobjekte

Dieser Objekttyp zählt für viele POV-Ray-Anwender sicher zu den großen Errungenschaften der Version 3.0. Damit können aus Truetypefonts schnell ganze Schriftzüge in POV-Ray-Szenen gesetzt werden.

Die allgemeine Syntax für das Erzeugen eines Textobjekts lautet:

```
text{
ttf „Fontname.ttf", „Zeichenkette", Buchstabendicke,
Offset}
```

Nach der Einleitung der Definition durch das Schlüsselwort *text* folgt die Angabe der Fontart. Hier ist momentan nur die Angabe *ttf* möglich, da bislang nur Truetypefonts unterstützt werden. Es folgt die Bezeichnung des zu verwendenden Fonts, der sich der Text anschließt, der in der Szene erscheinen soll. *Buchstabendicke* ist eine Fließkommazahl, die in Einheiten die Dicke der Buchstaben ausdrückt. *Offset* ist eine Zahl, die angibt, wie stark die einzelnen Buchstaben der Zeichenkette auseinandergerückt werden sollen. Standardmäßig verwendet POV-Ray die im Font kodierten Abstände. Die hier verwendete Zahl sollte also standardmäßig Null sein.

Sehen Sie sich das Beispiel *bild5_9.pov* an und rendern Sie es.

```
//Bild 5_9

//Einbindung der benötigten Include-Dateien
#include "colors.inc"
#include "textures.inc"
#include "shapes.inc"
#include "himmel.inc"

//Definition der Kamera
camera {
 location  <0.0, 2.0, -7>
 direction <0.0, 0.0, 1.0 >
 up        <0.0, 1.0, 0.0 >
 right     <1.333, 0.0, 0.0 >
 look_at   <0.0, 2.0, 0.0 >
}

//Fläche
plane{<0,1,0>,0
texture{pigment{color Green}}}

text{
ttf "cyrvetic.ttf","Hello, World!", 0.5, 0
pigment{color Red}
```

```
translate<-2,0,0>}

// Lichtquelle
  light_source{<0 ,  100 , -100  > color White }
```

Ich habe hier den mit POV-Ray gelieferten Font *cyrvetiv.ttf* verwendet. Da er sich im *include*-Verzeichnis befindet, das in der povray.ini als Bibliothekspfad angegeben ist, kann hier auf die Pfadangabe zu diesem Font verzichtet werden. Wollen Sie einen Font verwenden, der sich in einem anderen Pfad befindet, müssen Sie den Pfad zusammen mit der Fontbezeichnung angeben. Als Text habe ich den Satz „Hello, World!" verwendet, der zumindestens allen Programmierern als ein Standardbeispiel bekannt sein dürfte.

Da der linke Rand jedes Textobjektes immer bei X=0 liegt, habe ich das gesamte Objekt mit Hilfe der *translate*-Anweisung um 2 Einheiten nach links verschoben. Die Höhe der Textobjekte beträgt etwa 1 Einheit. Jedes Zeichen hat eine Breite zwischen 0.5 und 0.75 Einheiten. Um sie also ganz sichtbar zu machen, ist es mitunter notwendig, ein wenig zu experimentieren.

Selbstverständlich können Sie das so entstandene Textobjekt nach Belieben skalieren, rotieren und verschieben.

Polynominale Oberflächen

Polynominale Oberflächen sind gewissermaßen die grafische Darstellung von Funktionen höherer Ordnung. Die allgemeine Syntax für das Erzeugen solcher Körper lautet:

```
poly{ Ordnung, <K1, K2, K3, ..., Kn>}
```

Ordnung ist dabei die Ordnung der Funktion, also der höchste in der Funktion vorkommende Exponent[2]. K1 bis Kn sind die Mulitplikatoren der in der Formel vorkommenden Koeffizienten.

Vereinfachte Varianten der *poly*-Anweisung sind die Anweisungen *cubic* (für Funktionen 3. Ordnung) und *quartic* (für Funktionen 4. Ordnung). Die allgemeine Syntax dieser beiden Anweisungen lautet:

---

[2] Die Funktion $y = x^4$ ist eine Funktion 4.Ordnung, die Funktion $y = x^2z^2$ wegen der Mulitplikation der beiden Exponenten auch.

```
cubic{ K1, ..., K20}
```

und

```
quartic {K1, ... , K35}
```

Beispiele für diese Art von Objekten finden Sie in der Datei *shapesq.inc* im *Include*-Verzeichnis. Wir wollen uns ein Beispiel aus dieser Datei ansehen. Es wird dabei ein Körper erzeugt, der folgender Formel unterliegt:

$$x^4 - x^2 + y^2 + z^2 = 0$$

Sie finden diesen Körper in der genannten Include-Datei unter der Bezeichnung *Lemniscate.*

Sehen wir uns diesen Körper im Beispiel *bild5_10.pov* an.

```
//Bild 5_10

//Einbindung der benötigten Include-Dateien
#include "colors.inc"
#include "textures.inc"
#include "shapes.inc"
#include "himmel.inc"
#include "shapesq.inc"

//Definition der Kamera
camera {
 location  <0.0, 2.0, -6>
 direction <0.0, 0.0, 1.0 >
 up        <0.0, 1.0, 0.0 >
 right     <1.333, 0.0, 0.0 >
 look_at   <0.0, 2.0, 0.0 >
}

//Fläche
plane{<0,1,0>,0
texture{pigment{color Green}}}

object{Twin_Glob
pigment{color Red}
translate 2*y
}
```

```
// Lichtquelle
  light_source{<0 ,  100 , -100  > color White }
```

Beachten Sie bitte, daß die Datei *shapesq.inc* eingebunden sein muß.

Feste, endlich große, zusammengesetzte Formen

Für die Entwicklung komplizierter Formen reichen die bisher erläuterten Grundformen häufig nicht aus, obwohl sie auf vielfältige Weise miteinander kombiniert werden können (mehr dazu im Kapitel 9 „Körperorientiertes Modellieren").

Die in diesem Abschitt besprochenen Formen ermöglichen es, weitaus kompliziertere Formen darzustellen, als es selbst mit dem körperorientierten Modellieren möglich wäre.

Dreiecke

Eine Möglichkeit, einen Körper zu erzeugen, besteht darin, ihn aus vielen kleinen Dreiecken zusammenzusetzen. Jedes Dreieck wird dabei mit folgender Anweisung definiert:

```
triangle{<ecke1, ecke2, ecke3>}
```

Die Vektoren der drei Ecken bestehen jeweils aus der X-, der Y- und der Z-Koordinate. Wenn man nun mehrere solcher Dreiecke so definiert, daß sich ihre Kanten berühren, kann man recht komplizierte Formen erzeugen. Doch Sie können sich vorstellen, daß es dafür einer Menge Geduld und Zeit, und vor allem eines sehr guten räumlichen Vorstellungsvermögens bedarf, um zu einem gewünschten Ergebnis zu kommen.

Prinzipiell ist es natürlich möglich, sozusagen manuell einen Körper aus Dreiecken zusammenzubasteln. Empfehlenswert ist ein solcher Weg allerdings nicht. Es gibt eine ganze Reihe von guten Shareware-Programmen, mit denen man schnell neue, auf Dreiecken basierende Körper erstellen kann. Im Teil II dieses Buches werden wir ausführlich besprechen, wie solche Körper auch mit dem Programm MORAY erzeugt werden können.

Es soll nicht verschwiegen werden, daß die Verwendung der *triangle*-Anweisung einen schwerwiegenden Mangel aufweist. Um einen Körper mit einer glatten Oberfläche, also ohne Ecken und Kanten zu erzeugen, muß man eine sehr große Zahl von Dreiecken verwenden. Um auch mit einer geringen Zahl von Dreiecken auskommen zu können, unterstützt POV-Ray eine Sonderform von Dreiecken, die *smooth_triangles.* Die Anweisung für das Erzeugen solcher Dreiecke sieht folgendermaßen aus:

```
smooth_triangle{<ecke1>,<oberflächennormale1>,<ecke2>
,<oberflächennormale2>,<ecke3>,<oberflächennormale3>}
```

Sie sehen, daß diese Anweisung im Gegensatz zur *triangle*-Anweisung durch die Vektoren *oberflächennormale1, oberflächennormale2, oberflächennormale3* ergänzt wurde. Was eine Oberflächennormale ist, werden Sie weiter unten in diesem Kapitel sehen. Ich möchte an dieser Stelle diesen Begriff nicht weiter erläutern, da es es sinnlos ist, solche Oberflächennormale manuell zu berechnen. Auch hierfür gibt es hervorragende Programme, die Ihnen diese Arbeit abnehmen und für gute Ergebnisse sorgen.

Doch was sind eigentlich die guten Ergebnisse, die durch die Verwendung der Oberflächennormalen erzielt werden? In aller Kürze kann dazu gesagt werden, daß bei der Einbeziehung der Oberflächennormalen in die Berechnung der Dreiecke ein weicher Übergang zwischen benachbarten Dreiecken erreicht wird. Die für die Verwendung von „normalen" Dreiecken typischen Kanten beim Übergang zwischen zwei benachbarten Dreiecken werden weicher gemacht.

Netze aus Dreiecken

POV-Ray ermöglicht es dem Anwender, alle Dreiecke, aus denen ein Objekt besteht, in einem sogenannten Netz oder *mesh* zusammenzufassen. Die allgemeine Syntax sieht so aus:

```
mesh{
triangle{<Ecke1>,<Ecke2>,<Ecke3>}
.
.
.
hierarchy Schalter}
```

Die Defintion des Objekttyps *mesh* ist so zu verstehen, daß gewissermaßen unter dem Dach des Objekts *mesh* Dreiecksdefinitionen gebündelt werden. Jedem Dreieck (möglich sind sowohl die Objekte *triangle* als auch *smooth_triangle*) kann dabei eine eigene Textur zugewiesen werden. Hierbei muß beachtet werden, daß innerhalb einer *mesh*-Anweisung keine Texturdefinitionen, sondern nur die Bezeichnungen zuvor definierter Texturen erlaubt sind!

Dieser Objekttyp wurde in POV-Ray aufgenommen, um auch bei der Verwendung von aus vielen hundert Dreiecken bestehenden Körpern akzeptale Renderzeiten zu erzielen. POV-Ray wendet bei der Berechnung eines solchen *mesh* das sogenannte Bounding-Verfahren an, um unnötige Berechnungen zu vermeiden (dieses Verfahren wird Ihnen in einem späteren Kapitel erläutert). Dieses Verfahren sollte nicht verwendet werden, wenn Sie Probleme wegen nicht ausreichendem Arbeitsspeicher bekommen oder wenn das *mesh* nur aus wenigen Dreiecken besteht, da dann das Bounding-Verfahren zu einer längeren Rechenzeit führt. Sie schalten das Bounding ab, indem Sie der *mesh*-Definition die Anweisung *hierarchy off* hinzufügen.

Die Bündelung von Dreiecken in einem *mesh* kommt insbesondere dann zum Tragen, wenn in einer Szene ein Objekt mehrmals verwendet wird. Die Daten der zum Objekt gehörenden Dreiecke befinden sich dann nur einmal im Speicher und nicht für jede Kopie des Ausgangsobjektes.

Polygone

Eine weiteres zweidimensionales Objekt stellen die Polygone, also Vielecke dar. Die allgemeine Syntax für ein Polygon lautet:

```
polygon{
Anzahl_der_Punkte
<Punkt1>,<Punkt2>,...,<Punktn>}
```

Punkt1, *Punkt2* usw. sind die X- und Y-Koordinaten der Eckpunkte des Polygons. Wenn Sie ein so definiertes Vieleck verschieben, müssen Sie eine entsprechende *translate*-Anweisung verwenden. Ansonsten liegt ein Polygon immer in der X-Y-Ebene, die Z-Koordinate ist also gleich Null. Polygone werden automatisch geschlossen. Es ist also nicht wie beim *lathe*-Objekt notwendig, daß die Koordinaten des ersten und des letzten Eckpunktes gleich sind.

Als Beispiel erzeugen wir die Datei *bild5_11.pov*. Wir gehen dabei von der Datei *bild5_9.pov* aus und ersetzen die Anweisung für das *text*-Objekt durch folgendes Listing:

```
polygon{
```

```
6, <-1,2>,<-2, 4>,<1,4>,<2,5>,<1,-.5>,<0,3>
pigment{color Red}}
```

Mit dieser Anweisung wird ein Sechseck erzeugt, das Ihnen als Grundlage für weitere Experimente mit der *polygon*-Anweisung dienen sollte.

Polygone können einander auch überlagern. Dabei ist es dann auch möglich, „Löcher" in ein Vieleck zu schneiden. Innerhalb einer *polygon*-Anweisung werden dazu mehrere geschlossene Linienzüge definiert, von denen jeder ein Vieleck repräsentiert. Die endgültige Fläche ist dann der Bereich, der sich zwischen diesen beiden Linienzügen befindet. Ersetzen Sie zur Verdeutlichung dieser Erläuterung in der Datei *bild5_11.pov* die *polygon*-Definition durch das folgende Listing, und speichern Sie die komplette Datei als *bild5_12.pov*.

```
polygon{
10,
<-1,2>,<-1, 4>,<1,4>,<1,2>,<-1,2>
<-0.5,2.5>,<-0.5, 3.5>,<0.5,3.5>,<0.5,2.5>,<-0.5,
2.5>
pigment{color Red}}
```

Wenn Sie auf einem Stück karierten Papiers die Linien nachvollziehen, werden Sie sehen, daß in dieser *polygon*-Anweisung zwei Rechtecke definiert sind. Nach dem Rendern werden Sie dann erkennen, daß der entstandene Körper tatsächlich so aussieht, als wäre das kleine Rechteck aus dem großen Rechteck herausgeschnitten worden.

Bézier-Patch

Für das Erzeugen sehr komplizierter Formen offeriert uns auch POV-Ray die Möglichkeit, Bézierflächen einzusetzen. POV-Ray unterstützt das Erzeugen von Bézierflächen durch die Anweisung *bicubic_patch*. Die allgemeine Syntax dieser Anweisung lautet:

```
bicubic_patch{
type typ
flatness wert
u_steps wert
v_steps wert
```

```
<Kontrollpunkt1>, <Kontrollpunkt2>, <Kontrollpunkt3>,
<Kontrollpunkt4>, <Kontrollpunkt5>, <Kontrollpunkt6>,
<Kontrollpunkt7>, <Kontrollpunkt8>, <Kontrollpunkt9>,
<Kontrollpunkt10>, <Kontrollpunkt11>,
<Kontrollpunkt12>, <Kontrollpunkt13>,
<Kontrollpunkt14>, <Kontrollpunkt15>,
<Kontrollpunkt16>
```

Die Anweisung wird durch das Schlüsselwort *bicubic_patch* eingeleitet. Nach der geschweiften Klammer folgt die Anweisung *type typ*. Hiermit bestimmen Sie, welchen Typ eines Béziernetzes POV-Ray verwenden soll. Möglich sind hierbei die Typen 0 und 1. Bei der Verwendung des Typs 0 berechnet POV-Ray die unter dem Kontrollnetz liegende Fläche ausgehend von den definierten Kontrollpunkten. Um eine hinreichend genaue Annäherung der Fläche an das Kontrollnetz zu erzielen, sind eine Menge Berechnungen nötig. Allerdings ist für diese Art der Erzeugung einer Bézierfläche kein zusätzlicher Arbeitsspeicher nötig. Geben Sie als Typ hingegen die 1 an, unterteilt POV-Ray das definierte Netz in viele kleine Netze und führt dann die Berechnungen durch. Da die Annäherung einer Fläche an ein kleines Kontrollnetz viel schneller zu berechnen ist, wird auch POV-Ray mit der Berechnung der gesamten Fläche wesentlich schneller fertig. Durch die Unterteilung der Kontrollfläche in viele kleine Flächen wird aber viel mehr Arbeitsspeicher benötigt. Wenn Ihr PC über wenig Arbeitsspeicher verfügt, sollten Sie also auf jeden Fall den Typ *0* wählen, auch wenn dadurch die Berechnung viel länger dauert.

Bei der Berechnung der Bézierfläche prüft POV-Ray vor jedem Berechnungsschritt, ob der zu berechnende Teil der Fläche hinreichend klein ist, um als Rechteck dargestellt und berechnet zu werden. Ist die Fläche zu groß, wird sie durch POV-Ray weiter unterteilt. Ist die Fläche so, daß sie als Rechteck darstellbar ist, wird diese Fläche durch zwei Dreiecke (*smooth_triangles*) erzeugt. Mit der Anweisung *flatness wert* bestimmen Sie die Häufigkeit, mit der POV-Ray prüft, ob die zu erzeugende Fläche weiter unterteilt werden muß. Bei einem Wert von *0* erfolgt keine Prüfung. POV-Ray unterteilt dann die gesamte in dem Kontrollnetz liegende Fläche in Dreiecke und berechnet jedes einzelne Dreieck. Dabei ist es unerheblich, ob eine solche Unterteilung überhaupt notwendig und sinnvoll ist. Wenn wir zum Beispiel eine Bézierfläche erzeugen wollen, die absolut flach ist, bringt eine Unterteilung in kleinere Rechtecke zur Berechnung von Unebenheiten natürlich keine Verbesserung des Ergebnisses, sondern nur eine Verlängerung der Rechenzeit.

Ist der Wert für *flatness* allerdings größer als *0*, prüft POV-Ray vor jedem Berechnungsschritt, ob eine weitere Unterteilung der Fläche überhaupt notwendig ist. Bei diesen Werten erreichen Sie in jedem Fall eine schnellere Berechnung der Fläche. Bei bestimmten Formen kann es allerdings dazu kommen, daß Sie beim Rendern einer solchen Form ein mehr oder weniger großes Loch in der Fläche feststellen. Wenn Sie ein solches Ergebnis nicht akzeptieren können, sollten Sie den Wert für *flatness* auf kleinere Werte oder gar auf *0* setzten und das Bild erneut rendern, auch wenn die Berechnung viel länger dauern wird.

Die Anweisungen *u_steps wert* und *v_steps wert* geben an, wie viele Reihen und Spalten von Dreiecken mindestens verwendet werden sollen, um die Fläche zu erzeugen. Aus diesen Parametern ergibt sich auch die maximale Anzahl von Unterteilungen der gesamten Fläche. Sie läßt sich nach der Formel

$$Unterteilungen = 2^{u\_steps} \bullet 2^{v\_steps}$$

berechnet.

Würden wir also beispielsweise festlegen, daß in horizontaler und vertikaler Richtung jeweils mindestens 5 Dreiecke für die Berechnung der Gesamtfläche verwendet werden sollen, erhielten wir als Ergebnis 1024 Rechtecke, die aus 2048 Dreiecken (*smooth_triangles*) gebildet würden. Das Ergebnis wäre sicher sehr gut, müßte aber nicht in jedem Fall mit dem dafür betriebenen Aufwand an Rechenzeit im Verhältnis stehen. Es ist daher empfehlenswert, zunächst mit kleinen Werten zu beginnen (insbesondere in der Testphase). Wenn das damit erzielte Ergebnis zufriedenstellend ist, sollten Sie es auch beim endgültigen Rendern des Bildes bei diesen Werten belassen. Wenn Sie das Ergebnis nicht überzeugt, können Sie die Werte bei endgültigen Rendern des Bildes auf einen höheren Wert setzen, wo es Ihnen dann sicher nur noch auf eine gute Qualität des Bildes und weniger auf die dafür nötige Rechenzeit ankommt.

Das über der Fläche liegende Kontrollnetz wird durch die Kontrollpunkte 1 bis 16 gebildet. Die Kontrollpunkte 1, 4, 13 und 16 bilden dabei die Eckpunkte des Kontrollnetzes. Die anderen Punkte dienen zur Verformung der Fläche.

Sie können mit Hilfe der Anweisung *bicubic_patch* im Prinzip jede beliebige Form darstellen. Doch hier gilt das, was bereits im

Zusammenhang mit den Dreiecken gesagt wurde. Das Erstellen von solchen Bézierflächen ist „zu Fuß“ nur schwer machbar. Ich empfehle Ihnen, dafür auf jeden Fall Zusatzprogramme zu verwenden, die Sie unter anderem im CompuServe-Forum „graphdev“ finden.

Zu den berühmtesten Beispielen eines auf der Grundlage einer Beziérfläche erzeugten Körpers gehört die Utah-Teekanne. Sie finden diesen Körper bei den mit POV-Ray ausgelieferten Beispieldateien. Die Dateibezeichnung lautet *teapot.pov*. Die Teekanne selbst ist in der Datei *teapot.inc* definiert. Wenn Sie sich die Definition dieses Körpers ansehen wollen, sollten Sie in jedem Fall einen Editor verwenden, der auch mit sehr großen Dateien umgehen kann.

Im 3. Teil dieses Buches werden Sie sehen, daß auch MORAY die Möglichkeit bietet, solche Bézierformen schnell und einfach zu erzeugen.

Scheiben

Zu den durch POV-Ray unterstützten endlich großen Formen gehört die Scheibe (*disc*). Eine Scheibe wird durch folgende Anweisung definiert:

```
disc{<x,y,z>,<oberflächennormale>, radius}
```

X, y und z stehen dabei für die Koordinaten des Mittelpunktes der Scheibe. Der Vektor *oberflächennormale* beschreibt, in welche Richung die Normale der Scheibe zeigt. (Eine Erläuterung des Begriffs *Normale* finden sie im nächsten Abschnitt.)

Es gibt eine Variante der *disc*-Anweisung, mit der in die Mitte der Scheibe eine Loch geschnitten wird:

```
disc{<x,y,z>,<oberflächennormale>, radius, lochradi-
us}
```

Feste, unendlich große Körper

Flächen

Eine Fläche haben Sie ja bereits in Ihrem ersten Bild verwendet. Die Anweisung für die Definition einer Fläche lautet:

```
plane{<Oberflächennormale>, Entfernung>}
```

Doch was ist eine *Oberflächennormale*? Die Oberflächennormale ist ein Vektor, der senkrecht auf der Fläche steht und somit die Lage der Fläche im Raum angibt. Zu kompliziert? Dann versuchen wir eine andere Erklärung.

Bei einer Fläche, die in der X-Z-Ebene liegt, zeigt die Oberflächennormale in Y-Richtung, bei einer Fläche in der Y-Z-Ebene in X-Richtung und bei einer Fläche in der X-Y-Ebene in Z-Richtung.

Abbildung 5.7

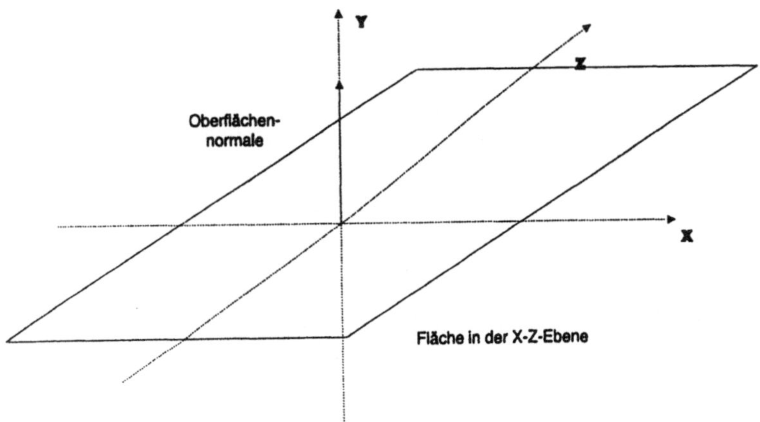

Im ersten Beispiel haben Sie eine Fläche definiert, auf der eine Kugel ruhte. Die Fläche war als „Fußboden“ definiert. Sie lag also in der X-Z-Ebene des Koordinatensystems und hatte demzufolge eine Oberflächennormale in Y-Richtung. Die Anweisung lautete also:

```
plane{<0,1,0>, Entfernung}.
```

Ich möchte nochmals betonen: Die Oberflächennormale enthält **nicht** die Koordinaten der Fläche, sondern beschreibt nur die Ausrichtung der Fläche im Raum.

Mit dem Parameter *Entfernung* können Sie die Fläche entlang des Vektors der Oberflächennormale verschieben. Positive Werte bewirken dabei eine Verschiebung in Richtung des Vektors der Oberflächennormale. Negative Werte verschieben die Fläche entgegen der Richtung des Vektors der Oberflächennormale.

Im ersten Beispiel haben wir folgende Anweisung verwendet.

```
plane{<0,1,0>,-1}
```

Da wir bereits eine Kugel mit einem Radius von einer Einheit definiert hatten, deren Mittelpunkt sich genau im Koordinatenursprung befand, und wir wollten, daß die Kugel genau auf der Fläche liegt, mußten wir die Fläche um den Radius der Kugel (also eine Einheit) nach unten verschieben. In der Flächenanweisung stand also für den Parameter *Entfernung* der Wert -1.

6 Transformationen

In den ersten Kapitel haben Sie gesehen, wie welche Körper und Formen in einer Szene positioniert werden. Sie hatten jedoch bislang keinen Einfluß darauf, wo die Körper und Formen positioniert werden. Die meisten vordefinierten Körper und Formen aus der Datei *shapes.inc* sind so definiert, daß sich ihr Zentrum im Koordinatenursprung befindet.

Nun wäre POV-Ray natürlich sehr untauglich für komplexe Szenen, wenn es nicht die Möglichkeit bieten würde, Körper und Formen innerhalb einer Szene beliebig zu positionieren.

POV-Ray kennt drei Transformationsverfahren:

- Skalierungen

- Rotationen

- Translationen

Betrachten wir nun der Reihe nach die einzelnen Transformationsverfahren und die Art ihrer Verwendung.

Skalierung

Eine Skalierung ist die Vergrößerung bzw. Verkleinerung eines Körpers entlang der einzelnen Koordinatenachsen. Lassen Sie uns dazu ein Beispiel analysieren. Im ersten Bild haben Sie eine Kugel mit einem Radius von einer Einheit erzeugt, deren Mittelpunkt im Koordinatenursprung liegt. Die entsprechende Anweisung lautete:

```
sphere{<0,0,0>,1}
```

Um die Kugel nun zu vergrößern, würde es reichen, den Wert 1 durch einen höheren Wert zu ersetzen. Um die Kugel zu verkleinern, müßte der Parameter für den Radius verkleinert werden. Wozu also eine Skalierung?

Wollen Sie die Kugel aus dem ersten Beispiel einfach nur vergrößern oder verkleinern, ist es natürlich ausreichend, einfach den Parameter für den Radius entsprechend zu wählen. Wollen Sie jedoch keine Kugel, sondern einen Ellipsoid erzeugen, müssen Sie die Kugel entlang einer Koordinatenachse „schrumpfen„ lassen und verwenden dafür die Anweisung *scale*.

Beispiel:

```
sphere{<0,0,0>,1
scale<1,.5,1>}
```

In der ersten Zeile sehen Sie die Ihnen bereits bekannte Anweisung für das Erzeugen einer Kugel. In der zweiten Zeile wird mit dem Schlüsselwort *scale* das Skalieren dieses Körpers eingeleitet. In den eckigen Klammern stehen die Skalierungsfaktoren für die einzelnen Achsen. Im obigen Beispiel verwenden wir für die X- und die Z-Achse den Faktor 1. Die Dimensionen der Kugel in Richtung der X- und der Z-Achse werden also mit dem Faktor 1 multipliziert. Sie bleiben also unverändert. Die Ausdehnung der Kugel in Richtung der Y-Achse wird mit dem Faktor 0.5 multipliziert, sie wird also halbiert.

Sehen wir uns die Datei *bild6_1.pov* an.

```
//Bild 6_1

//Einbindung der benötigten Include-Dateien
#include "colors.inc"
#include "textures.inc"
#include "shapes.inc"
#include "himmel.inc"

//Definition der Kamera
camera {
 location  <0.0, 0.0, -4.0 >
 direction <0.0, 0.0, 1.0 >
 up        <0.0, 1.0, 0.0 >
 right     <1.333, 0.0, 0.0 >
 look_at   <0.0, 0.0, 0.0 >
}

// Kugeldefinition
sphere {< 0 ,  0 ,  0 >, 1
scale<1,.5,1>
texture{ pigment {color Red}}
```

```
}

plane{<0,1,0>,-1
texture{pigment{color Green}}}

// Lichtquelle
  light_source{<0 ,  100 , -100  > color White }
```

Hier finden sie die weiter oben besprochene *scale*-Anweisung.

Wenn Sie das Bild nun rendern, werden Sie einerseits sehen, daß die Kugel in Richtung der Y-Achse gestaucht ist. Sie werden aber andererseits auch sehen, daß der Körper nicht mehr auf der Fläche liegt, sondern über ihr schwebt. Der Grund dafür ist, daß die Körper beim Skalieren sowohl in positiver als auch in negativer Richtung gleichmäßig vergrößert bzw. verkleinert werden. Dabei ist es wichtig zu wissen und zu beachten, daß die Skalierung immer vom Koordinatenursprung aus berechnet wird. Daß die Entfernung eines Körpers vom Koordinatenursprung Einfluß auf das Skalierungsergebnis hat, werde ich Ihnen in einem späteren Abschnitt dieses Kapitels erläutern.

Wie Sie den Ellipsoid wieder auf die Fläche setzen können, lernen Sie im Abschnitt *Translationen* kennen.

Beachten Sie bitte, daß eine Skalierung um den Faktor Null sinnlos und unmöglich ist!

Rotationen

Bei einer Rotation drehen Sie einen Körper, wie der Name schon vermuten läßt, um eine oder mehrere Achsen des Koordinatensystems. Die Anweisung lautet:

```
rotate<X-Wert,Y-Wert,Z-Wert>
```

Die Einheit für den X-,Y- und Z-Wert ist jeweils Grad. Möglich sind dabei positive und negative Winkelangaben. Doch wann werden positive und wann negative Rotationswinkel verwendet. Zur Beantwortung dieser Frage müssen wir nochmals das Koordinatensystem von POV-Ray betrachten. POV-Ray verwendet im Gegensatz zu dem meisten CAD-Programmen das linksorientierte Koordinatensystem. Was ist darunter zu verstehen? Zur Erklärung bietet sich die Linke-Hand-Regel an. Stellen Sie sich dazu das Koordinatensystem von POV-Ray vor. Wenn Sie nun beispielsweise vor Ihrem geistigen Auge Ihre flache linke Hand so ausrichten, daß der Daumen in Richtung der positiven X-Achse zeigt, ist verläuft eine Rotation um die X-Achse mit einem positiven Winkel in Richtung Ihrer Fingerspitzen. Analog dazu können Sie auch die positiven Rotationswinkel um die anderen beiden Achsen ermitteln.

Zu Verdeutlichung wollen wir ein Beispiel betrachten. Da die Rotation einer Kugel am fertigen Bild nichts sichtbar verändert, wollen wir einen Quader rotieren. Dazu verwenden wird die Datei *bild3_1.pov*, ergänzen die Quaderdefinition um die Rotationsanweisung und speichern die Datei als *bild6_2.pov*.

```
//Bild 6_2

//Einbindung der benötigten Include-Dateien
#include "colors.inc"
#include "textures.inc"
#include "shapes.inc"
#include "himmel.inc"

//Definition der Kamera
camera {
 location  <0.0, 2.0, -4.0 >
 direction <0.0, 0.0, 1.0 >
 up        <0.0, 1.0, 0.0 >
 right     <1.333, 0.0, 0.0 >
 look_at   <0.0, 0.0, 0.0 >
}
//Fläche
plane{<0,1,0>,-1
texture{pigment{color Green}}}


// Quaderdefinition
box{<-1,-1,-1>, <1,1,1>
rotate<0,45,0>
 texture{ pigment {color Red}}
}

// Lichtquelle
  light_source{<-1 ,  5 , -10  > color White }
```

Erläuterung:

Wir haben die Quaderdefinition um die Zeile

```
rotate<0,45,0>
```

ergänzt. Der Quader wird also nicht um die X- und die Z-Achse gedreht, sondern nur um die Y-Achse in einem Winkel von 45 Grad.

Sie haben natürlich die Möglichkeit, einen Körper um alle drei Achsen zu drehen. Denkbar wäre also auch die Anweisung

```
rotate<45,45,45>.
```

In diesem Fall würde der Quader um alle drei Achsen in einem Winkel von 45 Grad gedreht werden. Bei der Gestaltung umfangreicherer und komplizierterer Szenen ist es wichtig zu wissen und zu beachten, daß die einzelnen Rotationen in POV-Ray nicht gleichzeitig, sondern stets in der Reihenfolge Rotation um die X-Achse, Rotation um die Y-Achse und Rotation um die Z-Achse erfolgen. Wenn es aus bestimmten Gründen notwendig ist, eine andere Reihenfolge zu verwenden, müßten Sie mehrere *rotate*-Anweisungen verwenden. Nehmen wir an, Sie wollen unseren Quader zunächst in einem Winkel von 60 Grad um die Y-Achse und erst dann in einem Winkel von 30 Grad um die X-Achse drehen.

Die vollständige Quaderdefinition müßte dann so aussehen:

```
// Quaderdefinition
box{<-1,-1,-1>, <1,1,1>
rotate<0,60,0>
rotate<30,0,0>
 texture{ pigment {color Red}}
}
```

Eine Rotation erfolgt immer um die Achsen des Koordinatensystems. So wie bisher beschrieben, funktionieren die Rotationen daher nur, wenn die einzelnen Achsen eines Körpers genau auf den Koordinatenachsen liegen. Nur dann wird ein Körper um seine eigenen Achsen gedreht. Stimmt die Lage der Körperachsen nicht mit den Koordinatenachsen überein, wird ein Körper bei einer Rotation ausschließlich um die entsprechende Achse des Koordinatensystems gedreht.

Abbildung 6.1

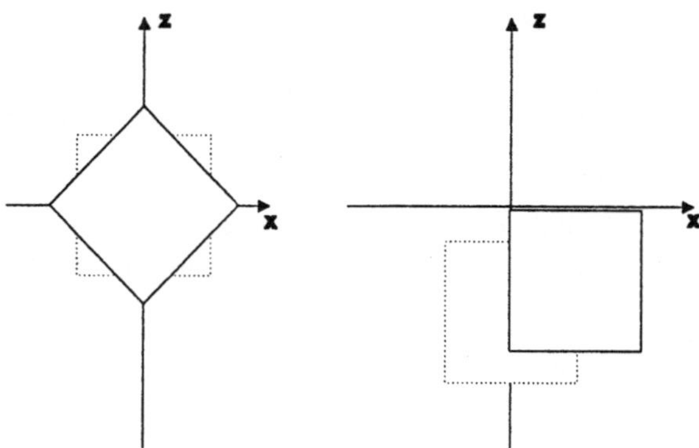

Im linken Beispiel stimmen die Achsen des Quaders vor der Rotation mit den Achsen des Koordinatensystems überein. Der Körper wird also um seine eigenen Achsen gedreht. Im rechten Beispiel stimmen die Körperachsen nicht mit den Achsen des Koordinatensystems überein. Der Körper bewegt sich also auf einer „Orbitalbahn" um die Rotationsachse (im Bild um die Y-Achse).

Translationen

Eine Translation ist die Verschiebung eines Körpers entlang der Koordinatenachsen. Die Anweisung lautet:

```
translate<X-Verschiebung, Y-Verschiebung, Z-
Verschiebung>
```

Die Einheit der X-, Y- und Z-Verschiebung ist wiederum die „Einheit". Eine Verschiebung erfolgt nicht in absoluten Koordinaten, sondern immer relativ zur aktuellen Lage des Objekts.

Zur Verdeutlichung der *translate*-Anweisung modifizieren wir die Datei *bild6_1.pov* und speichern sie als *bild6_2.pov*.

Nach dem Rendern der Datei *bild6_1.pov* haben wir festgestellt, daß der von uns erzeugte Ellipsoid nicht auf der Fläche ruht, sondern frei im Raum schwebt. Wir wollen nun den Ellipsoid so verschieben, daß er wieder auf der Fläche liegt. Dazu haben wir im konkreten Beispiel zwei Möglichkeiten. Wir können zum einen die Fläche so weit anheben, daß der Ellipsoid auf ihr ruht, oder wir senken den Ellipsoid entsprechend ab.

Wenn Sie sich die Definition einer Fläche in Ihre Erinnerung zurückrufen, werden Sie schnell sehen, daß es zum Anheben der Fläche nur notwendig ist, den Parameter *Entfernung* entsprechend zu modifizieren. Mit dieser Variante wollen wir uns an dieser Stelle jedoch nicht weiter befassen, da sie den Einsatz der *translate*-Anweisung nicht deutlich macht.

Wenden wir uns also der Verschiebung des Ellipsoids zu. Dazu verdeutlichen wir uns zunächst nochmals die „Entstehungsgeschichte" des Ellipsoids. Im ersten Beispiel haben wir eine Kugel mit einem Radius von einer Einheit erzeugt, dessen Mittelpunkt im Koordinatenursprung liegt. Die Kugel lag auf einer ebenen Fläche, die sich eine Einheit unter dem Koordinatenursprung befand. In der Datei *bild6_1.pov* haben wir die Kugel in der Y-Richtung skaliert und einen Ellipsoid erzeugt, der nun aber über der Fläche schwebte. Unsere Aufgabe soll es nun sein, den Ellipsoid so abzusenken, daß er auf der Fläche liegt. Dazu müssen wir ein wenig rechnen. Der Skalierungsfaktor in Richtung der Y-Achse betrug 0.5. Der Radius wird also halbiert und beträgt nur noch 0.5 Einheiten. Da sich die Fläche eine Einheit unterhalb des Koordinatenursprungs befindet, beträgt der Abstand zwischen der Fläche und dem tiefsten Punkt des Ellipsoids ebenfalls 0.5 Einheiten. Der Ellipsoid muß also um 0.5 Einheiten abgesenkt werden, damit er auf der Fläche ruht.

Wir ergänzen entsprechend die Definition des Elliposids um die Zeile

```
translate<0,-0.5,0>.
```

Da die Werte für die X- und Y-Verschiebung gleich null sind, erfolgt in unserem Beispiel nur eine Verschiebung um 0.5 Einheiten in negativer Y-Richtung, also nach unten.

Das vollständige Listing der Datei *bild6_3.pov* sieht dann so aus:

```
//Bild 6_3

//Einbindung der benötigten Include-Dateien
#include "colors.inc"
#include "textures.inc"
#include "shapes.inc"
```

```
#include "himmel.inc"

//Definition der Kamera
camera {
 location  <0.0, 0.0, -4.0 >
 direction <0.0, 0.0, 1.0 >
 up        <0.0, 1.0, 0.0 >
 right     <1.333, 0.0, 0.0 >
 look_at   <0.0, 0.0, 0.0 >
}

// Kugeldefinition
sphere {<  0 ,  0 ,  0 >, 1
scale<1,.5,1>
texture{ pigment {color Red}}
translate<0,-0.5,0>}

plane{<0,1,0>,-1
texture{pigment{color Green}}}

// Lichtquelle
  light_source{<0 ,  100 , -100  > color White }
```

Nach dem Rendern der Datei *bild6_3.pov* werden Sie sehen, daß der Ellipsoid nunmehr auf der Fläche liegt.

Transformationsreihenfolge

An der Tatsache, daß ich der Reihenfolge von Transformationen einen gesonderten Abschnitt widme, können Sie schon erkennen, daß sie von einiger Wichtigkeit sind, um in POV-Ray die gewünschten Ergebnisse zu erzielen.

In den ersten drei Abschnitten des 4. Kapitels haben wir die einzelnen Transformationsarten einzeln behandelt und in jedem Beispiel auch nur eine Transformationsart verwendet. In der Praxis, d.h. beim Entwickeln eigener Szenen werden Sie jedoch häufig gezwungen sein, ein Objekt sowohl zu skalieren als auch zu rotieren und zu verschieben.

Im Abschnitt *Skalierung* haben wir die Vergrößerung und Verkleinerung von Körpern betrachtet, deren Mittelpunkt sich im Koordinatenursprung befand. Die Entfernung des Körpermittelpunktes zum Koordinatenursprung betrug immer null Einheiten.

Wenn wir nun einen Körper irgendwohin in den Raum verschieben, vergrößert sich entsprechend der Abstand zwischen dem Körpermittelpunkt und dem Koordinatenursprung. Nehmen wir an, daß wir die Kugel aus dem ersten Beispiel mit der Anweisung

```
translate<2,2,2>
```

an die Koordinaten X=2, Y=2 und Z=2 verschieben und sie anschließend in X-Richtung um den Faktor 2 in der X-Richtung und um den Faktor 1 in der Y- und in der Z-Richtung skalieren. Beim Skalieren werden nun der Entfernungsvektor und der Skalierungsvektor multipliziert. Wir erhalten eine Kugel, deren Mittelpunkt sich zwar nach wir vor an den Koordinaten <2,2,2> befindet, die jedoch einen Radius entlang der X-Achse von 4 Einheiten (2 x 2) und nicht wie angenommen von 2 Einheiten hat.

Um die gewünschten Ergebnisse zu bekommen, ist es also notwendig, einen Körper zunächst so zu positionieren, daß sein Mittelpunkt genau im Koordinatenursprung liegt. Wenn Sie zunächst ausschließlich die Standarddefinitionen aus der Datei *shapes.inc* verwenden, müssen Sie sich keine Gedanken darum machen, wie der Körpermittelpunkt auf den Koordinatenursprung zu bringen ist, da die dort definierten Körper standardmäßig so positioniert sind.

Anschließend können Sie den Körper mit der *scale*-Anweisung Ihren Vorstellungen entsprechend vergrößern und verkleinern und sollten ihn erst dann an die gewünschte Position verschieben. Das bewahrt Sie vor ungewollten Ergebnissen.

Im Abschnitt *Rotationen* habe ich Sie darauf hingewiesen, daß auch bei Rotationen wichtig ist, wie die Lage des Körpermittelpunktes zum Koordinatenursprung ist. Wenn Sie einen Körper ausschließlich um seine Achsen drehen lassen wollen, sollten Sie den Körper zunächst so positionieren, daß sein Mittelpunkt im Koordinatenursprung liegt, ihn dann drehen und dann verschieben.

Wie sieht es nun aber mit der Beziehung zwischen Rotation und Skalierung aus? Hier gilt das, was zur Beziehung zwischen Verschiebung und Skalierung gesagt wurde. Wenn sich der Körpermittelpunkt nicht im Koordinatenursprung befindet, sie ihn dann um eine oder mehrere Achsen des Koordinatensystems drehen und anschließend skalieren, erhalten Sie ein anderes Ergebnis, als wenn Sie den Körper zunächst skalieren, anschließend verschieben und dann drehen.

7 Jetzt wird's bunt - Farben und Muster

In diesem Kapitel wollen wir uns ausführlich mit der Farbgestaltung von Objekten befassen. Sie werden alle Farbmuster kennenlernen, die Sie mit POV-Ray einsetzen können. Diese Farbmuster werden Ihnen dann helfen, interessante Oberflächenstrukturen zu erstellen.

Bereits seit dem ersten Beispiel haben Sie ja schon den Objekten Farben zugewiesen. Dort waren die Erläuterungen zum Einsatz von Farben jedoch sehr eingeschränkt. Allerdings haben Sie dort bereits eine Form der Anweisung für das Zuweisen von Farb- und Texturattributen verwendet. Wie Sie sich sicher erinnern haben wir folgende Anweisung verwendet, um der Kugel im ersten Bild die Farbe Rot zuzuweisen:

```
texture{pigment{color Red}}
```

Pigment oder Farbe?

Mit dem Schlüsselwort *texture* wird innerhalb einer Objektdefinition der Teil eingeleitet, der die Farbe oder die Textur des Objektes definiert. Hinter der geschweiften Klammer folgt das Schlüsselwort *pigment*, das POV-Ray mitteilt, daß dem Objekt eine Farbe zugewiesen werden soll. Hierbei haben die POV-Ray-Autoren bewußt das Wort *pigment* verwendet, denn es kann beim Zuweisen einer Farben zu einem Objekt nicht davon ausgegangen werden, daß das Objekt im gerenderten Bild auch tatsächlich diese Farbe haben wird. Sie werden sicher ein wenig verwundert den letzten Satz gelesen haben und im Moment noch nicht verstehen, warum die Farbe des Objektes im fertigen Bild nicht unbedingt der Farbe entsprechen muß, die in der Objektdefinition festgelegt wurde. Doch die Erklärung dafür ist recht einfach. Wenn beispielsweise eine als rotes Objekt definierte Kugel durch ein weißes Licht angestrahlt wird, wird die Kugel im gerenderten Bild auch rot erscheinen. Wenn wir die Kugel aber mit einem gelben Licht anstrahlen, wird sie nicht mehr rot, sondern eher grün aussehen. Ebenso kann auf unsere Kugel reflektiertes Licht von andersfarbigen Körpern in der Nachbarschaft fallen, und es wird ebenfalls nicht mehr rot aussehen. Darüber hinaus gibt es noch weitere Umstände, die eine

Farbe anders erscheinen lassen, als sie ursprünglich definiert wurde. Dazu werden Sie mehr Informationen im Verlaufe dieses Kapitels bekommen.

Mit der Anweisung *texture{ pigment{color Red}}* wird also angedeutet, welche Farbe das Objekt bei idealen Bedingungen haben würde.

Die oben beschriebene Anweisung ist aber nicht die „Urform" aller Textur-Anweisungen, denn sie funktioniert nur im Zusammenhang mit den in der Datei *colors.inc* vordefinierten Farben.

Allgemein ausgedrückt lautet die Syntax für das Zuweisen einer Farbe:

```
texture{pigment{color red # color green # color blue
#}}
```

Das Zeichen # steht dabei für den Intensitätswert der jeweiligen Komponente am Gesamtfarbton. Die Werte können zwischen 0 und 1 liegen. In Abhängigkeit von der Intensität der einzelnen Komponenten können Sie sich Farbtöne zusammenmischen. Dabei wird das im 1. Teil des Buches erläuterte RGB-Modell verwendet.

Anstelle der eben beschriebenen Anweisung können Sie auch die Vektorschreibweise verwenden:

```
texture{pigment{ color rgb<#,#,#>}}
```

Hinter das Schlüsselwort *color* schreiben Sie die Anweisung *rgb* (Kurzform von *red*, *green*, *blue*) und setzen innerhalb der geschweiften Klammern die Intensitätsparameter der einzelnen Farbkomponenten.

Groß- und Kleinschreibung

Sie können aber auch, wie wir es in den ersten Kapiteln getan haben, Farben verwenden, die in der Datei *colors.inc* definiert sind. Eine Liste aller dort vordefinierten Farben finden Sie im Anhang. Beachten Sie bitte die unterschiedliche Groß- und Kleinschreibung der Farbnamen. Wenn Sie die Syntax verwenden, mit der Sie Ihre eigene Farbmischung erzeugen, werden die Anfangsbuchstaben der Farbkomponenten klein geschrieben. Wenn Sie Farben verwenden, die in *colors.inc* vordefiniert sind, müssen Sie die Anfangsbuchstaben groß schreiben.

Die Anweisung für das Zuweisen einer Farbe kann durch einen vierten Parameter ergänzt werden, durch den Filterparameter.

Um eine Farbe zu filtern, ist die Verwendung folgender Syntax üblich:

```
pigment{color rgbf <Rot, Grün, Blau, Filterwert>}
```

In der Vektorschreibweise verwenden wir als das Schlüsselwort *rgbf* und geben vier Werte für den Rot-, den Grün- und den Blauanteil als auch den Filterparameter an.

Gefilterte Transparenz

Der Filterparameter definiert die Transparenz einer Farbe. Möglich sind Werte zwischen 0 und 1. Geringere Werte veringern die Transparenz, höhere Werte vergrößern sie. Doch lassen Sie uns das Ganze am Beispiel verdeutlichen. Wir verwenden als Ausgangsdatei wiederum die Datei *bild3_1.pov*. In dieser Datei modifizieren wir die Zeile mit der Farbzuweisung wie folgt:

```
texture{ pigment{color Red filter 0.7}.
```

Hier verwende ich eine in der Datei *colors.inc* definierte Farbe und filtere diese Farbe durch die Anweisung *filter 0.7*. Diese Anweisung bewirkt, daß 70% des Lichtes durch das Objekt hindurchgehen und nur 30% durch das Objekt reflektiert werden.

Speichern Sie die Szene nun als *bild7_1.pov* ab und rendern Sie das Bild.

```
//Bild 7_1
//Einbindung der benötigten Include-Dateien
#include "colors.inc"
#include "textures.inc"
#include "shapes.inc"
#include "himmel.inc"

//Definition der Kamera
camera {
 location  <0.0, 0.0, -4.0 >
 direction <0.0, 0.0, 1.0 >
 up        <0.0, 1.0, 0.0 >
 right     <1.333, 0.0, 0.0 >
 look_at   <0.0, 0.0, 0.0 >
}

// Kugeldefinition
 sphere {<0,0,0>,1
 texture{ pigment{color Red filter .7}}
```

```
}

//Fläche
plane{<0,1,0>,-1
texture{pigment {color Green}}}

// Lichtquelle
  light_source{<0 ,  100 , -100  > color White }
```

Wenn Sie sich das Bild nach dem Rendern ansehen, werden Sie erkennen, daß der Himmel und der „Fußboden" durch die rote Kugel hindurchscheinen.

Ungefilterte Transparenz

Als vierter Parameter der *color*-Anweisung kann aber auch ein Vektor stehen, der den Anteil ungefiltert durch den Körper hindurchgehenden Lichts angibt. In diesem Fall würde die Anweisung lauten:

```
pigment{ color rgbt<1,0,0,0.5>}
```

Das würde bewirken, daß 50% des auf den Körper fallenden Lichts ungefiltert durch ihn hindurchgehen würden.

Ersetzen Sie in der Datei *bild7_1.pov* die *pigment*-Anweisung der Kugel durch folgende Zeile, und speichern Sie die Szene als *bild7_2.pov* ab.

```
texture{ pigment{color Red transmit .5}}
```

Hier sehen Sie erneut die andere mögliche Schreibweise, bei der das Schlüsselwort *transmit,* gefolgt vom Transmissionswert verwendet wird.

Finish-Manipulationen

In diesem Abschnitt wollen wir uns mit der Oberfläche auf der Oberfläche beschäftigen. Dieser Bereich wird auch häufig als das *Finish* einer Oberfläche bezeichnet. Was ist damit gemeint? Sie haben gesehen, wie Sie einem Objekt eine Farbe zuweisen können. Damit nehmen Sie Einfluß darauf, welche Farbe von dem Objekt reflektiert wird. Wenn beispielsweise weißes Licht auf eine rote Kugel geworfen wird, wird die rote Kugel rotes Licht auf die Netzhaut unseres Auges reflektieren.

Für ein realistischeres Aussehen der Objekte reicht es jedoch nicht immer, nur auf die Farbe Einfluß zu nehmen. Vielen Autofahrern reicht es ja auch nicht, nur ein rotes Auto zu haben, es soll auch schön glänzen und vielleicht so gar einen Metallic-Look haben. Das Auto wird also rot gespritzt und anschließend wird die Oberfläche dieser roten Oberfläche behandelt, um den gwünschten Effekt zu erzielen. Im Beispiel des Autos also, um den Metallic-Effekt hervorzurufen.

Wie eine Oberfläche das Licht reflektieren kann, wollen wir in diesem Abschnitt kennenlernen.

Um Einfluß auf die Art der Reflexion der Oberfläche eines Objektes nehmen zu können, bedienen wir uns innerhalb der *texture*-Definition der Anweisung (hier in der allgemeinen Syntax dargestellt)

```
finish{Anweisung Parameter}.
```

Diffuse Reflexionen

Bei einer idealen Oberfläche sind der Winkel, in dem das Licht auf die Oberfläche trifft, und der Winkel, unter dem das Licht von der Oberfläche reflektiert wird, gleich groß. Eine solche Oberfläche wird man in der Realität nur selten finden. Die einzigen Oberflächen, bei denen Einfalls- und Austrittswinkel übereinstimmen, sind Spiegel.

Um durch POV-Ray gerenderten Bildern ein wenig mehr „Natürlichkeit" zu verleihen, ist es häufig sinnvoll, das Licht durch beleuchtete Körper nicht ideal, sindern diffus reflektieren zu lassen. Diffuses Licht ist auch in der Realität die dominierende Beleuchtung, denn Gegenstände werden ja nicht nur durch Lichtquellen direkt beleuchtet, sondern auf sie fällt auch Licht, das von anderen Körpern in ihrer Umgebung auf sie reflektiert wird.

Die *diffuse*-Anweisung

Um diffuses Licht in POV-Ray zu simulieren, bedienen wir uns der Anweisung

```
finish{diffuse Parameter}
```

Der Wert für *Parameter* ist ein Dezimalwert, der zwischen 0 und 1 liegen kann. Er gibt an, wie viel des auf den Körper fallenden

Lichtes direkt reflektiert wird. Würden wir als *Parameter* den Wert 0.3 verwenden, würde das bewirken, daß 30% des einfallenden Lichtes „ideal" reflektiert und 70% diffus abgestrahlt werden.

Zu Veranschaulichung können Sie das *bild3_1.pov* modifizieren und unter *bild7_3.pov* speichern. Das vollständige Listing der Kugeldefinition sieht dann so aus:

```
// Kugeldefinition
 sphere {<0,0,0>,1
 texture{ pigment{color Red}
finish{diffuse 0.3}
}

}
```

Brillianz

Mit der Anweisung *brilliance Parameter* beeinflussen Sie den Übergang von diffus abgestrahltem Licht zum „ideal" reflektierten Licht. Die Werte für *Parameter* können dabei beliebig groß sein. Kleine Werte erzeugen einen großen Bereich mit „ideal" reflektiertem Licht, große Werte verringern ihn.

Zu Veranschaulichung können Sie das *bild3_1.pov* modifizieren und unter *bild7_4.pov* speichern. Das vollständige Listing der Kugeldefinition sieht dann so aus:

```
// Kugeldefinition
 sphere {<0,0,0>,1
 texture{ pigment{color Red}
finish{brilliance 2}
}
}
```

Für die Wirkung dieser Anweisung können keine allgemein gültigen Hinweise gegeben werden. Hier hilft nur, zu experimentieren, um interessante Effekte zu erzielen.

Körnung

Die Oberfläche bestimmter Materialien ist mehr oder weniger grobkörnig. Denken wir nur an den Sand am Strand. Die einzelnen Sandkörner auf der Strandoberfläche werfen kleine Schatten auf benachbarte Körner. Einen solchen Effekt können wir mit der Anweisung *crand Parameter* simulieren. Dabei werden auf der Oberfläche zufällige Schatten erzeugt, deren Größe durch *Parameter* bestimmt wird. Da die Schatten zufällig erzeugt werden, sollte diese Anweisung nicht in Animationen verwendet werden, da es wegen der unterschiedlichen Lage der Schatten in der Animation zu einem unerwünschten Flackern kommt.

Typische Werte für *Parameter* liegen zwischen 0.01 und 0.5.

Zu Veranschaulichung können Sie das *bild3_1.pov* modifizieren und unter *bild7_5.pov* speichern. Das vollständige Listing der Kugeldefinition sieht dann so aus:

```
// Kugeldefinition
 sphere {<0,0,0>,1
 texture{ pigment{color Red}
finish{crand 0.4}
}

}
```

Umgebungslicht

Wenn Sie sich die durch die Kugel in den bisherigen Bildern geworfenen Schatten ansehen, werden Sie sehen, daß diese Schatten vollkommen schwarz sind. In der Realität ist ein solcher Schattenwurf allerdings selten, da auf einen Schatten auch Licht trifft, das von anderen Körpern auf den Schatten reflektiert wird und ihn so in seiner Helligkeit und Farbe beeinflußt. Dieses Umgebungslicht wird innerhalb der *finish*-Anweisung durch die Anweisung *ambient Parameter* simuliert. Die Werte für *Parameter* liegen zwischen 0 und 1. Bei einem Wert von 0 wird kein Umgebungsleuchten simuliert, bei einem Wert von 1 maximales Umgebungsleuchten. Je höher die *ambient*-Werte liegen, desto heller wird der Körper, für den die *ambient*-Anweisung angewendet wird. Würden alle Körper Ihrer Szenen einen *ambient*-

Wert von 1 haben, könnten Sie sogar auf eine Lichtquelle verzichten.

Zu Veranschaulichung habe ich die Datei *bild3_1.pov* modifiziert und als *bild7_6.pov* abgespeichert. Wenn Sie sich das Listing unten ansehen, werden Sie erkennen, daß die Szene aus zwei Kugeln besteht. So läßt sich der Effekt der *ambient*-Anweisung besser zeigen. Richtig deutlich wird der Effekt in der Voranzeige allerdings nur, wenn Sie beim Rendern die Option für die Anzeige in Echtfarben bzw. für die hochauflösende Darstellung aktiviert haben.

```
//Bild 7_6

//Einbindung der benötigten Include-Dateien
#include "colors.inc"
#include "textures.inc"
#include "shapes.inc"
#include "himmel.inc"

//Definition der Kamera
camera {
 location  <0.0, 0.0, -4.0 >
 direction <0.0, 0.0, 1.0 >
 up        <0.0, 1.0, 0.0 >
 right     <1.333, 0.0, 0.0 >
 look_at   <0.0, 0.0, 0.0 >
}

// Kugeldefinition
 sphere {<0,0,0>,1
 texture{ pigment{color Blue}
finish{ambient .5}
}

}


// Kugeldefinition
 sphere {<0,0,0>,.5
translate<1.5,-.5,0>
 texture{ pigment{color Red}
finish{ambient .5}
}
```

```
}

//Fläche
plane{<0,1,0>,-1
texture{pigment{color Green}}}

// Lichtquelle
  light_source{<0 ,  100 , -100  > color White }
```

Spiegel

Ein Spiegel ist eine Oberfläche, die sämtliches auf sie eintreffende Licht reflektiert. Wenn die Spiegeloberfläche eben ist, sind der Eintreffwinkel und des Austrittswinkel des Lichtes gleich.

Eine spiegelnde Oberfläche wird mit POV-Ray erzeugt, indem der *finish*-Anweisung die Anweisung *reflection Parameter* hinzugefügt wird.

Die Werte für *Parameter* können zwischen 0 und 1 liegen. Eine vollständige Reflexion des auf die Oberfläche treffenden Lichtes wird erreicht, wenn der Wert für *Parameter* gleich 1 ist.

Zu Veranschaulichung verändern wir die Datei *bild3_1.pov* und speichern sie als *bild7_7.pov.* Unten zeige ich Ihnen nur die modifizierte Kugeldefinition. Die rote Kugel wird durch die Anweisung *finish{reflection .7}* ersetzt. Das bedeutet, daß die rote Kugel 70% des auf sie eintreffenden Lichtes reflektiert. Wenn Sie das Bild rendern, werden Sie sehen, daß die untere Hälfte der ursprünglich roten Kugel nunmehr einen leichten Braunton angenommen hat (resultierend aus der Mischung der roten Farbe der Oberfläche und der sich in ihr spiegelnden grünen Fläche). In der oberen Hälfte der Kugel sehen Sie, daß sich dort der Himmel spiegelt. Dabei vermischen sich die blauen Töne des Himmels und das Rot der Kugel zu einem Violetton.

```
// Kugeldefinition
 sphere {<0,0,0>,1
texture{ pigment{color Red}
finish{reflection .7}
}

}
```

Glanzpunkte

Ein Glanzpunkt ist ein Lichtpunkt auf der Oberfläche, in dessen Mittelpunkt das Licht annähernd ideal reflektiert wird (d.h. Einfallswinkel gleich Austrittswinkel). Mit größer werdendem Abstand zum Mittelpunkt nimmt der Anteil des diffus reflektierten Lichtes (d.h. Einfallswinkel ungleich Austrittswinkel) zu. POV-Ray kennt zwei Arten von Glanzpunkten. Es gibt zum einem Phong-Glanzpunkte und Spiegel-Glanzpunkte.

Phong-Glanzpunkte

Ein Phong-Glanzpunkt ist ein nach dem Mathematiker Phong benannter Glanzpunkt. Er besteht aus einem hellen Lichtpunkt auf der Oberfläche des Körpers, in dessen Mittelpunkt die Farbe der Lichtquelle reflektiert wird. Ausgehend von diesem Punkt geht die Farbe dieses Glanzpunktes zunehmend in die Oberflächenfarbe des Körpers über.

Ein Phong-Glanzpunkt wird innerhalb der *finish*-Anweisung durch die Anweisung *phong Parameter* erzeugt. Die Werte für *Parameter* können zwischen 0 und 1 liegen. Bei einem Wert von 1 entspricht die Farbe in der Mitte des Glanzpunktes zu 100% der Farbe des auf den Körper treffenden Lichtes.

Die Größe eines solchen Glanzpunktes, d.h. seinen Durchmesser können Sie durch die Anweisung *phong_size Parameter* beeinflussen. Die Werte für *Parameter* können im Prinzip alle ganzen Zahlen sein. Hohe Werte erzeugen einen Effekt, der an polierte Oberflächen erinnert. Werte über 300 scheinen mir jedoch nicht sinnvoll zu sein, da die Glanzpunkte dann doch sehr klein werden. Bei einem Wert, der nahe an 0 liegt, erzielen Sie einen sehr großen Glanzpunkt, bei sehr hohen Werten einen kleinen Glanzpunkt. Wenn Sie die Anweisung *phong_size Parameter* nicht verwenden, wird als *phong_size* durch POV-Ray ein Wert von 60 verwendet.

Zu Veranschaulichung modifizieren wir die Datei *bild3_1.pov* und speichern Sie als *bild7_8.pov*. Unten finden Sie die, aus Platzgründen allerdings nur modifizierte Kugeldefinition.

```
// Kugeldefinition
 sphere {<0,0,0>,1
 texture{ pigment{color Red}
finish{phong .8 phong_size 70}}}
```

Die Anweisung für einen Phong-Glanzpunkt kann durch die Anweisung *metallic* ergänzt werden, um der Oberfläche einen Metallic-Look zuzuweisen. Bei der Verwendung der *metallic*-Anweisung wird dann das von der Lichtquelle kommende Licht in der Mitte des Glanzpunktes nicht mehr direkt reflektiert, sondern zunächst durch die Oberflächenfarbe gefiltert.

Spiegel-Glanzpunkte

Während durch einen Phong-Glanzpunkt nur das Licht der Lichtquelle reflektiert wird, kann durch einen Spiegel-Glanzpunkt ein noch realistischeres Aussehen erzeugt werden, weil zusätzlich zum Licht innerhalb des Glanzpunktes auch Körper und Farben der Umgebung reflektiert werden können.

Ein Spiegel-Glanzpunkt (*specular highlight*) wird innerhalb der *finish*-Anweisung durch die Anweisung *specular Parameter* erzeugt. Die Werte für *Parameter* können Dezimalzahlen zwischen 0 und 1 sein. Bei einem Wert von 1 wird im Mittelpunkt des Glanzpunktes das eintreffende Licht zu 100% reflektiert. Wie schon beim Phong-Glanzpunkt haben Sie auch hier Einfluß auf die Größe des Glanzpunktes. Dazu bedienen Sie sich der Anweisung *roughness Parameter*. Hier sind Werte zwischen 0.0005 und 1 möglich. Bei einem Wert von Eins erzeugen Sie einen sehr großen Glanzpunkt, bei Werten, die sehr nahe an 0.0005 liegen, einen sehr kleinen Glanzpunkt. Wenn Sie die Anweisung *roughness Parameter* nicht verwenden, wird als *roughness* durch POV-Ray ein Wert von 0.05 verwendet.

Zur Veranschaulichung modifizieren wir die Datei *bild7_8.pov* und speichern sie als *bild7_9.pov*. Verändert wird dabei nur die *finish*-Anweisung. Unten sehen Sie daher nur die veränderte Kugeldefinition.

```
// Kugeldefinition
 sphere {<0,0,0>,1
 texture{ pigment{color Red}
finish{specular .8 roughness .07}
}

}
```

Die Anweisung für einen Spiegel-Glanzpunkt kann durch die Anweisung *metallic* ergänzt werden, um der Oberfläche einen Metallic-Look zuzuweisen. Bei der Verwendung der *metallic*-

Anweisung wird dann das von der Lichtquelle kommende Licht in der Mitte des Glanzpunktes nicht mehr direkt reflektiert, sondern zunächst durch die Oberflächenfarbe gefiltert.

Lichtbrechung

Bei der Abhandlung der allgemeinen Farbdefinition haben Sie gesehen, daß Körper durch eine entsprechende Wahl des *filter*-Parameters mehr oder weniger stark transparent sein können. Bei Verwendung der Anweisung *filter 1* würde beispielweise das gesamte auf den Körper auftreffende Licht durch ihn hindurchgehen. In Abhängigkeit von der Körperform und vom Material aus dem der Körper besteht, kommt es allerdings in der Realität dazu, daß der Lichtstrahl abgelenkt, das heißt gebrochen wird. Wenn Sie beispielsweise einen Stab schräg in eine mit Wasser gefüllte Schüssel stellen, werden Sie den Eindruck haben, daß der Stab unter der Wasseroberläche abgeknickt wird. Nun wird aber, wie wir aus der Optik wissen, der Stab nicht abgeknickt, sondern das durch den unter Wasseroberfläche befindlichen Teil des Stabes reflektierte Licht wird so reflektiert, daß wir zu einem solchen Eindruck kommen müssen.

Um auch mit POV-Ray eine solche Lichtbrechung simulieren zu können, verwenden wir innerhalb der *finish*-Anweisung die beiden Anweisungen *refraction Parameter ior Parameter.* Der Parameter für die *refraction*-Anweisung sollte entweder 0 oder 1 betragen. Mit dem Parameter *0* schalten Sie die Brechung aus und mit dem Parameter *1* schalten Sie die Brechung ab. Wenn Sie jedoch andere Werte verwenden, werden Sie feststellen, daß sie zwar möglich sind, jedoch unerwünschte, d.h. nicht den physikalischen Gesetzen entsprechende Effekte hervorrufen. Werte zwischen 0 und 1 führen zu einer Verdunkelung des gebrochenen Lichtes, Werte über 1 zu einer Aufhellung des gebrochenen Lichtes. Diese Effekte sind Fehler in POV-Ray und bisher nicht behoben, um die Kompatibilität zu Szenen zu wahren, die für frühere POV-Ray-Versionen erstellt wurden. Beschränken Sie sich also aus Gründen der Treue zu physikalischen Gesetzen auf die Werte 0 oder 1.

Mit der Anweisung *ior Paramter* geben Sie, nachdem Sie die Brechung „eingeschaltet" haben, den Brechungsindex an. Die Abkürzung *ior* steht für den englischen Begriff index of refraction (Brechungsindex). Die Brechungsindexe finden Sie beispielsweise in Nachschlagewerten. In der zu POV-Ray gehörenden Include-Datei *ior.pov* sind die Brechungsindexe für einige

Materialien vordefiniert. Natürlich steht es Ihnen auch frei, einen Brechungsindex frei zu bestimmen.

Doch sehen wir uns die Wirkung der in diesem Abschnitt beschriebenen Anweisungen an einem Beispiel an. Als Ausgangsdatei nehmen wir wiederum die Datei *bild3_1.pov* und speichern sie als *bild7_10.pov*. Unten finden Sie das vollständige Listung der Szene.

Die Kugel wurde so verändert, daß sie eine vollständig transparente weiße Oberfläche hat. Um die Brechung des Lichtes deutlich zu machen, habe ich die Fläche, auf der die Kugel ruht, so verändert, daß Sie nun das Aussehen eines Schachbrettes hat. Mit diesem Muster werden wir uns ausführlich in einem späteren Abschnitt dieses Kapitels beschäftigen. Zunächst müssen Sie die entsprechenden Anweisungen einfach nur abschreiben.

Nach dem Rendern des Bildes werden Sie eine gute Vorstellung von der Wirkung der Anweisungen *refraction Parameter* und *ior Parameter* haben. Wenn Sie möchten, können Sie an dieser Stelle ein wenig mit dem Parameter für den Brechungsindex experimentieren, um ein besseres Gefühl für die Wirkung der Anweisung zu bekommen.

```
//Bild 7_10

//Einbindung der benötigten Include-Dateien
#include "colors.inc"
#include "textures.inc"
#include "shapes.inc"
#include "himmel.inc"

//Definition der Kamera
camera {
 location  <0.0, 0.0, -4.0 >
 direction <0.0, 0.0, 1.0 >
 up        <0.0, 1.0, 0.0 >
 right     <1.333, 0.0, 0.0 >
 look_at   <0.0, 0.0, 0.0 >
}


// Kugeldefinition
 sphere {<0,0,0>,1
 texture{ pigment{color White filter 1}
```

```
finish{refraction 1
ior 1.5}
}

}

//Fläche
plane{<0,1,0>,-1
texture{pigment{checker color White color Black}}}

// Lichtquelle
  light_source{<0 ,  100 , -100  > color White }
```

Iridisierende Oberflächen

Eine iridisierende oder schimmernde Oberfläche ist eine Oberfläche, auf der sich beispielsweise ein dünner Ölfilm befindet. Wenn nun Licht auf diesen Film fällt, wird die Wirkung des Lichts manipuliert. In POV-Ray kann eine solche Wirkung durch die *irid*-Anweisung erzielt werden, deren allgemeine Syntax folgendermaßen lautet:

```
finish{
irid{
Stärke
thickness Wert
turbulence Wert}}
```

Stärke drückt aus, wie stark sich die *irid*-Anweisung auf die gesamte Oberflächenfarbe auswirkt. Mögliche Werte liegen zwischen 0 (keine Wirkung) und 1 (Wirkung 100%).

Mit *thickness* wird die Dicke der Schicht in Einheiten festgelegt. Mit der Anweisung *turbulence* können Sie die iridisierende Schicht verwirbeln[1].

[1] Eine genaue Erläuterung der Anweisung *turbulence* finden Sie weiter unten in diesem Kapitel.

Kaustiks

Wenn Licht durch eine Linse hindurchgeht, werden alle Lichtstrahlen gebündelt, um dann in einem Punkt zusammenzutreffen. Diesen Punkt bezeichnet man als Brennpunkt. Beim Durchdringen von bestimmten Körpern wird das Licht jedoch nicht so gebündelt, daß es in einem einzigen Punkt zusammentrifft. Die gebündelten Strahlen bilden eine mehr oder weniger große Fläche, die sogenannte Brennfläche oder Kaustik. Als typisches Beispiel werden immer wieder die Lichtflächen am Boden eines Schwimmbeckens genannte. Ab der Version kann POV-Ray solche Kaustiks durch die Anweisung

```
finish{
caustic Stärke}
```

nachahmen. Als *Stärke* kann nur die *1* verwendet werden, um diesen Effekt einzuschalten.

Alle in diesem Abschnitt behandelten Anweisungen können innerhalb der Körperdefinitionen beliebig miteinander kombiniert werden. Innerhalb der *finish*-Anweisung können aller beschriebenen Effekte auftauchen und durch eine solche Kombination weitere interessante Effekte erzeugen.

Farbmuster

Nachdem wir die Grundzüge der farblichen Gestaltung unserer Objekte kennengelernt haben, beschäftigen wir uns nun mit der „hohen Schule" der Farbgestaltung, den Farbmustern.

POV-Ray kennt drei einfache Farbmuster: das Schachbrettmuster das Hexagonmuster und das Ziegelmuster.

Schachbrettmuster

Das Schachbrettmuster sieht aus (wie der Name schon vermuten läßt) wie ein Schachbrett. Es wird durch folgende Anweisung definiert:

```
texture{pigment{checker color Farbel color Farbe2}}.
```

Nach dieser Anweisung erzeugt POV-Ray dann ein Schachbrettmuster und verwendet die angegeben Farben.

Zur Verdeutlichung modifizieren wir erneut die Datei *bild3_1pov* und speichern sie als *bild7_11.pov.*

Ich verzichte an dieser Stelle auf den Abdruck des vollständigen Listings und zeige Ihnen nur eine Modifikationsmöglichkeit der Zeile mit der Farbanweisung. Hierbei spielt es nun keine Rolle, ob Sie die Farbzuweisung der Kugel oder der Fläche oder gar beide modifizieren. Ich habe allerdings nur die Farbdefinition der Fläche verändert.

```
texture{pigment{checker color Blue color Yellow}}
```

Wenn Sie meinem Vorschlag gefolgt sind, sollten Sie nach dem Rendern des Bildes eine rote Kugel auf einem blau-gelben Schachbrettmuster sehen.

Es soll an dieser Stelle nicht unerwähnt bleiben, daß jedes Feld des Schachbrettmusters eine Kantenlänge von einer Einheit hat. Daß Sie auch Einfluß auf diese Kantenlänge haben, werden Sie im Abschnitt *Transformationen von Farben und Texturen* kennenlernen.

Im Unterschied zu früheren POV-RAY-Versionen sind Sie bei der Gestaltung eines Schachbrettmusters nicht nur auf Farben beschränkt, sondern Sie können auch Texturen verwenden, die beispielsweise in der Datei *textures.inc* definiert sind. Ersetzen Sie doch einfach einmal in der Datei *bild7_11.pov* die *texture*-Anweisung der Fläche durch die folgende Zeile und speichern Sie die Datei unter *bild7_12.pov* ab.

```
texture{pigment{checker pigment{White_Marble} pig-
ment{Red_Marble}}}}
```

Hexagonmuster

Das Hexagonmuster besteht aus sechseckigen Feldern und wird im Unterschied zum Schachbrettmuster nicht aus zwei, sondern aus drei Farben gebildet. Auch hier ist der Einsatz von fertigen Texturen - wie im vorhergehenden Beispiel gezeigt - möglich.

Die Syntax sieht folgendermaßen aus:

```
texture{pigment{hexagon color Farbel color Farbe2 co-
lor Farbe3}}
```

oder

```
texture{pigment{hexagon pigment{Textur1} pig-
ment{Textur2} pigment{Textur3}}}
```

Wenn Sie möchten, können Sie zur Veranschaulichung die Datei *bild7_11.pov* verändern und unter *bild7_13.pov* speichern.

Ich schlage Ihnen wiederum die Veränderung der Farbzuweisung der Fläche vor. Die entsprechende Zeile sieht nach der Modifikation so aus:

```
texture{pigment{hexagon color Blue color Green color
Yellow}}
```

Die Kantenlänge jedes Sechsecks beträgt eine Einheit.

Ziegelmuster

Das Ziegelmuster *brick* ist neu in der Version 3. Die allgemeine Syntax dieses Musters lautet:

```
texture{
pigment{ brick
Farbe1, Farbe2
mortar Wert}}
```

Durch diese Anweisung wird ein Muster erzeugt, das an eine Ziegelwand erinnert. *Farbe1* legt dabei die Farbe des Mörtels zwischen den einzelnen Ziegeln und *Farbe2* die Farbe der Ziegel fest. Standardmäßig wird für die Ziegel ein tiefes Rot und für den Mörtel ein dunkles Grau verwendet.

Das Ziegelmuster liegt in der x-z-Ebene. Mit der Anweisung *mortar Wert* können Sie die Dicke der Mörtelschicht definieren, die standardmäßig 0.5 Einheiten dick ist.

Lassen Sie uns einen Blick auf dieses Muster werfen. Dazu modifizieren wir die Datei *bild7_11.pov* und speichern Sie als *bild7_13.pov*. Wir ergänzen die vorhandene Datei um folgende Anweisung:

```
//Rückfläche
plane{<0,1,0>,0
rotate x*-90
texture{pigment{brick color Gray90 color Firebrick}
```

```
scale .5}
translate z*10}
```

Wir fügen also eine Fläche hinzu, die in der X-Z-Ebene liegt. Dieser Fläche wurde als Textur das Ziegelmuster zugewiesen, daß aus den in der Datei *textures.inc* definierten Texturen *Gray90* für den Mörtel und *Firebrick* für die Ziegel besteht. Das gesamte *brick*-Muster wurde dann entlang aller Achsen um den Faktor 0.5 skaliert. Da die Fläche als Rückwand dienen soll, wird sie um -90° um die X-Achse gedreht und anschließend um 10 Einheiten „nach hinten" verschoben. Wichtig ist in diesem Beispiel die Rotation der Fläche. Beachten Sie bitte immer, daß sich die in diesem Abschnitt beschriebenen Farbmuster standardmäßig immer in der X-Z-Ebene befinden. Aus diesem Grund wird die Fläche auch gedreht, bevor ihr die Textur zugewiesen wird. Würde sie zusammen mit der Textur gedreht, würde das Ziegelmuster nicht wie gewünscht aussehen. Die Ziegel der einzelnen Reihen wären dann nicht um eine halbe Ziegellänge gegeneinander verschoben!

Texturen aus Farbmustern

Farbübergänge

Farbübergänge gehören ebenfalls zu den Farbmustern. Nur können Sie im Unterschied zu den beschriebenen Farbmustern weiche Übergänge, und vor allem sehr viel vielfältigere Farbmuster erzeugen. In POV-Ray werden Farbübergänge durch die *gradient*-Anweisung erzeugt. *Gradient* ist im eigentlichen Sinne des Wortes eine Steigung. Dieser Begriff paßt in diesem Zusammenhang jedoch nicht ganz. In der Sprache von POV-Ray ist mit *gradient* ein Muster gemeint, bei der es entlang einer bestimmten Achse zu einem allmählichen Übergang von der dunkelsten Farbe (Schwarz) zur hellsten Farbe (Weiß) über alle dazwischenliegenden Grautöne kommt.

Doch lassen Sie uns Muster *gradient* am Beispiel ansehen und später erläutern.

Wir modifizieren dazu die Datei *bild3_1.pov* und speichern sie als *bild7_14.pov*. Da nur eine Zeile verändert werden muß, verzichte ich auch an dieser Stelle auf den Abdruck des kompletten Listings und beschränke mich auch die veränderte Farbzuweisung der Kugel:

```
texture{pigment{gradient x}}
```

Wenn Sie das Bild gerendert haben, erkennen Sie in der Mitte der Kugel entlang der Y-Achse einen schwarzen Streifen. Entlang der X-Achse sehen Sie, in beiden Richtungen ineinanderübergehende Farben und an den X-Parametern -1 und +1 die Farbe Weiß. Hätte die Kugel einen größeren Radius, würde sich dieses Muster nun wiederholen. Es würde erneut mit der Farbe Schwarz beginnen und an den X-Parametern -2 und +2 wiederum den Wert Weiß annehmen.

Die Anweisung *gradient x* bewirkt also Farbübergänge, die im Koordinatenursprung beginnen und über alle Farbtöne bis zur Farbe Weiß verlaufen. Der Parameter *x* veranlaßt POV-Ray, diese Übergänge in positiver und negativer X-Achse (also senkrecht zur X-Achse) zu erzeugen. Zur weiteren Veranschaulichung können Sie ja einmal den Parameter *x* durch den Parameter *y* ersetzen. Dann würde das Farbmuster senkrecht zur Y-Achse verlaufen. Möglich ist natürlich auch das Muster *gradient y*.

Erzeugung von Farbmustern aus Farbtabellen

Beim Einsatz des Farbmusters *gradient* konnten Sie nur eine Graustufenskala erzeugen. Wir wollen nun das Farbmuster *gradient* so erweitern, daß anstelle der Grauwerte „richtige" Farben verwendet werden. Dazu bedienen wir uns einer Farbtabelle, die in POV-Ray durch die *color_map*-Anweisung definiert wird.

color_map erweitert die Definition des Farbmusters *gradient*. Die allgemeine Syntax sieht dann so aus:

```
texture{pigment{gradient x
color_map{
[Parameter color Farbe1]
[Parameter color Farbe2]
[Parameter color Farbe3]
[Parameter color Farbe4]
.
.
.
[Parameter color Farbe256]

}}}
```

Die Definition wird durch das Schlüsselwort *color_map* eingeleitet. Es folgt in rechteckigen Klammern die Zuweisung der einzelnen Farben. Bei der Abhandlung des Farbmusters *gradient* haben wir festgestellt, daß sich das Farbmuster nach jeweils einer Einheit wiederholt.

Mit dem Wert *Parameter* legen wir fest, wie breit der Überblendungsbereich zwischen zwei benachbarten Farben ist.

Beispiel:

```
gradient x
color_map{
[.2 color Blue]
[.5 color Yellow]
[.7 color Red]
```

Würden wir diese Definition der Farbzuweisung im *bild7_14.pov* hinzufügen, ergebe sich folgendes Bild. Ausgehend von der Y-Achse würde in positiver und negativer X-Achse ein blauer Bereich mit einer Breite von jeweils 0.2 Einheiten entstehen. Daran würde sich in jeder Richtung ein Bereich mit einer Breite von jeweils 0.3 Einheiten (0.5 - 0.2 Einheiten) anschließen, in dem von der Farbe Blau zur Farbe Gelb übergeblendet wird. Es folgt ein Bereich von 0.2 Einheiten (0.7 - 0.5 Einheiten), in dem von Gelb zu Rot überblendet wird. Im Bereich zwischen 0.7 und 1 kommt es zu keiner Überblendung. In diesem Bereich bleibt die Farbe Rot konstant.

Lassen Sie uns nun dieses Muster ausprobieren. Wir modifizieren die Datei *bild7_14.pov* und speichern sie als *bild7_15.pov*. Um sehen zu können, wie sich das Muster nach einer Einheit wiederholt, habe ich die Kugel entlang aller Achsen mit der Anweisung *scale<2,2,2>* um den Faktor 2 skaliert. Damit die Kugel vollständig zu sehen ist, wurde die Kamera etwas weiter vom Koordinatenursprung entfernt (*location<0,0,-6>*), die gesamte Kugel um eine Einheit angehoben (damit sie weiterhin auf der Fläche liegt) und um eine Einheit nach hinten verschoben (*translate<0,1,1>*). Lassen Sie sich bitte nicht durch die grellen Farben stören. Ich habe bewußt auf Schönheit verzichtet, um die Wirkung der Anweisung so deutlich wie möglich zu machen.

Das vollständige Listing sieht dann so aus:

```
//Bild 7_15
//Einbindung der benötigten Include-Dateien
#include "colors.inc"
#include "textures.inc"
#include "shapes.inc"
#include "himmel.inc"

//Definition der Kamera
camera {
 location  <0.0, 0.0, -6.0 >
 direction <0.0, 0.0, 1.0 >
 up        <0.0, 1.0, 0.0 >
 right     <1.333, 0.0, 0.0 >
 look_at   <0.0, 0.0, 0.0 >
}

// Kugeldefinition
 sphere {<0,0,0>,1
scale<2,2,2>
translate<0,1,1>
texture{pigment{
gradient x
color_map{
[.2 color Blue]
[.5 color Yellow]
[.7 color Red]
}}
}
}

//Fläche
plane{<0,1,0>,-1
texture{pigment {color Green}}}


// Lichtquelle
  light_source{<0 ,  100 , -100  > color White }
```

Sie können innerhalb einer *color_map* maximal 256 Farben definieren.

Wenn Sie zwischen zwei benachbarten Bereichen keine Überblendung, sondern einen scharfen Übergang haben wollen, müssen den benachbarten Farben den gleichen Parameter zuweisen.

Beispiel:

```
color_map{
[.2 color Blue]
[.2 color Yellow]
[.7 color Red]
}
```

In diesem Beispiel haben wir einen blauen Bereich mit einer Breite von 0.2 Einheiten. Es folgt ohne Übergang sofort die Farbe Gelb, die im folgenden Bereich mit einer Breite von 0.5 Einheiten (0.7 - 0.2 Einheiten) zur Farbe Rot überblendet wird.

Wenn Sie in einem bestimmten Bereich eine „reine" Farbe einsetzen wollen, müssen Sie die *color_map* in etwa wie im folgenden Beispiel definieren:

```
color_map{
[.2 color Blue]
[.2 color Yellow]
[.5 color Yellow]
[.7 color Red]
}
```

In diesem Beispiel erzeugen Sie einen gelben Bereich zwischen 0.2 und 0.5.

Marmormuster

Das Muster *marble* (Marmor) kann man als die Umkehrung des Musters *gradient* betrachten. Bei der Verwendung des Farbmusters *marble* erfolgt wie bei *gradient* eine Überblendung im Bereich zwischen 0 und 1, doch dann wird das Muster nicht wiederholt, sondern in umgekehrter Richtung bis zur Ausgangsfarbe überblendet. Um sich die Wirkung dieses Farbmusters anzusehen, müssen Sie in der Datei *bild7_15.pov* nur *gradient x* durch *marble* ersetzen, die Datei unter der Bezeichnung *bild7_16.pov* abspeichern und rendern. Unabhängig von der Farbwahl wird Sie dieses Muster wenig an Marmor erinnern. Seien Sie jedoch nicht allzu enttäuscht: Sie werden weiter unten in diesem Kapitel sehen, wie aus diesem Grundmuster durch weitere Anweisungen ein Textur entstehen kann, die dem Aussehen von Marmor entspricht.

Holzmuster

Mit dem Muster *wood* können Sie mit den in der *color_map* angegebenen Farben und Parametern ein Muster erzeugen, bei dem um die Z-Achse konzentrische Farbkreise erzeugt werden. Ein Muster wird jeweils im Bereich zwischen null und einer Einheit erzeugt und dann in umgekehrter Richtung wiederholt. Um dieses Muster auszuprobieren, ersetzen Sie in der Datei *bild7_16.pov* das Schlüsselwort *marble* durch *wood*, speichern Sie die Datei als *bild7_17.pov* ab, und rendern Sie das Bild.

Im erzeugten Bild werden Sie allerdings keine Ähnlichkeit mit Holz erkennen können. Das liegt zum einen an den für Holz untypischen Farben in unserer *color_map* und zum anderen daran, daß die Jahresringe beim Holz nun einmal keine idealen Kreise darstellen. Um einen wirklichen Holzeffekt zu erzielen, müßte man also einerseits andere Farbwerte verwenden und andererseits irgendwie die so schön runden Kreise verzerren. Wie das gemacht werden kann, werden Sie noch in diesem Kapitel sehen. Wenn Sie allerdings jetzt schon vor Neugier platzen, werfen Sie doch einfach einen Blick in die Datei *textures.inc* und studieren die Definitionen der verschiedenen Holzarten.

Zwiebelmuster

Um Enttäuschungen vorzubeugen, will ich schon an dieser Stelle verraten, daß das Zwiebelmuster (onion), das wir in POV-Ray erzeugen, nichts mit dem Zwiebelmuster zu tun hat, das wir von Eßservices kennen.

Das Zwiebelmuster ist eigentlich das Holzmuster ohne die umgekehrte Überblendung nach einer Einheit. Im Zwiebelmuster wird das Muster wie bei *gradient* nach jeder vollen Einheit wiederholt.

Um dieses Muster auszuprobieren, ersetzen Sie in der Datei *bild7_17.pov* das Schlüsselwort *wood* durch *onion*, speichern Sie die Datei als *bild7_18.pov* ab, und rendern Sie das Bild.

Leopardmuster

Das Leopardmuster (leopard) ist ein regelmäßiges Muster aus verschieden großen Kreisen, in dem die in der *color_map* angegebenen Parameter und Farben verwendet werden. Die erste in der *color_map* angegebene Farbe wird zur Grundfarbe des Körpers, auf dem die das Leopardmuster bildenden Kreise abgeordnet werden. Der Abstand zwischen den einzelnen Kreisen beträgt 2 Einheiten. Um das Muster auf der bisher durch uns verwendeten Kugel sehen zu können, müßte eigentlich die Kugel vergrößert werden. Da dann aber auch der Kamerabstand verändert und die Kugel erneut angehoben werden müßte, habe ich mich entschieden, die gesamte Textur zu schrumpfen. Da Translationen von Texturen erst im nächsten Kapitel besprochen werden, sollten Sie die Kugeldefinition, so wie von mir eingeführt, zunächst nur übernehmen und auf eine Erläuterung bis zum nächsten Kapitel warten.

Ersetzen Sie in der Datei *bild7_18.pov* die Kugeldefinition durch die unten gezeigte Definition, speichern Sie die Datei als *bild7_19.pov* ab, und rendern Sie das Bild.

```
// Kugeldefinition
 sphere {<0,0,0>,1
scale<2,2,2>
translate<0,1,1>
texture{pigment{
leopard
color_map{
[.2 color Blue]
[.5 color Yellow]
[.7 color Red]
}}
scale<0.2,.2,0.2>}//hier wird die Textur geschrumpft
}
```

Granitmuster

Durch die Verwendung des Schlüsselwortes *granite* können Sie ein Muster erzeugen, daß der Struktur von Granit ähnelt. Voraussetzung für ein realistisches Ausehen ist natürlich auch die Auswahl der entsprechenden Farben. Auch das Farbmuster *granite* nutzt das angegebene Farbmuster stellt es zwischen den Einheiten Null und Eins dar und wiederholt es nach jeder vollen Einheit.

Um dieses Muster auszuprobieren, ersetzen Sie in der Datei *bild7_18.pov* das Schlüsselwort *onion* durch *granite*, speichern Sie die Datei als *bild7_20.pov* ab, und rendern Sie das Bild.

Bozo

Das Farbmuster *bozo* ist am kompliziertesten zu erklären. In diesem Farbmuster wird ein Rauschen verwendet, um die in der *color_map* angegebenen Farben auf der Oberfläche zu verteilen. Ausgehend von einem definierten Punkt wird dabei bestimmt, ob ein Punkt eine definierte Farbe oder eine mit einem Zufallsgenerator erzeugte Farbe erhält. Punkte, die dicht an dem definierten Punkt liegen, erhalten einen fest definierten Farbwert. Punkte, die weiter entfernt von diesem Punkt liegen, erhalten einen durch einen Zufallsgenerator ermittelten Farbwert. Das Ergebnis sieht dann aus, als wären die einzelnen Farbbereiche mit einem Quirl durcheinandergewirbelt. Diesem Effekt werden wir uns in diesem Kapitel noch zuwenden. An dieser Stelle sei nur angemerkt, daß ein solcher Verwirbelungseffekt durch die *turbulence*-Anweisung auch bei anderen Farbmustern erzielt werden kann.

Ein Beispiel für die Verwendung dieses Farbmusters ist die Texture *Blue_Sky2* aus der Datei *textures.inc*.

Um dieses Muster auszuprobieren, ersetzen Sie in der Datei *bild7_20.pov* das Schlüsselwort *granite* durch *bozo*, speichern Sie die Datei als *bild7_21.pov* ab, und rendern Sie das Bild.

Spotted

Das Farbmuster *spotted* entspricht dem Farbmuster *bozo*. Es wird nur noch wegen der Kompatibilität zu Szenen, die für frühere POV-Ray-Versionen geschrieben wurden, unterstützt.

Achatmuster

Mit dem Achatmuster *agate* steht Ihnen ein weiteres Muster zur Verfügung, um die Oberfläche von Steinen zu simulieren. Es ähnelt dem Marmormuster, verwendet jedoch andere Verwirbelungen.

Die Anweisung *turbulence*, die wir später in diesem Kapitel behandeln werden, hat auf dieses Muster keine Auswirkung. Wenn Sie die Stärke der Verwirbelung beeinflussen wollen, müssen Sie im Achatmuster die Anweisung *agate_turb Parameter* verwenden. Als *Parameter* können Sie Werte zwischen 0 und 1 verwenden. Bei einem Wert von 0 erzielen Sie ein Muster ohne Turbulenz, bei einem Wert von 1 die maximale Turbulenz.

Um sich dieses Muster anzusehen, modifizieren Sie die Datei *bild7_22.pov* und speichern sie als *bild7_23.pov*. Ich zeige Ihnen an dieser Stelle nur die vollständige Kugeldefinition mit den neuen Anweisungen *agate* und *agate_turb*.

```
// Kugeldefinition
 sphere {<0,0,0>,1
scale<2,2,2>
translate<0,1,1>
texture{pigment{
agate
agate_turb .6
color_map{
[.2 color Blue]
[.5 color Yellow]
[.7 color Red]
}}
}
}
```

Nachdem Sie das Bild gerendert haben, können Sie ja einmal den Parameter der Anweisung *agate_turb* ändern, um so die Auswirkungen dieses Parameters kennenzulernen.

Mandelbrotmuster

Bei der Verwendung des Mandelbrotmusters *mandel* wird das Objekt mit dem bekannten Mandelbrotmuster überzogen. Die Anweisung für die Erzeugung dieses Musters lautet *mandel Parameter*. Der Wert *Parameter* gibt an, wie viele Iteration verwendet werden, um die Mandelbrotmenge zu berechnen. Je höher dieser Wert ist, desto beeindruckender wird das Muster, aber auch die Rechenzeit. Hier gilt es, einen vernünftigen Kompromiß zwischen Schönheit und Rechenzeit zu finden.

Die erste in der *color_map* angebenen Farbe bildet die Grundfarbe des Körpers. Aus den restlichen Farbtönen der *color_map* wird das Mandelbrotmuster erzeugt.

Um sich dieses Muster anzusehen, modifizieren Sie die Datei *bild7_21.pov* und speichern sie als *bild7_23.pov.* Ersetzen Sie dazu die Anweisung *bozo* durch die Anweisung *mandel 50.* Sie können natürlich auch mit anderen Parameterwerten experimentieren.

Radialmuster

Bei der Verwendung des Farbmusters *radial* erhalten Sie ein Muster, bei dem die in der *color_map* angegebenen Farben strahlenförmig um die Y-Achse angeordnet werden.

Um sich dieses Muster anzusehen, modifizieren Sie die Datei *bild7_21.pov* und speichern sie als *bild7_24.pov.* Um dieses Muster sehen zu können, müßten wir die Position der Kamera so verändern, daß sie von oben auf die Kugel gerichtet ist, da das Muster, wie gesagt, um die Y-Achse angeordnet wird. Ein anderer Weg besteht darin, die Texture zu rotieren (mehr dazu im nächsten Kapitel). Diese Variante finden Sie in der unten gezeigten Kugeldefinition, die Sie so übernehmen sollten. Um die Wirkung der Anweisung *radial* noch deutlicher zu machen, habe ich zusätzlich zu *radial* die Anweisung *frequency 6* verwendet. Die genaue Bedeutung dieser Anweisung finden Sie weiter unten in diesem Kapitel. An dieser Stelle soll nur gesagt werden, daß diese Anweisung bewirkt, daß das Muster sechsmal wiederholt wird.

Die Erläuterung der Ihnen noch unbekannten Anweisungen finden Sie dann im nächsten Kapitel.

```
// Kugeldefinition
 sphere {<0,0,0>,1
scale<2,2,2>
translate<0,1,1>
texture{pigment{
radial
frequency 6
color_map{
[.2 color Blue]
[.5 color Yellow]
[.7 color Red]
```

```
}}
rotate<-90,0,0>}
}
```

Das Crackle-Muster

Das Muster *crackle* ist neu in POV-Ray und überzeugt sogleich durch seine enormen Möglichkeiten. Mit *crackle* wird die Oberfläche mit einem Muster von Polygonen überzogen. Als Untergrund für die Fläche wird die erste in der *color_map* angegebene Farbe verwendet. Die Farbe der Polygone wird aus den übrigen Farben der *color_map* gebildet.

Lassen Sie uns zunächst einen Blick auf die Wirkung dieses Musters werfen. Dazu ersetzen Sie in der Datei *bild7_23.pov* die Zeile *mandel 50* durch *crackle* und speichern die Datei unter *bild7_25.pov* ab.

Das Quilted-Muster

Das englische Wort *quilt* könnte man mit *Steppdecke* übersetzen. Durch das Muster *quilted* werden die in der *color_map* angegebenen Farben in kleinen Rechtecken angeordnet, die sich über die Oberfläche des Körpers gleichmäßig verteilen. Ersetzen Sie zur Veranschaulichung in der Datei *bild7_25.pov* die Kugeldefinition durch folgendes Listing und speichern Sie die Datei als *bild7_26.pov*.

```
// Kugeldefinition
sphere {<0,0,0>,1
scale <2,2,2>
translate<0,1,1>
texture{pigment{
quilted
color_map{
[.2 color Blue]
[.5 color Yellow]
[.7 color Red]
}}
}
}
```

Spiralmuster

POV-Ray unterstützt die Erzeugung von zwei Spiralmustern. Das Muster *spiral1* ist eine Spirale, die sich um einen Körper parallel zur Y-Achse windet. Die allgemeine Syntax dieses Musters lautet:

```
pigment{
spiral1 Anzahl_der_Arme}
```

Mit einer *color_map* können Sie auch hier Einfluß auf die farbliche Gestaltung nehmen.

Wir ersetzen zur Veranschaulichung die Kugeldefinition in der Datei *bild7_26.pov* durch folgendes Listing und speichern die Datei unter *bild7_27.pov.*

```
// Kugeldefinition
 sphere {<0,0,0>,1
scale<2,2,2>
translate<0,1,1>
texture{
pigment{
spiral1 5
color_map{
[.4 color Red]
[.7 color Yellow]}
}
}
}
```

Rendern Sie das Bild, um die Wirkung dieses Musters zu sehen. Wenn Sie möchten, können Sie ein wenig mit diesem Muster spielen und die *Anzahl_der_Arme* ändern.

Eine interessante Spielart des Musters *spiral1* ist *spiral2*, mit dem ein Muster erzeugt wird, das aussieht, als ob mehrere Spiralen übereinanderliegen. Die Syntax ist bis auf das Schlüsselwort identisch zu *spiral1*. Ersetzen Sie in der Datei *bild5_27.pov* das Schlüsselwort *spiral1* durch *spiral2,* und speichern Sie alles unter *bild5_28.pov.*

Manipulation von Farbmustern

In den vorhergehenden Abschnitten haben Sie einen Überblick über die mit POV-Ray möglichen Farbmuster erhalten. Bei einigen Mustern haben Sie festgestellt, daß der Name des Farbmusters mitunter mehr verspricht, als er hält. So haben wir festgestellt, daß das Holzmuster, so wie es erklärt wurde, nicht zum typischen Aussehen von Holz führt. Und das lag nicht allein an den schrillen Farben, die wir verwendet haben. Es wäre also schön, wenn es Manipulationsmöglichkeiten gäbe, die es uns gestatten, weiteren Einfluß auf das Aussehen der einzelnen Muster zu nehmen.

In diesem Abschnitt wollen wir uns solche Manipulationsmöglichkeiten ansehen und vielleicht so gar eine schöne, realistischere Holzstruktur erzeugen.

Verwirbelungen

Verwirbelungen (*turbulence*) haben einige Farbmuster schon standardmäßig implementiert (*bozo, agate*). Andere Farbmuster könnten mit Turbulenzen zu einem besseren Erscheinungsbild kommen. Einem Farbmuster kann eine Turbulenz hinzugefügt werden, wenn dem Schlüsselwort des Farbmusters die Anweisung *turbulence <X-Parameter, Y-Parameter, Z-Parameter>* hinzugefügt wird. Die drei Parameter der *turbulence*-Anweisung bestimmen, wie stark die Turbulenz in Richtung der drei Koordinatenachsen sein soll. Der Wert für den *X-*, *Y-* und *Z-Parameter* kann dabei zwischen 0 und 1 liegen. Bei einem Wert von 0 erzielen wir keine Turbulenz, bei einem Wert von 1 eine maximale Turbulenz.

Doch lassen Sie uns nun die Datei *bild7_17.pov* so verändern, daß wir eine einigermaßen akzeptale Holzstruktur erhalten. Das vollständige Listing der Datei *bild7_29.pov* finden Sie unten. Beachten Sie bitte, daß ich auch die *color_map* verändert habe.

Die Kugeldefinition sieht dann so aus:

```
// Kugeldefinition
 sphere {<0,0,0>,1
scale<2,2,2>
translate<0,1,1>
texture{pigment{
wood
```

```
turbulence<0.2, 0.2, 0.2>
color_map{
[.2 color Brown]
[.5 color Yellow]
[.7 color DarkBrown]
}}
}
}
```

Nach dem Rendern werden Sie sehen, daß das Ergebnis wesentlich eher überzeugen kann, als das Ergebnis aus *bild7_17.pov*.

Nehmen Sie doch an dieser Stelle einfach die Datei *bild7_29.pov* als Grundlage für weitere Experimente. Ändern Sie die Turbulenzparameter oder die Farben, fügen Sie weitere Farben der *color_map* hinzu. Ich möchte Ihnen jedoch empfehlen, mit Veränderungen zunächst sparsam umzugehen, denn ansonsten würden Sie Schwierigkeiten haben, zu erkennen, was durch welche Veränderung bewirkt wurde.

Doch auch auf Verwirbelungen haben Sie Einfluß. Wenn Sie die *turbulence*-Anweisung durch die Anweisungen *octaves Parameter* oder *omega Parameter* oder *lambda Parameter* ergänzen, können Sie die Turbulenzen und damit das Aussehen der Oberfläche weiter manipulieren.

Mit der Anweisung *octaves Parameter* können Sie gewissermaßen die Genauigkeit der Turbulenz beeinflussen. Die Werte für *Parameter* können zwischen 0 und 10 liegen. Wenn Sie beispielsweise die Anweisung *octaves 10* verwenden, berechnet POV-Ray die Turbulenzen mit einer höheren Anzahl von Rechenschritten. Das Ergebnis wird dadurch besser, die Rechenzeit jedoch höher. Wenn die *ocatves*-Anweisung durch Sie nicht explizit eingesetzt wird, wird ein Standardwert von 6 durch POV-Ray verwendet. Sie sollten diesen Wert auch nicht überschreiten, da die geringen Verbesserungen bei höheren Werten nicht im Verhältnis zum höheren Rechenaufwand stehen. Geringere Werte hingegen können durchaus zu interessanten Ergebnissen führen.

Um ein Gefühl für die *octaves*-Anweisung zu bekommen, experimentieren Sie doch einfach ein wenig mit verschiedenen Parametern. Als Grundlage für Ihre Experimente können Sie die Datei *bild7_30.pov* verwenden.

Die Kugeldefinition aus *bild7_30.pov*:

```
// Kugeldefinition
 sphere {<0,0,0>,1
scale<2,2,2>
translate<0,1,1>
texture{pigment{
wood
turbulence<0.2, 0.2, 0.2>
octaves 2
color_map{
[.2 color Brown]
[.5 color Yellow]
[.7 color DarkBrown]
}}
}
}
```

Die Anweisung *omega Parameter* beeinflußt gleichfalls die Berechnung der Turbulenzen. Genauer gesagt wird mit der *omega*-Anweisung ausgedrückt, wie das Größenverhältnis zweier benachbarter Turbulenzen zueinander aussieht. Nehmen wir dazu an, daß wir in einer Objektdefinition die Anweisung *omega 2* verwenden. Dann wird in jedem Schritt (Octave) der Turbulenzberechnung der *octave*-Parameter mit dem *omega*-Parameter multipliziert. Im Ergebnis wird die Turbulenz in jedem folgenden Schritt doppelt so stark wie im vorangegangenen.

Die Anweisung *omega Parameter* muß hinter der Anweisung *octaves Parameter* stehen. Fehlt die *octaves*-Anweisung, wird, wie bereits erwähnt, für *octaves* ein Wert von 6 angenommen.

Wir wollen uns die Wirkung dieser Anweisung an einem Beispiel ansehen. Dazu verändern wir die Datei *bild7_29.pov* und speichern sie als *bild7_30.pov*. Im folgenden finden Sie das vollständige Listung der Kugeldefinition. Alle anderen Teile der Szene bleiben unverändert.

```
// Kugeldefinition
 sphere {<0,0,0>,1
scale<2,2,2>
translate<0,1,1>
texture{pigment{
wood
```

```
turbulence<0.2, 0.2, 0.2>
octaves 2
omega 0.3
color_map{
[.2 color Brown]
[.5 color Yellow]
[.7 color DarkBrown]
}}
}
}
```

In diesem Beispiel beträgt also die Stärke der Turbulenz in einem Berechnungsschritt ein Drittel der Turbulenz im vorangegangenen Berechnungsschritt.

Wenn Sie wollen, können Sie weiteren Einfluß auf die Art der Verwirbelungen nehmen, genauer gesagt können Sie den Übergang von einem Turbulenzberechnungsschritt (octave) zum nächsten beeinflussen. Dazu bedienen Sie sich der Anweisung *lambda Parameter.*

Mit der Anweisung *lambda Parameter* haben Sie Einfluß darauf, inwieweit Zufallswerte beim Übergang von einem Berechnungsschritt auf der Ergebnis einwirken. Der Wert *Parameter* ist verantwortlich dafür, wie stark Zufallseinflüsse den Übergang zwischen zwei Berechnungsschritten beeinflussen. Voreingestellt ist die Anweisung *lambda 2.* Geringere Werte vermindern den Einfluß des Zufallsfaktors, höhere Werte vergrößern ihn. Mit höheren Werten können Sie einen höheren Verwirbelungseffekt erzielen.

Es muß an dieser Stelle gesagt werden, daß zum Problem der Turbulenzen keine eindeutigen Regeln gegeben werden können. Ich empfehle Ihnen daher, mit all diesen Anweisungen herumzuexperimentieren, um ein gutes Gefühl für den Einsatz und die Wirkung von Turbulenzen zu bekommen.

Warps

Mit *Warp* ist im Zusammenhang mit POV-Ray nicht die Geschwindigkeit des Raumschiffs *Enterprise* oder das Betriebssystem von IBM gemeint. Das Wort *warp* steht im Englischen für Krümmung oder Verzerrung. Diese neue Funktion in POV-Ray soll die Nachteile der bereits oben beschriebenen Anweisung *turbulence* beseitigen.

Durch das Hinzufügen von Verwirbelungen mit der Anweisung *turbulence* können die Farbmuster weitaus interessanter gestaltet werden. Da die einzelnen Schritte bei der Verwirbelung der Farbmuster mit einem gewissen Rauschen, also einer gewissen Zufälligkeit, verbunden sind, kommt es in Animationen zu einem Flimmern der Textur. Ab der Version 3.0 verfügt POV-Ray über eine Funktion, die Verwirbelungen ohne dieses Rauschen erzeugt. In der Sprache von POV-Ray wird diese Funktion als *warp* bezeichnet und innerhalb der *pigment*-Anweisung verwendet.

Ingesamt verfügt POV-Ray über drei *warp*-Varianten: *black_hole*, *warp repeat* und *warp turbulence*, die im folgenden beschrieben werden sollen.

Die Anweisung *black_hole* soll die Wirkung eines schwarzen Lochs simulieren. Ein schwarzes Loch im Weltall ist eine Ansammlung riesiger Materiemengen, deren Masse so groß ist, daß selbst das Licht die Gravitationskräfte nicht überwinden kann und das schwarze Loch nicht selbst zu sehen ist, sondern nur an seinen Wirkungen auf seine Umgegebung erkannt werden kann. Ähnlich funktioniert ein *black_hole* in POV-Ray. Es deformiert allerdings nur das Farbmuster, nicht jedoch den Körper selbst. Die allgemeine Syntax sieht folgendermaßen aus:

```
warp{
black_hole <Mittelpunkt>, Radius
[falloff Wert]
[strength Wert]
[repeat <x,y,z>]
[turbulence <x,y,z>]
[inverse]
}
```

Ein schwarzes Loch ist in POV-Ray eine unsichtbare Kugel, die sich an den durch *Mittelpunkt* definierten Koordinaten befindet und über den definierten *Radius* verfügt. Im Zentrum dieses schwarzen Lochs ist die Anziehungskraft am größten. Diese Anziehungskraft nimmt mit zunehmender Entfernung vom Mittelpunkt des schwarzen Lochs ab. Wie stark sie abnimmt, wird durch *falloff Wert* gesteuert. Der Punkt, an dem sie eine Stärke von Null erreicht, berechnet sich nach der Formel *Wert*E2*. Verwenden wir also als *Wert* 4, erhalten wir als Punkt, an dem die Anziehungskraft gleich Null ist, eine Entfernung von 16 Einheiten.

Die Anziehungskraft kann weiter durch *strength Wert* beeinflußt werden. Das bedeutet genauer gesagt, daß der für *falloff* ermittelte Wert mit dem *Wert* für *strength* multipliziert wird. Standardmäßig wird durch POV-Ray für *strength* ein *Wert* von 1 verwendet.

Mit der optionalen Anweisung *repeat* können Sie festlegen, ob und wie die durch das schwarze Loch entstehende Verwirbelung wiederholt wird. Mit dem *Vektor* bestimmen Sie die Größe der einzelnen wiederholten Bereiche. Der erste Bereich beginnt stets im Koordinatenursprung und erstreckt sich bis zu den in *Vektor* angegebenen Koordinaten, wo der zweite Bereich beginnt, der die Größe der in *Vektor* angegebenen Werte hat.

Die *turbulence*-Anweisung hat die gleiche Bedeutung, wie sie im vorhergehenden Abschnitt beschrieben wurde.

Wenn Sie innerhalb einer *black_hole*-Definition die Anweisung *inverse* verwenden, bedeutet das, daß die Muster im Bereich des schwarzen Loches nicht angezogen, sondern abgestoßen werden.

Zur Verdeutlichung sehen wir uns das Beispiel *bild7_31.pov* an. Es unterscheidet sich vom Beispiel *bild7_30.pov* nur durch die Kugeldefinition.

```
// Kugeldefinition
 sphere {<0,0,0>,1
scale<2,2,2>
translate<0,1,1>
texture{pigment{
wood
color_map{
[.2 color Brown]
[.5 color Yellow]
[.7 color DarkBrown]
}
warp{black_hole <2,1,0>,5
falloff 8
strength 12}
}
}
 }
```

Um ein Gefühl für die Wirkung der *black_hole*-Anweisung zu bekommen, sollten Sie mit den verschiedenen Parametern ein wenig experimentieren.

Eine weitere Variante der *warp*-Anweisung ist *repeat*. Die vollständige Syntax lautet:

```
warp{
repeat <x,y,z>
offset <x,y,z>
flip <x,y,z>
}
```

Die Bedeutung von *repeat* entspricht dem, was im Zusammenhang mit der Anweisung *black_hole* gesagt wurde. Mit *offset* können Sie ein unregelmäßiges Wiederholen des Musters erreichen, indem Sie es bei jeder Wiederholung um einen bestimmten Wert verschieben. Die *flip*-Anweisung dient dazu, das entstehende Muster bei jeder Wiederholung um den in dieser Anweisung angegebenen Vektor zu spiegeln. Sehen wir uns dazu die Kugeldefinition aus der Datei *bild7_32.pov* an.

```
// Kugeldefinition
 sphere {<0,0,0>,1
scale<2,2,2>
translate<0,1,1>
texture{pigment{
wood
color_map{
[.2 color Brown]
[.5 color Yellow]
[.7 color DarkBrown]
}
warp{repeat y*2 flip x*.5}
}
}
 }
```

Auch hier sollten Sie die Parameter nach Belieben ändern, um die Wirkung deutlich erkennen zu können.

Die letzte Variante der *warp*-Anweisung ist

```
warp{ turbulence <x,y,z>}
```

Die Wirkung der *turbulence*-Anweisung ist identisch mit der, die im vorhergehenden Abschnitt beschrieben wurde. Beide *turbulence*-Anweisungen unterscheiden sich jedoch dadurch, daß die Wirkung der oben beschriebenen Anweisung unabhängig von Transformationsanweisungen innerhalb einer Körperdefinition erfolgt. Die Wirkung ist stets gleich. Verwenden Sie hingegen die *turbulence*-Anweisung innerhalb einer *warp*-Anweisung, hängt ihre Wirkung davon ab, inwieweit sich Transformationsanweisungen auf sie auswirken. Die Position, an der Transformationsanweisungen innerhalb einer Körperdefinition verwendet werden, ist also entscheidend.

Manipulation von Oberflächennormalen

Zur Erinnerung sei nochmals erwähnt, daß eine Oberflächennormale ein Vektor ist, der senkrecht aus der Oberfläche eines Körpers ragt. Um es ganz genau zu formulieren, muß man sagen, daß jedem Punkt der Oberfläche ein solcher Vektor zuzuordnen ist. Wenn wir uns nun eine völlig glatte Fläche vorstellen, würden wir feststellen, daß alle diese Vektoren parallel zueinander verlaufen. Wäre die Oberfläche hingegen beispielsweise wellig, würden bestimmte Vektoren zwar immer noch senkrecht zum jeweiligen Punkt der Oberfläche verlaufen, jedoch nicht mehr unbedingt parallel zu den anderen Vektoren stehen. Wenn man die Oberflächennormalen sozusagen „verbiegt", wird das Licht an dieser Stelle anders behandelt, als man es an dieser Stelle der Oberfläche eigentlich erwarten sollte. Dadurch entsteht der Eindruck, daß die Oberfläche uneben ist. Tatsächlich bleibt die Oberfläche jedoch unverändert. Eine Manipulation der Oberflächennormalen führt nur dazu, daß der Körper selbst als manipuliert angesehen wird.

Wir wollen uns in diesem Abschnitt damit beschäftigen, wie Einfluß auf die Lage dieser Vektoren genommen werden kann, um somit Oberflächen zu erzeugen, die nicht glatt sind.

Die Manipulation von Oberflächennormalen erfolgt innerhalb der Definition eines Körpers durch die Anweisung

```
normal{Muster}
```

Muster steht hierbei für bestimmte Verfahren und Muster, die scheinbar in die Oberfläche eingedrückt werden und in den nächsten Abschnitten beschrieben werden sollen.

Beulen

Mit der Anweisung *bumps Parameter* können Sie die Oberflächennormalen eines Körpers so verändern, daß der Eindruck entsteht, daß die Oberfläche regelmäßig eingebeult ist. Ich möchte an dieser Stelle nochmals betonen, daß die Oberfläche selbst glatt bleibt. Durch die Anweisungen für die Manipulationen der Oberflächennormale werden lediglich der Lichteinfall und die Reflexion so beeinflußt, daß der Eindruck ensteht, als ob die Oberfläche selbst manipuliert würde!

Mit dem Wert *Parameter* beeinflussen Sie die scheinbare Tiefe der Beulen. Bei einem Wert von 0.0 ist die scheinbare Tiefe gleich Null. Höhere Werte vertiefen die Beulen.

Die Beulen, die Sie mit der Anweisung *bumps Parameter* erzeugen, haben einen Durchmesser von einer Einheit. Bei kleineren Körpern ist es also sinnvoll, die Beulen zu verkleinern. Sehen wir uns das Ganze an einem Beispiel an. Wir manipulieren dazu die Datei *bild3_1.pov* und speichern sie als *bild7_33.pov*. Da bis auf die Kugeldefinition alles unverändert bleibt, sehen Sie im folgenden nur die Definition der Kugel.

```
// Kugeldefinition
sphere {<0,0,0>,1
texture{ pigment{color Red}}
normal{bumps 1
scale .2}}
```

Die Kugeldefinition wurde um die Anweisung *normal{bumps 1 scale .2}* ergänzt. Mit *normal* werden Anweisungen zur Manipulation von Oberflächennormalen eingeleitet. Es folgt durch das Schlüsselwort *bumps* die Angabe der Art der Manipulation. Im konkreten Fall sollen also Beulen erzeugt werden. Die Zahl 1 hinter *bumps* steht für die scheinbare Tiefe der Beulen. Da die Beulen in POV-Ray standardmäßig einen Durchmesser von 1 Einheit haben, die Kugel jedoch nur einen Durchmesser von 2 Einheiten hat, wird der Durchmesser der Beulen mit der Anweisung *scale .2* auf ein Fünftel verringert, um mehrere kleine Beulen auf der Oberfläche der Kugel zu erzeugen.

Wenn Sie die Datei *bild7_33.pov* rendern, werden Sie sehen, daß die Kugel arg verbeult aussieht.

Dellen

Die Anweisung *dents* ähnelt der *bumps*-Anweisung. Um den Unterschied festzustellen, sollten Sie sich die Wirkung dieser Anweisung ansehen. Der Autor selbst hat Schwierigkeiten, den Unterschied zwischen einer Beule und einer Delle zu erläutern.

Dellen erzeugen Sie mit der Anweisung *dents Parameter*. Die Werte für *Parameter* können zwischen 0.0 und 1.0 liegen. Kleine Werte erzeugen kleine Dellen und große Werte große Dellen.

Zur Veranschaulichung verändern wir die Datei *bild7_33.pov* und speichern sie als *bild7_34.pov*. Dabei ersetzen wir die Kugeldefinition durch das folgende Listing und sehen uns das Ergebnis an.

```
// Kugeldefinition
sphere {<0,0,0>,1
texture{ pigment{color Red}}
normal{dents 1
scale .5}}
```

Kräuselungen

Mit der Anweisung *ripples Parameter* erzeugen Sie auf der Oberfläche eines Körpers kleine sich kräuselnde Wellen, die sich von zehn zufällig verteilten Zentren gleichmäßig ausbreiten. Mit dem Wert *Parameter* legen Sie fest, wie stark die Kräuselung sein soll. Kleine Werte verringern sie, große Werte verstärken sie. Jede Kräuselung hat etwa eine Größe von einer Einheit. Wenn Sie innerhalb der *normal*-Anweisung die Anweisung *scale* setzen, können Sie Einfluß auf die Größe der Kräuselung nehmen. Zur Veranschaulichung laden Sie bitte die Datei *bild3_1.pov*, die nun erneut manipuliert werden soll und speichern Sie als *bild7_35.pov*. Die Kugel soll in diesem Fall unverändert bleiben. Wir werden die unter der Kugel liegende Fläche so verändern, daß der Eindruck entsteht, daß die Kugel auf einer leicht gekräuselten Wasseroberfläche schwimmt.

Sehen wir uns dazu die Definition der Fläche aus *bild7_35.pov* an.

```
//Fläche
plane{<0,1,0>,-1

texture{pigment{color Blue}}
```

```
normal{ripples 1
}
}
```

Die Datei *bild7_35.pov* unterscheidet sich von der Datei *bild3_1.pov* nur darin, daß die Fläche einerseits die Farbe Blau hat und sie andererseits durch den Befehl *ripples 1* eine gekräuselte Oberfläche erhält.

Wellen

Während Sie mit der Anweisung *ripples Parameter* eine gekräuselte Oberfläche erzeugt haben, generieren Sie durch die Anweisung *waves Parameter* große Wellen. Das ist auch schon der ganze Unterschied zwischen diesen beiden Anweisungen. Ansonsten gilt das, was schon im Abschnitt *Kräuselung* gesagt wurde.

Ersetzen Sie zur Veranschaulichung in der Datei *bild7_35.pov* das Schlüsselwort *ripples* durch *waves* und speichern die Datei unter *bild7_36.pov* ab.

Weiter unten werden Sie im Abschnitt *Frequenz und Phase* sehen, wie die Wellen weiter manipuliert werden kann.

Falten

Mit der Anweisung *wrinkles Parameter* können Sie eine Oberfläche „in Falten legen" bzw. zerknittern. Die Werte für *Parameter* können dabei zwischen 0 (kleine Falten) und 1 (große Falten) liegen.

Ersetzen Sie zur Veranschaulichung in der Datei *bild7_35.pov* das Schlüsselwort *ripples* durch *wrinkles* und speichern die Datei unter *bild7_37.pov* ab.

Weiter unten werden Sie im Abschnitt *Frequenz und Phase* sehen, wie die Falten weiter manipuliert werden können.

Farbmuster zur Manipulation von Oberflächennormalen

Ab der Version 3.0 können alle im vorhergehenden Abschnitt besprochenen Farbmuster auch als Muster für die Manipulation von Oberflächennormalen verwendet werden. Umgekehrt können alle bisher beschriebenen Muster zur Manipulation von Oberflächennormalen auch als Fabmuster verwendet werden.

Um die Farbmuster zur Manipulation von Oberflächennormalen verwenden zu können, schreiben Sie einfach das Schlüsselwort in die *normal*-Anweisung.

```
normal {Farbmuster}
```

Lassen Sie uns an dieser Stelle an zwei Beispielen diese beiden möglichen Fälle betrachten. Wir wollen uns zunächst das Muster *brick* ansehen.

Als Ausgangsbasis verwenden wir die Datei *bild7_13.pov*, in der wir die Definition der Rückfläche wie folgt ändern:

```
//Rückfläche
plane{<0,1,0>,0
rotate x*-90
texture{pigment{color White}
}
normal {brick 5 scale .5}
translate z*10}
```

Speichern Sie die Datei unter *bild7_38.pov*. Die Rückwand ist nun eine weiße Fläche, in die das Muster *brick* durch die Anweisung *normal{brick}* eingedrückt wurde. Die Zahl 5 steht für die Eindrucktiefe und entspricht der *bump_size*. Alle weiteren Anweisungen sollten Ihnen verständlich sein.

Lassen Sie uns in einem weiteren Beispiel die Kugel manipulieren. Ersetzen Sie dazu die Kugeldefinition aus *bild7_28.pov* durch folgendes Listing, und speichern Sie die gesamte Datei als *bild7_39.pov*:

```
// Kugeldefinition
sphere {<0,0,0>,1
texture{
pigment{
spirall 5
color_map{
[.4 color Red]
[.7 color Yellow]}
}}
normal {spirall 5}}
```

Rendern Sie dieses Bild und lassen Sie sich überraschen. Ich finde den entstehenden Effekt wirklich beeindruckend.

Frequenz und Phase

Wie Sie aus dem Physikunterricht sicher noch wissen, ist eine Welle durch ihre Frequenz und ihre Amplitude definiert. Die Frequenz ist dabei gewissermaßen für die Dichtheit der Wellen und die Amplitude für die Höhe der Wellen verantwortlich.

Mit der Anweisung *frequency Parameter* beeinflussen Sie den Abstand zwischen zwei benachbarten Wellen. Sie setzen diese Anweisung an die letzte Stelle der *normal*-Anweisung. Mit *Parameter* bestimmen Sie den Abstand zwischen den Wellen. Geringe Werte bewirken einen größeren Abstand zwischen den Wellen, höhere Werte einen geringeren Abstand.

Zur Veranschaulichung ergänzen wir die Datei *bild7_36.pov* und speichern sie als *bild7_40.pov.*

Definition der Fläche aus *bild7_40.pov.*

```
//Fläche
plane{<0,1,0>,-1
texture{pigment{color Blue}}
normal{waves 1
scale .2
frequency 3
}
}
```

In der *normal*-Anweisung sehen Sie die Ihnen nun schon bekannte Anweisung *waves 1.* Anschließend wird mit der Anweisung *scale .2* die Oberflächennormale entlang aller drei Achsen um den Faktor 5 verkleinert. Mit der Anweisung *frequency 3* wird die Frequenz der Wellen gegenüber dem Standardwert verdreifacht, d.h. der Abstand zwischen den einzelnen Wellen wird verringert.

Nach dem Rendern des Bildes werden Sie erkennen, daß zwar der Effekt einer beeindruckenden Welle entstanden, die Fläche jedoch selbst unverändert ist. Sehen Sie sich einmal den Schatten der Kugel an. Er verläuft nach wie vor so, als stünde die Kugel auf einer ebenen Fläche und nicht auf einer gewellten Oberfläche.

Die Anweisung *frequency* können Sie aber nicht nur zur Manipulation von bestimmten Oberflächennormalen, sondern auch zur Beeinflussung von bestimmten Farbmustern verwenden. Sie können diese Anweisung beispielsweise verwenden, um Farbmuster wie *wood*, *onion* usw. weiter zu manipulieren. Dazu setzen Sie die *frequency*-Anweisung hinter die jeweilige Anweisung für die Erzeugung des Farbmusters.

Die zweite in diesem Abschnitt zu besprechende Anweisung ist die Anweisung *phase Parameter*. Diese Anweisung bewirkt eine Phasenverschiebung. Das heißt, daß die definierte Wellenstruktur verschoben wird. In einem Einzelbild ist die Wirkung dieser Anweisung nur schlecht zu beobachten. Würde man in einer Animation, also in der Abfolge mehrerer Einzelbilder die Phase kontinuierlich verändern, würde der Eindruck einer sich bewegenden Welle entstehen.

Erzeugung von Farbmustern aus Normaltabellen

Eine Manipulation von Oberflächennormalen ist ab der Version 3.0 in POV-Ray noch umfangreicher möglich. Es kann ab sofort eine *normal_map* verwendet werden. Eine solche *normal_map* funktioniert im Prinzip wie eine *color_map*. Der Unterschied ist, daß eine *normal_map* in einer *normal*-Anweisung verwendet wird. Die allgemeine Syntax lautet:

```
normal{
Muster
normal_map{
[Parameter Muster]
[Parameter Muster]
[Parameter Muster]
[Parameter Muster]
.
.
.
[Parameter Muster]}}}
```

Als *Parameter* werden dabei wiederum Werte zwischen 0.0 und 1.0 verwendet, die den Bereich festlegen, über den sich ein *Muster* erstreckt. *Muster* können alle oben beschriebenen Muster sein. Eine *normal_map* kann aus maximal 256 Mustern bestehen.

Sehen wir uns dazu ein Beispiel an. In der Datei *bild7_40.pov* ersetzen Sie die Definition der Fläche durch folgendes Listing und speichern die komplette Datei als *bild7_41.pov*.

```
//Fläche
plane{<0,1,0>,-1
texture{pigment{color Blue}}
normal{gradient x
normal_map{
[.2 wood .3]
[.4 marble]
[.7 gradient y]
[.9 onion]
}}
}
```

Sie erkennen eine ähnliche Struktur wie beim Erstellen von Farbmustern aus Farbtabellen. Im Ergebnis werden hier jedoch die Normalen der Oberfläche manipuliert.

Erzeugung von Farbmustern aus Pigmenttabellen

Während Sie in einer *color_map* nur Anweisungen zur Farbgestaltung und in einer *normal_map* nur Anweisungen zur Manipulation von Oberflächennormalen verwenden konnten, können Sie in der neuen POV-Ray-Funktion *pigment_map* „vollständige" Texturen verwenden. Die Struktur dieser Anweisung ähnelt bis auf das Schlüsselwort *pigment_map* der *color_map* und der *normal_map*. Die allgemeine Syntax der *pigment_map* lautet:

```
pigment{
Muster
pigment_map{
[Parameter Pigmentbezeichnung]
[Parameter Pigmentbezeichnung]
[Parameter Pigmentbezeichnung]
[Parameter Pigmentbezeichnung]
.
.
.
[Parameter Pigmentbezeichnung]
}}}
```

Pigmentbezeichnung kann dabei eine Texturbezeichnung aus der Datei *textures.inc* oder eine durch Sie definierte Textur sein. Betrachten wir zur Veranschaulichung das Beispiel *bild7_42*. Es unterscheidet sich vom Beispiel *bild7_40.pov* nur durch folgende die Kugeldefinition:

```
// Kugeldefinition
 sphere {<0,0,0>,1
 texture{ pigment{gradient x
pigment_map{
[.2 Jade]
[.4 DMFWood1]
[.7 Jade]
[.9 DMFWood2]
}}
}
}
```

Wellenformen

Diese Eigenschaft von Farbmustern bezieht sich nicht auf die Form der Muster *waves* oder *ripples,* sondern beschreibt den Verlauf der Farbübergänge in den einzelnen Farbmustern. Bei der Erläuterung der Muster habe ich Sie immer wieder daraufhin gewiesen, wie ein Muster wiederholt wird, nachdem es den Bereich zwischen x = 0.0 und x = 1.0 durchlaufen hat. So haben wir beispielsweise gesagt, daß bei der Erzeugung des Musters *wood* die angegebene Farbtabelle, so wie in der Defintion angeführt zwischen x = 0.0 und x = 1.0 erzeugt wird. Bei Werten, die über x = 1.0 liegen, wird die Farbtabelle in umgekehrter Reihenfolge verwendet. Grafisch könnte man sich das wie unten gezeigt vorstellen. Es entsteht eine Dreiecksform, die dieser Wellenform in POV-Ray auch die Bezeichnung gab: *triangle_wave*.

Abbildung 7.1

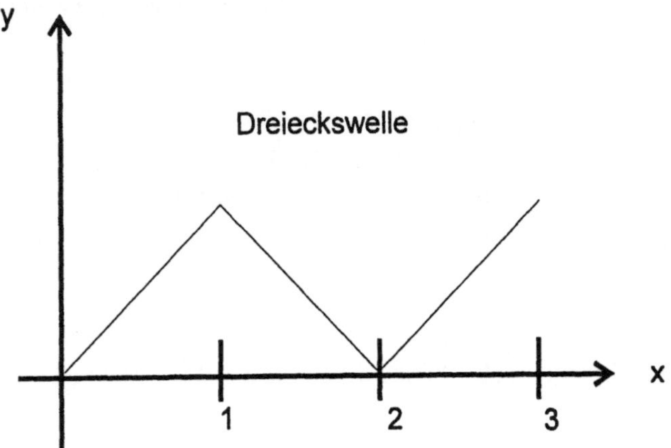

Bei der Erzeugung des Musters *onion* wird das Farbmuster in der in der Definition angegebenen Reihenfolge von x = 0.0 bis y = 1.0 erzeugt. Ist der zu bedeckende Körper größer, wird das Fabmuster wieder mit der ersten in der Farbtabelle angebenen Farbe fortgesetzt.

Abbildung 7.2

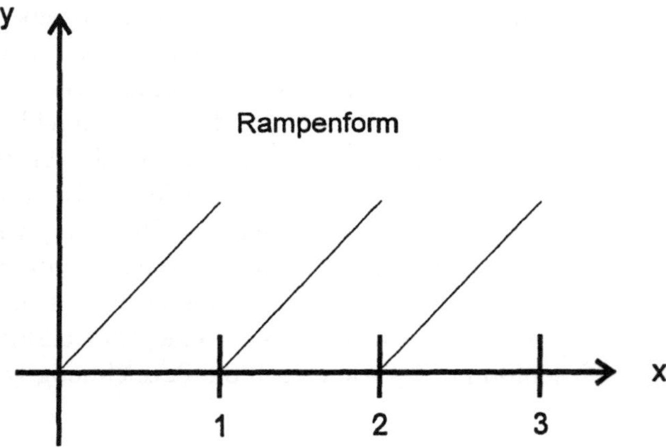

Diese Wellenform wird in POV-Ray als *ramp_wave* bezeichnet.

Sie haben die Möglichkeit, die in POV-Ray für die einzelnen Muster standardmäßig verwendete Wellenformen zu verändern, indem Sie die genannten Schlüsselwörter in der *pigment*-Anweisung verwenden.

Neben den beiden genannten Anweisungen gibt es noch die Wellenformen *sine_wave* und *scallop_wave*, die vorrangig in *normal*-Anweisungen Verwendung finden. Mit *sine_wave* wird eine sinusförmige Form erzeugt. Die Wellenform *scallop_wave* erzeugt eine Form, die wie eine Sinuswelle aussieht, bei der die negativen Bereiche nach oben geklappt wurden.

Die Anweisung *slope_map*

Wenn Ihnen die angebotenen Möglichkeiten zur Manipulation von Oberflächennormalen nicht ausreichen, können Sie auch eigene Bump-Formen kreieren. Dazu hält POV-Ray die sogenannte *slope_map* bereit. Die Syntax lautet:

```
normal{
Muster
slope_map{
[Parameter Richtungsänderung]
[Parameter Richtungsänderung]
[Parameter Richtungsänderung]
[Parameter Richtungsänderung]
```

Parameter hat die Ihnen bereits bekannte Bedeutung. *Richtungsänderung* ist ein Vektor, der aus zwei Werten besteht. Mit dem ersten Wert wird angegeben, bei welchem x-Wert der Wechsel der Richtung erfolgt. Der zweite Wert ist der Koeffzient, der angibt, wie stark sich die Höhe im Vergleich zur Entfernung ändert. Wird pro Höheneinheit eine Entfernungseinheit überwunden, haben wir einen Winkel von 45° bzw. einen Koeffzienten von 1. Positive Winkel bewirken einen Anstieg, negative Winkel einen Abfall.

Die *slope_map* kann grundsätzlich mit allen Mustern eingesetzt werden. Am besten zu erkennen ist die Wirkung allerdings beim Muster *gradient*.

Wir manipulieren als Beispiel die Kugel aus dem Beispiel *bild7_1.pov* und speichern die komplette Datei als *bild7_43.pov*.

```
// Kugeldefinition
 sphere {<0,0,0>,1
scale<2,2,2>
translate<0,1,1>
texture{
pigment{color Red}
}
```

```
normal{
gradient x
slope_map{
[0.0 <0.5,1>]
[0.3 <.5,-1>]
[0.5 <1,-1>]
[0.8 <1,-1>]
}}
}
```

Durch diese *slope_map* wird das in der *slope_map* gezeigte Muster zwischen x = 0.0 und y = 1.0 in die Kugel „eingedrückt":

Quick_color

Im Kapitel 2 habe ich Ihnen empfohlen, zum Testen eines Bildes eine geringe Qualität zu verwenden, um die Bilderzeugung zu beschleunigen. Der Nachteil eines solchen Vorgehens ist jedoch, daß sämtliche Texturen in einem grauen Farbton dargestellt werden. Bei komplexen Szenen ist es daher häufig unmöglich, einzelne Körper voneinander zu unterscheiden. Um diesen Nachteil zu umgehen und dennoch die Möglichkeit zu bieten, ein Bild in der Testphase schnell zu rendern, gibt es in POV-Ray die Anweisung *quick_color Farbe.* Wenn Sie diese Anweisung innerhalb einer *texture*-Anweisung verwenden, wird POV-Ray die in *quick_color* angegebene *Farbe* verwenden, wenn in der Kommandozeile eine Renderqualität von Q0 bis Q5 angegeben ist. Bei einer Qualität von größer als Q5 wird die angegebene Textur genutzt.

Sehen wir uns dazu die Kugeldefinition aus dem Beispiel *bild7_44.pov* an:

```
// Kugeldefinition
 sphere {<0,0,0>,1
 texture{ pigment{DMFWood1 quick_color Yellow}
}
}
```

Sie sehen, daß diese Szene eine Holzkugel enthält, die auf einer grünen Fläche ruht. Die *pigment*-Anweisung der Kugel enthält die Anweisung *quick_color Yellow.* Das bedeutet, daß die Kugel beim Rendern mit einer Renderqualität von Q0 bis Q5 gelb und bei höheren Qualitätsparametern mit ihrer Holzstruktur dargestellt wird. Um die Wirkung der *quick_color*-Anweisung sehen zu können, sollten Sie das Bild zweimal rendern. Beim ersten Mal sollten Sie die *quick_color*-Anweisung entfernen und mit einer geringen Renderqualität rendern. Beim zweiten Versuch sollten Sie die Anweisung wieder hinzufügen und mit der gleichen niedrigen Renderqualität arbeiten. In einem dritten Versuch können Sie dann die Renderqualität wieder auf einen hohen Wert setzten.

Wenn Sie die Datei wie oben beschrieben gerendert haben, wird Ihnen aufgefallen sein, daß die Fläche in allen Versuchen unabhängig von der Renderqualität immer grün gewesen ist. Das hat seine Ursache darin, daß POV-Ray bei einer niedrigen Renderqualität als *quick_color* die Farbe verwendet, die in der *pigment*-Anweisungen enthalten ist. Wenn Sie möchten, daß beim Rendern mit einer geringen Qualität auch die Farbe der Fläche verändert wird, müssen Sie auch zur *pigment*-Anweisung eine *quick_color*-Anweisung hinzufügen. Die Definition der Fläche aus dem Beispiel *bild7_44.pov* könnte dann beispielsweise so aussehen:

```
//Fläche
plane{<0,1,0>,-1
texture{pigment {color Blue quick_color White}}}
```

Bei einer geringen Renderqualität (≤ Q5) würde die Fläche im fertigen Bild weiß dargestellt werden.

8 Texturen

In den Beispielen der bisherigen Kapitel haben Sie wiederholt die Anweisung *texture* verwendet. Sie haben jedoch bislang keine umfassende Erklärung für diese Anweisung erhalten.

Eine Textur ist ein Material, das um die durch uns generierten Körper gelegt wird. Texturen haben stets drei Dimensionen. Das bedeutet, daß sie sich einerseits der Form des Körpers, den sie verhüllen sollen, genau anpassen und daß sie andererseits transformierbar sind. Was das bedeutet, sehen wir uns weiter unten an.

Wie Texturen erzeugt werden, haben Sie im Kapitel 7 kennengelernt, das gewissermaßen das Textur-Kochbuch darstellt. Wenn Sie sich die in der Datei *textures.inc* vordefinierten Texturen ansehen, werden Sie erkennen, daß alle Texturen mit Hilfe der Anweisungen definiert wurden, mit denen wir uns im Kapitel 7 vertraut gemacht haben.

Sie könnten theoretisch völlig auf die Datei *textures.inc* verzichten und nur eigene Texturen verwenden. Empfehlenswert ist dieses Vorgehen jedoch nicht. Die in dieser Datei vorhandenen Materialien eignen sich hervorragend zum Einsatz in Ihren Szenen. Mit geringem Aufwand lassen sich aus ihnen weitere interessante Texturen gestalten.

Verwendung von Texturen

Um die in der Datei *textures.inc* verwendeten Texturen verwenden zu können, muß Ihr Listing die Zeile

```
#inlude „textures.inc"
```

enthalten. Es ist empfehlenswert, diese Zeile zusammen mit den anderen Include-Dateien an den Anfang jedes Listings zu schreiben.

Die allgemeine Syntax für die Verwendung einer in der Datei *textures.inc* vordefinierten Textur lautet:

```
texture{Textur_bezeichnung}
```

Zur Verdeutlichung sehen wir uns die Datei *bild8_1.pov* an.

```
//Bild 8_1

//Einbindung der benötigten Include-Dateien
#include "colors.inc"
#include "textures.inc"
#include "shapes.inc"
#include "himmel.inc"


//Definition der Kamera
camera {
 location  <0.0, 0.0, -4.0 >
 direction <0.0, 0.0, 1.0 >
 up        <0.0, 1.0, 0.0 >
 right     <1.333, 0.0, 0.0 >
 look_at   <0.0, 0.0, 0.0 >
}

// Kugeldefinition
 sphere {<0,0,0>,1
 texture{ White_Marble}
}

//Fläche
plane{<0,1,0>,-1
texture{Cork}}

// Lichtquelle
  light_source{<0 ,  100 , -100  > color White }
```

Der Kugel wurde als Material weißer Marmor (White_Marble) zugewiesen. Die Fläche besteht aus Kork (Cork). Der die Szene umgebende Himmel wurde, wie Sie ja bereits seit der Besprechung der Datei *bild3_1.pov* wissen, aus der *sky_sphere*-Anweisung gebildet. Alle Materialien sind in der Datei *textures.inc* vordefiniert.

Wenn Sie möchten, können Sie die verwendeten Texturen weiter „verfeinern". Das, was Sie im Kapitel 5 zur Manipulation von

Oberflächen und Oberflächennormalen gelernt haben, können Sie auch im Zusammenhang mit den vordefinierten Texturen anwenden. Sie können also der Textur einen Lichtpunkt oder Dellen oder Beulen zuweisen. Ihrer Phantasie sind fast keine Grenzen gesetzt.

Transformation von Texturen

Wie Körper so können Sie auch Texturen verschieben, rotieren oder skalieren. In einigen Beispielen des 5. Kapitels haben wir von dieser Möglichkeit ja bereits Gebrauch gemacht.

Dazu müssen Sie innerhalb der *texture*-Anweisung die entsprechende Anweisung positionieren. Häufig ist es notwendig, die Größe einer Textur zu skalieren, um sie einem Körper anzupassen. Viele Texturen sind häufig zu groß dimensioniert, als daß sie den Effekt erzeugen, den sie bewirken sollen. Sehen wir uns das an einem Beispiel an.

Lassen Sie uns dazu die Datei *bild8_1.pov* so verändern, daß wir nicht eine, sondern zwei Kugeln sehen. Beiden Kugeln wird als Textur *DMFWood1* zugewiesen. Die Textur der rechten Kugel soll dann durch Skalieren etwas manipuliert werden. Die Kugeldefinition aus dem Beispiel *bild8_1.pov* wird dazu durch die beiden unten gezeigten Kugeldefinitionen ersetzt. Speichern Sie anschließend die Datei als *bild8_2.pov,* und rendern Sie das Bild.

Kugeldefinitionen aus *bild8_2.pov*:

```
// Kugeldefinition linke Kugel
 sphere {<0,0,0>,1
 texture{ DMFWood1}

translate<-1,0,0>}

// Kugeldefinition rechte Kugel
 sphere {<0,0,0>,1
 texture{ DMFWood1
scale<.2,5,.2>}

translate<1,0,0>}
```

Nach dem Rendern dieser Datei können Sie durch den unmittelbaren Vergleich der beiden Kugeln die Wirkung der *scale*-Anweisung auf eine Textur erkennen.

Sie sehen, daß die Textur entlang der X- und der Z-Achse um den Faktor 0.2 und entlang der Y-Achse um den Faktor 5 skaliert wurde.

Lassen Sie uns in einem nächsten Beispiel untersuchen, wie sich eine *rotate*-Anweisung auf eine Textur auswirken kann. Dazu verändern wir die Definition der rechten Kugel aus der Datei *bild8_2.pov*. Wir ersetzen die *scale*-Anweisung durch *rotate<90,0,0>*. Diese Anweisung bewirkt, daß die Textur der rechten Kugel um 90 Grad um die X-Achse gedreht wird. Die Definition für die rechte Kugel lautet dann vollständig so:

```
// Kugeldefinition rechte Kugel
sphere {<0,0,0>,1
texture{ DMFWood1
rotate<90,0,0>}
translate<1,0,0>}
```

Speichern Sie die Datei unter *bild8_3.pov*, und rendern Sie das Bild.

Positionierung von Transformationsanweisungen

Wir haben im vorhergehenden Abschnitt festgestellt, daß es möglich ist, auch Texturen zu transformieren. Sie haben gelernt, daß es für das Transformieren von Texturen notwendig ist, die gewünschte Anweisung innerhalb der *texture*-Anweisung zu setzen. Um genau zu sein, müßte man sagen, daß Anweisungen zum Transformieren von Texturen vor der geschweiften Klammer stehen müssen, die die *texture*-Anweisung abschließt.

Wie verfährt man aber, wenn man zwar den Körper, nicht jedoch die Textur transformieren will, wenn man Körper und Textur zusammen transformieren will oder wenn man Körper und Textur verschieden transformieren will. Die Antwort auf diese Frage ist recht einfach. Der gewünschte Effekt hängt davon ab, wo die Transformationsanweisung innerhalb der Körperdefinition steht.

Zur Verdeutlichung betrachten wir nochmals die Definition der rechten Kugel aus dem Beispiel *bild8_1.pov*.

```
// Kugeldefinition rechte Kugel
sphere {<0,0,0>,1
texture{ DMFWood1
```

```
scale<.2,5,.2>}
}
```

Die Anweisung *scale <.2, 5, .2>* befindet sich innerhalb der *texture*-Anweisung (vor der geschweiften Klammer, die die *texture*-Definition beendet). Das bedeutet, daß sich die *scale*-Anweisung nur auf die Textur bezieht.

Würde die gesamte Kugeldefintion hingegen so aussehen:

```
// Kugeldefinition rechte Kugel
 sphere {<0,0,0>,1
 texture{ DMFWood1}
scale<.2,5,.2>}
```

würde sich die *scale*-Anweisung sowohl auf die Textur als auch auf die Kugel beziehen, denn sie befindet sich vor der geschweiften Klammer, die die Kugeldefinition abschließt. Die Textur wird in diesem Fall proportional zur Kugel skaliert.

Lassen Sie uns eine weitere Variante diskutieren und betrachten wir zunächst die folgende Definition der Kugel.

```
// Kugeldefinition
sphere {<0,0,0>,1 scale<.2,1,.2>
texture{ DMFWood1}
}
```

Die *scale*-Anweisung befindet sich nun vor der *texture*-Anweisung. Das Ergebnis ist ein Ellipsoid. Allerdings bleibt die Textur unverändert. Sie wird also so erscheinen, wie die linke Kugel aus dem Beispiel *bild8_1.pov.*

Würde man die eben besprochene Kugeldefinition folgendermaßen ändern:

```
// Kugeldefinition
sphere {<0,0,0>,1 scale<.2,1,.2>
texture{ DMFWood1
scale<3,1,3>}
}
```

würde zunächst die Kugel entlang der X- und der Z-Achse um den Faktor 0.2 und entlang der Y-Achse um den Faktor 1 skaliert werden. Dann würde auf den so entstandenen Ellipsoid eine Textur gelegt werden, die dabei entsprechend der Anweisung *scale<3,1,3>* skaliert würde. Von der letzten Skalierung bleibt die Form der Kugel selbst unbetroffen.

Verwendung von Texturtabellen

Im vorhergehenden Kapitel haben wir uns ausführlich mit dem Einsatz verschiedener Muster in *color_maps* oder *pigment_maps* beschäftigt. Die dort besprochenen Muster können jedoch auch in einer sogenannten *texture_map* verwendet werden. Die Struktur einer *texture_map* ähnelt dem Aufbau einer *color_map* oder einer *pigment_map*. Sie unterscheidet sich dadurch, daß mit ihr Überblendungen zwischen Texturen erzeugt werden können. Während in einer *color_map* nur Farb-Anweisungen und in einer *pigment_map* nur Farb- und *normal*-Anweisungen verwendet werden konnten, können in einer *texture_map* zusätzlich auch *finish*-Anweisungen verwendet werden bzw. all jene Anweisungen, die in einer *texture*-Anweisung möglich sind.

Spezialtexturen

In diesem Abschnitt sollen weitere Möglichkeiten der Texturgestaltung betrachtet werden. Wie werden dabei nicht auf die vordefinierten Farben und Texturen zurückgreifen, sondern werden unsere Objekte mit Graphiken verhüllen und überlagerte Texturen verwenden.

Imagemapping

In den bisherigen Beispielen haben wir Texturen verwendet, die mathematisch beschrieben und erzeugt wurden. Wir wollen uns nun ansehen, welche Möglichkeiten es gibt, vorhandene Grafikdateien als Textur zu nutzen. Stellen Sie sich zum Beispiel vor, daß Sie die Erde erzeugen wollen. Das Vorgehen wäre recht einfach. Man müßte eine Kugel erzeugen, sie von einer Lichtquelle beleuchten und mit einer Kamera fotografieren. Schwieriger wäre es, mit den von POV-Ray zur Verfügung gestellten Möglichkeiten eine Textur zu erzeugen, die dem Aussehen der Erde entspricht. Es wäre schön, wenn es eine Möglichkeit gäbe, ein zum Beispiel eingescanntes Bild der Erde als Textur für die Kugel zu verwenden. Und genau so eine Möglichkeit bietet uns POV-Ray. Es verwendet dabei ein Verfahren, das als Imagemapping bezeichnet wird. Das bedeutet, daß POV-Ray eine Grafikdatei verwendet, um damit einen Körper zu verhüllen.

Um das Verfahren deutlicher zu machen, stellen wir uns vor, daß irgendwo in Richtung der negativen Z-Achse ein Diaprojektor steht. In ihm befindet sich ein Dia einer Grafik. Diese Grafik wird auf einen Körper der Szene projiziert und ist auf ihm zu sehen. Im Gegensatz zu einem Diaprojektor kann jedoch POV-Ray eine Grafik nicht nur auf eine ebene Fläche projizieren. Es ist ebenfalls möglich, eine Grafik auf eine Fläche, eine Kugel, einen Zylinder oder einen Ring zu projizieren und diese Körper mit der auf sie projizierten Grafik zu verhüllen. POV-Ray bietet uns also nicht nur eine zweidimensionale, sondern eine dreidimensionale Leinwand.

Die erste Möglichkeit, eine Grafik auf einen Körper zu projizieren, haben wir durch die Verwendung der Anweisung *image_map*. Diese Anweisung steht stets in der *pigment*-Anweisung und wird von weiteren Parametern näher spezifiziert.

Die Syntax und die Verwendung der Anweisung *image_map* wollen wir an mehreren Beispielen betrachten.

Projektion auf eine Fläche

Nehmen wir an, daß unsere Aufgabe darin besteht, eine Ziegelwand zu generieren. In den vordefinierten Texturen finden wir nichts, was es uns ermöglichen würde, die Aufgabe zu erfüllen. Wenn wir annehmen, daß wir eine Grafik haben, die eine Ziegelwand abbildet, könnten wir versuchen, damit das Problem zu lösen. Eine solche Ziegelwand könnte man zum Beispiel mit einem Zeichenprogramm erstellen, oder man könnte ein Bild einer Ziegelwand einscannen. Unabhängig davon, wie die gewünschte Grafik erzeugt wird, ist es wichtig zu beachten, daß die Grafik für die weitere Verwendung in POV-Ray in einem der vier folgenden Grafikformate abgespeichert werden muß: gif, tga, iff, pgm, png, ppm oder sys.

Das Problem der Erstellung der Grafik wollen wir jedoch jetzt umgehen und werden in den nächsten Beispielen die Datei *ziegel.tga* verwenden.

Im Listing *bild8_4.pov* sehen Sie die Lösung der Aufgabenstellung.

```
// Bild 8_4

#include "colors.inc"
#include "textures.inc"
#include "shapes.inc"
#include „himmel.inc"

camera {
  right     <1.333, 0, 0>
  up        <0, 1, 0>
  direction <0, 0, 1.5>
  location  <0, 0, -6>
  look_at   <0, 0, 0>
}

//Quader
box { <-1, -1, -1>, <1, 1, 1>
  scale <2.0, 1.0, 1.0>
texture{pigment{image_map{tga
"c:\buch\grafiken\ziegel.tga"}}}}

// Lichtquelle
light_source {<0.0, 100.0, -100.0> color White }
```

In der ersten Zeile der Quaderdefinition wird ein Würfel erzeugt, dessen Kanten sich entlang aller drei Achsen jeweils von -1 bis +1 erstreckt. Die Länge jeder Kante beträgt also 2 Einheiten.

Mit der *scale*-Anweisung wird der Würfel entlang der X-Achse um den Faktor 2 skaliert. Der so entstandene Quader hat dann eine Breite von 4 Einheiten.

Nachdem die Abmessungen des Körpers definiert sind, folgt das Zuweisen der Textur. Sie wird wie immer durch das Schlüsselwort *texture* eingeleitet. Es folgt das Schlüsselwort *pigment*. Doch nun geben wir keinen Farbwert an, sondern teilen POV-Ray mit, daß wir eine Grafik auf den Körper projizieren wollen. Dazu verwenden wir das Schlüsselwort *image_map*. Es folgt hinter der öffnenden geschweiften Klammer die Spezifikation des verwendeten Grafikformates. Im konkreten Fall verwenden wir also das GIF-Format. Möglich sind auch die drei anderen oben genannten Formate. In Anführungszeichen folgt dann die genaue Bezeichnung der zu verwendenden Datei. Wenn sich die Datei nicht im POV-Ray-Bibliotheken-Pfad befindet, muß der gesamte Pfad zu dieser Datei mit angegeben werden. Anschließend folgen drei geschweifte Klammern, die die *texture*-Anweisung und eine geschweifte Klammer, die die Quaderdefinition beenden.

Bevor wir uns mit weiteren Parametern der Anweisung *image_map* beschäftigen, sollten Sie das Bild rendern, um die Wirkung der Anweisung zu sehen.

Eine Grafik, die auf einen Körper projiziert wird, bedeckt stets ein Rechteck in der X-Y-Ebene zwischen den Koordinaten (0,0) und (1,1). Dabei ist es unwichtig, wie groß die projizierte Datei ist. Um einen Körper, der über diese Koordinaten hinausgeht, also weit größer ist, mit der Grafik zu verhüllen, wird die Projektion der Datei dabei so lange wiederholt, bis er vollständig bedeckt ist. Diesen Effekt können Sie im fertigen Bild gut erkennen. Da der Quader im Beispiel *bild8_4.pov* an eine X-Y-Ausdehnung von 4 x 2 Einheiten besitzt, wird die in der *texture*-Anweisung angegebene Grafik achtmal auf den Quader projiziert, um ihn vollständig zu bedecken. Wenn Sie sich das gerenderte Bild genau ansehen, werden Sie die Übergänge zwischen den einzelnen Bereichen gut erkennen.

Wollen Sie die gewünschte Grafik jedoch nur einmal auf den Körper projizieren, müssen Sie hinter die Spezifikation des Dateinamens die Anweisung *once* schreiben.

Ist der Körper größer als die Fläche, auf die die Grafik projiziert wird (zwischen den Koordinaten (0,0) und (1,1), bleibt die restliche Fläche ohne Textur, also schwarz.

Soll nun aber eine Grafik nur einmal auf einen Körper projiziert werden, dessen X-Y-Ausdehung größer als 1 x 1 Einheit ist und ihn dennoch vollständig bedecken, muß die *image_map* unter Umständen skaliert und verschoben werden, um diesen Effekt zu erzielen.

Zur Verdeutlichung modifizieren wir die Körperdefinition aus dem Beispiel *bild8_4.pov* und speichern die Datei als *bild8_5.pov*.

Die modifizierte Körperdefinition sieht dann so aus:

```
//Wand
box { <-1, -1, -1>, <1, 1, 1>
  scale <2.0, 1.0, 1.0>
```

```
texture{pigment{image_map{tga
"c:\buch\grafiken\ziegel.tga" once}}
scale<4,2,1>
translate<-2,-1,0>}}
```

Bevor ich Ihnen die modifizierte Körperdefinition erläutere, sollten Sie das Bild rendern und sich die Wirkung der vorgenommen Veränderungen ansehen.

Sie werden nach dem Rendern erkennen, daß nunmehr die gewählte Datei nur einmal auf den Quader projiziert wurde (die Übergänge zwischen den einzelnen Segmenten fehlen) und ihn dennoch vollständig bedeckt.

Die ersten beiden Zeilen der Körperdefinition entsprechen denen im Beispiel *bild8_4.pov.* Auch der erste Teil der *texture*-Anweisung ist unverändert. Hinter der Spezifikation der zu projizierenden Grafik sehen Sie dann das Schlüsselwort *once*, das POV-Ray anweist, die Grafik nur einmal auf den Körper zu projizieren.

Die beiden folgenden geschweiften Klammern schließen die *pigment*-Anweisung ab. Vor der geschweiften Klammer, die die *texture*-Anweisung beendet, steht die Anweisung *scale<4,2,1>*. Oben haben wir konstatiert, daß der Quader nach dem Skalieren eine Größe von 4 x 2 x 1 Einheit, die Textur jedoch nur eine Größe von 1 x 1 Einheit hat. Mit der *scale*-Anweisung wird die Textur auf die Größe des Körpers gebracht.

Doch wozu dient die *translate*-Anweisung? Zur Beantwortung dieser Frage müssen wir uns erinnern, daß eine Grafik bei der Projektion auf eine Fläche standardmäßig auf den Bereich zwischen den X-Y-Koordinaten (0,0) und (1,1) projiziert wird. Da die Textur aber skaliert wurde, hat sich die Lage ihrer Eckpunkte verändert. Lassen Sie uns schrittweise analysieren, wie die Koordinaten der Eckpunkte nach dem Skalieren lauten. Entlang der X-Achse wird die Textur um den Faktor 4 skaliert. Die linke Kante der Textur befindet sich standardmäßig an der X-Koordinate X=0. Wenn wir diesen Wert mit 4 (dem Skalierungsfaktor in X-Richtung) multiplizieren, erhalten wir wiederum einen Wert von Null.

Die rechte Kante der Textur liegt standardmäßig an der X-Koordinate X=1. Wenn dieser Wert mit 4 multipliziert wird, erhalten wir einen Wert von X=4. Die X-Ausdehung der Textur erstreckt sich nach dem Skalieren also von X=0 bis X=4.

Analog werden die Eckpunktkoordinaten für die Y-Ausdehnung der Textur nach dem Skalieren ermittelt. Die Y-Koordinaten der unteren und der oberen Kante werden also jeweils mit dem Skalierungsfaktor 2 multipliziert. Als Ergebnis erhalten wir für die untere Kante einen Wert von Y=0 und die obere Kante einen Wert von Y=2. Im Bild unten sehen Sie die Lage der skalierten Textur im Vergleich zum skalierten Quader. Sie erkennen, daß die Größe der Textur nun zwar der Größe des Quaders entspricht, daß sie ihn jedoch weiterhin nicht vollständig bedeckt. Aus diesem Grund muß die gesamte Textur so verschoben werden, daß der Quader bedeckt ist. Er wird dazu um zwei Einheiten nach links und eine Einheit nach unten verschoben. Die entsprechende Anweisung muß demzufolge *translate<-2,-1,1>* lauten.

Abbildung 8.1

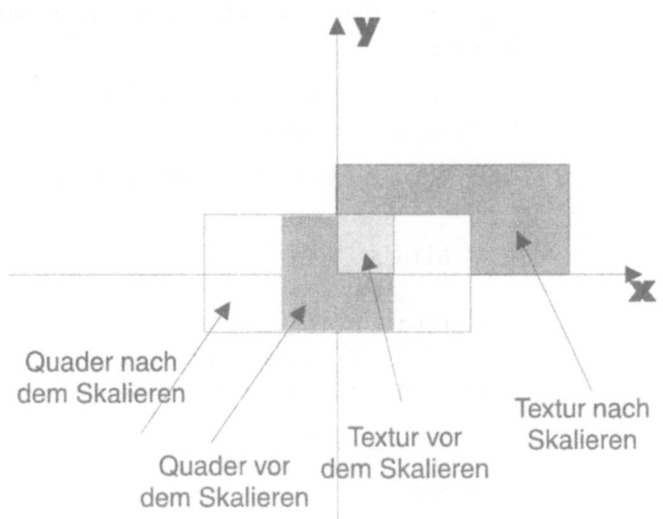

Da sich auch die *translate*-Anweisung nur auf die Textur beziehen soll, muß auch sie vor der geschweiften Klammer stehen, die die gesamte *texture*-Anweisung abschließt.

Projektion auf eine Kugel

Oben haben wir gesagt, daß POV-Ray dreidimensionale Projektionen ermöglicht. Bisher haben wir uns jedoch nur mit der Projektion auf eine Fläche beschäftigt. Diese Projektionsart wird durch POV-Ray standardmäßig verwendet.

Um mit einer Grafik eine Kugel verhüllen zu können, müssen wir eine weitere Anweisung betrachten. Es handelt sich dabei um die Anweisung *map_type Parameter*. Diese Anweisung wird unmittelbar hinter die Spezifikation der zu verwendenden Grafikdatei geschrieben. Als Wert für *Parameter* können die 0, die 1, die 2 und die 5 benutzt werden. Jede Zahl steht für eine bestimmte Projektionsart. Die 0 wird dür Projektionen auf ebene Flächen, die 1 für Projektionen auf Kugeln, die 2 für Projektionen auf Zylinder und die 5 für Projektionen auf Ringe verwendet. Fehlt die Anweisung *map_type Parameter*, verwendet POV-Ray die Projektion auf eine Fläche.

Die Defintion für die Projektion einer Grafik auf eine Kugel entspricht im wesentlichen der Defintion, die wir bei der Projektion einer Grafik auf eine Fläche kennengelernt haben. Der einzige Unterschied besteht darin, daß die Anweisung *map_type* unbedingt vorhanden sein muß und daß als *Parameter* die 1 verwendet wird.

Mit diesem Wissen ausgestattet, können wir nun mit POV-Ray die Erdkugel erzeugen.

Sehen wir uns das Listing *bild8_6.pov* an.

```
// Bild 8_6

#include "colors.inc"
#include "textures.inc"
#include "shapes.inc"


camera {
  location  <0, 0, -4>
  direction <0, 0, 1.5>
  right     <1.333, 0, 0>
  up        <0, 1, 0>
  look_at   <0, 0, 0>
}

// Kugel
sphere { <0,0,0>, 1

texture{pigment{image_map{tga
"c:\buch\grafiken\erde.tga" map_type 1}}
}}
```

```
// LIGHT_SOURCE
light_source {<0.0, 100.0, -100.0> color White }
```

Wir verwenden in dieser Szene eine Kugel mit einem Radius von 1 Einheit, deren Mittelpunkt sich im Koordinatenursprung befindet. Innerhalb der Texturdefinition finden Sie die oben besprochene Anweisung *map_type 1,* die eine Projektion auf und um eine Kugel bewirkt. Als Grafikdatei habe ich die Datei *erde.tga* verwendet. Mit ihr ist es möglich, eine gut anzusehende Erdkugel zu rendern. Wir werden im 3. Teil dieses Buches diese Datei verwenden, um unsere erste Animation, die sich drehende Erde, zu erzeugen.

Bei der Projektion einer Grafik auf eine Kugel hat die *once*-Anweisung keine Wirkung. Das bedeutet, daß die Grafik in jedem Fall immer nur einmal auf eine Kugel projiziert wird, unabhängig davon, wie groß sie ist.

Projektion auf einen Zylinder

Um eine Grafik auf einen Zylinder zu projizieren, verwenden wir in der Texturdefinition die Anweisung *map_type 2.* Bei dieser Projektionsart wird vorausgesetzt, daß die Grafik auf einen Zylinder projiziert wird, dessen Längsachse parallel zur Y-Achse verläuft. Die Grafik wird so auf den Zylinder projiziert, daß sie ihn vollständig umschließt und eine Höhe von 1 Einheit (zwischen Y=0 und Y=1) hat. Wenn der Zylinder höher als eine Einheit ist, wird die Grafik zwischen Y=1 und Y=2 sowie Y=2 und Y=3 usw. so lange auf den Zylinder projiziert, bis er vollständig bedeckt ist. Wollen Sie die Grafik nur einmal auf den Zylinder projizieren und ihn dennoch vollständig bedecken, müssen Sie die *once*-Anweisung verwenden.

Projektion auf einen Torus

Hierzu ist nur zu sagen, daß Sie bei dieser Projektionsart die Anweisung *map_type 5* verwenden müssen. Dann wird eine Grafik vollständig auf einen Torus projiziert, der in der Y-Z-Ebene liegt und seinen Mittelpunkt im Koordinatenursprung hat. Wie schon bei der Projektion einer Grafik auf eine Kugel hat die *once*-Anweisung hier keine Bedeutung.

Die *interpolate*-Anweisung

Wir haben gesagt, daß eine Grafik bei ihrer Projektion auf einen Körper diesen Körper unabhängig von ihrer Größe (also ihrer Auflösung) immer vollständig bedeckt. Dennoch kann das Ergebnis bei einer projizierten Grafik mit geringer Auflösung häufig unbefriedigend sein, wenn die enstandene Textur ziemlich grob erscheint. Man könnte nun versuchen, eine Grafik mit einer höheren Auflösung auf den Körper zu projizieren, um ein besseres Aussehen der Textur zu erzielen. Doch bevor Sie einen solchen Weg beschreiten, sollten Sie eine Qualitätsverbesserung mit der Anweisung *interpolate Parameter* versuchen.

Wenn diese Anweisung in der Texturdefinition innerhalb der *image_map*-Anweisung steht, versucht POV-Ray, durch Interpolation die Übergänge zwischen den Pixeln weicher zu machen. Mögliche Werte für *Parameter* sind die 2 und die 4.

Mit dem *Parameter* 4 erreichen Sie eine schnelle Interpolation, mit 2 eine etwas langsamere, aber viel bessere Interpolation.

Sie können sich die Wirkung dieser Anweisung ansehen, indem Sie die Kugeldefinition aus dem Beispiel *bild8_6.pov*, wie unten gezeigt, modifizieren.

```
// Kugel
sphere { <0,0,0>, 1

texture{pigment{image_map{tga
"c:\buch\grafiken\erde.tga" map_type 1 interpolate
2}}
}}
```

Transparenz von Texturen

Bei der Besprechung der farblichen Gestaltung von Körpern haben Sie im Kapitel 7 gesehen, daß POV-Ray durch den Einsatz der *filter*-Anweisung und der *transmit*-Anweisung die Möglichkeit bietet, einen Körper mehr oder weniger stark transparent zu machen. Sie können die *filter*- und die *transmit*-Anweisung jedoch auch auf eine auf einen Körper projizierte Grafik anwenden. Die Bedingung hierfür jedoch ist, daß die verwendete Grafik entweder im GIF-, PNG- oder im IFF-Format vorliegt. Die *filter*-Anweisung wird innerhalb der *image_map*-Anweisung verwendet. Die allgemeine Syntax lautet:

```
körper{
texture{
pigment{image_map Dateityp „Dateiname" map_type Para-
meter
filter Palettennummer, Filterstärke
transmit Palettennummer, Filterstärke }}
```

Mit den Schlüsselwörtern *filter* oder *transmit* leiten Sie die Definition der gefilterten oder ungefilterten Transparenz ein. Es folgt die *Palettennummer.* Damit geben Sie die Nummer der Farbe an, die transparent sein soll. Dazu eine Erläuterung: Jedes GIF-Bild wird zusammen mit einer Palette gespeichert, in der die Farben enthalten sind, die in dem Bild enthalten sind. Da das GIF-Format eine Farbtiefe von 8 Bit hat, enthält diese Palette 256 verschiedene Werte. Jeder Wert steht für einen bestimmten Farbton. Der Wert der Farbe, die transparent sein soll, wird als *Palettennummer* in der *filter-* oder in der *transmit-*Anweisung verwendet. Den Index einer bestimmten Farbe können Sie mit einigen Bildbearbeitungsprogrammen ermitteln.

Mit dem Parameter *Filterstärke* bestimmen Sie, wie stark die Transparenz dieser Farbe sein soll. Die möglichen Werte liegen dabei zwischen 0.0 (keine Transparenz) und 1.0 (vollständige Transparenz).

Sie haben auch die Möglichkeit, innerhalb der *filter-* oder der *transmit-*Anweisung mehreren oder allen Farben eine gewisse Transparenz zuzuweisen. Dazu wiederholen Sie einfach die Anweisung

```
filter Palettennummer, Filterstärke
```

oder

```
transmit Palettennummer, Filterstärke
```

für jede Farbe, die transparent sein soll.

Wenn Sie die gesamte Textur transparent machen wollen, können Sie die Anweisung folgendermaßen schreiben:

```
körper{
texture{
pigment{image_map Dateityp „Dateiname" map_type Para-
meter
```

```
filter all Filterstärke
transmit all Filterstärke }}
```

Material_map

Beim Erzeugen einer Imagemap, also beim Projizieren einer Grafik auf einen Körper wird die in der *image_map*-Anweisung angegebene zweidimensionale Grafik zum Verhüllen des Körpers in allen drei Dimensionen verwendet. Die Farben der Grafik bleiben bei der Projektion unverändert. POV-Ray erlaubt uns jedoch, die Farben der Grafik zu ersetzen. Allerdings wird dabei nicht ein Farbton durch einen anderen ersetzt, sondern ein Farbton der projizierten Grafik wird durch eine Textur ersetzt. Für dieses Verfahren verwenden wir die Anweisung *material_map*. Diese Anweisung hat folgende allgemeine Syntax:

```
körper{
texture{
material_map{ dateityp „dateiname"
texture{texturebezeichnung}
texture{texturebezeichnung}
texture{texturebezeichnung}
texture{texturebezeichnung}
...
}}}
```

In der dritten Zeile sehen Sie das Schlüsselwort *material_map*, gefolgt von der geschweiften Klammer, mit der die Definition eingeleitet wird. Die nächsten beiden Parameter sind Ihnen aus der Besprechung der *image-map*-Anweisung schon bekannt. Es sind der Parameter *dateityp*, der *gif*, *png* oder *tga* sein kann, sowie der Parameter *dateiname*.

Diesen Anweisungen folgt eine Liste von *texture*-Anweisungen, deren Bedeutung nun erläutert werden soll. Die in dieser Liste enthaltenen Texturen werden verwendet, um die in der projizierten Grafik verwendeten Farbwerte zu ersetzen. Die erste in der Liste enthaltene Textur ersetzt dabei den Index 0 der zur Grafik gehörenden Farbpalette, die zweite Textur den Index 1 usw. Zum besseren Verständnis des letzten Satzes rufen wir uns noch einmal den Aufbau einer Grafik in Erinnerung. Grafikformate wie das GIF-Format werden zusammen mit einer Farbpalette gespeichert, auf deren Grundlage die Grafik zusammengesetzt wird. In dieser Farbpalette sind 256 Farben gespeichert, deren

Index von 0 bis 255 reicht. Mit Hilfe eines Bildbearbeitungsprogramms könnte man nun ermitteln, welchen Farbindex bestimmte Teile eines Bildes haben. Empfehlenswert ist die Verwendung des Programmes Paint Shop Pro, mit dem der Index der Farben schnell ermittelt werden kann. Bei Grafikformaten, die keine Palettenfarben verwenden (z.B. das Targa-Format), wird als Index der Index der Rotkomponenten verwendet.

Wenn Sie dann den Index der Farben kennen, können Sie sich überlegen, mit welcher Textur Sie diese Farbe ersetzen wollen. Hierbei gibt es allerdings eine kleine Schwierigkeit. Nehmen wir an, Sie wollen die Farbe mit dem Index 250 durch eine Textur ersetzen. Diese Textur muß dann in der Texturliste der *material_map*-Anweisung an der 250. Stelle stehen. Wenn Sie die davor stehenden Farben nicht ändern wollen, müssen Sie in der Texturliste für die davor stehenden Texturen Dummywerte verwenden, d.h. Texturen, die nichts bewirken.

Wenn Sie in Ihrer Texturliste weniger *texture*-Anweisungen verwenden, als Indexwerte (also Farben) in der Grafik vorhanden sind, wird zur Bestimmung des zu ersetzenden Indexwertes die Anzahl der vorhandenen Indexe durch die Anzahl der *texture*-Anweisungen dividiert und der ganzzahlige Rest dieses Ergebnisses verwendet.

Sie können eine definierte *material_map* nach Belieben rotieren, skalieren und verschieben. Sie können einer *material_map* jedoch keine *finish-*, *normal-* oder *pigment*-Anweisungen hinzufügen. Diese Anweisungen müssen innerhalb der einzelnen *texture*-Anweisungen der Texturliste stehen!

Auch auf eine *material_map* sind die Anweisungen *map_type*, *once* und *interpolate* anwendbar. Für ihren Einsatz gilt in vollem Umfang das, was im Zusammenhang mit der Anweisung *image_map* gesagt wurde.

Überlagerte Texturen

Wenn Ihnen die angebotenen Möglichkeiten der Texturgestaltung immer noch nicht ausreichen, können Sie versuchen, durch die Überlagerung mehrerer Texturen, ein Ihnen genehmes Aussehen eines Körpers zu erzielen.

Um Texturen übereinanderzulegen, verwenden Sie innerhalb der Defintion eines Körpers einfach mehrere Texturen hintereinander. Die Texturen werden dann in der Reihenfolge, in der Sie sie verwenden, auf den Körper gelegt. Um den gewünschten Effekt zu erzielen, ist es notwendig, daß alle Texturen, mit Ausnahme der ersten (der unteren) Textur, eine gewisse Transparenz aufweisen müssen, damit die darunter liegenden Texturen sichtbar sind.

Sehen wir uns dazu das Beispiel *bild8_7.pov* an.

```
// Bild 8_7

//Einbindung der benötigten Include-Dateien
#include "colors.inc"
#include "textures.inc"
#include "shapes.inc"
#include "himmel.inc"

//Kamerdefinition
camera {
  location  <0.0, 0, -6.0>
  direction <0.0,     0.0,  1.5>
  up        <0.0,     1.0,  0.0>
  right     <1.3333,  0.0,  0.0>
  look_at   <0.000, 0.000, 0.0>
}

//Kugeldefinition linke Kugel
  sphere {<0,0,0>,1
  texture {DMFWood1 scale<.2,.2,.2>}

translate<-1,0,0>}

//Kugeldefinition rechte Kugel
  sphere {<0,0,0>,1
  texture {DMFWood1 scale<.2,.2,.2>}
texture{pigment{color Yellow filter .8}}

translate<1,0,0>}


//Fläche
plane{<0,1,0>,-1
texture{Cork}
}
```

```
//Lichtquelle
light_source {
  <0.000, 100,-100>
  color White
}
```

Im Beispiel *bild8_7.pov* verwenden wir wiederum zwei Kugeln, um die erzielte Wirkung besser vergleichen zu können. Im Beispiel wurde der linken Kugel die Textur DMFWood1 zugewiesen, die etwas herunterskaliert wurde. Die rechte Kugel erhält als erste Schicht der Gesamttextur ebenfalls die Textur DMFWood1. Auf diese Textur wird die Farbe Gelb als zweite Schicht gelegt. Damit die darunterliegende Textur sichtbar ist, enthält die *pigment*-Anweisung eine *filter*-Anweisung, die das Licht auf die erste Schicht dringen läßt.

Nach dem Rendern der Datei *bild8_7.pov* können Sie durch den Vergleich der linken und der rechten Kugel gut die Veränderung durch die Überlagerung zweier Texturen erkennen.

Bump_map

Im Gegensatz zu den bisher besprochenen Texturen gehört diese Spezialtextur zu den Anweisungen, die eine Oberflächennormale modifizieren. Im Kapitel 5 haben wir solche Manipulationen der Oberflächennormalen ausführlich besprochen und die Anweisung *bumps* kennengelernt. Wir haben dabei gesehen, daß durch die *bumps*-Anweisung eine Oberflächennormale so verändert wird, daß der Eindruck entsteht, als seien Dellen in die Oberfläche geschlagen worden. Wir haben ebenfalls gesagt, daß diese Anweisung bei Animationen nicht verwendet werden sollte, da die Dellen zufällig erzeugt werden und deshalb beim Abspielen einer Animation ein unerwünschtes Flackern auftreten könnte.

Für das Erzeugen von solchen Dellen können wir allerdings auch eine Grafik im GIF-, IFF-, PNG-, PPM-, PGM-, TGA- oder SYS-Format verwenden. Das Ergebnis sieht dann so aus, als wäre die Grafik in die Oberfläche des Körpers eingeschlagen worden.

Für die Erzeugung eines solchen Effekts verwenden wir innerhalb der *normal*-Anweisung die Anweisung *bump_map*. Es folgen, wie bei der Definition einer *image_map* oder einer *material_map*, die Spezifikation des Dateityps und des Dateinamens. Diesen Anweisungen können die Parameter *map_type*, *once* oder *interpolate* folgen. Sie werden so verwendet, wie Sie es bei der Besprechung der *image_map* kennengelernt haben.

Für die Erzeugung der *bump_map* wandelt POV-Ray intern die angegebene Grafik in eine Graustufengrafik um und verwendet die Grauwerte als Tiefe der Dellen. Sie können jedoch auch die einzelnen Farbindexe als Werte für die Tiefe verwenden. Dazu ergänzen Sie die *bump_map*-Anweisung durch den Befehl *use_index*. Um anzugeben, daß ausschließlich die Farbwerte der Grafik verwendet werden sollen, können Sie auch die Anweisung *use_color* verwenden.

Doch sehen wir uns das Ganze an einem Beispiel an. Im Beispiel *bild8_6.pov* haben wir die Erdkugel erzeugt. Dieses Beispiel wollen wir nun so verändern, daß der Eindruck entsteht, daß die unterschiedlichen Höhen der einzelnen Landschaften dreidimensional dargestellt werden. Sehen Sie sich zunächst die Beispieldatei *bild8_8.pov* an und rendern Sie sie. Anschließend werde ich die Beispieldatei erläutern.

```
// Bild 8_8

#include "colors.inc"
#include "textures.inc"
#include "shapes.inc"

camera {
  location  <0, 0, -4>
  direction <0, 0, 1.5>
  right     <1.333, 0, 0>
  up        <0, 1, 0>
  look_at   <0, 0, 0>
}

// Kugel
sphere { <0,0,0>, 1

texture{pigment{image_map{tga
"c:\buch\grafiken\erde.tga"  map_type 1 interpolate 2
}}
}
normal{
bump_map{tga "c:\buch\grafiken\erde.tga"  map_type 1
interpolate 2 bump_size 200 use_color}}
```

```
}


// LIGHT_SOURCE
light_source {<0.0, 100.0, -100.0> color White }
```

Wie im Beispiel *bild8_6.pov* habe ich mit der Anweisung

```
texture{pigment{image_map{tga
"c:\buch\grafiken\erde.tga"  map_type 1 interpolate 2
}}
```

die Kugel mit einer Grafik umhüllt, die eine Darstellung der Erde enthält. Bis hierher unterscheidet sich die Datei *bild8_8.pov* nicht von der Datei *bild8_6.pov*.

Um die Struktur der Landschaften der Erde herauszuarbeiten, wird nun die Oberflächennormale der Kugel manipuliert. Mit der Anweisung

```
normal{
bump_map{tga "c:\buch\grafiken\erde.tga"  map_type 1
interpolate 2 bump_size 200 use_color}}
```

wird das Bild der Erde in die Kugel „gehämmert". Als Werte für die unterschiedlichen Tiefen werden die Indexe der einzelnen Farbwerte verwendet (*use_color*). Als relative Tiefe wird ein Wert von 200 (*bump_size 200*) angegeben. Die Werte für *bump_size* können alle ganzen Zahlen mit Ausnahme der Null sein.

Sie können zusammen mit der *bump_map*-Anweisung die Anweisungen *map_type*, *once* und *interpolate* so verwenden, wie wir es bei der Behandlung der *image_map*-Anweisung besprochen haben.

Standardtextur

Im Kapitel 7 habe ich Ihnen bei der Besprechung der einzelnen Anweisungen immer die durch POV-Ray standardmäßig verwendeten Parameter genannt. Diese Anweisungen werden intern in der Variable *default texture* abgelegt. Wenn Sie diese Parameter nicht so verwenden wollen, können Sie sie in jeder *texture*-Anweisung nach Ihrem Belieben modifizieren. Wenn Sie diese Modifikation jedoch in jeder *texture*-Anweisung verwenden wollen, können Sie sich Schreibarbeit sparen und eine eigene *default texture* definieren.

Wir haben zum Beispiel gesagt, daß dann, wenn im Zusammenhang mit einer *phong*-Anweisung keine *phong_size* angegeben wird, durch POV-Ray ein Wert von 60 verwendet wird. Wenn Sie in all Ihren Texturen einen anderen Wert verwenden möchten, ohne ihn immer explizit anzugeben, können Sie das in der Anweisung *#default texture* festlegen.

```
 #default{
finish{phong_size 30}}
```

Diese Anweisung müßte vor dem ersten Objekt stehen, in dem Sie diesen Parameter verwenden wollen.

Sie können mit der *#default*-Anweisung alle standardmäßig durch POV-Ray verwendeten Parameter verändern.

Sie können aber auch eine „vollständige“ Texturdefinition erstellen und als *default* deklarieren. Diese Texturdefinition wird dann durch POV-Ray für alle Körper verwendet, für die Sie nicht explizit eine Textur definieren.

Sehen wir uns dazu das Beispiel *bild8_9.pov* an.

```
//Bild 8_9

//Einbindung der benötigten Include-Dateien
#include "colors.inc"
#include "textures.inc"
#include "shapes.inc"
#include "himmel.inc"

#default{
texture{DMFWood1 scale <.2,.2,.2>
finish{phong .7 phong_size 70}}}

//Definition der Kamera
camera {
 location  <0.0, 0.0, -4.0 >
 direction <0.0, 0.0, 1.0 >
```

```
 up         <0.0, 1.0, 0.0 >
 right      <1.333, 0.0, 0.0 >
 look_at    <0.0, 0.0, 0.0 >
}


// Kugeldefinition linke Kugel
 sphere {<0,0,0>,.5
translate<-1,-.5,0>
}

// Kugeldefinition mittlere Kugel
 sphere {<0,0,0>,.5
texture{pigment{color Blue}}
translate<0,-.5,0>
}

// Kugeldefinition rechte Kugel
 sphere {<0,0,0>,.5
translate<1,-.5,0>
}

//Fläche
plane{<0,1,0>,-1
texture{Cork}}

// Lichtquelle
  light_source{<0 ,  100 , -100  > color White }
```

Interessant sind hier die drei Kugeldefinitionen. Die erste Kugel enthält keine Textur-Anweisung. POV-Ray verwendet daher die in *default* definierte Textur. Die zweite Kugel enthält eine eigene Texturdefintion, die *default*-Anweisung wird daher nicht verwendet. Erst bei der dritten Kugel findet sie wieder Verwendung, da auch ihr keine Textur explizit zugewiesen wurde.

Sie können innerhalb einer Szenedatei mehrere solcher *default*-Anweisungen verwenden. Diese Anweisungen gelten dann immer nur für die Körper, die hinter ihr stehen. Eine *default*-Anweisung gilt so lange, wie sie nicht von einer anderen *default*-Anweisung überschrieben wird. Es werden jedoch nur die Parameter einer *default*-Anweisung überschrieben, die in der folgenden *default*-Anweisung enthalten sind.

Um dieses Prinzip zu verdeutlichen, setzen wir vor die Definition der letzten Kugel folgende Anweisung

```
#default{
finish{phong .7 phong_size 10}}
```

Diese Anweisung würde bewirken, daß die rechte Kugel als Textur wie die erste Kugel als Textur *DMFWood1* zugewiesen bekäme, denn diese Anweisung wird ja durch die neue *default*-Anweisung nicht überschrieben. Bei der rechten Kugel würden sich im Gegensatz zur linken Kugel lediglich die Paramer für *phong* und *phong_size* ändern. Diese Parameter würden dann auch für die Texturdefinitionen aller weiteren Körper gelten, wenn sie dort nicht durch andere Werte überschrieben werden.

Kachelstrukturen

Im Kapitel 7 haben sie bereits zwei Möglichkeiten kennengelernt, kachelähnliche Strukturen zu erzeugen. Es handelte sich dabei um die beiden Anweisungen *checker* und *hexagon*. Ab der Version 3.0 können auch „fertige“ Texturen zur farblichen Gestaltung dieser Muster verwendet werden. In früheren Versionen mußte man die Anweisung *tiles* verwenden. Sie wird ab der aktuellen Version nicht mehr benötigt und ist nur noch aus Gründen der Kompatibilität zu Szenen, die für frühere POV-Ray-Versionen geschrieben wurden, vorhanden. Da Ihnen auch solche „alten“ Szenedateien begegnen können, soll diese Anweisung hier besprochen werden.

Die allgemeine Syntax dieser Anweisung lautet:

```
texture{
tiles{
texture{ texture1}
tile2
texture{ texture2}
}
}
```

Für *texture1* und *texture2* setzen Sie die von Ihnen gewünschten Bezeichnungen ein. Es ist wichtig zu beachten, daß die gesamte so entstehende Textur nicht mit *pigment*-, *normal*- oder *finish*-Anweisungen „verfeinert“ werden kann. Diese Anweisungen müssen auf jede einzelne der Texturen angewandt werden. Sie haben jedoch die Möglichkeit, die entstandene Textur zu skalieren, zu rotieren und zu verschieben.

Betrachten wir das Beispiel *bild8_10.pov.*

```
// Bild8_10

#include "colors.inc"
#include "textures.inc"
#include "shapes.inc"
#include "himmel.inc"

camera {
  right     <1.333, 0, 0>
  up        <0, 1, 0>
  direction <0, 0, 1.5>
  location  <0, 5, -8>
  look_at   <0, 0, 0>
}

box { <-1, -1, -1>, <1, 1, 1>
  scale <10.0, 1.0, 10.0>
texture{
tiles{
texture{pigment{color Black}}
tile2
texture{White_Marble}
}}}

sphere {<0.0, 0.0, 0.0>, 1.0
translate<0,2,0>
  texture { pigment {color Gold}
finish{phong .7 metallic}}
}

light_source {<0, 100, -100> color White}
```

Die Szene besteht aus einem großen Quader, auf dem eine goldene Kugel liegt. Die Oberfläche des Quaders hat eine kachelähnliche Struktur. Sie besteht aus schwarzen Kacheln und aus Kacheln aus weißem Marmor. Jede dieser Fliesen hat eine Kantenlänge von einer Einheit. Sie sollten das Bild zunächst rendern, um eine Vorstellung von der Wirkung der *tiles*-Anweisung zu bekommen.

Alternative Kachelgestaltung

Beim Ansehen der *brick*- oder der *checker*-Strukturen werden Sie auf den ersten Blick sicher zufrieden sein. Beim zweiten Blick wird klar, daß die so erzeugte Kachelstruktur nicht ganz einem gefliesten Boden oder einer gemauerten Wand entspricht.

Ziegel sind beispielsweise an den Ecken häufig abgerundet und Fliesen nicht immer quadratisch. Ich will Ihnen daher zeigen, wie Sie eine Kachel - oder Ziegel etwas anders erzeugen können. Um zu sehen, was ich damit meine, sehen Sie sich bitte das Bild *bild8_11.tga* an.

Zum vollen Verständnis benötigen Sie allerdings das Wissen um die Handhabung von *bump_maps* und *material_maps.* Sollten Sie also bei den folgenden Erläuterungen Schwierigkeiten haben, sollten Sie einen Blick in die entsprechenden Abschnitte dieses Kapitels werfen.

Die Idee zu dieser Art der Kachelgestaltung basiert auf einer Methode, die durch Douglas K. Otwell im Graphdev-Forum in CompuServe veröffentlicht wurde. Die dort beschriebene Methode erscheint mir allerdings in vielen Punkten zu kompliziert. Ich habe Sie daher modifiziert und glaube, einen einfacheren Weg gefunden zu haben, um regelmäßige Kachelstrukturen zu erzeugen. Dieser Weg soll nun beschrieben werden.

Um die im Bild *bild8_11.tga* gezeigte Struktur zu erzeugen, ist ein wenig Vorarbeit nötig. Wie bereits erwähnt, basiert diese Struktur auf der Verwendung einer *bump_map* und einer *material_map.* Beide Dateien müssen zunächst erzeugt werden.

Beginnen wir mit der Schaffung der *bump_map.* Ich habe dazu CorelDRAW! 4.0 verwendet. In Corel habe ich das unten gezeigte Gitter erzeugt, das die Struktur der späteren Kacheln bildet.

Abbildung 8.2

Sie sehen, daß das Gitter an den Seiten sowie oben und unten offen ist. Die Breite der offenen Felder entspricht der Hälfte der geschlossenen Felder im Innern des Gitters. Wenn später dieses Gitter als *bump_map* auf eine Fläche projiziert wird, werden diese offenen Flächen zusammen mit den Flächen des angrenzenden Gitters geschlossene Felder bilden (wenn nicht die *once*-Anweisung verwendet wird).

Es folgt die Erläuterung der Erstellung dieses Gitters in Corel. Die beschriebene Methode sollte allerdings auch mit anderen Vektorgrafikprogramm auf ähnliche Weise möglich sein. Wichtig ist nur, daß das verwendete Programm das Ergebnis als GIF- oder TGA-Datei exportieren kann. Wenn Sie möchten, können Sie mit mir zusammen die einzelnen Arbeitsschritte nachvollziehen.

Ich habe zunächst jeweils drei vertikale und drei horizontale Hilfslinien festgelegt. Die vertikalen Hilfslinien haben die Position 0, 10 und 120, die horizontalen Hilfslinien die Position 200,

190 und 80. Im Hilfsliniendialogfeld habe ich die Funktion „An Hilfslinien ausrichten" aktiviert.

Wenn die Hilfslinien erstellt sind, beginnt das Zeichnen der Linien. Die erste Linie ist eine vertikale Linie, die auf der vertikalen Hilfslinie an der Position 10 liegt und von der horizontalen Hilfslinie 200 bis zur horizontalen Hilfslinie 80 reicht. Um eine senkrechte Linie exakt zeichnen zu können, sollten Sie beim Zeichnen mit dem Stift die Strg-Taste gedrückt halten. Über das Stiftwerkzeug habe ich dieser Linie eine Breite von 0.03 und die Farbe Schwarz zugewiesen.

Die restlichen vertikalen Linien habe ich nicht selbst gezeichnet, sondern durch Corel zeichnen lassen. Dazu habe ich über das Menü *Optionen/Grundeinstellungen* im Dialogfeld *Grundeinstellungen* im Abschnitt *Abstand für Duplikate und Klone* im Feld *Horizontal* einen Wert von 0 und im Feld *Vertikal* einen Wert von 20 eingegeben.

Anschließend habe ich die gezeichnete Linie markiert und durch fünfmaliges Betätigen der Tastenkombination Strg-D die restlichen Linien erzeugt.

Im nächsten Schritt habe ich eine horizontale Linie auf der horizontalen Hilfslinie an der Position 190 zwischen den vertikalen Hilfslinien an den Positionen 0 und 120 gezeichnet. Dieser Linie habe ich die gleichen Linienattribute zugewiesen, die auch die erste vertikale Linie bekam. Zum Erzeugen der restlichen horizontalen Linien habe ich erneut über das Menü *Optionen/Grundeinstellungen* das Dialogfeld *Grundeinstellungen* geöffnet. Hier habe ich im Feld *Horizontal* einen Wert von -20 und im Feld *Vertikal* einen Wert von 0 eingegeben.

Anschließend habe ich die horizontale Linie erneut markiert und durch fünfmaliges Betätigen der Tastenkombination Strg-D die restlichen horizontalen Linien erzeugt.

Damit ist das Gitter fertig, und es kann gespeichert werden. Über das Menü *Datei/Exportieren...* wird das Exportdialogfeld geöffnet. Im Listenfeld *Aufzulistender Dateityp* wird das GIF-Format aktiviert. Als *Dateiname* habe ich *bump* verwendet. Nach dem Bestätigen der Eingaben durch das Anklicken des Buttons *OK* öffnet sich das Dialogfeld *Bitmap-Export*. Im Listenfeld *Größe* habe ich *Frei* aktiviert und als *Breite* und *Höhe* jeweils 256 angegeben. Nach dem Anklicken des Buttons *OK* wird das Gitter gespeichert.

CorelDRAW kann nun beendet werden. Die nächsten Arbeitsschritte werden mit einem Bildbearbeitungsprogramm durchgeführt. Da ich Picture Publisher 4.0 verwendet habe, beziehen sich die folgenden Erläuterungen natürlich auf dieses Programm. Alle Schritte sollten jedoch auch mit jedem anderen Bildbearbeitungsprogramm in vielleicht etwas anderer Form so möglich sein.

Zunächst habe ich die mit CorelDRAW erzeugte Grafikdatei geladen, um ein Duplikat dieser Datei erzeugen. Dazu habe ich die Datei *bump.gif* unverändert unter der Bezeichnung *matmap.gif* gespeichert. Diese Datei soll als Grundlage für die *material_map* dienen.

Zur Erinnerung sei nochmals gesagt, daß eine *material_map* eine Grafik ist, die auf einen Körper projiziert wird und deren Farben in Abhängigkeit vom Index dieser Farben durch andere Farben oder Texturen ersetzt werden. Dabei wird innerhalb der *material_map*-Anweisung für jeden in der projizierten Grafik enthaltenen Farbindex eine „Ersatz"-Farbe oder -Textur angegeben. Zur weiteren Gestaltung der Grafik für die *material_map* sind daher ein paar Vorüberlegungen notwendig.

Lassen Sie uns diese Vorüberlegungen konkret für die zu erstellende Kachelstruktur anstellen. Diese Kachelstruktur soll so aussehen, daß zwei verschiedenfarbige Kacheln alternierend das Muster bilden sollen. Zwischen den Kacheln sollen sich Fugen befinden. Die spätere *material_map* wird sich also aus drei Texturen (eine für die Fugen und zwei für die Kacheln) zusammensetzen. In allgemeiner Form ausgedrückt, wird die Definition der *material_map* also so aussehen:

```
texture{
material_map{gif „matmap.gif"
texture{ Textur_der_Fugen}
texture{ Textur_der_Kachel1}
texture{ Textur_der_Kachel2}
}
```

Bei der Besprechung der *material_map* haben wir gesagt, daß die erste Textur der *material_map* die Farbe mit dem Index 0 der projizierten Grafik ersetzt, die zweite Textur die Farbe mit dem Index 1, die dritte die Farbe mit dem Index 2 usw. Nachdem wir uns über diese Tatsache nochmals Klarheit verschafft haben, können wir nun die Grafik *matmap.gif* entsprechend verändern.

Zunächst wird die Farbe des Gitters durch die Farbe mit dem Index 0 ersetzt. Im Picture Publisher gibt es ein Werkzeug, mit dem zunächst die noch vorhandene Farbe des Gitters exakt gemessen werden kann. Mit einem anderen Werkzeug kann diese Farbe dann durch eine andere Farbe ersetzt werden. In diesem Fall mit einer Farbe mit dem Index 0.

Wenn das gesamte Gitter die neue Farbe hat, wenden wir uns den weißen Flächen zu, die später die Kacheln bilden werden. Diese Flächen werden nun mit einer Farbe mit dem Index 1 bzw. dem Index 2 gefüllt. Nehmen wir an, daß die Farbe Blau den Index 1 hat. Dann beginnen wir das Füllen der weißen Flächen in der linken oberen Ecke. Jedes zweite weiße Feld wird dann mit der Farbe Blau gefüllt. Im Ergebnis sollte ein Schachbrettmuster aus weißen und blauen Feldern entstehen.

Danach werden die weißen Felder mit einer Farbe gefüllt, die den Index 2 hat. In meinem Fall war es die Farbe Rot.

Wenn alle weißen Felder mit den neuen Farben gefüllt sind, können Sie die Datei speichern. Die Grafik für die *material_map* ist fertig.

Für den nächsten Arbeitsschritt laden wir erneut die Datei *bump.gif*. Über das Menü *Effekte/Effektfilter* wird das gesamte Bild weichgezeichnet. Das heißt, daß die Übergänge im Bild unscharf gemacht werden. Wir erzeugen also einen weichen Übergang zwischen den weißen Flächen und den grauen Linien. In der *bump_map* wird das später bewirken, daß das Gitternetz nicht senkrecht, sondern leicht angewinkelt in die Fläche „eingebrannt" wird.

Nach dem Weichzeichnen speichern Sie die Datei *bump.gif*. Die Vorarbeiten sind abgeschlossen.

Im nächsten Arbeitsschritt definieren wir die Textur für die Kachelstruktur. Diese Definition habe ich allerdings nicht in eine Szenedatei, sondern in eine Include-Datei geschrieben. Das macht die Verwendung dieser Definition in anderen Szenedateien wesentlich einfacher. Wir betrachten nun der Reihe nach die Include-Datei *kachel.inc*.

```
//kachel.inc
#include "stoneold.inc"
```

Da ich eine Textur aus der Datei *stoneold.inc* verwenden möchte, muß POV-Ray angewiesen werden, diese Datei beim Rendern zu verwenden.

Anschließend habe ich die *bump_map* definiert, die den dreidimensionalen Effekt auf der Kachelstruktur erzeugen soll. In der Definition sehen Sie, daß hier die weiter oben beschriebene Datei *bump.gif* verwendet wird.

```
//bump_map für die Erzeugung der dreidimensionalen
Kachelstruktur
#declare kachel_normal = normal {
   bump_map {gif "c:\povray3\bump.gif" bump_size 4
interpolate 2 }
}
```

Im nächsten Schritt werden die einzelnen Texturen definiert. Wir haben ja oben gesagt, daß wir für unsere Kachelstruktur 3 Texturen benötigen (eine Textur für die Fugen und zwei Texturen für die Kacheln).

```
// Farbe für die Fugen
#declare fugen_textur = texture {
   pigment {color Gray70
   }
   normal {kachel_normal}
}
```

Den Fugen wird zunächst als Farbe *Gray70* zugewiesen. Um die dreidimensionale Struktur des Kachel zu simluieren, muß die Oberflächennormale manipuliert werden. Dazu verwenden wir die oben definierte *kachel_normal*.

```
// Kacheltexturen
//
declare kachel1_textur = texture {
   White_Marble
   normal {kachel_normal}
         }

declare kachel2_textur = texture {
   Stone12
   normal {kachel_normal}}
```

In Analogie zur Fugentextur werden die Texturen für die beiden Kacheln definiert. Hier verwenden wir jedoch keine Farben sondern Texturen, die in den Dateien *textures.inc* bzw. *stones.inc* vordefiniert sind. Die Oberflächennormale wird wieder durch die *kachel_normal* manipuliert.

Nach diesen Vorarbeiten wird die gesamte Kachelstruktur zusammengesetzt. Als Textur verwenden wir eine *material_map*, die auf der durch uns erzeugten Datei *matmap.gif* basiert. In die Texturliste der *material_map* werden die drei vordefinierten Texturen aufgenommen:

```
// Zusammenstellung der endgültigen Textur
#declare kachel_textur = texture {
material_map {gif "c:\povray3\matmap.gif" interpolate
2
      texture {fugen_textur}
      texture {kachel1_textur}
      texture {kachel2_textur}
```

Diese Textur soll nun in der Beispieldatei *bild8_11.pov* verwendet werden. Diese Datei stellt im wesentlichen nur eine Modifikation der Datei *bild8_10.pov* dar. Beide Dateien unterscheiden sich dadurch, daß *bild8_11.pov* zusätzlich die Zeile

```
#include „kachel.inc"
```

enthält und daß diese Datei eine etwas andere Deinition der Fläche aufweist, auf der die goldene Kugel liegt. Wir betrachten daher nur die Definition der Fläche.

```
box { <-1, -1, -1>, <1, 1, 1>
 scale <10.0, 10.0, 1.0>
texture{
kachel_textur
scale <8,8,.5>
}
rotate<90,0,0>
}
```

Die Fläche, auf der die Kugel liegt, ist ein flacher Quader. Bei der Definition der Lage des Quaders ist zu beachten, daß eine *material_map* immer auf die X-Y-Ebene projiziert wird, wir aber eine Fläche benötigen, die in der X-Z-Ebene liegt. Daher müssen wir bei der Definition einer solchen Fläche einen kleinen Umweg beschreiten.

Mit

```
box { <-1, -1, -1>, <1, 1, 1>
```

wird zunächst ein Standardwürfel in die Szene gesetzt. Anschließend wird der Würfel so skaliert, daß eine aufrechtstehende Wand entsteht:

```
scale <10.0, 10.0, 1.0>
```

Wir erhalten einen Quader mit einer Breite (X) und Höhe (Y) von jeweils 10 Einheiten und einer Tiefe (Z) von einer Einheit. Im Ergebnis haben wir also in der X-Y-Ebene eine 10 x 10 Einheiten große Fläche erzeugt. Dieser Fläche wird nun die in *kachel.inc* vordefinierte Textur *kachel_Textur* zugewiesen. Die in dieser Textur enhaltene *material_map* wird auf die Fläche projiziert:

```
texture{
kachel_textur
scale <8,8,.5>
}
```

Die Parameter für die *scale*-Anweisung habe ich durch Probieren ermittelt. Sie bewirken, daß die Kacheln vergrößert und die Fugen verkleinert werden.

Würden wir das Bild nun rendern, erhielten wir eine goldene Kugel, die vor einer senkrechten Wand schwebt. Da sie aber auf der Wand liegen soll, muß der Quader in die X-Z-Ebene gekippt werden:

```
rotate<90,0,0>
```

Wenn wir nun das Bild rendern, erhalten wir das gewünschte Ergebnis.

9 Körperorientiertes Modellieren

Im 1. Teil des Buches haben Sie im Verlaufe dieses Buches das erste Mal den Begriff CSG (Constructive Solid Geometry) kennengelernt. CSG ist wie bereits erwähnt die englische Abkürzung für den deutschen Begriff „Körperorientiertes Modellieren".

Wir wollen in diesem Abschnitt sehen, wie die CSG in POV-Ray gehandhabt wird und dabei die einzelnen Operationen kennenlernen.

Vereinigung

Das einfachste CSG-Verfahren ist die Vereinigung (union). Dabei kleben wir, wie im 1. Teil des Buches beschrieben, sozusagen zwei einzelne Körper so zusammen, daß sie wie ein einziger Körper erscheinen. Wenn Sie im Winter einen Schneemann bauen, fertigen Sie zunächst drei unterschiedlich große Kugeln an. Jede dieser Kugel können Sie in der Bauphase einzeln bewegen und in ihrer Größe verändern. Wenn die Kugeln Ihren Vorstellungen entsprechen, setzen Sie sie fest aufeinander. Jetzt haben Sie die Möglichkeit, den Schneemann als Ganzes zu transportieren und zu verändern. Die Methode, die Sie anwenden, um aus den einzelnen Schneekugeln einen Schneemann zu bauen, würde man in der Sprache von POV-Ray als *union* (Vereinigung) bezeichnen.

Lassen Sie uns die POV-Ray-Syntax für eine Vereinigung zunächst am Beispiel des Schneemanns betrachten. Dazu erzeugen wir zunächst die drei Kugeln.

```
//große Kugel
sphere{<0,0,0>,1
texture{pigment{color Red}}}
```

Sie werden erkannt haben, daß das die Kugel ist, die wir in den ersten Kapiteln verwendet haben.

Die mittlere Kugel soll kleiner als die große Kugel und grün sein.

```
//mittlere Kugel
sphere{<0,0,0>,0.6
texture{pigment{color Green}}
translate<0,1.4,0>}
```

Wie Sie in der letzten Zeile sehen, habe ich die Kugel um 1.4 Einheiten angehoben. Warum? Die große Kugel hat einen Radius von einer Einheit, und ihr Mittelpunkt befindet sich im Koordinatenursprung. Der höchste Punkt der großen Kugel liegt also bei Y = 1. Wollten wir, daß sich beide Kugeln nur in einem Punkt berühren (bei Y = 1), müßten wir die mittlere Kugel auf Y = 1.6 anheben (Radius der roten Kugel + Radius der grünen Kugel[1]). Wenn wir wollen, daß sich beide Kugeln nicht nur in einem Punkt (bei Y = 1) berühren, sondern etwas miteinander verschmelzen, müssen wir die grüne Kugel etwas weniger als den errechneten Wert anheben (also weniger als 1.6).

Doch nun zur kleinsten Kugel, der wir die Farbe Blau geben wollen.

```
//kleine Kugel
sphere{<0,0,0>,0.3
texture{pigment{color Blue}}
translate<0,2.2,0>}
```

Der Wert für die Verschiebung in positiver Y-Richtung ergibt sich, wie oben gezeigt, aus der Berücksichtigung der Durchmesser und der Koordinaten der großen und der mittleren Kugel.

```
//große Kugel
sphere{<0,0,0>,1
texture{pigment{color Red}}}

//mittlere Kugel
sphere{<0,0,0>,0.6
texture{pigment{color Green}}
```

[1] unter der Voraussetzung, daß sich der Mittelpunkt der roten Kugel im Koordinatenursprung befindet

```
translate<0,1.4,0>}

//kleine Kugel
sphere{<0,0,0>,0.3
texture{pigment{color Blue}}
translate<0,2.2,0>}
```

Das folgende Listing *bild9_1.pov* zeigt, wie unser bunter Schneemann generiert werden kann. Erläuterungen zum Listing sollten nicht mehr nötig sein.

```
//Bild 9_1

//Einbindung der benötigten Include-Dateien
#include "colors.inc"
#include "textures.inc"
#include "shapes.inc"
#include "himmel.inc"

//Definition der Kamera
camera {
 location<0.0, 1.0, -4.0 >
 direction <0.0, 0.0, 1.0 >
 up<0.0, 1.0, 0.0 >
 right <1.333, 0.0, 0.0 >
 look_at <0.0, 0.7, 0.0 >
}

//große Kugel
sphere{<0,0,0>,1
texture{pigment{color Red}}}

//mittlere Kugel
sphere{<0,0,0>,0.6
texture{pigment{color Green}}
translate<0,1.4,0>}

//kleine Kugel
sphere{<0,0,0>,0.3
texture{pigment{color Blue}}
translate<0,2.2,0>}
```

```
//Fläche
plane{<0,1,0>,-1
texture{pigment{color Green}}}

// Lichtquelle
light_source{<0 ,100 , -100> color White }
```

Wenn Sie nun auf die Idee kämen, den Schneemann zu verschieben, zu rotieren oder zu skalieren, müßten Sie nach Ihrem bisherigen Wissensstand jede Kugel einzeln behandeln und unter Umständen neue Berechnungen anstellen, um sicher zu gehen, daß die Kugeln wirklich wieder so zueinander liegen, wie ursprünglich vorgesehen.

Um aus den drei einzelnen Körpern (den drei Kugeln) einen einzigen Körper (den bunten Schneemann) zu erzeugen, verwenden wir den Befehl *union*. Dazu schreiben Sie vor die Definition der ersten Kugel das Befehlswort *union* gefolgt von einer geschweiften Klammer. Nach der Definition der letzten Kugel geben Sie eine weitere geschweifte Klammer ein, die POV-Ray anzeigt, daß hier die Aufzählung der zur Vereinigung gehörenden Körper abgeschlossen ist.

Im folgenden Listing sehen Sie nur die vollständige Definition der *union*. Alles andere bleibt unverändert.

```
union{
//große Kugel
sphere{<0,0,0>,1
texture{pigment{color Red}}}

//mittlere Kugel
sphere{<0,0,0>,0.6
texture{pigment{color Green}}
translate<0,1.4,0>}

//kleine Kugel
sphere{<0,0,0>,0.3
texture{pigment{color Blue}}
translate<0,2.2,0>}
}
```

Würden Sie das Bild nun nach dieser Veränderung erneut rendern, wäre keine Veränderung sehen.

Wozu also die Vereinigung? Weiter oben habe ich bereits daraufhin gewiesen, daß uns die Verwendung der *union* die Möglichkeit eröffnet, den so erzeugten Körper als Ganzes zu behandeln. Das bedeutet zum Beispiel, daß es nicht notwendig ist, jedem einzelnen Körper eine *texture*-Anweisung zuzuweisen. Wenn alle Körper der *union* die gleiche Farbe bzw. die gleiche Textur haben sollen, ist es vollkommen ausreichend, der *union* als Ganzes die entsprechende Farbe bzw. Textur zuzuweisen. Dazu schreiben Sie die Anweisung einfach vor die geschweifte Klammer, die das Ende der *union*-Definition bildet. Wollten wir unserem Schneemann die Farbe Weiß zuweisen, würde die gesamte Definition dann so aussehen.

```
union{
//große Kugel
sphere{<0,0,0>,1

//mittlere Kugel
sphere{<0,0,0>,0.6
translate<0,1.4,0>}

//kleine Kugel
sphere{<0,0,0>,0.3
translate<0,2.2,0>}
texture{pigment{color White}}}
```

Sollten Sie in einer *union*-Definition einzelnen Körper eine Farbe oder Textur zugewiesen haben, und dann auch noch der gesamten *union* eine andere Farbe oder Textur zuweisen, werden die Farben und Texturen, die Sie einzelnen Bestandteilen der *union* zugewiesen haben, ignoriert!

Ich habe weiter oben bereits angedeutet, daß es ohne die Vereinigung der drei Kugeln ziemlich kompliziert wäre, den Schneemann zu verschieben, zu skalieren oder zu rotieren. Jetzt, da alle drei Kugel in einer *union* verbunden sind, müssen wir uns bei derartigen Manipulationen nicht mehr um die einzelnen Körper kümmern, sondern behandeln die *union* als Ganzes.

Lassen Sie uns also unseren Schneemann einerseits verkleinern und andererseits etwas nach hinten (also in Richtung der positiven Z-Achse verschieben. Dazu ergänzen wir die Datei *bild9_2.pov*. Die Definition des Körpers sind dann so aus:

```
union{
//große Kugel
sphere{<0,0,0>,1
texture{pigment{color Red}}}

//mittlere Kugel
sphere{<0,0,0>,0.6
texture{pigment{color Green}}
translate<0,1.4,0>}


//kleine Kugel
sphere{<0,0,0>,0.3
texture{pigment{color Blue}}
translate<0,2.2,0>}
scale<0.5, 0.5, 0.5>
translate<0,0,2>}
```

Sie werden erkannt haben, daß ich den Schneemann entlang aller drei Koordinatenachsen um die Hälfte verkleinert und ihn dann zwei Einheiten nach hinten verschoben habe.

Speichern Sie am besten die komplette Datei unter *bild9_2.pov,* und sehen Sie sich das Ergebnis an.

Im Gegensatz zu den in den nächsten Abschnitten beschriebenen CSG-Operation ist es bei einer *union* nicht notwendig, daß die beteiligten Körper Verbindung zueinander haben. Selbst wenn der Zwischenraum mehrere hundert Einheiten betragen würde, könnten einzelne Körper in einer *union* zusammengefaßt werden und als Einheit manipuliert werden.

Die Anweisung *composite,* die Anwendern der POV-Ray-Version 1.0 noch bekannt sein dürfte, wird auch durch die Version 3.0 noch unterstützt. Der Grund dafür liegt in der Wahrung der Kompatibilität zu Szenen, die für frühere POV-Ray-Versionen erstellt wurden. Da die *union*-Anweisung nunmehr die Funktionen der *composite*-Anweisung erfüllt, besteht kein Grund, sie zu erläutern und zu verwenden.

Differenz

Sie haben in POV-Ray nicht nur die Möglichkeit, mehrere einzelne Körper fest miteinander zu verbinden (durch eine *union*), sondern Sie können auch einen Körper aus einem anderen herausschneiden. Was damit gemeint ist, sehen wir uns an einem Beispiel an. Bei der Besprechung der Grundkörper von POV-Ray haben wir uns unter anderem den Zylinder angesehen und festgestellt, daß der Zylinder oben und unten geschlossen ist, er gewissermaßen eine massive Stange darstellt.

Nehmen wir nun an, daß wir keine massive Stange, sondern ein Rohr (also einen Hohlzylinder) erstellen wollen. Wie machen wir das? Wir erzeugen zunächst einen Zylinder (der standardmäßig massiv ist) und bohren durch diesen Zylinder entlang der Längsachse mit einer Lochkreissäge ein Loch. Nachdem wir durch den ersten Zylinder hindurchgebohrt haben, erhalten wir als Abfall einen kleinen Zylinder und einen großen Hohlzylinder. Mathematisch ausgedrückt bedeutet das, daß wir eine Subtraktion durchgeführt haben: großer Zylinder - kleiner Zylinder = Hohlzylinder.

Doch genug der Theorie! Lassen Sie uns nun einen Hohlzylinder erzeugen. Dabei gehen wir folgendermaßen vor: Zunächst erzeugen wir einen Zylinder. Wie Sie dem Listing *bild9_3.pov* entnehmen können, hat der erste Zylinder eine Höhe von 2 Einheiten (von Y= -1 bis Y =1) und einen Durchmesser von 0.5 Einheiten. Der zweite Zylinder hat einen Radius von 0.4 Einheiten. Beachten Sie bitte, daß der zweite Zylinder etwas länger als der erste Zylinder ist. Das ist notwendig, damit der zweite Zylinder die obere und untere Scheibe des ersten Zylinders durchstößt. Wären beide Zylinder gleich lang, würden wir nach dem Rendern der Szene nur den ersten Zylinder sehen. Wenn Sie also Körper aus einem anderen Körper herausschneiden wollen, müssen Sie dafür sorgen, daß die Körperform, die herausgeschnitten werden sollen, über die Außenkanten des Körpers herausragt, aus dem er herausgeschnitten werden soll!

Nachdem nun die beiden Körper definiert sind, setzen wir vor die Definition des ersten Körpers die Zeile *union{*. Hinter die letzte Anweisung des zweiten Körpers setzen wir als Zeichen, daß die Definition der *union* beendet, die Klammer *}*.

Sie können dem Listing *bild9_3.pov* entnehmen, daß den Einzelkörpern, keine Texture zugewiesen wurde. Da beide Körper die gleiche Farbe haben sollen, schreiben wir die Textur-Anweisung an das Ende der *union*-Definition. Dort finden Sie auch eine *rotate*-Anweisung. Sie veranlaßt, daß die gesamte *union* um 90° um die X-Achse gedreht wird. Nur so können wir einen Blick in das Innere des Hohlzylinders werfen. Es sind natürlich auch andere Winkel möglich.

```
// Bild 9_3

#include "colors.inc"
#include "textures.inc"
#include "shapes.inc"
#include "himmel.inc"

camera {
right <1.333, 0, 0>
up<0, 1, 0>
direction <0, 0, 1.5>
location<0, 0, -3>
look_at <0, 0, 0>
}


difference {
// 1. ZYLINDER
cylinder {<0, -1.0, 0>, <0, 1.0, 0>, 0.5
}

// 2.ZYLINDER
cylinder {<0, -1.1, 0>, <0, 1.1, 0>, 0.4
}

rotate<90,0,0>
texture{pigment{color Red}}}

// Lichtquelle
light_source{<0 ,100 , -100> color White }
```

Jetzt wollen wir uns an ein etwas komplizierteres Objekt wagen. Unsere Aufgabe besteht darin, einen Aschenbecher zu erzeugen. Es ist am besten, wenn Sie sich zunächst das Bild *bild9_4.tga* ansehen, um das Ziel unserer kommenden Anstrengungen zu sehen. Allgemein sei gesagt, daß wir zunächst einen Zylinder definieren, aus dem wir dann drei weitere Zylinder ausschneiden werden, um den im Bild *bild9_4.tga* zu sehenden Aschenbecher zu erhalten. Würden wir den Körper mit einer einfachen

Formel beschreiben, erhielten wir den Ausdruck: *Aschenbecher = 1. Zylinder - 2. Zylinder - 3. Zylinder - 4. Zylinder.*

Ich zeige Ihnen zunächst das vollständige Listing der Datei *bild9_4.pov* und werde es anschließend detailliert erläutern.

```
// Bild 9_4

#include "colors.inc"
#include "textures.inc"
#include "shapes.inc"
#include "himmel.inc"

camera {
right <1.333, 0, 0>
up<0, 1, 0>
direction <0, 0, 1.5>
location<0, 2, -5>
look_at <0, 0, 0>
}

difference {
// 1. ZYLINDER
cylinder {<0, -0.25, 0>, <0, 0.25, 0>, 1.0
}

// 2. ZYLINDER
cylinder {<0, -0.25, 0>, <0, 0.25, 0>, 0.8
translate <0.0, 0.1, 0.0>
}

// 3. ZYLINDER
cylinder {<0, -1.05, 0>, <0, 1.05, 0>, 0.25
rotate <0.0, 0.0, 90.0>
translate <0.0, 0.25, 0.0>
}

// 4. ZYLINDER
cylinder {<0, -1.05, 0>, <0, 1.05, 0>, 0.25
rotate <90.0, 0.0, 90.0>
translate <0.0, 0.25, 0.0>}
texture{pigment{color Sienna}
finish{phong .7}}
}// diese Klammer beendet die Definition der union
```

```
//Fußboden
plane{<0,1,0>,-.25
texture{Cork}}

// Lichtquelle
light_source {<0, 100, -100> color White}
```

Die Definition der Kamera dürften Sie inzwischen verstehen. Ich habe gegenüber den Szenen der ersten Kapitel lediglich die Position der Kamera verändert. Sie befindet sich an den Koordinaten <0, 3, -5>, also 3 Einheiten über und 5 Einheiten vor dem Koordinatenursprung.

Die Definition des Aschenbechers leiten wir mit der Zeile :

```
difference {
```

ein. Es folgt die Defintion des ersten Zylinders. Sein Mittelpunkt befindet sich im Koordinatenursprung. Er hat eine Höhe von 0.5 Einheiten (von Y = - 0.25 bis Y = 0.25) und einen Radius von einer Einheit.

```
// 1.ZYLINDER
cylinder {<0, -0.25, 0>, <0, 0.25, 0>, 1.0
}
```

Aus dem 1. Zylinder schneiden wir nun den 2. Zylinder heraus, um eine hohle Form zu erhalten. Bei der Besprechung des Beispiels *bild9_3.pov* haben wir festgestellt, daß der Körper, der herausgeschnitten werden soll, etwas größer sein muß als der Körper, aus dem herausgeschnitten wird, um den Ursprungskörper sichtbar auszuhöhlen. Wenn Sie sich nun aber die Definition des 2. Zylinders ansehen, werden Sie sehen, daß er zwar einen kleineren Radius, aber die gleiche Höhe wie der erste Zylinder hat. Warum das? In diesem Beispiel wollen wir ja keinen Hohlzylinder, sondern einen ausgehöhlten Zylinder (also einen Zylinder, der oben offen und unten durch einen Boden geschlossen ist) erzeugen. Deshalb weisen wir dem zweiten Zylinder die gleiche Höhe zu wie dem ersten Zylinder, heben ihn jedoch etwas an, d.h. wir verschieben ihn in positiver Y-Achse.

Durch diese Verschiebung lassen wir einerseits den zweiten Zylinder aus dem ersten Zylinder herausragen und erzeugen andererseits den Boden unseres Aschenbechers, dessen Höhe der Verschiebung des zweiten Zylinders entspricht.

```
// 2. ZYLINDER
cylinder {<0, -0.25, 0>, <0, 0.25, 0>, 0.8
translate <0.0, 0.1, 0.0> //Verschiebung nach
                                    //oben um 0.1 Einhei-
ten
}
```

Bis hierher haben wir einen ausgehöhlten Zylinder als Grundform für den Aschenbecher erzeugt. In den nächsten beiden Schritten erzeugen wir die Dellen für die Ablage der Zigaretten. Um die Vorgehensweise dabei zu verstehen, stellen wir uns vor, wir hätten die Grundform des Aschenbechers aus Knetgummi hergestellt. Jetzt nehmen wir einen Stift, der etwas länger als der Durchmesser des ersten Zylinders ist, und drücken diesen Stift waagerecht von oben in die Form. Dabei würden wir an zwei Stellen der Grundform eine Delle eindrücken. Wenn wir anschließend den Stift um 90° um die Z-Achse drehen und erneut in die Grundform eindrücken würden, erhielten wir die beiden anderen Dellen. Das Ganze drücken wir nun in der Sprache von POV-Ray aus und drücken zwei Zylinder von oben in die Grundform.

```
//3. CYLINDER
cylinder {<0, -1.05, 0>, <0, 1.05, 0>, 0.25
rotate <0.0, 0.0, 90.0>
translate <0.0, 0.25, 0.0>
}
```

Sie sehen, daß der dritte Zylinder etwas länger ist als der Durchmesser des ersten Zylinders, der ja den äußeren Rand des Aschenbechers bildet. Er hat einen Durchmesser von 0.2 Einheiten, und sein Mittelpunkt verläuft durch den Koordinatenursprung. Diesen Zylinder habe ich dann um 90° um die Z-Achse gedreht. Er verläuft nun von rechts nach links durch die Grundform des Aschenbechers. Anschließend habe ich ihn um 0.25 Einheiten angehoben. Damit erreiche ich eine halbrunde Delle im Rand des Aschenbechers, denn der Aschenbecher hat eine

Höhe von 0.5 Einheiten. Der dritte Zylinder hat einen Radius von 0.25 Einheiten, und sein Mittelpunkt befindet sich im Koordinatenursprung. Wenn er nun um 0.25 Einheiten angehoben wird, befinden sich der obere Rand des Aschenbechers und der Radius des dritten Zylinders genau auf einer Höhe.

Der vierte Zylinder wird analog zum dritten Zylinder erzeugt. Der Unterschied zum dritten Zylinder besteht einzig und allein darin, daß er nicht nur um die Z-Achse, sondern auch um die X-Achse gedreht wird, damit er von vorn nach hinten durch die Grundform des Aschenbechers verläuft.

```
// 4. ZYLINDER
cylinder {<0, -1.05, 0>, <0, 1.05, 0>, 0.25
rotate <90.0, 0.0, 90.0>
translate <0.0, 0.25, 0.0>}
```

Zwischen die geschweifte Klammer, die die Definition des vierten Zylinders abschließt, und die geschweifte Klammer, die die Definition der *union* abschließt, schreiben wir nun noch die *texture*-Anweisung. Ich habe die Farbe *Sienna* verwendet, die in der Datei *colors.inc* vordefiniert ist. Sie können selbstverständlich auch eine andere Farbe einsetzen.

```
texture{pigment{color Sienna}}
}
```

Die Definition der Fläche, auf die der Aschenbecher gestellt wird, dürften Sie inzwischen ohne Erläuterung verstehen.

Bleibt zum Schluß noch die Definition der Lichtquelle, die zu verstehen Sie keine Schwierigkeiten mehr haben sollten.

Intersection

Was unter einer *intersection* zu verstehen ist, haben Sie bereits im 1. Teil des Buches erfahren. Lassen Sie uns das dort Erläuterte an einem Beispiel verdeutlichen. Dazu analysieren wir das Listing *bild9_5.pov*.

```
// Bild 9_5

#include "colors.inc"
```

```
#include "textures.inc"
#include "shapes.inc"
#include "himmel.inc"

camera {
right <1.333, 0, 0>
up<0, 1, 0>
direction <0, 0, 1.5>
location<0, 0, -4>
look_at <0, 0.2, 0>
}

intersection{
sphere{<0,0,0>,1}
sphere{<0,0,0>,1
translate<0.5,0,0>}
texture{pigment{color Red}
}}

plane{<0,1,0>,-1
texture{Cork}}

// Lichtquelle
light_source{<0 ,100 , -100> color White }
```

Sie sehen, daß in der Szene zwei Kugeln definiert sind, die jeweils einen Radius von einer Einheit haben. Der Mittelpunkt der ersten Kugel liegt im Koordinatenursprung. Der Mittelpunkt der zweiten Kugel befindet sich an den Koordinaten *<0,0.5,0>*, auf die er mit der *translate*-Anweisung verschoben wurde. Beide Kugeln überlappen sich also.

Abbildung 9.1

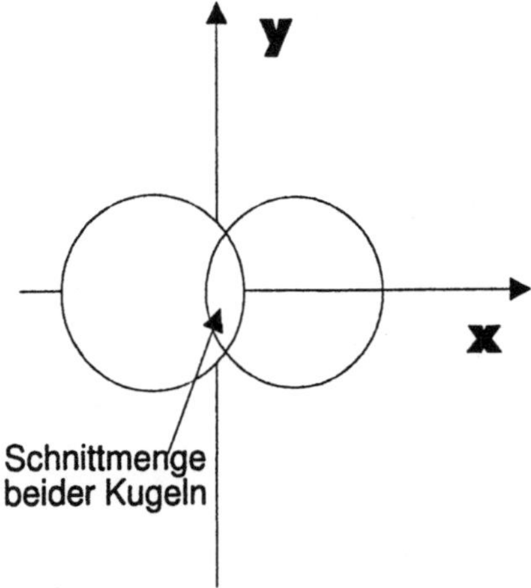

Vor der Definition der ersten Kugel steht die Anweisung *intersection{*, die nach der Definition der zweiten Kugel mit der geschweiften Klammer *}* abgeschlossen wird.

Wenn Sie das Bild rendern, werden Sie etwas sehen, das an eine regelmäßig geformte Zitrone erinnert.

Innen und Außen

Zum Verstehen der Funktionsweise der *intersection*-Anweisung müssen Sie sich nochmals verdeutlichen, was es mit dem Innen und Außen eines Körpers auf sich hat. Wenn Sie es nicht mehr genau wissen, lesen Sie bitte die entsprechenden Abschnitte im 1. Teil des Buches nach. Dieses Wissen ist insofern wichtig, als wir die Körper nicht nur so verwenden können, wie sie definiert sind, sondern gewissermaßen das Innere eines Körpers nach außen kehren und die innere Seite dieses Körpers für weitere Manipulationen verwenden können. Für dieses „Umstülpen" eines festen Körpers hält POV-Ray den Befehl *inverse* bereit, der unmittelbar hinter die Koordinaten- und Größenangaben eines Körpers geschrieben wird.

Zur Funktionsweise der *inverse*-Anweisung wenden wir uns nochmals der Datei *bild9_5.pov* zu und speichern sie als *bild9_6.pov*.

```
// Bild 9_6

#include "colors.inc"
```

```
#include "textures.inc"
#include "shapes.inc"
#include "himmel.inc"

camera {
right <1.333, 0, 0>
up<0, 1, 0>
direction <0, 0, 1.5>
location<0, 0, -4>
look_at <0, 0.2, 0>
}

intersection{
sphere{<0,0,0>,1}
sphere{<0,0,0>,1 inverse
translate<0.5,0,0>}
texture{pigment{color Red}
}
rotate<0,45,0>}

plane{<0,1,0>,-1
texture{Cork}}

// Lichtquelle
light_source{<0 ,100 , -100> color White }
```

Die Datei *bild9_6.pov* unterscheidet sich nur an zwei Stellen von der Datei *bild9_5.pov*. Die Definition der zweiten Kugel wurde durch die Anweisung *inverse* ergänzt, und dem gesamten *intersection*-Block wurde eine *rotate*-Anweisung hinzugefügt. Dieser Befehl dient in diesem Beispiel nur dazu, den durch die *intersection*-Anweisung erzeugten Körper so zu drehen, daß der Effekt der *inverse*-Anweisung deutlich zu sehen ist.

Wenn Sie das Bild rendern, sehen Sie einen Körper, der so aussieht, als ob wir anstelle der *intersection*-Anweisung die *difference*-Anweisung verwendet hätten, wir also die zweite Kugel aus der ersten Kugel herausgeschnitten haben. Und es ist in diesem Fall tatsächlich egal, ob Sie zum Erzielen dieses Effekts die -*difference*-Anweisung oder die *intersection*-Anweisung verwenden, wenn Sie innerhalb der *intersection*-Anweisung die zweite Kugel „umstülpen" (invertieren).

Von besonderer Wichtigkeit ist das Verständis vom Innen und Außen eines Körpers allerdings beim Arbeiten mit Flächen. Nehmen wir an, wir wollen eine Halbkugel erzeugen. Dazu müssen wir zunächst eine Kugel definieren und diese Kugel von einer Fläche schneiden lassen. Also zum Beispiel so:

```
intersection{
sphere{<0,0,0>,1}
plane{<0,1,0>,0}
}
```

Wir haben damit eine Kugel mit einem Radius von einer Einheit, deren Mittelpunkt im Koordinatenursprung liegt. Durch den Mittelpunkt der Kugel verläuft eine Fläche, die parallel zu X-Z-Ebene des Koordinatensystems liegt. Beide Objekte sind durch eine *intersection*-Operation miteinander verbunden. Doch wie wird die Halbkugel aussehen? Hat sie die Rundung oben oder unten?

Wenn Sie das folgende Listing *bild9_7.pov* rendern, werden Sie eine Antwort auf die Fragen bekommen:

```
// Bild 9_7

#include "colors.inc"
#include "textures.inc"
#include "shapes.inc"
#include "himmel.inc"

camera {
right <1.333, 0, 0>
up<0, 1, 0>
direction <0, 0, 1.5>
location<0, 0, -5>
look_at <0, 0.2, 0>
}

//Definition des linken Körpers
intersection{
sphere{<0,0,0>,1}
plane{<0,1,0>,0
}
texture{pigment{color Red}}
```

```
translate<-1,0,0>}

//Definition des rechten Körpers
intersection{
sphere{<0,0,0>,1}
plane{<0,1,0>,0 inverse
}
texture{pigment{color Red}}
translate<1,0,0>}

plane{<0,1,0>,-1
texture{Cork}}

// Lichtquelle
light_source{<0 ,100 , -100> color White }
```

In diesem Beispiel verwenden wir wiederum zwei nebeneinanderliegende Körper. Beide Körper unterscheiden sich natürlich durch die *translate*-Anweisungen. Wichtiger ist aber im Moment, daß hinter der Flächendefinition innerhalb der Körperdefinition des rechten Körpers die Anweisung *inverse* steht. Die Fläche wird durch diese Anweisung „umgestülpt". Man kann durch dieses Invertieren bewirken, daß der Richtungsvektor der Oberflächennormale negiert wird, also in entgegengesetzter Richtung verläuft.

Während die Oberflächennormale der Fläche in der linken Körperdefinition in die Richtung der positiven Y-Achse zeigt, ist die Oberflächennormale der Fläche innerhalb der Definition des rechten Körpers um 180° gedreht und zeigt in die Richtung der negativen Y-Achse.

Die Wirkung der *inverse*-Anweisung können Sie gut nach dem Rendern der Datei *bild9_7.pov* erkennen. Der rechte Körper wurde oben abgeschnitten, der linke Körper unten.

Von jeder Kugel wird also der Teil abgeschnitten, der außerhalb der Fläche lag. Das Außen der Fläche aus der linken Körperdefinition liegt über der Fläche und das Außen der Fläche aus der rechten Körperdefinition unten, denn die Oberflächennormale dieser Fläche wurde ja invertiert.

Clipped_by

Eine weitere Möglichkeit zum Erzeugen von Körpern besteht in der Verwendung der Anweisung *clipped_by*. Durch sie werden Körperformen aus einem Körper herausgeschnitten. Die allgemeine Syntax für die Verwendung dieser Anweisung lautet:

```
object{
körper1
clipped_by{
körper2
körper3}
}
```

Eingeleitet wird die Defintion durch das Schlüsselwort *object*. Es folgt die Definition des Ausgangskörpes. Nach dem Schlüsselwort *clipped_by* folgen die Definitionen aller der Körperformen, die aus dem Ausgangskörper herausgeschnitten werden.

Sehen wir uns das Beispiel *bild9_8.pov* an.

```
// Bild 9_8

#include "colors.inc"
#include "textures.inc"
#include "shapes.inc"
#include "himmel.inc"

camera {
right <1.333, 0, 0>
up<0, 1, 0>
direction <0, 0, 1.5>
location<0, 1, -4>
look_at <0, 0.2, 0>
}

//Körperdefinition
object{
sphere{<0,0,0>,1
clipped_by{
plane{<0,1,0>,0
}
}
```

```
texture{pigment{color Red}}}}

plane{<0,1,0>,-1
texture{Cork}}

// Lichtquelle
light_source{<0 ,100 , -100> color White }
```

Als Ausgangskörper wurde eine Kugel mit einem Radius von einer Einheit definiert, deren Mittelpunkt im Koordinatenursprung liegt. Von dieser Kugel wird eine in der X-Z-Ebene liegende Fläche abgeschnitten.

Nach dem Rendern dieses Bildes werden Sie wiederum eine Halbkugel sehen. Wozu wird dann also die Anweisung *clipped_by* verwendet, wenn das gleiche Ergebnis auch durch die CSG-Methode *intersection* erzielt werden kann? Wenn Sie sich die Halbkugel genau ansehen, werden Sie erkennen, daß das Ergebnis jedoch nicht das Gleiche ist. Beim Abschneiden der Fläche von der Kugel durch die *clipped_by*-Anweisung erzeugen wir eine hohle Halbkugel, bei der *intersection*-Methode war sie massiv. Die Begründung dafür ist, daß bei der Anwendung der *clipped_by*-Methode der Körper, der als Schnittform verwendet wird, nicht in den zu erzeugenden Körper mit eingeht. Da alle Körper in POV-Ray hohl sind, muß im oben gezeigten Beispiel die Halbkugel natürlich auch hohl sein. Die Tatsache, daß POV-Ray-Körper hohl sind, nutzen wir ja schon seit dem Beispiel *bild3_1.pov* aus, wo wir um unsere Szene eine Himmelskugel mit einem Radius von 1000 Einheiten gelegt haben, in deren Innerem wir uns frei bewegen konnten.

Merge

Die CSG-Operation *merge* ähnelt auf den ersten Blick der *union*. Und es ist tatsächlich so, daß *merge* und *union* zu den gleichen Ergebnissen führen, wenn die durch diese Operationen verbundenen Körper nicht transparent sind. Wenn also kein Licht durch diese Körper hindurchgehen kann, sehen wir auch nicht, wie es im Innern dieser Körper aussieht. Für uns existiert nur die Hülle. Anders sieht es aus, wenn die Körper transparent sind, und wir einen Blick in das Innere werfen können. Dann würden wir bei der Verwendung der *union*-Operation im Innern des neuen Körpers die Kanten der an der *union* beteiligten Formen sehen.

Würden wir hingegen beide Körper durch *merge* miteinander verbinden, würden wir sehen, daß die Körperkanten und -flächen im Innern des neuen Objektes eleminiert wären.

Bei der Beantwortung der Frage, ob zum Verbinden von Körpern die *union-* oder die *merge-*Anweisung verwendet werden sollte, müssen Sie zunächst feststellen, ob einzelne Körper durch andere Körper hindurchgehen, ob diese Körper eine gewisse Transparenz aufweisen und ob die Kanten der Körper im Innern des neuen Körpers unsichtbar sein sollen. Wenn Sie diese Fragen positiv beantworten, sollten Sie die Körper mit *merge* verbinden.

Betrachten wir dazu das Beispiel *bild9_9.pov.*

```
// Bild 9_9

#include "colors.inc"
#include "textures.inc"
#include "shapes.inc"
#include "himmel.inc"

camera {
right <1.333, 0, 0>
up<0, 1, 0>
direction <0, 0, 1.5>
location<0, 0, -6>
look_at <0, 0.2, 0>
}


//Definition des linken Körpers
union{
sphere{<0,0,0>,1 texture{pigment{color Red filter
.8}}}
sphere{<0,0,0>,1 translate<0.5,0,0>
texture{pigment{color Red filter .8}}
}
translate<-1.5,0,0>}

//Definition des rechten Körpers
merge{
sphere{<0,0,0>,1 texture{pigment{color Red filter
.8}}}
```

```
sphere{<0,0,0>,1 translate<0.5,0,0>
texture{pigment{color Red filter .8}}
}
translate<1.5,0,0>}

plane{<0,1,0>,-1
texture{Cork}}

// Lichtquelle
light_source{<0 ,100 , -100> color White }
```

Die Szene besteht aus zwei Körpern, die jeweils aus zwei Kugeln gebildet werden, die ineinander übergehen. Für die Erzeugung des linken Körpers werden die beiden Kugeln durch die *union*-Anweisung und für die Erzeugung des rechten Körpers mit der *merge*-Anweisung miteinander verbunden. Um den Unterschied zwischen beiden Anweisungen deutlich zu machen, haben alle Kugeln als Textur ein transparentes Rot zugewiesen bekommen.

Nach dem Rendern des Bildes können Sie dann sehen, daß im linken Körper auch die inneren Kanten der beiden Kugeln, aus denen dieser Körper zusammengesetzt ist, zu sehen sind. Im rechten Körper sind diese inneren Kanten eleminiert.

Bounded_by

Diese Anweisung gehört eigentlich nicht in dieses Kapitel. Mit ihr werden nämlich keine Körper modifiziert, sondern es wird unter Umständen das Rendern von Körpern beschleunigt. Ab der Version 3.0 sollten Sie in POV-Ray jedoch vorsichtigen Gebrauch von dieser Anweisung machen, da POV-Ray nunmehr ein Verfahren beherrscht, den Rendervorgang durch sogenanntes *automatic bounding* zu beschleunigen und dabei häufig effizienter vorgeht, als man es „von Hand" könnte. Nur aus historischen Gründen und aus Gründen der Kompatibilität zu älteren Szenedateien sollen diese Anweisung und das dahinter stehende Verfahren erläutert werden.

Die von POV-Ray unterstützten festen Körper wie Kugel und Quader werden recht schnell gerendert. Andere Körper, wie Körper, die mit der *bicubic*-Anweisung erzeugt oder aus Dreiekken gebildet werden oder CSG-Formen, bedürfen einer hohen Rechenzeit, da es bei der Berechnung solcher Körper häufiger

Kontrollen bedarf, ob und wie ein Lichtstrahl auf einen solchen Körper trifft.

Mit der Anweisung *bounded_by* offeriert POV-Ray eine Möglichkeit, die Zeit für das Rendern einer Szene zu verkürzen. Dabei wird folgendermaßen vorgangen: Um einen Körper einer Szene wird durch die Anweisung *bounded_by* ein virtueller Körper (vorzugsweise eine Kugel oder ein Quader) so gelegt, daß der Körper der Szene in diesem vituellen Körper vollständig verschwindet. Beim Untersuchen der einzelnen Lichtstrahlen untersucht nun POV-Ray zunächst, ob der Lichtstrahl auf diesen virtuellen Körper fällt. Ist diese Prüfung positiv, berechnet POV-Ray, welche Wirkung der Lichtstrahl am darunterliegenden Körper auslöst. Ist die Prüfung negativ, kann sich POV-Ray von vornherein die Berechnung des darunterliegenden Körpers sparen. Der Vorteil dieses Verfahrens ist, daß POV-Ray zunächst die Berechnungen an den recht gut optimierten Körpern Kugel oder Quader ausführt und prüft, ob diese Körper dem Lichtstrahl „im Wege“ sind und sich nicht sofort daran macht, den unter dem virtuellen Körper liegenden komplizierten Körper zu berechnen.

Um einen kleinen Eindruck von der Wirkung der *bounded_by*-Anweisung zu geben, habe ich die Datei *bild9_6.pov* etwas modifiziert. Die veränderte Datei habe ich als *bild9_10.pov* gespeichert.

Sehen Sie sich bitte die veränderte Körperdefinition aus dieser Datei an.

```
intersection{
sphere{<0,0,0>,1}
sphere{<0,0,0>,1 inverse
translate<0.5,0,0>}
texture{pigment{color Red}
}
rotate<0,45,0>
bounded_by{box{<-1,-1,-1>,<1.5,1,1>}}
}
```

Vor der letzten geschweiften Klammer, die die gesamte *intersection*-Anweisung abschließt, sehen Sie die *bounded-by*-Anweisung. Um die beiden Kugeln wurde so ein virtueller Quader gelegt, daß beide in ihm enthalten sind.

Es muß an dieser Stelle gesagt werden, daß das Beispiel *bild9_10.pov* nur geeignet ist, die Verwendung von *bounded_by* zu zeigen. In diesem Beispiel führt die Anweisung *bounded_by* zu keiner kürzeren Rechenzeit, da der erzeugte Körper aus zwei Kugeln zusammengesetzt ist, deren Generierung recht schnell durch POV-Ray erfolgt. Im konkreten Beispiel ist sogar eine längere Rechenzeit möglich, da POV-Ray natürlich auch Ressourcen benötigt, um die *bounded_by*-Anweisung und den durch sie erzeugten virtuellen Körper zu verwalten.

Wenn Sie die Wirkung der *bounded_by*-Anweisung drastisch vorgeführt bekommen wollen, können Sie ja einmal die mit POV-Ray mitgelieferte Datei *teapot.pov* rendern. Belassen sie Sie beim ersten Rendern unverändert und notieren Sie sich anschließend die Rendern. Anschließend rendern Sie dann die Datei erneut, kommentieren aber vorher die *bounded_by*-Anweisung in der Datei *teapot.inc* aus. Notieren Sie sich dann nach dem Rendern erneut die Renderzeit. Auf meinem Rechner (486DX2-66) ergab sich beim Rendern mit *bounded_by* eine Rechenzeit von 7 Minuten und 27 Sekunden, beim Rendern ohne *bounded_by* eine Rechenzeit von 17 Minuten und 27 Sekunden.

10 Spezielle Körperformen

In diesem Kapitel sollen zwei Formen besprochen werden, deren Bedeutung bereits im 1. Teil des Buches erläutert wurde. Es handelt sich dabei um Höhenfelder, Blobs und Körper, die aus den sogenannten Julia-Fraktalen gebildet werden.

Höhenfelder

Die allgemeine Syntax für die Generierung eines Höhenfeldes mit POV-Ray lautet:

```
height_field{dateityp „dateiname"}
```

Mögliche Dateitypen sind die Grafikformate GIF, TGA, PNG, PGM, PPM und POT. Außerdem wird das Format SYS unterstützt, das für ein systemspezifisches Format steht. Die hier genannten Abkürzungen werden, in Kleinbuchstaben geschrieben, in der Definition als Dateityp verwendet. Als *dateiname* werden der Name der zu verwendenden Datei plus Dateiendung angegeben. Wenn sich die Datei in einem Pfad befindet, der von POV-Ray nicht durchsucht wird, muß der komplette Pfad angegeben werden. Beachten Sie, daß der *dateiname* in Anführungszeichen stehen muß.

Ihnen wird auffallen, daß die Anweisung keine Angaben zur Lage des Höhenfeldes hat. Zu Erklärung müssen wir uns verdeutlichen, wie ein Höhenfeld erzeugt wird. Ein Höhenfeld ist zunächst ein Würfel mit einer Kantenlänge von einer Einheit. Dieser Würfel wird immer so in die Szene gesetzt, daß seine vordere linke Ecke am Koordinatenursprung liegt.

Abbildung 10.1

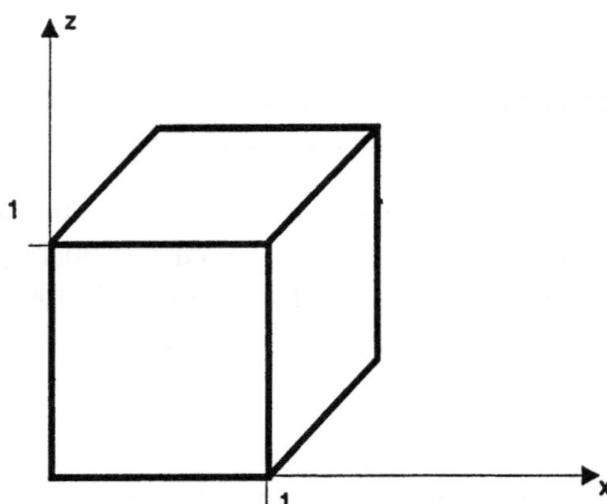

Die Breite und die Länge des Höhenfeldes betragen also jeweils eine Einheit. Die Höhe des Höhenfeldes beträgt maximal eine Einheit. Diese Höhe haben all die Punkte der Grafik, die den höchsten Index der verwendeten Farbpalette vorweisen. Punkte mit einem Index 0 liegen in der X-Z-Ebene.

Selbstverständlich ist die Größe eines Höhenfeldes veränderbar. Sie können es wie jeden anderen Körper skalieren. Beim Skalieren müssen Sie allerdings berücksichtigen, daß die Achsen des Höhenfeldes zunächst nicht den Achsen des Koordinatensystems entsprechen. Um unerwünschte Ergebnisse zu vermeiden, sollte das Höhenfeld also zunächst so verschoben werden, daß seine Achsen mit den Achsen des Koordinatensystems übereinstimmen. Sie werden sich erinneren, daß die Entfernung der Körperachse von den Koordinatenachsen in das Skalierungsergebnis mit eingeht.

Bevor wir zu weiteren Erläuterungen übergehen, sehen wir uns das Beispiel *bild10_1.pov* an.

```
// Bild 10_1
//Einbindung der benötigten Include-Dateien
#include "colors.inc"
#include "textures.inc"
#include "shapes.inc"
#include "himmel.inc"

//Kameradefinition
```

```
camera {
right <1.333, 0, 0>
up<0, 1, 0>
direction <0, 0, 1.5>
location<0, 3, -3>
look_at <0, 0, 0>
}

// Höhenfeld
height_field {gif "C:\POVRAY3\INCLUDE\PLASMA3.GIF"
translate <-0.5, 0.0, -0.5>
scale<2,1,2>
texture{
pigment{image_map{gif "C:\POVRAY3\INCLUDE
\PLASMA3.GIF" map_type 1 once}}
rotate x*90}
scale <2, .5,2>}

// Lichtquelle
light_source {<0.0, 5.0, -4.0> color White }
```

Das Höhenfeld wird aus der zum POV-Ray-Paket gehörenden Grafik *plasma3.gif* erzeugt. Diese Grafik wurde mit einem Programm erzeugt, das Fraktale generiert.

Das Höhenfeld wurde dann so verschoben, daß seine X-Achse und seine Y-Achse mit den entsprechenden Achsen des Koordinatensystems übereinstimmen. Anschließend wurde das Höhenfeld in X- und Z-Richtung um den Faktor 2 skaliert.

Obgleich ein Höhenfeld eine Grafik verwendet, um einen dreidimensionalen Körper zu erzeugen, ist das Höhenfeld unsichtbar, so lange ihm keine Farbe oder Textur zugewiesen wurde. Die Farben der Grafik werden, wie bereits gesagt, ausschließlich für die Berechnung der Höhen der einzelnen Punkte des Höhenfeldes verwendet.

Deshalb müssen Sie einem Höhenfeld immer eine Farbe oder Textur zuweisen! Ich habe im oben gezeigten Beispiel die für das Höhenfeld verwendete Grafik als *image_map* auf das Höhenfeld projiziert. Dadurch sehen Sie im gerenderten Bild deutlich den Zusammenhang zwischen der Farbe eines Punktes und seiner Höhe im Höhenfeld. Beachten Sie bitte, daß die *image_map* gedreht werden muß, da sie standardmäßig auf die

X-Y-Ebene projiziert wird, in diesem Fall aber auf die X-Z-Ebene projiziert werden muß.

Wenn Ihnen das erzeugte Höhenfeld zu grobschlächtig erscheint, können Sie entweder eine Grafik mit einer höheren Auflösung verwenden oder aber Sie ergänzen die *height_field*-Anweisung durch das Schlüsselwort *smooth*. Die Definition des Höhenfeldes würde dann so aussehen:

```
// Höhenfeld
height_field {gif "C:\POVRAY3\INCLUDE\PLASMA3.GIF"
translate <-0.5, 0.0, -0.5>
scale<2,1,2>
texture{
pigment{image_map{gif "C:\POVRAY3\INCLUDE
\PLASMA3.GIF" map_type 1 once}}
rotate x*90}
scale <2, .5,2>}
```

Sollte auch die *smooth*-Anweisung zu keinem befriedigenden Ergebnis führen, müssen Sie tatsächlich eine Grafik mit höherer Auflösung verwenden. Es kann allgemein gesagt werden, daß die Übergänge im Höhenfeld um so weicher werden, je höher die Auflösung der verwendeten Grafik ist. Die Auflösung der Grafik hat jedoch keine Auswirkung auf die Größe des Höhenfeldes selbst! Sollten Sie für die Erzeugung eines Höhenfeldes eine Grafik mit einer hohen Auflösung (z.B. 640 x 480) verwenden und in der Definition des Höhenfeldes die Anweisung *smooth* verwenden, kann es passieren, daß POV-Ray die Bildererzeugung kommentarlos beendet. In einem solchen Fall sollten Sie die *smooth*-Anweisung aus der Definition des Höhenfeldes entfernen.

Wichtig für die „Weicheit" der Übergänge zwischen den einzelnen Höhen ist der Typ der vewendeten Grafik. Das GIF-Format hat eine Farbtiefe von 8 Bit. Die zu einer GIF-Grafik gehörende Farbpalette umfaßt also 256 Farben, die durch POV-Ray bei der Erzeugung eines Höhenfeldes in 256 Höhen umgesetzt werden. Ich weise an dieser Stelle nochmals darauf hin, daß die maximale Höhe eines unskalierten Höhenfeldes jedoch immer nur eine Einheit beträgt!

Verwendet man das POT-Format, steht eine Farbtiefe von 16 Bit zur Verfügung. Damit sind dann mehr als 32000 verschiedene Höhen möglich. Das Ergebnis ist dann ein Höhenfeld, das sehr weiche Abstufungen bzw. Übergänge zwischen den verschiedenen Höhen besitzt.

Wenn Sie für die Generierung eines Höhenfeldes eine Grafik im TGA-Format verwenden, stehen Ihnen ebenfalls 16 Bit für die Erzeugung der verschiedenen Höhen zur Verfügung. Bevor Sie einwenden, daß doch aber das TGA-Format eine Farbtiefe von 24 Bit besitzt, antworte ich Ihnen gleich, daß POV-Ray für die Berechnung der einzelnen Höhen bei der Verwendung einer Grafik im TGA-Format die 8 Bit für Rottöne und die 8 Bit für die Grüntöne verwendet.

Im Zusammenhang mit einem Höhenfeld können Sie eine weitere interessante Anweisung verwenden. Dazu stellen wir uns folgendes Szenario vor. Wir wohnen in einem Haus an einer schönen Flußlandschaft mit einigen schönen Hügeln. Im Frühjahr tritt der Fluß nach der Schneeschmelze über seine Ufer und überflutet die Flußlandschaft. Er erzeugt eine große Wasserfläche, aus der nur noch die Hügel herausragen, weil der Wasserspiegel so hoch ist, daß alles andere bedeckt ist. Einen solchen Effekt erzeugen Sie in POV-Ray, indem Sie innerhalb der *height_field*-Anweisung hinter die Bezeichnung des Dateinamens die Anweisung *water_level Wert* setzen. Die Werte für *water_level* können zwischen 0 und 1 liegen. Sie geben an, welche Teile eines Höhenfeldes unten sozusagen abgeschnitten werden. Bei einem Wert von Null wird das gesamte Höhenfeld gezeigt, bei einem Wert von 0.3 werden die unteren 30% des Höhenfeldes nicht angezeigt, bei einem Wert von 0.5 wird nur die obere Hälfte dargestellt.

Als POV-Ray in früheren Versionen noch nicht die Möglichkeit bot, aus Truetypefonts einen dreidimensionalen Schriftzug zu generieren, bediente man sich eines Höhenfeldes für die Lösung dieser Aufgabe.

Betrachten wir dazu die Datei *bild10_2.pov*.

```
//Bild 10_2
//Einbindung der benötigten Include-Dateien
#include "colors.inc"
#include "textures.inc"
#include "shapes.inc"
#include "himmel.inc"

//Kameradefinition
```

```
camera {
location<1.000, .446,-6.978>
direction <0.0, 0.0,2.4880>
up<0.0, 1.0,0.0>
right <1.3333,0.0,0.0>
look_at <0.000, 0.0, 0.0>
}

//Höhenfeld
height_field {tga "c:\povray3\pov.tga"
water_level 0.7

translate<-.5,0,-.5>
texture {
Chrome_Texture
}
rotate <-90.000000, 0.000000, 0.000000>
}

//Lichtquelle
light_source {<0.000,10, -10.0> color White}
```

Als Grafik für die Generierung des Höhenfeldes wird *pov.tga* verwendet. Diese Grafik habe ich mit CorelDRAW! erzeugt und als TGA-Datei exportiert.

Dem Höhenfeld wurde ein *water_level* von 0.7 zugewiesen. Das bedeutet, daß nur die oberen 30% des Höhenfeldes angezeigt werden. Die *texture*-Anweisung dürften Sie ohne Erläuterung verstehen.

Das Höhenfeld wird wieder so verschoben, daß seine X- und seine Z-Achse mit den Achsen des Koordinatensystems übereinstimmen. Anschließend wurde das Höhenfeld um -90° um die X-Achse gedreht. Damit ist der Schriftzug von der definierten Kameraposition aus zu sehen.

Blobs

Was unter einem Blob zu verstehen ist, haben wir uns im 1. Teil des Buches angesehen. Lassen Sie uns untersuchen, wie in POV-Ray Blobs zu erzeugen sind.

Die allgemeine Syntax für einen Blob lautet:

```
blob{
threshold Wert
cylinder {<Mittelpunkt1>,<Mittelpunkt2, Radi-
us>,[strength]1 Feldstärke
sphere {<Mittelpunkt>, Radius>,[strength] Feldstärke
component Feldstärke, Radius, <Mittelpunkt>
//jede einzelne Komponente wird gesondert definiert
//theoretisch ist ihre Zahl nicht begrenzt
}
```

Sie erkennen in der Definition, daß ein Blob aus Zylindern und Kugeln bestehen kann. Jeder dieser in einem Blob zusammengefaßten Objekte ist ein eigenständiger Körper und kann demzufolge beliebig transformiert werden. Damit ist eine große Beschränkung, die bei der Blob-Erzeugung bis zur POV-Ray-Version 2.2 galt, nunmehr beseitigt. Jedem Bestandteil eines Blobs kann auch eine eigene Textur zugewiesen werden. Es existiert zwar noch die alte *component*-Anweisung. Sie ist jedoch nur noch vorhanden, um die Abwärtskompatibilität zu alten POV-Ray-Versionen zu garantieren.

Bevor ich zu weiteren Erläuterungen übergehe, sollten Sie sich die Datei *bild10_3.pov* ansehen und sie rendern.

```
//Bild 10_3
//Einbinden der benötigten Include-Dateien
#include "colors.inc"
#include "textures.inc"
#include "shapes.inc"
#include "himmel.inc"

//Kameradefinition
camera {
   location <0.0, 0.0, -12>
   up       <0, 1, 0>
   look_at  <0, 0, 0>
}

//Blobdefiniton
blob {
```

[1] Alle Schlüsselwörter in eckigen Klammer sind optional. Um die Feldstärke einer Komponente festzulegen, reicht es also aus, nur den entsprechenden Wert an die richtige Stelle zu schreiben.

```
threshold 0.5
cylinder{<0,5,0>,<0,-5,0>,2, 0.6}
cylinder{<-4,0,0>,<4,0,0>,2, 0.6}
sphere{<1.5,5,0>,1.5, 0.6}
sphere{<-1.5,5,0>,1.5, 0.6}
   texture {
      pigment {color Red}
}
}

// Lichtquelle
light_source {<0.0, 5.0, -4.0> color White }
```

Der Blob besteht aus ingesamt vier Komponenten: aus zwei Zylindern und zwei Kugeln, die einander überlagern.

Wenn sich wie in diesem Beispiel die Felder der Komponenten überlagern, werden die Feldstärken beider Komponenten in den Bereichen, in denen sie sich überschneiden, zunächst addiert. Ob diese Punkte dann Bestandteil des Blobs sind oder nicht, hängt dann wieder von dem Verhältnis ihrer Feldstärke zum *threshold*-Wert ab, das oben erläutert wurde. Das Ergebnis dieser Berechnungen sehen Sie im Bild *bild10_3.tga.*

Es wurde oben gesagt, daß auch negative Werte für die Feldstärke möglich sind. In einem solchen Fall werden benachbarte Komponenten nicht auseinandergezogen, sondern die Komponente mit einer negativen Feldstärke verursacht eine Delle in der Komponente mit einer positiven Feldstärke. Ein solches Beispiel finden Sie in der Datei *bild10_4.pov.*

```
//Blobdefiniton
blob {
threshold 0.5
cylinder{<0,5,0>,<0,-5,0>,2, 0.6}
cylinder{<-4,0,0>,<4,0,0>,2, 0.6}
sphere{<1.5,5,0>,1.5, -0.2}
sphere{<-1.5,5,0>,1.5, -0.2}
   texture {
      pigment {color Red}
}}
```

Es ist ziemlich schwer, einen Blob zu konstruieren und sich dabei nur auf sein Vorstellungsvermögen zu verlassen. Zu viele

Faktoren haben Einfluß auf das Aussehen eines Blobs. Feldstärke, Radius und *threshold* müssen in einem guten Verhältnis zueinander stehen, um das gewünschte Ergebnis zu erzielen. Es ist daher empfehlenswert, sich eines für die Erzeugung von Blobs geschaffenen Hilfsprogramms zu bedienen. Ein solches Programm ist der „Blob Sculptor für Windows 1.0“ von Steve Anger, Alfonso Hermida und Truman Brown. Da sich mit dem im 3. Teil dieses Buches besprochenen Programms MORAY keine Blobs erzeugen lassen, will ich Ihnen an dieser Stelle eine kurze Einführung in die Arbeit mit diesem Programm geben.

Blob Sculptor für Windows

Der *Blob Sculptor* ist ein Programm zum interaktiven Erzeugen von Blob-Objekten. In der aktuellen Version werden jedoch nur die Blob-Objekte unterstützt, die bis zur POV-Ray-Version 2.2. möglich waren.

Abbildung 10.2

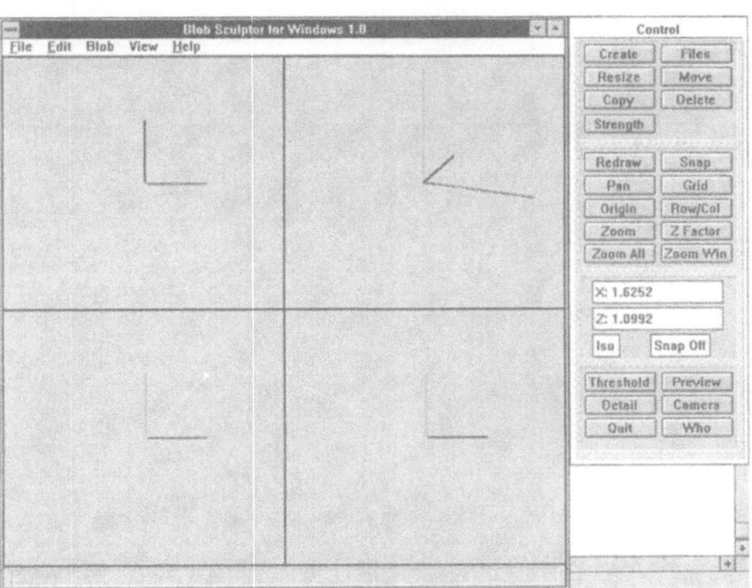

Im Mittelpunkt dieses Programms steht die Arbeitsfläche mit den vier Ansichtenfenstern. Links oben finden Sie die Draufsicht, rechts oben die 3-D-Ansicht (die auch als Vorschaufenster dient), links unten die Vorderansicht und rechts unten die Seitenansicht. In allen vier Fenster sehen Sie auch die Achsen des Koordinatensystems und eine gelbe Linie, die den Vektor zwischen der Kameraposition und der *look_at*-Koordinate darstellt.

Beginnen wir nun mit der Erzeugung eines Blobs. Dazu klicken Sie mit der Maus den Button *Create* an. Anschließend bewegen Sie den Mauszeiger an die Position, die den Mittelpunkt der ersten Komponente bilden soll. Sie müssen hier noch nicht unbedingt auf eine große Präzision Wert legen, da Sie später die Position dieser Komponente immer noch verändern können. Wenn der Mauszeiger auf der gewünschten Position steht, drücken Sie die linke Maustaste. Wenn Sie nun die Maus bewegen, sehen Sie einen Kreis, der sich entsprechend der Mausbewegung vergrößert oder verkleinert. Wenn die Größe des Kreises Ihren Vorstellungen entspricht, klicken Sie sie erneut die linke Maustaste. Der Kreis ist fertig. Im 3-D-Fenster sehen Sie eine Kugel.

Auf die gleiche Weise erzeugen Sie nun eine zweite Komponente. Die beiden Kreise sollten sich etwas überschneiden.

Das Ganze könnte so aussehen wie im Bild unten.

Abbildung 10.3

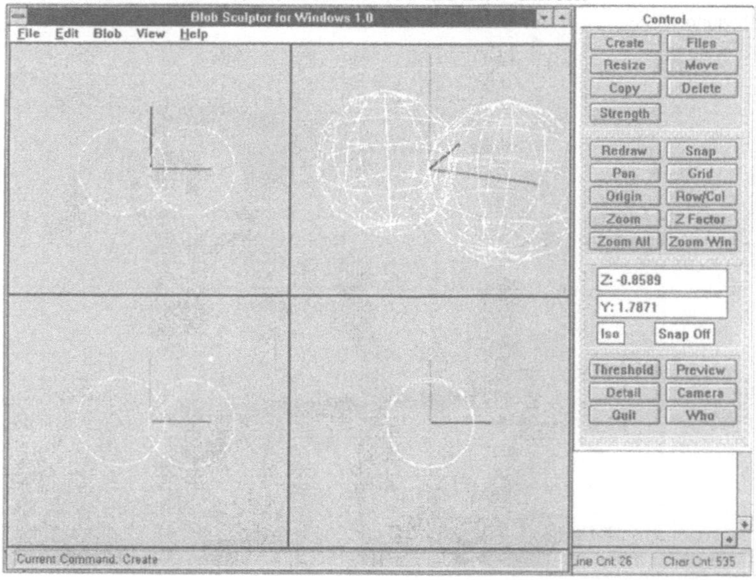

Im 3-D-Fenster sehen Sie nun zwei Kugeln. Um den Blob zu sehen, müssen Sie den Button *Preview* anklicken. Im 3-D-Fenster sehen Sie dann die durch Sie erzeugte Blobform. Wenn Ihre Komponenten etwa so angeordnet sind, wie bei mir, werden Sie eine Form sehen, die an einen Ball erinnert, der beim American Football verwendet wird.

Wir wollen nun diese Form verändern. Das kann durch eine Änderung der Radien der Kreise, durch die Änderung ihrer Feldstärken und ihrer *threshold*-Werte sowie durch die Veränderung des Abstands zwischen den Komponenten geschehen.

Wir werden alle Möglichkeiten der Reihe nach besprechen. Lassen Sie uns zunächst den Abstand zwischen den beiden Komponenten vergrößern. Dazu bewegen wir im Fenster für die Vorderansicht die linke Komponente etwas weiter nach links. Sie sollte so liegen, daß sich die Radien der Kreise nicht mehr überlappen. Dazu klicken Sie zunächst mit der Maus den Button *Move* an. Bewegen Sie nun den Mauszeiger in die unmittelbare Nähe der Komponente, die Sie verschieben wollen. Klicken Sie die linke Maustaste. Die gewählte Komponente erscheint in gelber Farbe. Wenn Sie nun erneut die linke Maustaste klicken, erscheint um den Mauszeiger ein grauer Kreis, der eine Kopie der durch Sie gewählten Komponente ist. Durch Bewegungen der Maus können Sie den grauen Kreis an die Position bringen, an der die Komponente liegen soll. Die ursprüngliche Komponente bleibt während dieser Operation an ihrem Platz. Wenn die neue Position Ihren Vorstellungen entspricht, drücken Sie erneut die linke Maustaste. Die Komponente wird nun die Position einnehmen.

Wenn Sie eine begonnene Operation abbrechen wollen, drükken Sie einfach die rechte Maustaste.

Nach der Neupositionierung der Komponente können Sie sich durch Anklicken des Buttons *Preview* ansehen, wie sich diese Lageveränderung auf die Form des Blobs ausgewirkt hat. Wenn Sie im Vorschaubild nur zwei einzelne Kugeln sehen, ist der Abstand zwischen den beiden Komponenten zu groß. Sie sollten ihn daher etwas verringern.

Wenn Ihnen eine Komponente völlig mißlungen ist und Sie sie löschen wollen, klicken Sie zunächst den Button *Delete* an. Bewegen Sie dann den Mauszeiger in die Nähe der zu löschenden Komponente und klicken Sie die linke Maustaste. Nach einer Sicherheitsabfrage wird dann die gewählte Komponente gelöscht, obwohl das Programm fragt, ob der gewählte Blob gelöscht werden soll („Delete selected blob?").

Eine Veränderung des Blobs ist natürlich auch durch eine Veränderung der Feldstärke möglich. Klicken sie dazu den Button *Strength*. Bewegen Sie dann den Mauszeiger in die Nähe der Komponente, deren Feldstärke Sie ändern wollen. Klicken Sie dann die linke Maustaste. Die gewünschte Komponente wird nun gelb gezeichnet, und es erscheint ein kleines Dialogfeld, in das Sie die neue Feldstärke eintragen können. Denken Sie aber daran, daß die Komponte unsichtbar wird, wenn der absolute Betrag der Feldstärke kleiner als der *threshold*-Wert ist. Experimentieren Sie ruhig auch einmal mit einem negativen Wert.

Die Form des Blobs läßt sich auch durch die Veränderung des *threshold*-Wertes verändern. Dazu klicken Sie den Button *Threshold* an und geben in das sich daraufhin öffnende Dialogfeld den neuen Wert ein.

Wenn Sie feststellen, daß es sinnvoll wäre, die Größe einer Komponente zu verändern, klicken Sie den Button *Resize* an. Bewegen Sie dann den Mauszeiger in die Nähe der zu verändernden Komponente und drücken Sie erneut die linke Maustaste. Wie schon beim Verschieben einer Komponente gesehen, erscheint um den Mauszeiger herum eine Kopie der gewählten Komponente. Durch Bewegungen der Maus können Sie nun die Größe der Komponente Ihren Wünschen entsprechend anpassen. Ein versehentliches Verschieben der Komponente ist bei dieser Operation ausgeschlossen. Hat die Komponente die gewünschte Größe, klicken Sie die linke Maustaste. Die gewählte Komponente erscheint nun an der definierten Stelle.

Wollen Sie eine definierte Komponente kopieren, klicken Sie den Button *Create* an. Bewegen Sie den Mauszeiger in die Nähe der zu kopierenden Komponente, und betätigen Sie die linke Maustaste. Die gewählte Komponente wird nun in gelber Farbe dargestellt. Bewegen Sie nun den Mauszeiger an die Position, an der die Kopie der gewählten Komponente positioniert werden soll. Wenn Sie nun erneut die linke Maustaste betätigen, wird die Kopie als neue Komponente in den Blob eingefügt.

Mit dem Wissen um die Handhabung des Programms *Blob Sculptor für Windows* sollten Sie nun in der Lage sein, eigene interessante Blobs zu erzeugen. Sie werden gemerkt haben, daß beim Erstellen von Blobs dem Experimentieren eine große Bedeutung zukommt und daß es schwierig ist, das endgültige Aussehen eines Blobs vorherzusagen.

Zum Schluß will ich Ihnen noch die Bedeutung der bisher nicht besprochenen Buttons erläutern.

FILE:

Wenn Sie diesen Button anklicken, erscheint ein kleines Dialogfeld, in dem Sie wählen, ob Sie eine neue Datei erstellen wollen (*New*), eine Datei laden wollen (*Load*), den erzeugten Blob speichern wollen (*Save*) oder aber einen bereits gespeicherten Blob der gerade geöffneten Datei hinzufügen wollen.

(*Merge*).

Sie können allerdings nur Dateien öffnen, die im eigenen Format des Blobsculptors gespeichert sind. Diese Dateien haben die Endung *blb*.

Wenn Sie einen Blob speichern wollen, haben Sie die Möglichkeit, zwischen mehreren Ausgabeformaten zu wählen:

Speicher-option	**Bedeutung**
Blob	Die Datei wird im Format des Blobsculptors gespeichert. Diese Art der Speicherung sollte gewählt werden, wenn Sie einen generierten Blob zu einem späteren Zeitpunkt weiterberarbeiten wollen, bzw. wenn Sie ihn mit einem anderen Blob mischen wollen. Der *Blob Sculptor für Windows* kann nur Dateien in diesem Format lesen!
POV	Die Datei wird als Szenedatei für POV-Ray gespeichert. Gegenwärtig wird allerdings nur die Syntax bis zur Version 2.2 unterstützt. Die gespeicherte Szenedatei kann sofort gerendert werden, da der *Blob Sculptor für Windows* dem Blob eine Textur (standardmäßig die Farbe *Sienna*) zuweist und der Szene eine Kamera und eine Lichtquelle hinzufügt.
POLYRAY	Die Datei wird als Szenedatei für das Raytracingprogramm POLYRAY gespeichert.

RAYSHADE	Die Datei wird als Szenedatei für das Raytracingprogramm RAYSHADE gespeichert.
RAW	Der Blob wird in kleine Dreiecke zerlegt, die durch eine *union* zu einem Objekt verbunden werden. Mit dem Programm *RAW2POV* können diese Dreiecke in *smooth_triangles* konvertiert werden.
CTDS	Die Datei wird im Format des Programms *Connect The Dots System* gespeichert.
DXF	Die Datei wird im DXF-Format gespeichert, das das CAD-Programm Autodesk verwendet, um den Datenaustausch mit anderen CAD- und Grafikprogrammen zu ermöglichen. Es gibt das Programm *DXF2POV*, mit dem DXF-Dateien in POV-Ray-Szenedateien umgewandelt werden können.
GEO	Speichert die Datei im Format des Programms *VideoScape 3D*.

REDRAW

Durch das Betätigen dieses Buttons erzwingen Sie ein Neuzeichnen aller Fenster.

ZOOM (F, T, S, Iso)

Um ein Fenster heran- oder wegzuzommen, klicken Sie zunächst den Button *Zoom* an. Anschließend bewegen Sie den Mauszeiger in das Fenster, das Sie zoomen möchten. Wenn Sie nun die linke Maustaste klicken, zoomen Sie den Fensterinhalt zu sich heran, wenn Sie die rechte Maustaste klicken, zoomen Sie den Fensterinhalt von sich weg.

Den Zoomfaktor können Sie durch das Anklicken des Buttons *ZFACTOR* beeinflussen. Wenn Sie größere Werte verwenden, wird das Zoomen beschleunigt, verwenden Sie kleine Werte, wird das Zoomen verlangsamt. Der Maximalwert beträgt 10.

PAN (F, T, S)

Um ein Sichtfenster verschieben zu können, klicken Sie zunächst den Button *Pan* an. Bewegen Sie anschließend den Mauszeiger auf das Fenster, das Sie verschieben möchten. Wenn Sie nun die linke Maustaste klicken, wird der Punkt, an dem sich der Mauszeiger befand, zum Mittelpunkt des jeweiligen Sichtfensters. Die Koordinaten der Komponenten werden dadurch nicht verändert.

ORIGIN (F, T, S)

Wenn Sie sich beim Zoomen oder Verschieben eines Fensters „verirrt“ haben, können Sie den Koordinatenursprung wieder zum Mittelpunkt eines Fensters machen. Klicken Sie dazu zunächst den Button *Origin* an. Bewegen Sie dann den Mauszeiger in das gewünschte Fenster. Wenn Sie nun die linke Maustaste klicken, befindet sich der Koordinatenursprung wieder im Mittelpunkt des Fensters.

DETAIL

Dieser Button dient zur Festlegung der Detailtiefe bei der Darstellung der Blobs. Die Werte können zwischen 20 und 50 liegen. Bei einem Wert von 20 erfolgt die Darstellung am schnellsten. Es wird wenig Arbeitsspeicher benötigt. Die Auflösung ist allerdings sehr gering. Bei einem Wert von 50 erzielen Sie die beste Darstellung. Sie ist allerdings langsam und benötigt viel Arbeitsspeicher.

SNAP

Mit diesem Button schalten Sie die Fangfunktion ein bzw. aus. Ist die Fangfunktion eingeschaltet, werden die Komponenten stets an den Gitterlinien ausgerichtet.

GRID

Mit diesem Button können Sie das Gitternetz ein und auschalten.

Row/Col

Dieser Button dient zum Festlegen der Dichte des Gitters. Hohe Werte (>0) führen zu einem weitmaschigen Gitter, kleine Werte (< 0) zu einem engmaschigen Gitter.

QUIT

Beendet das Programm.

ABOUT

Information zu den Autoren des Programms.

Fraktale Körper aus Julia-Mengen

Dieser Abschnitt wendet sich an die experimentierfreudigen Leser. Sie werden in ihm mit dem Erzeugen von Körpern bekannt gemacht, die aus den aus der fraktalen Geometrie bekannten Julia-Mengen abgeleitet werden. Eine Julia-Menge ist ein nach dem französischen Mathematiker Julia benanntes Fraktal. In POV-Ray wird zunächst ein vierdimensionales (!) Gebilde erzeugt, aus dem dann Stücke herausgeschnitten werden, die dann die in POV-Ray erzeugten Körper bilden.

Eine Julia-Menge umfaßt all jene Punkte, die bei der Iteration der folgenden Formel ergeben:

z(n+1) = z(n)^4 + c.

Die Konstante c ist dabei ein Wert mit einem reellen und einem imaginären Teil. Iteration bedeutet, daß die Berechnung bis zu einem gewissen Grad fortgesetzt wird und bei jeder Berechnung das Ergebnis der vorhergehenden Berechnung mit einbezogen wird.

In POV-Ray werden Körper aus Julia-Mengen erzeugt, indem die Konstante C durch folgende Formel ersetzt wird:

C = A + Bi + Cj + Dk.

Welche Eigenschaften, die imaginären Zahlen haben können, sehen wir uns weiter unten an.

Die allgemeine Syntax für das Objekt *julia_fractal* lautet:

```
julia_fractal {
    4DJULIA_PARAMETER
    [ quaternion | hypercomplex ][2]
    [ sqr | cube | exp |
      reciprocal | sin | asin |
      sinh | asinh | cos | acos |
      cosh | acosh | tan | atan |
      tanh | atanh | log | pwr(X,Y) ]
    [ max_iteration Wert ]
    [ precision Wert ]
    [ slice 4DNORMAL, Entfernung ]
}
```

Eingeleitet wird die Definition durch das Schlüsselwort *julia_fractal*. Ihr folgt der Vektor *4DJulia_Parameter*, der die Parameter der A, B, C, D der oben gezeigten Formel enthält.

[2] Die eckigen Klammern bedeuten, daß diese Parameter optional verwendet werden können.

Mit *quaternion* oder *hypercomplex* wird definiert, wie die Berechnung des Fraktals erfolgen soll. Wird *quaternion* verwendet, haben die imaginären Zahlen i,j und k folgende Eigenschaften:

ij = k; jk = i; ki = j; ji = -k; kj = -i; ik = -j; ii = jj = kk = -1; ijk = -1

Bei der Verwendung von *hypercomplex* haben sie folgende Eigenschaften:

ij = k; jk = -i; ki = -j ji = k; kj = -i; ik = -j ii = jj = kk = -1; ijk = 1

Es folgt das Schlüsselwort für die zu verwendende Funktion. Die Funktion *sqr* und *cube* können nur zusammen mit *quaternion* verwendet werden.

Mit *max_iteration* bestimmen Sie, wie tief die Berechnung des Fraktals durchgeführt werden soll, wie häufig also eine Berechnung unter Einbeziehung des vorhergehenden Ergebnisses erfolgen soll. Je höher hier die Werte sind, desto genauer erfolgt die Berechnung, je länger dauert allerdings auch die Berechnung. Die Anweisung *precision* dient zum Festlegen der Exaktheit, mit der die Berechnung an den Rändern des Fraktals erfolgen soll. Höhere Werte führen auch hier zu einer längeren Rechenzeit.

Um aus dem vierdimensionalen Fraktal ein dreidimensionales Gebilde zu machen, dient die Anweisung *slice*. Mit ihr wird ein Stück aus dem Fraktal herausgeschnitten. Dazu wird ein vierdimensionaler Normalenvektor verwendet und eine *Entfernung* angegeben, an der der Schnitt erfolgen soll.

Zur Veranschaulichung sehen Sie sich bitte zunächst das Beispiel *bild10_5.pov* an.

```
//Bild 10_5
//Einbinden der benötigten Include-Dateien
#include "colors.inc"
#include "textures.inc"
#include "shapes.inc"
#include "himmel.inc"

//Kameradefinition
camera {
   location <0.0, 0.5, -5>
   up       <0, 1, 0>
   look_at  <-.5, 0.5, 0>
}
```

```
julia_fractal {
        <.25,.15,-.05,-.6>
        quaternion
        sqr
        max_iteration 10
        precision 15
        texture {  pigment { color Red }
    }
    rotate x*-60
scale 2}

//Fläche
plane{
<0,1,0>,-1
pigment{color Green}}

// Lichtquelle
light_source {<0.0, 5.0, -4.0> color White }
```

Um ein Gefühl für das Objekt *julia_fractal* zu bekommen, sollten Sie mit den einzelnen Einstellungen experimentieren. Ändern Sie dabei nach Möglichkeit immer nur einen Wert, um genau sehen zu können, welche Veränderungen durch welche Einstellung erfolgen. Auch die von mir vorgeschlagenen Werte sind durch Probieren entstanden.

11 Hintergrundgestaltung und atmosphärische Effekte

In der Beschreibung von früheren POV-Ray-Versionen wäre ein Kapitel über die Hintergrundgestaltung sicher überflüssig gewesen, da man sich bis dahin mit der *background*-Anweisung begnügen mußte. Wenn deren Möglichkeiten nicht ausreichten, mußte man für die Gestaltung des Hintergrundes einer Szene damit behelfen, daß man die gesamte Szene innerhalb einer riesigen Kugel plazierte, der man eine geeignete Textur zugewiesen hatte. Nunmehr stellt POV-Ray interessante Möglichkeiten zur Gestaltung von verschiedenen atmosphärischen Effekten wie Nebel, Regenbogen und Hintergründen bereit, denen wir uns in diesem Kapitel widmen wollen.

Wir wollen uns diesem Kapitel weiterhin ausführlich mit Effekten beschäftigen, die man ebenfalls unter der Bezeichnung „atmosphärische Effekte" zusammenfassen könnte. Im Prinzip sind damit solche Effekte gemeint, die in der einen oder anderen Weise das Licht dämpfen können wie zum Beispiel Nebel, Wolken, Rauch oder Dunst. In früheren POV-Ray-Versionen gab es ja bereits die Möglichkeit, Nebel zu simulieren. Ab der Version 3.0 bietet POV-Ray weitere großartige Funktionen, die bei geschicktem Einsatz zu noch großartigeren Effekten führen können.

Eine einfache Anweisung für den Hintergrund

Am schnellsten läßt sich in POV-Ray ein Hintergrund durch die Anweisung

```
background {color Farbe}
```

erzeugen. Als Werte für *Farbe* können Sie jeden denkbaren selbst definierten Farbton oder eine in der Datei *colors.inc* enthaltene Farbe verwenden. Im Listing *bild11_1.pov* finden Sie *LightSteelBlue* aus dieser Datei.

```
//Bild 11_1
//Einbindung der benötigten Include-Dateien
```

```
#include "colors.inc"
#include "textures.inc"
#include "shapes.inc"

//Definition der Kamera
camera {
 location  <0.0, 0.0, -4.0 >
 direction <0.0, 0.0, 1.0 >
 up        <0.0, 1.0, 0.0 >
 right     <1.333, 0.0, 0.0 >
 look_at   <0.0, 0.0, 0.0 >
}

// Kugeldefinition
 sphere {<0,0,0>,1
 texture{ pigment{color Red}}
}

//Fläche
plane{<0,1,0>,-1
texture{pigment {color Green}}}

// Lichtquelle
  light_source{<0 ,  100 , -100  > color White
}

//Hintergrundgestaltung
background{color LightSteelBlue}
```

Himmelskugel

Ohne tiefere Kenntnisse haben Sie bereits seit dem ersten Beispiel als Hintergrund eine Himmelskugel verwendet. In diesem Abschnitt sollen Sie nun vollends in die Geheimnisse der *skysphere*-Anweisung eingewiesen werden.

Die allgemeine Syntax für das Erzeugen einer Himmelskugel lautet:

```
sky_sphere{
pigment {Farbe1}
pigment {Farbe2}
}
```

Eingeleitet wird die Defintion der Himmelskugel durch das Schlüsselwort *sky_sphere*. Ihm folgen eine oder mehrere Pigmentanweisungen. Innerhalb dieser Pigmentanweisungen können Sie alle in POV-Ray möglichen Gestaltungsmöglichkeiten für eine Farbe anwenden. Setzen Sie für die Gestaltung mehrere Pigmentanweisungen ein, sollten Sie wissen, daß die einzelnen „Farbschichten" in der Reihenfolge ihres Erscheinens auf die *sky_sphere* aufgetragen werden. Das bedeutet, daß alle Schichten, die auf der untersten Schicht liegen, einen gewissen Grad an Transparenz aufweisen müssen, damit die darunterliegenden Schichten durch sie hindurch sichtbar sind.

Im Beispiel *bild11_2.pov* habe ich allerdings nur eine einzige Schicht verwendet. Sie wird aus einem Farbübergang entlang der Y-Achse von Weiß über ein helles Blau bis hin zum reinen Blau gebildet. Dieses Beispiel ist Ihnen ja bereits seit dem ersten Beispiel bekannt. Ersetzen Sie in der Datei *bild11_1.pov* die *background*-Anweisung durch folgende Anweisungen, und speichern Sie das Listing als *bild11_2.pov*:

Auszug aus dem Listing *bild11_2.pov*

```
//Hintergrundgestaltung
sky_sphere{
pigment{ gradient y
color_map{
[0.2 color LightSteelBlue]
[1.0 color Blue]}}}
```

Regenbogen

In der Realität entsteht ein Regenbogen dadurch, daß Licht durch die Wassertropfen des Regens gebrochen wird und die so entstehenden Farbtöne auf die Netzhaut des menschlichen Auges geworfen werden. Durch die folgende Definition kann einer POV-Ray-Szene ein Regenbogen hinzugefügt werden:

```
rainbow{
direction <Richtungsvektor>
angle Winkel
width Breite
distance Entfernung
jitter Wert
color_map{ Farbtabelle}
```

```
up<Vektor>
arc_angle Bogenwinkel
falloff_angle Ausfallwinkel}
```

Eingeleitet wird die Definition eines Regenbogens durch das Schlüsselwort *rainbow.* Ihm folgt die Anweisung *direction* *<Richtungsvektor>*, die angibt, in welcher Richtung sich das Licht befindet, das für die Entstehung des Regenbogens maßgeblich ist. Es muß an dieser Stelle unterstrichen werden, daß dieses Licht nicht zur Beleuchtung der Szene, sondern ausschließlich für die Erzeugung des Regenbogens verwendet wird. Es wird angenommen, daß sich diese Lichtquelle unendlich weit vom Regenbogen entfernt befindet. Aus diesem Grund wird auch nur der Vektor angegeben, in dessen Richtung sich diese Lichtquelle befindet.

Entscheidend für die Größe des Regenbogens sind die beiden Anweisungen *angle Winkel* und *width Breite.* Sie definieren den Winkel, unter dem der Regenbogen zu sehen ist. Ich werde Ihnen nach diesen allgemeinen Erläuterung der *rainbow*-Definition am Beispiel *bild11_3.pov* die Wechselbeziehung zwischen diesen beiden Anweisungen demonstrieren.

Mit der Anweisung *distance Entfernung* wird festgelegt, in welcher Entfernung vom Mittelpunkt des Koordinatensystems sich der Regenbogen befinden soll. Die Maßeinheit für den Parameter *Entfernung* ist, wie in POV-Ray üblich, die *Einheit.* Diese Anweisung hat allerdings keinen Einfluß darauf, ob der Regenbogen vollständig zu sehen ist oder beispielsweise Teile durch den oberen Bildrand abgeschnitten werden. Sie dient einzig und allein dazu, einen Regenbogen so zu plazieren, daß er nicht in unerwünschter Weise durch Objekte der Szene verläuft. Für die Größe des Regenbogens sind wie erwähnt ausschließlich die Anweisungen *angle* und *width* verantwortlich.

Für das Bestimmen der Farbe an einer bestimmten Stelle des Regenbogens wird der Winkel als Index für die Farbtabelle verwendet. Damit ist sicher gestellt, daß der Regenbogen sein typisches Aussehen mit den konzentrisch verlaufenden Farbbereichen erhält. Durch die Anweisung *jitter Wert* kann der so ermittelte Farbindex durch Zufallswerte etwas verschoben werden, um einen weniger „glatten“ Übergang zwischen den einzelnen Farben zu erzielen.

Abbildung 11.1

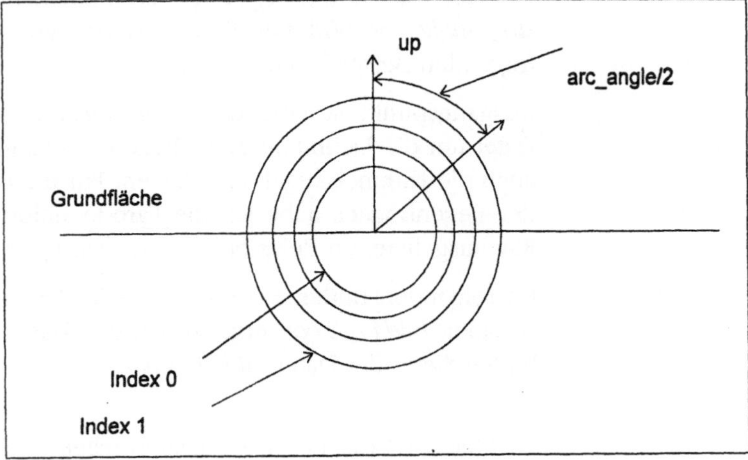

Die Farben, in denen sich der Regenbogen präsentiert, werden in einer *color_map* definiert. Der Index der zur Farbtabelle gehörenden Farben ist wie gesagt abhängig vom Winkel. Der Index 0 steht für den innersten Ring und der Index 1 für den äußersten Ring des Regenbogens.

Standardmäßig wird in POV-Ray ein Regenbogen immer als Vollkreis erzeugt. Um einen Regenbogen als Halbkreis zu erzeugen, könnte man die untere Hälfte des Bogens durch eine Fläche, wie in der Abbildung 11.1 zu sehen, verdecken. Eine weitere Möglichkeit besteht darin, von vornherein festzulegen, daß der Regenbogen nur ein bestimmtes Segment des Kreises ausfüllt. POV-Ray gestattet es uns, ein solches Segment zu definieren. Dazu hält es die Anweisung *arc_angle* bereit. Dabei wird so vorgegangen, daß zunächst auf dem Regenbogen ein Punkt festgelegt wird, der als Nullpunkt für das „Anreißen" des in der *arc_angle*-Anweisung definierten Winkels dient. Dieser Nullpunkt wird mit der Anweisung *up <Vektor>* festgelegt. Ausgehend vom Koordinatenursprung wird ein Vektor durch die in der *up*-Anweisung enthaltenen Koordinaten gelegt. Der Schnittpunkt zwischen diesem Vektor und dem Regenbogen ist dann der Nullpunkt. Von ihm ausgehend wird nun im Uhrzeigersinn und entgegen dem Uhrzeigersinn die Hälfte des *arc_angle* abgetragen (vgl. Abbildung 9.1). Um einen allmählichen Übergang zwischen dem Regenbogen und dem Hintergrund gestalten zu können, verwendet man die Anweisung *falloff_angle.* Zwischen dem in dieser Anweisung angegebenen Winkel und dem in der *arc_angle*-Anweisung enthaltenen Winkel kommt es dann zu einem allmählichen „Ausblenden“ der Regenbogenfarben. Damit ist klar, daß der *falloff_angle* stets kleiner sein muß als der *arc_angle*. Die Wirkung dieser Anweisungen werden wir uns im folgenden Beispiel *bild11_3.pov* ansehen.

Ausgangspunkt ist dabei die Datei *bild11_2.pov*. Wir werden die Datei um die Definition eines Regenbogens ergänzen und dabei auch die Himmelskugel beibehalten. Für die farbliche Gestaltung des Regenbogens habe ich die Farbdefinition aus der mit POV-Ray ausgelieferten Beispieldatei *rainbow1.pov* entnommen.

Im folgenden finden Sie nur die Teile des Listings, um die das Beispiel *bild11_2.pov* ergänzt wurde. Das vollständige Listing finden Sie in der Datei *bild11_3.pov*.

```
//Definition der Regenbogenfarben
#declare r_violet1 = colour red 1.0 green 0.5 blue
1.0 filter 1.0
#declare r_violet2 = colour red 1.0 green 0.5 blue
1.0 filter 0.8
#declare r_indigo  = colour red 0.5 green 0.5 blue
1.0 filter 0.8
#declare r_blue    = colour red 0.2 green 0.2 blue
1.0 filter 0.8
#declare r_cyan    = colour red 0.2 green 1.0 blue
1.0 filter 0.8
#declare r_green   = colour red 0.2 green 1.0 blue
0.2 filter 0.8
#declare r_yellow  = colour red 1.0 green 1.0 blue
0.2 filter 0.8
#declare r_orange  = colour red 1.0 green 0.5 blue
0.2 filter 0.8
#declare r_red1    = colour red 1.0 green 0.2 blue
0.2 filter 0.8
#declare r_red2    = colour red 1.0 green 0.2 blue
0.2 filter 1.0

//Hintergrundgestaltung 2
rainbow{
direction<0,0,1>
angle 20
width 5
distance 2000
jitter 0.01
```

```
color_map{ [0.000  colour r_violet1]
    [0.100  colour r_violet2]
    [0.214  colour r_indigo]
    [0.328  colour r_blue]
    [0.442  colour r_cyan]
    [0.556  colour r_green]
    [0.670  colour r_yellow]
    [0.784  colour r_orange]
    [0.900  colour r_red1]}
up<0,1,0>
arc_angle 180
falloff_angle 60}
```

Rendern Sie dieses Bild und lassen Sie mich dann noch ein paar Erläuterungen zu diesem Beispiel geben. Mit der Anweisung *direction <0,0,1>* wird festgelegt, daß sich die für das Erzeugen des Regenbogens verantwortliche Lichtquelle genau in Richtung der Z-Achse befindet. Die Größe des Regenbogens wird durch die Anweisungen *angle 20* und *width 5* definiert. Ich empfehle Ihnen, ein wenig mit diesen beiden Anweisungen zu experimentieren, um ihre Wirkungen kennenzulernen. Verwenden Sie beispielsweise die Anweisung *angle 30*, werden Sie im gerenderten Bild sehen, daß ein Teil des Regenbogens durch den oberen Bildrand abgeschnitten wird. Als Entfernung des Bogens wurde im Beispiel *distance 2000* verwendet. Da in unserer Szene nur eine recht kleine Kugel mit einem kleinen Durchmesser vorhanden ist, wäre hier auch ein deutlich kleinerer Wert möglich. Der Wert von 0.01 in der *jitter*-Anweisung soll Ihnen nur demonstrieren, in welcher Größenordnung die Werte typischerweise liegen. Auch mit dieser Anweisung sollten Sie ein wenig spielen.

Die Farbdefinition in der *color_map* bedarf keiner weiteren Erläuterung, da wir sie in den vorhergehenden Kapiteln ausführlich besprochen haben.

Die Anweisung *up <0,1,0>* definiert den Nullpunkt, so wie in der Abbildung 11.1 gezeigt. Ausgehend von diesem Punkt werden dann in Richtung des Uhrzeigersinns und entgegen dem Uhrzeigersinn jeweils die Hälfte der in den Anweisungen *arc_angle* und *falloff_angle* angegeben Winkel abgetragen. Mit einem *arc_angle* von 180 Grad schneiden wir also die gesamte untere Hälfte des Regenbogens ab.

Sie sind innerhalb einer Szene nicht darauf beschränkt, nur einen Regenbogen zu verwenden. Wenn es Ihnen gefällt, können Sie so viele Regenbögen wie Sie wollen einsetzen.

Nebel

Obgleich auch in der Version 2.2 die Möglichkeit bestand, eine Szene zu „umnebeln", muß doch gesagt werden, daß die Varianten der Nebelgestaltung in der POV-Ray-Version 3.0 ungleich mächtiger sind und weitaus vielfältigere Gestaltungsmöglichkeiten bieten. Sehen wir uns zunächst die allgemeine Anweisung zur Gestaltung von Nebel an:

```
fog{
fog_type Nebeltyp
distance Entfernung
color Farbe
[turbulence Turbulenzwert]
[turb_depth Turbulenztiefe]
[omega Omegawert]
[lambda Lambdawert]
[octaves Oktavenwert]
[fog_offset Nebelbeginn]
[fog_alt Nebelhöhe]
}
```

Die Definition eines Nebels wird durch das Schlüsselwort *fog* eingeleitet. Es folgt die Anweisung *fog_type Nebeltyp*, mit der Sie bestimmen, welche Art von Nebel verwendet werden soll. Gegenwärtig werden durch POV-Ray zwei Nebelarten unterstützt. Es handelt sich dabei um einen Nebel, der sich konstant über den gesamten Raum entlang der Y-Achse verteilt und um einen Nebel, der sich nur am Boden der Szene befindet (Die Dichte dieses Nebels nimmt mit zunehmender Höhe immer mehr ab). In Abhängigkeit davon, welchen Nebeltyp Sie in Ihrer Szene verwenden wollen, geben Sie als *Nebeltyp* entweder die 1 (für einen konstanten Nebel) oder die 2 (für einen Bodennebel an).

Die Bezeichnung der Anweisung *distance Entfernung* läßt nicht eindeutig darauf schließen, was mit ihr bewirkt wird. Sie ist im Prinzip die Anweisung, mit der die Dichte des Nebels und damit die Farbe des Nebels in Abhängigkeit von der Entfernung vom Koordinatenursprung gesteuert wird. In die Farbe des Nebels an einem bestimmten Punkt wird stets die Farbe des Objektes mit eingerechnet, das sich am gleichen Punkt befindet. Wird Nebel in einer Szene verwendet, werden die Farben der Pixel nach folgender Formel berechnet.

$$Pixelfarbe = e^{\left(-\frac{Objektentfernung}{Nebelentfernung}\right)} * Objektfarbe + \left(1 - e^{\left(-\frac{Objektentfernung}{Nebelentfernung}\right)}\right) * Nebelfarbe$$

Das bedeutet, daß an dem Punkt, an dem die Entfernung des Objekts gleich dem Wert der *distance*-Anweisung ist, die Farbe des Pixel zu 64% aus der Farbe des Objekts und zu 36% aus der Farbe des Nebels gebildet wird.

Die Farbe des Nebels legen Sie mit der Anweisung *color Farbe* fest. Hierbei steht es Ihnen frei, eine Farbe mit oder ohne Transluzenz zu verwenden. Sie können innerhalb der *color*-Anweisung natürlich auch festlegen, ob das Licht durch die Farbe des Nebels gefiltert werden soll oder nicht.

Die Klammern um die folgenden Anweisungen bedeuten, daß Sie diese Anweisungen optional verwenden können. Im Gegensatz zur Syntax der *color_map*-Anweisung werden diese Klammern in der *fog*-Anweisung nicht verwendet! Da Ihnen die Bedeutung der Anweisungen *turbulence*, *omega*, *lamda* und *octaves* bereits von unserer Beschäftigung mit Texturen bekannt ist, soll auf sie hier nicht mehr eingegangen werden. Neu ist für Sie die Anweisung *turb_depth Turbulenztiefe*. Mit ihr wird die Turbulenz entlang des Sichtstrahl skaliert. Möglich sind dabei Fließkommawerte zwischen 0.0 und 1.0. Verwenden Sie diese Anweisung nicht, wird standardmäßig ein Wert von 0.5 verwendet.

Die Anweisungen *fog_offset Nebelbeginn* und *fog_alt Nebelhöhe* sind nur bei der Erzeugung von Bodennebel sinnvoll. Eine Bodennebelschicht beginnt an einer bestimmten Y-Koordinate, die mit der *fog_offset*-Anweisung angegeben wird. Die *fog_alt*-Anweisung dient zur Angabe der Höhe der Bodennebelschicht. Denken Sie immer daran, daß bei *fog_offset* die absolute Y-Koordinate und bei *fog_alt* die Höhe in Einheiten, gemessen ab dem Wert von *fog_offset,* angegeben wird. Die größte Dichte hat der Bodennebel dann auch bei *fog_offset.* Sie nimmt in Richtung der Y-Achse immer mehr ab, um bei *fog_alt* null zu erreichen.

Zur Verdeutlichung sehen wir uns die Beispiele *bild11_4.pov* und *bild11_5.pov* an. Beide Dateien unterscheiden sich lediglich durch die *fog*-Anweisungen. Daher finden Sie im folgenden nur das Listing *bild11_4.pov* vollständig wiedergegeben.

```
//Bild 11_4

//Einbindung der benötigten Include-Dateien
#include "colors.inc"
#include "textures.inc"
#include "shapes.inc"


//Definition der Kamera
camera {
 location  <0.0, 2.0, -4.0 >
 direction <0.0, 0.0, 1.0 >
 up        <0.0, 1.0, 0.0 >
 right     <1.333, 0.0, 0.0 >
 look_at   <0.0, 0.0, 0.0 >
}

// Kugeldefinition 1
 sphere {<0,0,0>,1
 texture{ pigment{color Red}}
}

// Kugeldefinition 2
 sphere {<0,0,0>,1
translate<1,0,4>
 texture{ pigment{color Blue}}
}

// Kugeldefinition 3
 sphere {<0,0,0>,1
translate<-1,0,10>
 texture{ pigment{color Red}}
}

//Fläche
plane{<0,1,0>,-1
texture{pigment {color Green}}}

// Lichtquelle
  light_source{<0 ,  100 , -100  > color White }
//Hintergrundgestaltung 1
sky_sphere{
pigment{ gradient y
color_map{
```

```
[0.2 color LightSteelBlue]
[1.0 color Blue]}}}

fog{
fog_type 1
distance 5
color rgb <1,1,1>
turbulence 0.3
turb_depth .6
}
```

Das Listings sollte Ihnen bis auf die *fog*-Definition ohne Erklärung verständlich sein. In der *fog*-Definition legen wir als Nebeltyp fest, daß ein konstanter Nebel verwendet werden soll. Die dritte Kugel, deren Z-Koordinate 10 beträgt, liegt damit schon im „dichten" Nebel, dem als Farbe Weiß (*color rgb <1,1,1>*) zugewiesen wurde. Um dem Nebel ein realistischeres Aussehen zu verleihen, wird er mit der Anweisung *turbulence 0.6* verwirbelt. Diese Verwirbelungen wird anschließend mit *turb_depth .6* skaliert.

In der Datei *bild11_5.pov* verwenden wir den anderen Nebeltyp, den Bodennebel.

```
fog{
fog_type 2
distance 1
color rgbt <1,1,1,.2>
fog_offset -1
fog_alt .5
}
```

Da wir in diesem Beispiel Bodennebel erzeugen wollen, muß als *fog_type* die 2 angegeben werden. Als Farbe wurde diesmal wiederum Weiß verwendet, das allerdings ein gewisses Maß an Transluzenz aufweist. Da alle Kugeln der Szene auf einer Fläche ruhen, die sich eine Einheit unter dem Koordinatenursprung befindet, soll auch die Nebelschicht unmittelbar auf der Fläche beginnen. Ihre unterste Kante wird deshalb mit der Anweisung *fog_offset -1* auf der Fläche positioniert. Mit *fog_alt .5* wird der Nebelschicht eine Dicke von 0.5 Einheiten zugewiesen.

Nach dem Rendern dieses Beispiels werden Sie drei Kugeln sehen, die aus dem Nebel ragen.

Sie unterliegen innerhalb einer Szene keinerlei Beschränkungen, was die Zahl der *fog*-Anweisungen betrifft. So können Sie zum Beispiel mehrere Bodennebelschichten übereinanderlegen, um noch interessantere Effekte zu erzielen. Bei solchen überlagerten Nebelschichten kommt auch die *turbulence*-Anweisung erst so richtig zur Geltung. Lassen sie uns das Beispiel *bild11_5.pov* etwas modifizieren und eine zweite Bodennebelschicht hinzufügen. Ergänzen Sie die Datei *bild11_5.pov* um folgende Zeile

```
fog{
fog_type 2
distance 5
color rgbt <0.75,0.85,1, .2>
turbulence 0.6
fog_offset .5
fog_alt 1
}
```

Beiden Nebelanweisungen sollten Sie die Anweisung *turbulence 0.6* hinzufügen und anschließend die Datei als *bild11_6.pov* speichern. Nach dem Rendern des Bildes können Sie gut erkennen, wie sich die weiße und die leicht violette Nebelschicht im Grenzbereich zwischen ihnen vermischen.

Erzeugen einer Atmosphäre

In den vorangegangenen Kapiteln haben wir Szenen erzeugt, in denen sich die Körper in einem Vakuum befanden. Zumindestens haben Einflüsse, die in der Realität auf die Ausbreitung von Licht einwirken, keine Rolle gespielt. Die uns umgebende Atmosphäre enthält ja nicht nur die für uns wichtige Luft zum Atmen, sondern auch feine Partikel und Teilchen wie Rauch, Staub oder Wasserdampf, die die Ausbreitung von Licht beeinflussen. Bestimme Partikel reflektieren das auf sie treffende Licht, andere erzeugen Schatten, wiederum andere absorbieren Licht, dämpfen es also ab. Um auch solche Effekte erzeugen zu können, verfügt POV-Ray ab der Version 3.0 über eine *atmosphere*-Anweisung, die umfangreiche Gestaltungsmöglichkeiten bietet. Diese Anwendung basiert darauf, daß bestimmte Arten der Lichtstreuung durch die in der Atmosphäre befindlichen Partikel, Moleküle und Teilchen simuliert werden. Die *atmosphere*-Anweisung stellt gewissermaßen eine Erweiterung des Nebelmodells dar. Im Gegensatz zum Nebel interagiert eine mit POV-Ray erzeugte Atmosphäre mit dem auf sie treffenden Licht. Das bedeutet, daß sie

Licht reflektieren und absorbieren kann und daß auf ihr die Schatten von Objekten sichtbar sind. POV-Ray unterstützt vier solcher Streuungsarten: isotropische Streuung, Rayleigh-Streuung, Mie-Streuung und Henyey-Greenstein-Streuung. Bevor wir uns dem Erzeugen einer Atmosphäre in einer POV-Ray-Szene zuwenden, sollen die genannten Streuungsarten näher betrachtet werden.

Bei einer isotropischen Streuung wird das auf Partikel treffende Licht gleichmäßig gestreut. Im Prinzip erfolgt eine solche Streuung streng nach den optischen Gesetzen. Eine solche Streuung ist im Gegensatz zu den anderen durch POV-Ray unterstützten Streuungsarten unabhängig von der Richtung, in der eine Szene betrachtet wird.

Die sogenannte Rayleigh-Streuung finden wir in der Realität dort, wo sich in der Atmosphäre Moleküle befinden, die groß genug sind, um Licht zu streuen, die aber dennoch kleiner sind als die Wellenlänge des auf sie treffenden Lichts. Das in POV-Ray verwendete Rayleigh-Modell berücksichtigt diese Abhängigkeit von der Wellenlänge allerdings nicht. Dieses Modell wird in POV-Ray verwendet, um die Wirkung kleinster Partikel und Moleküle zu simulieren. POV-Ray modelliert die Stärke des gestreuten Lichts als Abhängigkeit zwischen dem Winkel, unter dem eine Szene betrachtet wird und dem Winkel, unter dem das Licht einfällt. Die stärkste Streuung ist zu beobachten, wenn das Licht parallel zur Blickrichtung bzw. genau entgegen zur Blickrichtung einfällt. Die Streuung ist nach dem Rayleigh-Modell am geringsten, wenn der Winkel zwischen der Blickrichtung und dem einfallenden Licht 90 Grad beträgt.

Als Mie-Streuung ist die Streuung des Lichts durch größere Partikel wie z.B. durch die Wassertropfen im Nebel oder Staubpartikel. Die Streuung erfolgt nach diesem Modell äquivalent zur Wellenlänge des Lichts. Typisch für diese Art der Streuung ist die strenge Gerichtetheit der Streuung. Das auf Partikel treffende Licht wird immer vorwärts gestreut. Das bedeutet, daß die stärkste Streuung dann zu beobachten ist, wenn das Licht genau entgegengesetzt zur Blickrichtung einfällt.

Die letzte durch POV-Ray unterstützte Streuungsart ist die Henyey-Greenstein-Streuung. Bei diesem Modell erfolgt die Streuung in der Form einer Ellipse mit einer bestimmten Streckung. Der Streckungskoeffizient bestimmt dabei die Art der erzeugten Streuung. Ist er gleich Null, erhalten wir eine isotrope Streuung, ist er größer als Null, erfolgt die Streuung in der Richtung, in die das Licht strahlt, ist er kleiner als Null, erfolgt die Streuung in die Richtung, aus der das Licht kommt.

Sehen wir uns nun die allgemeine Form der *atmosphere*-Anweisung an.

```
atmosphere {
type Typ
distance Entfernung
[ scattering Streuungsmenge ]
[ eccentricity ECCENTRICITY ]
[ samples SAMPLES ]
[ jitter JITTER ]
[ aa_threshold AA_Schwellwert]
[ aa_level AA_Niveau ]
[ color Farbe ] }
```

Bevor wir zu einem konkreten Beispiel übergehen, gebe ich Ihnen zunächst eine Erläuterung aller Anweisungen und Befehle.

Eingeleitet wird die Definition durch das Schlüsselwort *atmosphere*. Mit der Anweisung *type Typ* wird festgelegt, welche Art der Streuung verwendet werden soll. POV-Ray unterstützt die bereits oben genannten Typen. Die Art der zu verwendenden Streuung wird durch eine ganze Zahl definiert. Dabei werden folgende Werte verwendet:

1 isotrope Streuung

2 Rayleigh-Streuung

3 Mie-Streuung (zur Simulation von Dunst)

4 Mie Streuung (zur Simulation trüber Atmosphären)

5 Henyey-Greenstein-Streuung

Die Anweisung *distance Entfernung* hat die gleiche Bedeutung wie in der *fog*-Anweisung, sie bestimmt also in diesem Fall die Dichte der Atmosphäre an einem gegebenen Punkt und damit die Farbe des Pixels an diesem Punkt. Die folgenden Anweisungen stehen wiederum in eckigen Klammern. Sie bedeuten, daß diese Anweisungen optional verwendet werden können. Werden Sie innerhalb einer *atmosphere*-Anweisung verwendet, werden die Klammern allerdings nicht gesetzt!

Die Anweisung *scattering Streuungsmenge* bestimmt, wie viel des auf die Atmosphäre fallenden Lichts gestreut wird. Hohe

Werte führen zu einer starken, geringe Werte zu einer geringeren Streuung.

Die Anweisung *eccentricity* ist vor allem bei der Henyey-Greenstein-Streuung interessant. Sie steuert die Streckung der bei dieser Streuung entstehenden Ellipse.

Obgleich eine Atmosphäre in einer POV-Ray-Szene keine Partikel enthält, werden doch die Wirkungen simuliert, die solche Partikel in der Realität hervorrufen würden. Da bei geringen Auflösungen unter Umständen Partikel „übersehen" und damit die Streuung an ihnen nicht berechnet werden würde und es demzufolge zu Bildverfälschungen (Aliasing) kommen kann, besitzt die *atmosphere*-Anweisung eigene Antialiasing-Anweisungen. Sie verhindern bzw. schwächen zumindestens Alias-Effekte im Zusammenhang mit der *atmosphere*-Anweisung, unabhängig davon, ob für das gesamte Bild Antialiasing angewendet wird oder nicht. Diese Anweisungen sind *samples Samples*, *jitter Jitter*, *aa_threshold AA-Schwellwert* und *aa_level AA-Niveau.*

Mit der Anweisung *color Farbe* kann den durch die *atmosphere*-Anweisung simulierten Partikeln eine bestimmte Farbe zugewiesen werden.

Lassen Sie uns nun jedoch die *atmosphere*-Anweisung an einem Beispiel betrachten. Sehen Sie sich dazu zunächst das Listing *bild11_7.pov* an und rendern es, um die folgenden Erläuterungen besser verstehen zu können.

Sie sehen eine rote Kugel, die durch einen gelbfarbenen Spot angeleuchtet wird. Der Spot befindet sich etwas hinter und etwas oberhalb der Kamera. Da wir wollen, daß die Atmosphäre sich auch auf die Lichtintensität auswirkt, wurde der Definition des Spots die Anweisung *atmospheric_attenuation on* hinzugefügt.

```
//Bild 11_7

//Einbindung der benötigten Include-Dateien
#include "colors.inc"
#include "textures.inc"
#include "shapes.inc"

//Definition der Kamera
camera {
```

```
 location  <0.0, 0.0, -6.0 >
 direction <0.0, 0.0, 1.0 >
 up        <0.0, 1.0, 0.0 >
 right     <1.333, 0.0, 0.0 >
 look_at   <0.0, 0.0, 0.0 >
}

// Kugeldefinition 1
 sphere {<0,0,0>,1
 texture{ pigment{color Red}}
}

//Fläche
plane{<0,1,0>,-1
texture{pigment {color Green}}
}

// Lichtquelle
  light_source{<1,  5, -10 > color White
  spotlight
  point_at <0, 0, 0>
  radius 15
  falloff 10
atmospheric_attenuation on
}

//Hintergrundgestaltung 1
sky_sphere{
pigment{ gradient y
color_map{
[0.2 color LightSteelBlue]
[1.0 color Blue]}}}

//Atmosphäre
atmosphere {
type 2
distance 50
scattering 0.2
color White
 }
```

Die Definition der Atmosphäre wird durch das Schlüsselwort *atmosphere* eingeleitet. Durch die Anweisung *type 2* legen wir fest, daß die Rayleigh-Streuung verwendet werden soll. Die *distance*-Anweisung hat wie gesagt die gleiche Bedeutung wie beim Nebel. Die Dichte der Atmosphäre wird durch *scattering 0.2* festgelegt. Um die Wirkung der einzelnen Parameter kennzulernen, sollten Sie das Listing nach Belieben verändern und beispielsweise auch die Antialiasing-Anweisungen untersuchen. Es muß gesagt werden, daß für das Gestalten einer Atmosphäre mit POV-Ray keine allgemein gültigen Rezepte angegeben werden können. Häufig lassen sich die gewünschten Effekte nur durch Probieren herausfinden.

Erzeugung von Halos

Ab der Version 3.0 verfügt POV-Ray über eine weitere Möglichkeit, Partikelsysteme zu erzeugen. Sie wird in der POV-Ray-Sprache als *Halo* bezeichnet, obgleich diese Bezeichnung nicht unbedingt das ausdrückt, was mit der *halo*-Anweisung erzeugt werden kann. Der Begriff *Halo* (auch „Lichthof" genannt") stammt eigentlich aus der Meteorologie und bezeichnet weiße oder farbige Ringe um die Sonne oder den Mond, die infolge von Brechung oder Spiegelung des Lichts an Eiskristallen entstehen. In POV-Ray bezeichnet *halo* ein Partikelsystem, das ähnliche Wirkungen auf das einfallende Licht ausübt wie eine Atmosphäre. Der wesentlichste Unterschied zwischen einer Atmosphäre und einem Halo besteht in POV-Ray darin, daß sich die Atmosphäre stets über die gesamte Szene erstreckt, während sich ein Halo nur innerhalb eines sogenannten Containers befinden kann. Ein solcher Container ist ein beliebiger, hohler Körper, der die Grenzen des Halos markiert. Zum besseren Verständnis sehen wir uns zunächst die allgemeine Definition eines Halos an. Die unten gezeigte Definition enthält allerdings keine POV-Ray-Befehle, sondern gewissermaßen nur die Überschriften für die in der *halo*-Anweisung möglichen Anweisungsblöcke.

```
halo{
Halo_Typ
Dichteverteilung
Dichtefunktion
Antialiasinganweisungen
Turbulenzanweisung
Farbtabelle
Transformationsanweisung}
```

Eine *halo*-Anweisung ist stets Teil einer Objektdefinition. Sie könnte beispielsweise folgendermaßen eingebunden werden.

```
object{
pigment{Pigment-Anweisungen}
finish{Finish-Anweisungen}
normal{Normal-Anweisungen}
halo{Halo-Anweisungen}
hollow}
```

Ein solches Objekt wäre das Containerobjekt des Halos. Es ist wichtig zu beachten, daß ein Halo nur in einem hohlen Körper erzeugt werden kann. Deshalb muß am Ende der Definition des Containerobjekts stets die Anweisung *hollow* vorhanden sein.

POV-Ray kennt vier Halotypen, die sich dadurch unterscheiden, wie die durch diese Typen simulierten Partikel das auf sie einfallende Licht „verarbeiten". Diese Halo-Typen haben in POV-Ray die Bezeichnung *attenuating* (dämpfend), *glowing* (glühend), *emitting* (strahlend) und *dust* (Staub). Diese Bezeichnungen geben schon ein vage Vorstellung von der Wirkung dieser Halo-Typen. Bevor wir sie jedoch an einigen Beispielen demonstrieren, wollen wir uns ansehen, was wir unter *Dichteverteilung* und *Dichtefunktion* zu verstehen haben.

Bei einem Halo werden also Partikel innerhalb eines Körpers simuliert. Die Art und Weise, wie diese Partikel in diesem Körper zwischen den Koordinaten 0.0 und 1.0 verteilt werden, wird durch die Anweisung zur Dichteverteilung bestimmt. Diese Verteilung kann in Form eines Würfels (*box_mapping*), einer Kugel (*spherical_mapping*), eines Zylinders (*cylindrical_map-ping*) oder einer Fläche (*planar_mapping*) erfolgen. Da die Partikel nach diesen Mustern wie gesagt stets zwischen 0.0 und 1.0 verteilt werden, sollte ein Halo nicht größer als eine Einheit entlang jeder Koordinatenachse sein. Wenn ein Halo größer oder kleiner sein muß, sollte die *scale*-Anweisung am Ende der Definition des Containerobjekts stehen und für den Container und das Halo gleichermaßen gelten.

Neben der Angabe des Musters zur Verteilung der Partikel innerhalb des Containerobjektes wird eine sogenannte Dichtefunktion benötigt, die bestimmt, wie sich die Dichte des Halos verändert. POV-Ray unterstützt die Dichtefunktionen *constant, linear, cubic* und *poly. Constant* bedeutet, daß die Partikeldichte innerhalb des Halos konstant ist. Bei *linear* nimmt die Partikeldichte gleichmäßig zwischen der Koordinate 0 und der Koordinate 1 ab. Verwenden Sie *cubic,* nimmt die Dichte logarithmisch ab. Der Exponent beträgt 3. Die Dichtefunktion *poly* hat den zusätzlichen ganzzahligen Parameter *exponent*. Wird sie verwendet, wird die Dichte ebenfalls logarithmisch in Abhängigkeit vom verwendeten Exponent abnehmen.

Nach diesen ersten Erläuterungen wollen wir nun beginnen, uns Beispiele anzusehen und mit den einzelnen Parametern zu experimentieren.

Als Grundlage für unsere Experimente verwenden wir die Datei *bild11_7.pov*, in der wir die Anweisungen für die rote Kugel und die Atmosphäre zunächst löschen. Die Datei speichern wir unter *bild11_8.pov* und ergänzen sie um folgende *halo*-Anweisung.

```
//Halo
sphere{<0,0,0>,1
pigment{color rgbt<1,1,1,1>}
halo{
emitting
spherical_mapping
linear
color_map{
[0.0 color rgbt<1,1,0,1>]
[1.0 color rgbt<1,0,0,.2>]}
}
hollow}
```

Als Containerobjekt verwenden wir eine hohle Kugel, der als Farbe ein völlig transparentes Weiß zugewiesen wurde. Innerhalb dieser Kugel erzeugen wir durch die Anweisungen *halo* und *emitting* ein strahlendes Halo, in dem die Partikel kugelförmig (*spherical_mapping*) angeordnet sind und deren Dichte gleichmäßig abnimmt (*linear*).

Die Farbe der Partikel wird durch die *color_map* definiert, in der ein Farbübergang zwischen einem transparenten Gelb zu einem transparenten Rot erzeugt wird. Bei der *color_map* in einem Halo muß beachtet werden, daß die Indexe nicht für Koordinaten stehen. Ein Index von 0 sagt, daß die entsprechende Farbe am Punkt mit der geringsten Dichte beginnt (also außen!). Der Index 1 steht für die Farbe, die die Partikel dort haben, wo das Halo seine größte Dichte hat (also innen). Die Transparenz der beiden verwendeten Farben habe ich im Beispiel so gewählt, daß sie am größten ist, wo die Dichte des Halos am geringsten ist.

Sofern Sie es noch nicht getan haben, sollten Sie zunächst die Datei *bild11_8.pov* rendern, um einen ersten Eindruck von unserem Halo zu bekommen.

An dieser Stelle sollten Sie auch einmal die anderen Halotypen ausprobieren, indem Sie die Anweisung *emitting* durch *glowing*, *attenuating* oder *dust* ersetzen. Gleichzeitig sollen ein paar Worte mehr zu den einzelnen Typen gesagt werden.

Der Halotyp *emitting* erzeugt ein Halo, das selbst Licht ausstrahlt. Sie können sich ein solches Halo so vorstellen, das es aus Tausenden von kleinen Lichtquellen besteht. Es muß allerdings deutlich gesagt werden, daß diese Lichtquellen nicht zur Beleuchtung anderer Objekte der Szene verwendet werden können. Dieser Typ sollte für das Erzeugen von Feuer, Explosionen usw. verwendet werden.

Bei der Verwendung des Halotyps *attenuating* entsteht ein Halo, in dem das einfallende Licht in Abhängigkeit von der Dichte des Halos am jeweiligen Lichteinfallpunkt gedämpft wird. Die Farbe des einfallenden Lichts und des Partikel an diesem Punkt werden nach der Dämpfung des Lichts zusammengefaßt, um die endgültige Farbe des Partikels zu erhalten. Dieser Typ sollte für das Erzeugen von Rauch und Wolken verwendet werden.

Der Halotyp *glowing* ähnelt dem Typ *emitting*. Beide Typen unterscheiden sich allerdings dadurch voneinander, daß beim Halotyp *glowing* Licht auch durch andere Partikel des Halos gedämpft werden kann. Dieser Typ verbindet, wenn Sie so wollen, die Eigenschaften der Halotypen *attenuating* und *emitting*.

Der Halotyp *dust* erfordert etwas ausführlichere Erläuterungen. Wie der Name schon sagt, kann er zur Erzeugung von Staub und ähnlichen Partikeln verwendet werden. Er ähnelt im Prinzip der in POV-Ray erzeugbaren Atmosphäre, von der er sich dadurch unterscheidet, daß er sich nicht über die gesamte Szene erstreckt, sondern sich nur innerhalb des Containerobjekts befindet. Im Gegensatz zu den anderen Halotypen wird *dust* durch zusätzliche Anweisungen und Parameter näher spezifiziert. Die erste Anweisung lautet *dust_type Typ*. Als *Typ* werden ganze Zahlen erwartet, die für eine bestimmte Streuungsart stehen. Es gelten die gleichen Parameter wie bei der *atmosphere*-Anweisung. Dementsprechend ist auch das Aussehen des so definierten Halos.

Verwenden Sie als *dust_type* die Henyey-Greenstein-Streuung (also die Zahl 5), müssen Sie wie bei der *atmosphere*-Anweisung die Anweisung *eccentricity Wert* ergänzen.

Als Beispiel betrachten Sie bitte die Datei *bild11_9.pov*. Da sie sich nur in der *halo*-Anweisung von der Datei *bild11_8.pov* unterscheidet, finden Sie an dieser Stelle nur die modifizierte *halo*-Anweisung.

```
//Halo
sphere{<0,0,0>,1
pigment{color rgbt<1,1,1,1>}
halo{
dust
dust_type 4
spherical_mapping
cubic
color_map{
[0.0 color rgbt<1,1,0,.7>]
[1.0 color rgbt<1,0,0,.2>]}
}
hollow}
```

Es wird also ein Staub erzeugt, in dem das Licht durch das Rayleigh-Verfahren gestreut wird.

Turbulenzen in Halos

Die nach den oben beschriebenen Methoden erzeugten Halos wirken häufig wegen ihrer regelmäßigen Form und ihrer regelmäßigen Farbübergänge recht langweilig. Deshalb ist es sinnvoll, einer *halo*-Anweisung die Ihnen bereits bekannte *turbulence*-Anweisung hinzuzufügen. Durch diese Anweisung werden die entsprechend der Dichteverteilung und der Dichtefunktion angeordneten Partikel kräftig „durchgerührt". Dadurch verändern sich sowohl die Dichte des Halos als auch die Farbverteilung. Im Zusammenhang mit *turbulence* funktionieren auch die Anweisungen *octaves*, *omega*, *lambda* und *frequency*, wie bereits in diesem Buch beschrieben.

Wir wollen uns die Wirkung von *turbulence* am Beispiel *bild11_10.pov* ansehen. Dazu ändern Sie in der Datei *bild11_9.pov* lediglich die *halo*-Anweisung wie folgt.

```
//Halo
sphere{<0,0,0>,1
pigment{color rgbt<1,1,1,1>}
halo{
dust
dust_type 4
spherical_mapping
cubic
color_map{
[0.0 color rgbt<1,1,0,.7>]
[1.0 color rgbt<1,0,0,.2>]}
turbulence 2
frequency 3}
hollow}
```

Die beiden Anweisungen *turbulence 2* und *frequency 3* bewirken die angesprochene Verwirbelung der Partikel und ein verbessertes Aussehen des Halos.

Antialiasing in Halos

Da beim Erzeugen von Halos mit kleinen und kleinsten Partikeln operiert wird, kann es bei der Bildbrechnung zu Ungenauigkeiten kommen, die zu Bildverfälschungen führen. Um dem entgegenzuwirken, können beim Erzeugen eines Halos Antialiasing-Methoden angewandt werden. Dabei ist es unerheblich, ob bei der Bilderzeugung generell Antialias-Techniken genutzt werden.

Die einfachste Antialiasing-Methode in einer *halo*-Anweisung besteht darin, die Anweisung *samples Wert* zu ergänzen. Dieser Befehl gibt an, wie dicht bzw. wie genau der Bereich um einen durch den Halo gehenden Lichtstrahl untersucht werden soll. Je höher der *Wert* ist, desto genauer ist die Berechnung der engültigen Pixelfarbe, desto geringer sind die Bildverfälschungen. Insbesondere bei der Verwendung von Turbulenzen sollten Sie hohe Werte (>50) verwenden.

Sollte die Verwendung der *samples*-Anweisung noch nicht zu einer Bildverbesserung führen, bietet Ihnen POV-Ray die Möglichkeit, innerhalb einer *halo*-Anweisung auch das sogenannte Supersampling einzusetzen. Dabei werden bei großen Farbdifferenzen zwischen zwei Samplestrahlen zusätzlich Strahlen verwendet und aus allen ermittelten Farben der Durchschnitt ermittelt. Ob Supersampling verwendet wird oder nicht, wird durch die Anweisung *aa_threshold Wert* gesteuert (*aa* steht für Antialiasing). Wenn die Farbdifferenz den *Wert* erreicht, kommt Supersampling zum Einsatz. Standardmäßig wird ein *Wert* von 0.3 verwendet. Das Supersampling wird dabei so lange wiederholt, bis die Farbwerte nahe genug beieinander liegen. Die Zahl der Wiederholungen kann aber auch durch die Anweisung *aa_level Wert* gesteuert werden. *Wert* steht dabei für die Zahl der Wiederholungen.

Um die Wirkung dieser Techniken zur Bildverbesserung anzusehen, wollen wir das Beispiel *Bild 11_10.pov* etwas modifizieren. Ersetzen Sie dazu die komplette *halo*-Anweisung durch das folgende Listing, und speichern Sie das vollständige Listing unter *bild11_11.pov* ab.

```
//Halo 1
sphere{<0,0,0>,1
pigment{color rgbt<1,1,1,1>}
halo{
emitting
spherical_mapping
linear
samples 50
aa_threshold 0.2
aa_level 5
color_map{
[0.0 color rgbt<1,1,0,.7>]
[1.0 color rgbt<1,0,0,.2>]}
turbulence 1.5}
translate<-1,0,0>
hollow}

//Halo 2
sphere{<0,0,0>,1
pigment{color rgbt<1,1,1,1>}
halo{
emitting
spherical_mapping
linear
color_map{
[0.0 color rgbt<1,1,0,.7>]
[1.0 color rgbt<1,0,0,.2>]}
turbulence 1.5}
translate<1,0,0>
```

```
hollow}
```

Wir erzeugen also zwei nebeneinanderliegende Halos. Das linke Halo wird dabei unter Verwendung von Antialiasing-Techniken gerendert. Im rechten Halo wird darauf verzichtet.

So wie bisher beschrieben, werden beim Sampling die zusätzlichen Samplestrahlen regelmäßig verteilt. Durch die zusätzlich mögliche Anweisung *jitter Wert* kann bewirkt werden, daß diese Strahlen zufällig verteilt werden. Wenn eine solche zufällige Verteilung der Samplestrahlen erwünscht ist, muß diese Anweisung verwendet werden und der *Wert* muß kleiner als 1 sein.

Transformation von Halos

Halos können wie jedes andere Objekt transformiert, also skaliert, gedreht oder verschoben werden. Es ist jedoch zu beachten, daß ein Halo stets um den Koordinatenursprung herum erzeugt wird und beim Erzeugen zunächst nur eine Ausdehung von einer Einheit in Richtung aller drei Koordinatenachsen besitzt. Die Ursache dafür ist, daß bestimmte Operationen wie die Dichteverteilung und die Dichtefunktion stets ausgehend vom Koordinatenursprung durchgeführt werden. Positionieren Sie also ein als Containerobjekt dienendes Objekt also weg vom Koordinatenursprung, erhalten Sie mit Sicherheit nicht den gewünschten Halo. Nachdem ein Halo vollständig definiert wurde, können Sie es zusammen mit dem Containerobjekt beliebig manipulieren. Um es anders auszudrücken: Die Transformationsanweisungen sollten sich am Ende der Definition des Containerobjektes befinden.

12 Animationen mit POV-Ray

Obgleich POV-Ray mit der Version 3.0 das Erzeugen von Animationen besser als in der Vorgängerversionen unterstützt, bleiben nach wie vor viele Wünsche offen. POV-Ray unterstützt nach wie vor nicht direkt das Arbeiten mit Schlüsselszenen oder die inverse Kinematik. Ich möchte Ihnen in diesem Kapitel dennoch eine Einführung in das Erstellen von Animationen mit POV-Ray geben und dabei die grundsätzlich möglichen Techniken erläutern. Sollten Ihnen die Animationsfähigkeiten von POV-Ray nicht ausreichen, sollten Sie sich Hilfsprogramme wie z.B. das ausgezeichnete RTAG beschaffen.

POV-Ray unterstützt extern gesteuerte und intern gesteuerte Animationen. Extern gesteuerte Animationen sind Animationen, die von Drittprogrammen wie dem bereits erwähnten RTAG aus gesteuert werden. Bei dieser Art von Animation erzeugt POV-Ray immer nur ein einziges Bild und beendet seine Arbeit. Für das Erzeugen weiterer Einzelbilder muß es von externen Programmen immer wieder aufgerufen werden.

Bei intern gesteuerten Animationen erzeugt POV-Ray automatisch alle für das Erzeugen der Animationen benötigten Einzelbilder und beendet erst dann seine Arbeit. Diese Art von Animationserzeugung ist eine neue Funktion in POV-Ray.

Es empfiehlt sich, eine Initialisierungsdatei für die Steuerung der zu erzeugenden Animation anzulegen. Eine solche Initialisierungsdatei enthält die für die Steuerung der Animation wichtigen Anweisungen.

Um die Erläuterungen nicht zu theoretisch werden zu lassen, sollen sie an einem praktischen Beispiel gegeben werden. Wir wollen eine erste Animation erzeugen, in der die sich drehende Erde gezeigt werden soll. Zunächst muß die Szene erzeugt werden. Das Listing der Szene *erde.pov* könnte wie folgt aussehen:

```
//Ausgangsszene für Animation

//Einbindung der benötigten Include-Dateien
#include "colors.inc"
```

```
#include "textures.inc"

//Definition der Kamera
camera {
 location  <0.0, 0.0, -4.0 >
 direction <0.0, 0.0, 1.0 >
 up        <0.0, 1.0, 0.0 >
 right     <1.333, 0.0, 0.0 >
 look_at   <0.0, 0.0, 0.0 >
}

// Kugeldefinition (Erde)
 sphere {<0,0,0>,1
 texture{ pigment{

 image_map { tga "c:\buch\grafiken\erde.tga" map_type
2 interpolate 2}
}
finish{ambient .5}}
}

// Lichtquelle
  light_source{<0 ,  10 , -100  > color White }
```

Mit dem Wissen aus den vorhergehenden Kapiteln sollten Sie das Listing verstehen. Wenn man nun eine sich drehende Erde erzeugen will, müßte man „manuell" so vorgehen: Die Szene wird, so wie gezeigt, gerendert. Die Definition der Erdkugel müßte um eine *rotate*-Anweisung mit einem bestimmten Winkel ergänzt werden. Die Szene müßte unter einem anderen Namen abgespeichert und erneut gerendert werden. Dieser Vorgang müßte für alle weiteren Einzelbilder wiederholt werden, wobei sich der Rotationswinkel von Bild zu Bild vergrößern müßte. Anschließend müßten alle Einzelbilder mit einem geeigneten Programm zu einer Animation zusammengefaßt werden. Ein solches Vorgehen wäre sehr langweilig und ist dank der Fähigkeiten von POV-Ray auch nicht notwendig. Wir können mit POV-Ray steuern, wie sich Parameter nach einer bestimmten Anzahl von Bildern verändern. Wir können beispielsweise Anweisungen verwenden, die dafür sorgen, daß sich die oben erzeugte Erde innerhalb von 50 Bildern einmal um ihre Achse dreht. Dazu sind folgende Schritte notwendig:

Wir erzeugen mit unserem Editor die für die Animationssteuerung benötigte Initialisierungsdatei und nennen sie *erde.ini* (in Entsprechung zur Szenedatei *erde.pov*). Diese Initialisierungsdatei muß die Anweisung

```
Initial_Frame=1
```

enthalten. Sie gibt die Nummer ersten Bildes der Animation an. Die Anweisung

```
Final_Frame=50
```

teilt POV-Ray die Nummer der letzten Bildes der Animation und mit. Aus *Initial_Frame* und *Final_Frame* ergibt sich die Gesamtzahl der zur Animation gehörenden Einzelbilder (in unserem Fall also 50). Mit diesen Anweisungen kann die Animation jedoch nur indirekt gesteuert werden. Die eigentliche Steuerung erfolgt über die Variable *clock*, die bei einer extern gesteuerten Animation an POV-Ray explizit übergeben werden muß und bei einer intern gesteuerten Animation durch POV-Ray berechnet wird. Dazu muß die Initialisierungsdatei die Anweisungen *Initial_Clock* und *Final_Clock* enthalten. Es ist zu empfehlen, in jeder Animation folgende Anweisungen zu verwenden:

```
Initial_Clock=0
Final_Clock=1
```

Der Grund für diese Empfehlung wird Ihnen einleuchten, wenn Sie verstanden haben, wie POV-Ray die bisher beschriebenen Anweisungen verarbeitet. Aus den Anweisungen *Initial_Frame* und *Final_Frame* ermittelt POV-Ray wie erwähnt die Gesamtzahl der zur Animation gehörenden Einzelbilder. Die Variable *clock* wird ermittelt, indem die Differenz zwischen *Initial_Clock* und *Final_Clock* durch die Bildanzahl dividiert wird. Damit erhält man den Wert von *clock* für das erste Bild. Für die weiteren Bilder wird *clock* dann um diesen Wert erhöht. Sehen wir uns diese Rechnung am obigen Beispiel an. Wir erzeugen insgesamt 50 Bilder. Die Differenz zwischen *Initial_Clock* und *Final_Clock* beträgt 1. Wenn man nun 1 durch 50 teilt, erhält man als *clock*-Wert für das erste Bild 0.2. Beim zweiten Bild beträgt *clock* dann 0.4 und erreicht beim 50. Bild den Maximalwert 1. Wenn sich also die Erde innerhalb der Animation um 360° drehen soll, muß der Rotationswinkel jedes Bildes *clock* * 360 betragen. Eine solche Anweisung fügen wir der Szenedatei hinzu. Ergänzen Sie die Szenebeschreibung vor der Kugeldefinition um die Zeile:

```
#declare drehwinkel = clock * 360
```

Auch die Kugeldefinition selbst muß verändert werden. Schreiben Sie an das Ende der Kugeldefinition die Anweisung:

```
rotate drehwinkel*z
```

Damit wird erreicht, daß die Kugel zusammen mit der Textur um den in der *declare*-Anweisung ermittelten Wert um die Z-Achse gedreht wird. Im ersten Bild beträgt der Winkel 0 Grad, da ja auch *clock* noch null beträgt. Im letzten Bild beträgt der Winkel 360°, da dann *clock* = 1 gilt.

Die Initialisierungsdatei für die Steuerung der Animation kann auch alle sonst üblichen Initialisierungsanweisungen enthalten. Die durch mich verwendete Initialisierungsdatei *erde.ini* sieht folgendermaßen aus:

```
;Erde.ini
Antialias=On
Antialias_Threshold=0.2
Antialias_Depth=3
Test_Abort_Count=100
Input_File_Name=erde.POV
Initial_Frame=1
Final_Frame=50
Initial_Clock=0
Final_Clock=1
Cyclic_Animation=on
Pause_when_Done=off
+b1024
+w320
+h240
```

Die Animation wird durch

```
povray erde.ini
```

gestartet. Sie merken, daß nicht der Name der Szenedatei, sondern der Name der Initialisierungsdatei an das Programm übergeben wird. Die Szenedatei wird innerhalb der Initialisierungsdatei durch *Input_File_Name=erde.POV* aufgerufen. Bis auf die

Anweisung *Cyclic_Animation=on* sollten Ihnen alle Anweisungen bekannt sein. *Cyclic_Animation=on* bewirkt, daß POV-Ray automatisch eine Animation erzeugt, die ruckfrei unendlich lange ablaufen kann. Das bedeutet, daß die *clock*-Variable so berechnet wird, daß ein weicher Übergang zwischen dem letzten und dem ersten Bild der Animation entsteht.

Sie werden sicher schon bemerkt haben, warum es vorteilhaft ist, die Werte von *Initial_Clock* und *Final_Clock* unverändert zu lassen: Sie steuern die Animation unabhängig von der Zahl der Einzelbilder.

Weiterhin ist zu empfehlen, als Wert für *Initial_Frame* immer die Eins zu verwenden. Obwohl Sie diesen Wert ändern könnten, um beispielsweise nicht die gesamte Animation, sondern nur einen bestimmten Ausschnitt zu rendern, sollten Sie diesen Wert dennoch unverändert lassen, da seine Veränderung auch eine Änderung der Werte für *Initial_Clock* verlangt, um zu korrekten Ergebnissen zu kommen. Wenn der Wert für *Initial_Frame* größer als Eins ist, muß auch *Initial_Clock* größer als Null sein. Der korrekte Wert für *Initial_Clock* müßte „von Hand" ausgerechnet werden. Würden wir die oben erläuterte Animation nicht vollständig, sondern beispielsweise erst ab dem 20. Bild rendern, würde die Animation nur aus 30 Einzelbildern bestehen. Würden wir *Initial_Clock* bei null belassen, hätte unser Objekt (die sich drehende Erde) beim 20. Bild die Position, die es beim 1. Bild hätte haben müssen. Um diesen Fehler auszugleichen, muß *Initial_Clock* so verändert werden, daß das korrekte Ergebnis erzielt wird.

Da solche Manipulationen und Berechnungen sehr kompliziert und zudem noch sehr fehlerträchtig sind, haben die Autoren von POV-Ray dem Anwender weitere Anweisungen zur Verfügung gestellt, die solche Fehler von vornherein vermeiden. Wollen Sie eine Animation nur teilweise rendern, sollten Sie also die Werte für *Initial_Frame* und *Initial_Clock* unverändert lassen. Verwenden Sie stattdessen die Befehle *Subset_Start_Frame* und *Subset_End_Frame.* Die Werte für beide Anweisungen sind entweder ganze Zahlen, die die Nummer des ersten bzw. des letzten zu rendernden Bildes angeben, oder aber Dezimalzahlen zwischen 0 und 1, die einen Prozentwert angeben. Wenn Sie diese Anweisungen verwenden, müssen Sie sich um die korrekten *clock*-Werte keine Gedanken mehr machen.

Wenn Sie eine intern gesteuerte Animation erzeugen, wenn also *Final_Frame* ungleich Eins ist, numeriert POV-Ray die generierten Einzelbilder automatisch durch. Das bedeutet, daß an den festgelegten Namen der zu erzeugenden Grafikdatei eine Ordnungszahl angehängt wird. Sollte der verwendete Name bereits eine maximal mögliche Länge haben (bei MS-DOS also 8 Zeichen), wird der Name durch POV-Ray automatisch gekürzt, um die Ordnungszahlen der Einzelbilder im Dateinamen unterbringen zu können. Wenn wir für unser oben besprochenes Beispiel als Name der Grafikdatei *erde.tga* definieren, erzeugt POV-Ray Dateien mit den Bezeichnungen *erde01.tga*, *erde02.tga* usw.

Die so entstandenen Grafikdateien dienen als Grundlage der Animationen. Zum Erstellen der Animation verwenden wir das Programm DTA (Dave's Targa Animator) von David K. Mason. Wenn sich das Programm in einem in der path-Anweisung der *autoexec.bat* enthaltenen Verzeichnis befindet, geben Sie an der Eingabeaufforderung folgendes ein:

```
dta erde*.tga /oerde /r6 /s150
```

Daraufhin wird aus allen erzeugten Einzelbildern eine Animation erzeugt. Auf eine Erläuterung der Syntax des Programms DTA muß aus Platzgründen verzichtet werden. Die so entstandene Animation können Sie sich beispielsweise mit dem Programm DFV (Dave's Flic Viewer) durch den Befehl

```
dfv erde.flc
```

ansehen.

3. Teil - Szenegestaltung mit Moray

13 Einführung in die Arbeit mit Moray

In den bisherigen Kapiteln haben Sie das Raytracing-Programm POV-Ray kennen- und sicher auch schon schätzengelernt. Sie haben gesehen, daß mit Hilfe von POV-Ray beeindruckende Bilder erzeugt werden können.

Leider setzt POV-Ray ein außerordentlich gutes räumliches Vorstellungsvermögen voraus, da das Programm keinerlei visuelle Hilfsmittel für das Erstellen einer Szene mitbringt. Daher ist es gerade beim Erzeugen komplizierter Szenen zweckmäßig, Hilfsmittel zu verwenden, die ein weniger gut ausgeprägtes Vorstellungsvermögen voraussetzen.

Viele Anwender von POV-Ray fertigen zum Beispiel vor dem Schreiben einer Szenedatei umfangreiche Skizzen an, aus denen schon die Lage und die Größe aller Objekte sichtbar wird.

Andere Anwender zeichnen die Szene zunächst mit einem CAD-Programm, um sie dann als POV-Ray-Szene niederzuschreiben.

Eine weitere Möglichkeit bei der Szenegestaltung besteht in der Verwendung von Grafikprogrammen, die speziell für den Einsatz mit POV-Ray geschrieben wurden. Im Zusammenhang mit POV-Ray gibt es eine ganze Reihe von sogenannten Modellern, die Sie unter anderem im CompuServe-Forum *graphdev* finden können.

Eines dieser Programme ist MORAY (Monty, the Modeller), das in diesem Teil des Buches besprochen werden soll. MORAY gestattet uns, eine Szene am Bildschirm ähnlich wie in einem CAD-Programm zusammenzustellen, diese Szene in das POV-Ray-Format zu exportieren und unter Umständen sogar direkt aus MORAY heraus zu rendern.

Bei der Verwendung von MORAY müssen Sie sich um die korrekte Syntax der Szenedateien keine Gedanken mehr machen. Das bedeutet jedoch nicht, daß Sie die Szenebeschreibungssprache nicht zu kennen brauchen! Viele Operationen, die in MORAY möglich sind, erschließen sich Ihnen nur, wenn Sie die

POV-Ray-Sprache und die Funktionsweise bestimmter Anweisungen kennen.

MORAY unterstützt nicht alle Möglichkeiten der POV-Ray-Sprache. Die in diesem Buch behandelte Version 2.02 erzeugt Szenedateien, die sich an die Syntax der POV-Ray-Version 2.2. anlehnen. Die neuen Möglichkeiten der Szenegestaltung, die die Version 3.0 bieten, werden durch MORAY 2.0 nicht unterstützt. Das bedeutet jedoch nicht, daß Sie Moray nicht zusammen mit POV-Ray verwenden können. POV-Ray 3.0 ist abwärts kompatibel zu POV-Ray 2.0 und 2.2. Wollen Sie die neuen Effekte der POV-Ray-Version 3.0 in den Szenen verwenden, die Sie mit Moray 2.0 erstellt haben, müssen Sie diese Szenedateien mit einem Editor sozusagen „manuell" nachbearbeiten. Mit den Syntaxkenntnissen, die Sie im ersten Teil dieses Buches erworben haben, sollte das jedoch kein Problem sein. Es wird jedoch in nächster Zeit auch eine neue Version herauskommen, die die neuen Gestaltungsmöglichkeiten von POV-Ray 3.0 zumindestens teilweise unterstützen wird. Darüber hinaus wird eine Version für Windows 95 und Windows NT angekündigt.

Installation

Die Installation von MORAY erfolgt einfach durch das Entpackprogramm PKUNZIP. Wenn Sie die Datei MORAY2.ZIP mit der Option -d entpacken, werden automatisch all jene Verzeichnisse erstellt, die MORAY für seinen Betrieb benötigt. Erzeugen Sie also zunächst ein Verzeichnis für Moray. Ich habe als Bezeichnung *MOR* verwendet. Kopieren Sie in dieses Verzeichnis die Datei *moray2.zip*. In dieses Verzeichnis kopieren Sie anschließend das Programm *pkunzip.exe*, das Sie zum Entpacken der *zip*-Datei benötigen.

An der Eingabeaufforderung geben Sie nun folgenden Befehl ein:

```
pkunzip -d moray2
```

Die Datei *moray2.zip* wird nun entpackt. Gleichzeitig werden zum Verzeichnis *mor* Unterverzeichnisse angelegt und Dateien in diese Verzeichnisse kopiert. Nach dem Entpackvorgang sollten Sie folgende Verzeichnisstruktur auf Ihrer Festplatte vorfinden:

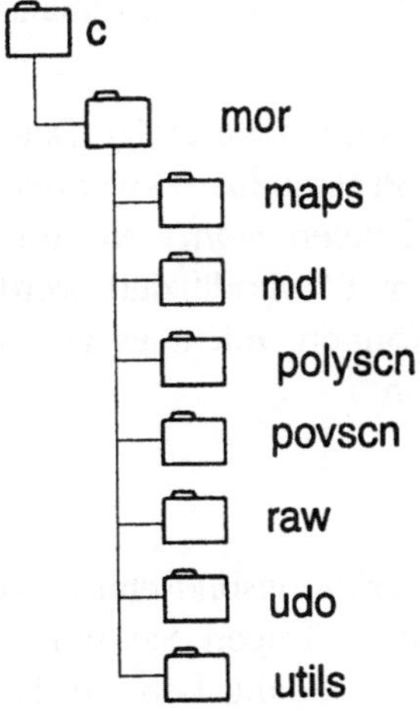

Im Verzeichnis *mor* finden Sie alle für das Programm notwendigen Dateien. Im Verzeichnis *maps* werden Bilddateien abgelegt, die in Höhenfeldern oder als Imagemap verwendet werden. Zusammen mit Moray werden Beispielszenen ausgeliefert, die Sie im Verzeichnis *mdl* finden. Mit Moray erzeugte Szenedateien werden standardmäßig in den Verzeichnissen *polyscn* oder *povscn* abgelegt. Das Verzeichnis *polyscn* ist dabei den Szenedateien vorbehalten, die für das Raytracing-Programm POLYRAY erzeugt wurden. Im Verzeichnis *raw* werden Dateien im RAW-Format abgelegt. Bei der Vergabe des Verzeichnisnamens *udo* staand nicht der gleichlautende männliche Vorname Pate. *Udo* steht für *user defined object.* Es handelt sich dabei um ein spezielles Format für Körper, die mit Drittprogrammen erzeugt wurden. Wir werden uns im 5. Kapitel dieses Teils ausführlich mit diesem Format beschäftigen. Im Verzeichnis *utils* finden Sie Hilfsprogramme, die später ausführlicher besprochen werden. Es sei an dieser Stelle nur gesagt, daß es sich dabei um ein Programm zum Testen Ihrer Grafikkarte (*vesatest.exe*), ein Programm zum Konvertieren von Objektdateien für die Verwendung in Moray (*3dto3d.exe*) sowie um ein Programm, mit dem POV-Ray-Szenedateien in eine für die Weiterverarbeitung in Moray geeignete Form konvertiert werden können (*pov2mdl.exe*).

Startvorbereitungen

Bevor wir uns der Arbeit mit Moray zuwenden, müssen wir jedoch noch ein paar Vorbereitungen treffen, die darin bestehen, daß einige durch Moray verwendete Initialisierungs- und Startdateien angepaßt werden müssen.

Im Moray-Verzeichnis finden Sie einige Dateien, die für den Start und den Ablauf des Programms verwendet werden. Dabei handelt es sich um die Dateien *moray.ini* und *callmray.bat*, die für den Einsatz auf Ihrem PC modifiziert werden müssen. Um mit Moray arbeiten zu können, reicht es aus, das Setup-Programm durch die Eingabe von

```
setup <enter>
```

aufzurufen. Den Begrüßungsbildschirm können Sie mit der Escape-Taste abschalten. Tragen Sie nun an der gewünschten Stelle die notwendigen Pfadangaben ein. Falls Sie nicht mehr sicher wissen, wie die Bezeichnungen der Pfade lauten, können Sie sich mit F8 ein Dialogfeld einblenden lassen, in dem Sie die notwendigen Pfade mit der Maus auswählen. Wenn Sie das Programm *Polyray* nicht verwenden, lassen Sie die Zeile, an der der Pfad zur ausführbaren Datei eingetragen werden soll, leer. Moray erkennt dann, daß Sie diesen Raytracer nicht verwenden. Alle weiteren Parameter sollten Sie wie vorgeschlagen verwenden. Aufmerksam machen möchte ich Sie jedoch auf die Zeile *Graphic Mode*, in der ein Grafikmodus von 640 x 480 Pixeln bei einer Farbtiefe von 256 Farben vorgeschlagen wird. Sie können an dieser Stelle auch andere Auflösungen angeben, sollten jedoch stets an den Zusammenhang zwischen Bildschirmauflöung und Geschwindigkeit des Bildschirmaufbaus denken, wenn Sie sich für einen höhere Auflösung entscheiden. Die Farbtiefe kann nicht verändert werden. Wenn Sie alle Pfadangaben gemacht haben, können Sie die Installation mit F9 beginnen. Sollten angegebene Pfade nicht existieren, werden Sie darauf aufmerksam gemacht. Fehler, die zu einem Nichtfunktionieren von Moray führen, werden so weitgehend ausgeschlossen. Die Datei *moray.ini* kann durch eine Vielzahl von Parametern weiter an benutzerspezifische Erfordernisse angepaßt werden. Eine Aufstellung aller Parameter der *moray.ini* finden Sie im Anhang 2.

Der Programmstart

Der beste Weg, Moray zu starten, besteht darin, daß Programm über die Batch-Datei *callmray.bat* aufzurufen, die das Setup-Programm automatisch mit den richtigen Eintragungen angelegt hat. Geben Sie dazu an der Eingabeaufforderung folgendes ein:

```
callmray <enter>
```

Der eigentliche Startbefehl lautet:

```
moray [dateiname] [-gX |  -gNxnnn] [-L] [-B] [-F]
```

Die eckigen Klammern werden dabei nicht eingegeben. Sie sollen nur verdeutlichen, daß es sich bei den Parametern um optionale Parameter handelt. Die Bedeutung der einzelnen Parameter entnehmen Sie bitte der Tabelle im Anhang 2.

Die Programmoberfläche

Nach dem Starten von Moray präsentiert sich Ihnen das Programm wie in der Abbildung 13.1 zu sehen.

Abbildung 13.1

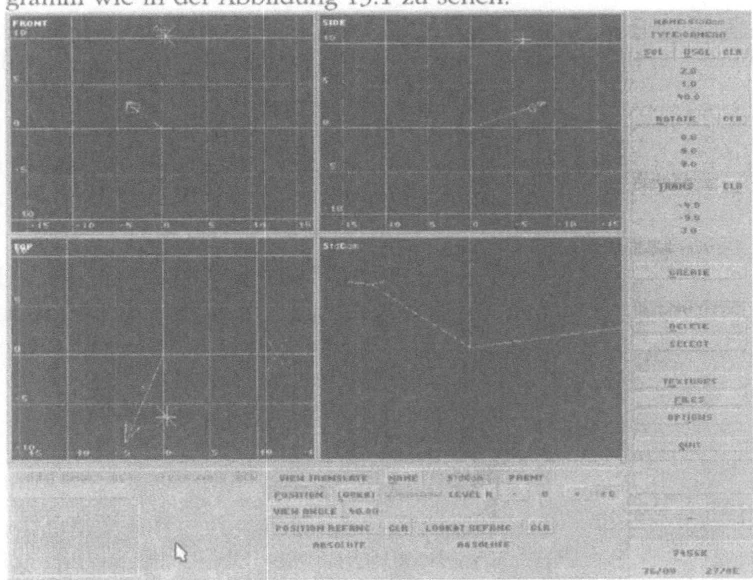

Die gesamte Programmoberfläche läßt sich grob in drei Bereiche unterteilen: die Ansichtenfenster, das linke und das untere Bildschirmmenü. Das Positionieren von Körpern und das Gestalten von Szenen erfolgt in den vier Ansichtenfenstern. Jedes dieser Fenster steht die dabei für eine bestimmte Darstellungsperspektive.

Wenn Sie einen genauen Blick auf das in den Fenstern dargestellte Koordinatensystem werfen, werden Sie erkennen, daß Moray nicht das in POV-Ray verwendete linkshändige Koordinatensystem verwendet. Moray bedient sich des rechtshändigen

Koordinatensystems (wie z. B. auch AutoCAD). Das bedeutet, daß in Moray die Höhe eines Körpers durch die Z-Koordinate repräsentiert wird. Wenn Sie nun Probleme bei der Arbeit mit Moray wegen der anderen Händigkeit erwarten, kann ich Sie beruhigen. So lange Sie Ihre Szenen ausschließlich mit Moray erzeugen, werden Sie keinerlei Schwierigkeiten haben. Dann müssen Sie nicht einmal wissen, welche Achse für die Breite, die Höhe und die Tiefe einer Objekts steht. Wenn Sie Szenen, die Sie aus Moray heraus in das POV-Ray-Format exportiert haben, nun in einem Editor nachbearbeiten wollen, werden Sie gelegentlich allerdings nicht umhin kommen, im Kopf die Szene von einem linkshändigen in ein rechtshändiges Koordinatensystem umzurechnen. Das wird allerdings nur bei den Operationen notwendig sein, für deren Ausführung die Art des Ausrichtung des Koordinatensystems wichtig ist (z.B. *image_map*, *bump_map*).

Oben links finden Sie das Fenster für die Vorderansicht, oben rechts für die Seitenansicht und unten links für die Draufsicht. Das Fenster rechts unten zeigt Ihnen die Szene so, wie sie durch die Kamera gesehen wird. Sie bekommen hier also eine Vorschau des gerenderten Bildes (wenn auch nur als Drahtgittermodell).

Beim ersten Start von Moray wird eine Szenedatei mit dem Namen *mrystart.mdl* aufgerufen. Diese Szene besteht jedoch nur aus einer Lichtquelle und einer Kamera. Beide Objekte können Sie in den vier Fenstern sehen. Die Lichtquelle wird durch einen Punkt, von dem Strahlen in alle Richtungen ausgehen, dargestellt. Die Kamera wird durch eine Pyramide symbolisiert, von dessen Grundfläche eine Linie zur *look_at*-Koordinate führt.

Die Zuordnung der Fenster zu den einzelnen Ansichten ist jedoch nicht statisch. Sie haben die Möglichkeit, eigene Vorstellungen durchzusetzen. Nähere Erläuterungen dazu werden Sie in den nächsten Kapiteln finden.

Am rechten Bildschirmrand sehen Sie ein Menü mit mehreren Befehlsknöpfen und Feldern für die Eingabe von Daten. Bei diesem Menü handelt es sich um das Hauptmenü des Programms. Von hier aus beginnen Sie die Erzeugung von Körpern, nehmen Manipulationen an diesen Körpern vor, starten weitere Editoren und öffnen weitere Menüs.

Am unteren Bildschirmrand werden Sie spezielle Menüs (die sogenannten Objektmenüs) für markierte Objekte einer Szene (Körper, Lichtquellen, Kameras usw.) finden.

In der unteren rechten Bildschirmecke finden Sie folgende Informationen. Ganz unten sehen Sie zwei Felder, in denen hinter einem Schrägstrich eine Zahl, gefolgt von einem V bzw. einem E stehen. In diesen Feldern wird angezeigt, wie stark die Speicherpuffer ausgelastet sind, in denen die Daten aller Kanten und Eckpunkte abgelegt sind.

Darüber sehen Sie, wie viel Arbeitsspeicher in Kbyte Ihnen noch zur Verfügung steht.

In den drei Feldern darüber werden Ihnen die Koordinaten des Mauszeigers angezeigt, wenn er sich über einem der Ansichtenfenster befindet.

Programmbedienung

Bedienung mit der Maus

Für die Arbeit mit Moray ist eine Maus unverzichtbar. Das Aufrufen von Befehlen, das Transformieren von Körpern und Formen usw. kann in Moray bequem mit der Maus erledigt werden. In Moray werden sowohl die linke als auch die rechte Maustaste verwendet. In früheren Moray-Versionen mußten für bestimmte Operationen beide Maustasten gleichzeitig gedrückt werden. Das gibt es in der aktuellen Version nicht mehr.

Die rechte Maustaste dient, wenn sie sich über Menüs oder Eingabefeldern befindet, zum Abbrechen von eingeleiteten Befehlen oder Operationen. Sie entspricht, wenn Sie so wollen, der Escape-Taste auf Ihrer Tastatur. Durch ein Klicken auf die rechte Maustaste können Sie sich auch in der Menühierarchie wieder nach oben bewegen. Wenn sich der Mauszeiger über einem der Ansichtenfenster befindet, öffnet sich durch einen Klick auf die rechte Mautaste ein Popup-Menü. In diesem Popup-Menü können Sie durch das Anklicken eines bestimmten Buttons die in der folgenden Tabelle aufgeführten Handlungen ausführen.

Button	Bedeutung
Disable	Schaltet das Ansichtenfenster ab.
Disable/ Enable Snap	Schaltet die Fangfunktion aus/ein

Zoom To Obj	Das Ansichtenfenster wird so eingerichtet, daß ein markiertes Objekt dieses Fenster genau ausfüllt.
Zoom To Fit	Das Ansichtenfenster wird so eingerichtet, daß die gesamte Szene dieses Fenster genau ausfüllt.
Pan	Wenn dieser Button angeklickt wurde und anschließend die Maus bei gedrückt gehaltener linker Maustaste bewegt wird, wird der im Ansichtenfenster sichtbare Ausschnitt verschoben. Man spart sich gewissermaßen das Halten der Strg-Taste.
Zoom	Wenn dieser Button angeklickt wurde und anschließend die Maus bei gedrückt gehaltener linker Maustaste bewegt wird, wird der im Ansichtenfenster sichtbare Ausschnitt heran- oder weggezoomt. Man spart sich gewissermaßen das Halten der Alt-Taste.
Maximize/ Minimize	Hiermit wird das aktuelle Ansichtenfenster so vergrößert, daß es den gesamten Bildschirm einnimmt bzw. wieder auf seine ursprüngliche Größe verkleinert.
Select	Wenn dieser Button angeklickt wurde, kann anschließend bei gedrückt gehaltener linker Maustaste ein Objekt der Szene markiert werden. Man spart sich gewissermaßen das Halten der Shift-Taste.
Redraw	Hiermit wird ein Neuzeichnen des aktuellen Fensters veranlaßt.
View	Hiermit schalten Sie zwischen den verschiedenen Ansichtenfenstern um.
Lock/Unlock Grid	Hiermit wird das Gitternetz auf eine feste Größe festgestellt bzw. wieder gelöst. Bei festgestelltem Gitter bleibt die Gittergröße auch beim Zoomen konstant.
Disable/ Enable Grid	Durch das Anklicken dieses Buttons können Sie das Gitternetz aus- bzw. wieder einschalten.

Die linke Maustaste hat mehrere Funktionen. In den Menüs dient sie zum Einleiten und Bestätigen von Befehlen, übt also die Funktionen der Return-Taste aus. Sie wird in den Zeichenfenstern verwendet, um Manipulationen von Körpern und Formen zu unterstützen. Sie wird beispielsweise beim Markieren, Verschieben, Skalieren von Objekten verwendet (mehr dazu in den nächsten Kapiteln).

Bedienung mit der Tastatur

Obgleich die Maus in Moray das wichtigste Eingabemedium ist, kann die Tastatur zu einer zügigeren Arbeit verwendet werden. Viele Befehle lassen sich nicht nur durch ein Anklicken mit der Maus, sondern auch durch die Eingabe des Buchstabens aufrufen, der in der Bezeichnung eines Befehlsknopfes unterstrichen ist. Das ist jedoch nur bei Menüs möglich, die gerade sichtbar sind.

Eine weitere Möglichkeit der Befehlseingabe mit Hilfe der Tastatur besteht in der Eingabe sogenannter Short-Cuts. Ich werde an dieser Stelle darauf verzichten, Ihnen alle Short-Cuts zu nennen. Sie werden sie in den nächsten Kapiteln kennenlernen, wenn Sie für die Arbeit mit Moray notwendig und sinnvoll sind.

Natürlich soll nicht vergessen werden, daß mit Hilfe der Tastatur in Moray Koordinaten und Vektoren eingegeben werden. Sie werden aber in den nächsten Kapiteln merken, daß man im Prinzip auf diese Möglichkeit so lange verzichten kann, wie es nicht auf ein exaktes Arbeiten ankommt.

14 Die erste Szene mit Moray

Wir wollen in diesem Kapitel eine Szene ausschließlich aus den durch POV-Ray unterstützten Grundformen (Kugel, Quader, Zylinder, Kegel, Fläche) erzeugen. Sie werden lernen, wie Körper plaziert, verschoben und skaliert werden. Dabei werden Sie erste Erfahrungen mit der Nutzung der vier Sichtfenster für das Gestalten einer Szene machen. Sie werden den Umgang mit Lichtquellen und Kameras erlernen und werden den Objekten vordefinierte Farben und Texturen zuweisen. Zum Abschluß dieses Kapitel werden Sie erfahren, wie Sie eine Szene direkt aus Moray heraus rendern.

Wenn Sie Moray noch nicht gestartet haben, sollten Sie das Programm nun aufrufen. Das Programm sollte sich Ihnen so präsentieren wie in der Abbildung 14.1 gezeigt.

Das Plazieren von Objekten

Beginnen wir damit, einen Quader in unsere Szene zu stellen. Bringen Sie dazu den Mauszeiger auf den Button *CREATE*, und klicken Sie die linke Maustaste. Alternativ dazu können Sie auf der Tastatur auch die Taste „C“ betätigen (das „C“ in *CREATE* ist unterstrichen). Es öffnet sich auf der rechte Seite ein neues Menü. Wenn Sie nun den Button *CUBE* anklicken, öffnet sich ein kleines Dialogfeld, in dem Sie aufgefordert werden, eine Bezeichnung für den zu erzeugenden Körper einzugeben. Vorgeschlagen wird die Bezeichung *Cube001*. Wenn Sie keine eigene Bezeichung verwenden wollen, drücken Sie nun die Return-Taste, oder klicken Sie die linke Maustaste. Anderenfalls geben Sie in dieses Dialogfeld eine Bezeichnung ein, die es Ihnen später leichter machen soll, die einzelnen Objekte zu identifizieren. Ich habe als Bezeichnung *Quader* verwendet. Nachdem Sie die Eingabe bestätigt haben, sehen Sie, daß ein Quader in der Szene plaziert wurde. Alle Grundformen werden in Moray standardmäßig so positioniert, daß ihr Mittelpunkt im Mittelpunkt des Koordinatensystems liegt und ihre Ausdehnung entlang der drei Achsen jeweils eine Einheit beträgt (siehe Abbildung 14.1)

Abbildung 14.1.

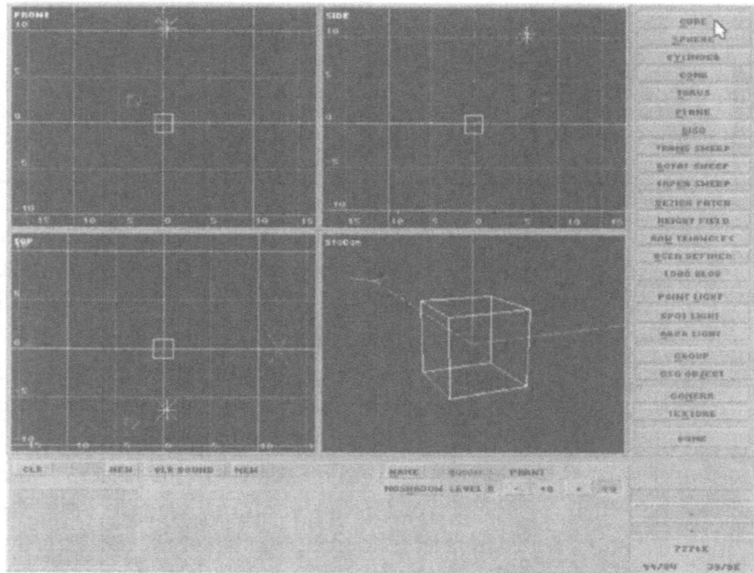

Sie können erkennen, daß unten ein neues Menü erschienen ist. Lassen Sie uns einen ersten Blick auf dieses Menü werfen. Links sehen Sie ein noch leeres Listenfeld. Hier werden später die Bezeichnungen von Texturen stehen, die Sie den Objekten Ihrer Szene zuweisen können. Diesem Teil des Menüs werden wir uns weiter unten ausführlich zuwenden. Rechts finden Sie ein Menü mit weiteren Eigenschaften des soeben erzeugten Objekts. Hinter dem Befehlsbutton *Name* sehen Sie die Bezeichung, die Sie dem Quader zugewiesen haben. Wenn Ihnen diese Bezeichnung nicht mehr gefällt, können Sie sie jederzeit ändern, indem Sie diesen Befehlsknopf anklicken und in das dann erscheinende Dialogfeld die neue Bezeichnung eintragen.

Die anderen Teile dieses Menüs wollen wir an dieser Stelle noch nicht betrachten. Sie werden ihre Bedeutung in den nächsten Kapiteln ausführlich kennenlernen.

Doch lassen Sie uns nun weitere Körper in unsere Szene stellen. Ich schlage vor, jetzt eine Kugel zu erzeugen. Das Vorgehen ähnelt dem Vorgehen bei der Erzeugung des Quaders. Klicken Sie zunächst den Befehlsbutton *Create* an. In dem sich darauf öffnenden Menü wird der Button *SPHERE* angeklickt oder auf der Tastatur die Taste „S" betätigt. Es öffnet sich wiederum das Dialogfeld für die Eingabe der Objektbezeichnung. Ich habe die Bezeichnung „Kugel" gewählt. Nach der Bestätigung dieser Eingabe sehen Sie die Kugel in der Szene. Ihr Mittelpunkt befindet sich im Mittelpunkt des Koordinatensystems, und sie hat einen Radius von einer Einheit.

Lassen Sie sich nicht dadurch irritieren, daß die Kugel und der Quader an der gleichen Stelle liegen. Sie werden in wenigen Minuten sehen, wie Körper in Moray an eine andere Position gebracht werden. Dann werden auch beide Körper voneinander getrennt sein. Vorher wollen wir jedoch eine Fläche erzeugen, auf der beide Körper liegen sollen.

Ich denke, daß Sie nun bereits in der Lage sind, die Fläche ohne Anleitung zu erzeugen. Ich will Ihnen nur sagen, daß die Fläche bei mir die Bezeichnung *FLAECHE* erhalten hat.

Transformation von Objekten

Sie werden im zweiten Teil des Buches festgestellt haben, daß gerade das Transformieren von Objekten ein außerordentlich gutes Vorstellungsvermögen voraussetzt, um die gewünschten Ergebnisse zu bekommen. Nun, da Sie mit Moray arbeiten, werden Sie recht bald merken, daß Transformationen Ihren Schrekken verloren haben. Ja, Sie müssen nicht einmal auf die so wichtige Transformationsreihenfolge achten. Das erledigt Moray automatisch und völlig korrekt für Sie. Wie einfach solche Transformationen nunmehr sind, wollen wir uns am Beispiel der drei Körper unserer Szene ansehen.

Im ersten Schritt soll die Fläche so nach unten verschoben werden, daß die Kugel und der Quader auf ihr ruhen. Bevor wir damit beginnen, müssen ein paar wichtige Operationen besprochen werden. Wenn Sie sich die drei Fenster mit den zweidimensionalen Darstellungen ansehen, werden Sie feststellen, daß die drei Körper nur schwer zu erkennen sind, da sie sehr klein dargestellt werden. Abhilfe schafft hier das Heranzoomen der gesamten Szene.

Das Zoomen der Ansichten

Um in einem Fenster eine Szene heran- oder wegzuzoomen, bewegen Sie zunächst den Mauszeiger in das jeweilige Fenster. Betätigen Sie nun die Alt-Taste, und halten Sie sie gedrückt. Gleichzeitig drücken Sie die linke Maustaste nieder, und halten Sie sie ebenfalls gedrückt. Wenn Sie nun die Maus nach oben bewegen, wird die Szene von Ihnen weggezoomt. Bewegen Sie sie nach unten, wird die Szene zu Ihnen herangezoomt. Wenn

Sie das Zoomen beenden wollen, lassen Sie beide Tasten wieder los.

Das Verschieben der Ansichten

Wenn Sie beispielsweise bestimmte Bereiche Ihrer Szene in einem Ansichtenfenster sehen wollen, können Sie die Szene so verschieben, daß Sie im entsprechenden Ansichtenfenster sichtbar wird. Wenn man es genau ausdrückt, muß man sagen, daß nicht die Szene verschoben wird, sondern nur das Fenster. Das Ganze ist vergleichbar mit dem Fotografieren einer Szene, wo auch häufig der Fotoapparat gedreht, gehoben oder gesenkt werden muß, um einen bestimmten Bereich der Umgebung durch die Linse sehen zu können. Dieses Verschieben der Ansicht wird in CAD-Programmen und in Moray als *PAN* bzw. *PANNING* bezeichnet.

Um das Ansichtenfenster zu verschieben, verfahren Sie ähnlich wie beim Zoomen. Bringen Sie zunächst den Mauszeiger in das gewünschte Fenster. Halten Sie die Strg-Taste und die linke Maustaste gedrückt. Entsprechend den Bewegungen der Maus verschiebt sich nun das Ansichtenfenster.

Um ein Gefühl für das Zoomen und das Panning zu bekommen, sollten Sie jetzt ein wenig herumspielen.

Das Markieren von Objekten

Um ein Objekt manipulieren zu können, muß Moray natürlich wissen, auf welches Objekt sich die Befehle beziehen. Das heißt, das in Frage kommende Objekt muß markiert werden.

Moray unterstützt zwei Verfahren zum Markieren eines Objekts. Das erste Verfahren besteht darin, im Hauptmenü den Button *SELECT* anzuklicken. Daraufhin öffnet sich der sogenannte Objectbrowser (Abbildung 14.2).

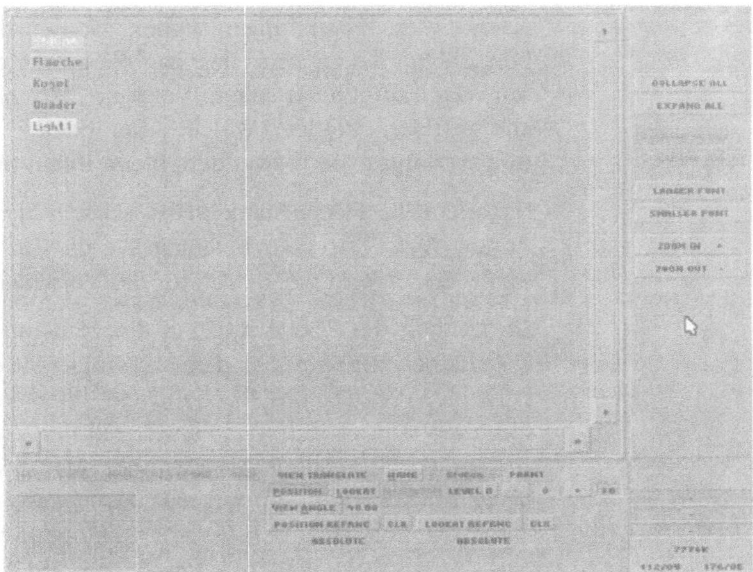

Abbildung 14.2.
Der Objektbrowser

Diesen Objectbrowser werden wir in den nächsten Kapiteln intensiv nutzen. Dort werden Sie auch alles über seinen Aufbau und seine Nutzung erfahren. An dieser Stelle will ich Ihnen nur das Wissen vermitteln, das Sie zum Markieren eines Objekts brauchen. Werfen Sie einen Blick auf das große Feld links oben. Dort sehen Sie eine Auflistung aller Objekte der Szene. Wenn Sie mit der Maus einen der Buttons mit den Bezeichungen der Objekte anklicken, wird er in gelber Farbe dargestellt. Das Objekt ist markiert. Wenn Sie anschließend die rechte Maustaste betätigen, kehren Sie zum Hauptmenü und den vier Ansichtenfenstern zurück. In diesen Fenstern sehen Sie dann, daß auch hier der gewünschte Körper gelb dargestellt ist.

Die andere Möglichkeit zum Markieren eines Objekts sieht so aus: Bewegen Sie den Mauszeiger in eines der Ansichtenfenster. Drücken Sie die Shift-Taste, und halten Sie sie gedrückt. Wenn Sie nun die linke Maustaste gedrückt halten und die Maus bewegen, sehen Sie, wie ein Rechteck gezeichnet wird, das mit zunehmender Entfernung vom Ausgangspunkt immer größer wird. Wenn Sie die Maustaste loslassen, wird nach dem Loslassen der Körper markiert sein, dessen Linien sich innerhalb des durch Sie aufgezogenen Rechtecks befanden.

Das Verschieben von Körpern

Nach diesen Erläuterungen wollen wir nun die Fläche verschieben. Stellen Sie zuvor sicher, daß Sie an der rechten Bildschirmseite das Hauptmenü sehen. Vor dem Verschieben muß die Fläche markiert werden. Welches der beiden möglichen Markierungsverfahren Sie verwenden, bleibt Ihnen überlassen.

Nachdem die Fläche markiert ist, klicken Sie mit der Maus den Button *TRANS* an, oder betätigen Sie die Taste „T" auf Ihrer Tastatur. Damit wird der Button für das Verschieben aktiviert.

Sie können die Fläche nun mit der Maus an die neue Position verschieben. Bringen Sie den Mauszeiger in ein geeignetes Ansichtenfenster. Da die Fläche nach unten verschoben werden soll, empfiehlt es sich, das Fenster mit der Vorderansicht *FRONT* zu benutzen. Betätigen Sie die linke Maustaste, und halten Sie sie gedrückt. Wenn Sie nun die Maus bewegen, sehen Sie, daß die Fläche analog zu den Mausbewegungen verschoben wird.

Für das Verschieben des markierten Objekts ist es dabei im Prinzip unwichtig, ob der Mauszeiger überhaupt diesen Körper berührt. Wenn Sie einen Körper auch mit der Maus möglichst präzise verschieben wollen, beachten Sie bitte den folgenden Tip, den ich am Beispiel der Verschiebung der Fläche erläutern will: Sie werden festgestellt haben, daß der Mauszeiger die Form eines Kreuzes hat. Positionieren Sie dieses Kreuz so, daß seine waagerechte Linie deckungsgleich mit der Fläche ist. Bewegen Sie dann die Maus bei gedrückter linker Maustaste nach unten. Rechts unten auf dem Bildschirm sehen Sie die Koordinaten des Mauszeigers. Wichtig ist in diesem Fall nur die Z-Koordinate. Wenn der Z-Wert den gewünschten Wert angenommen hat, lassen Sie die linke Maustaste wieder los.

Wenn allerdings eine genaue Positionierung eines Körpers notwendig ist, sollten Sie auf den Einsatz der Maus verzichten. In einem solchen Fall ist es einfacher, die gewünschten Koordinaten über die Tastatur einzugeben. Bewegen Sie dazu den Mauszeiger auf das Eingabefeld unterhalb des *TRANS*-Buttons, und drücken Sie die linke Maustaste. Sie können nun in dieses Feld einen Wert eingeben. Zum nächsten Feld wechseln Sie mit der Tabulator-Taste oder klicken es mit der Maus an. Ihre Eingabe beenden Sie durch das Betätigen der Return-Taste oder der linken Maustaste.

In den Ansichtenfenstern *FRONT, SIDE* und *TOP* können Sie markierte Objekte mit der Maus jeweils nur entlang zweier Dimensionen verschieben. Entlang der Achse, die gewissermaßen aus dem Bildschirm heraus auf den Betrachter gerichtet ist, kann nicht verschoben werden. Um auch entlang dieser Achse einen Körper verschieben zu können, muß der Mauszeiger in eines der beiden anderen Fenster gebracht werden. Ein Verschieben eines Körpers im 3D-Fenster ist prinzipiell zwar möglich, jedoch nicht unbedingt zu empfehlen, da es ein weitaus besseres Vorstellungsvermögen voraussetzt als das Verschieben in einem der drei anderen Fenster.

Um das Verschieben von Körpern weiter zu üben, sollten Sie jetzt versuchen, die Kugel so zu verschieben, daß sie außerhalb des Quaders liegt. Da die Z-Koordinate unverändert bleiben kann, empfiehlt es sich, die Kugel innerhalb des *TOP*-Fensters zu verschieben. Zunächst sollten Sie aber die Ansicht in diesem Fenster etwas zu sich heranzoomen. Wenn Sie das Verschieben mit der Maus nicht weiter üben wollen, können Sie die Koordinaten natürlich auch per Tastatur eingeben. Bei mir liegt die Kugel nach dem Verschieben übrigens an folgenden Kooordinaten: X=2.3, Y=-1.2, Z=0.

Wenn Sie sich beim Verschieben eines Körpers vertan haben, können Sie den Körper durch das Anklicken des Befehlsbuttons *CLR* wieder auf den Koordinatenursprung setzen.

Das Skalieren von Körpern

Ein weiteres Transformationsverfahren ist das Skalieren. Sie werden sich noch erinnern, daß damit das Strecken oder Stauchen eines Körpers entlang einer oder mehrer Achsen gemeint ist. Lassen Sie uns den Quader (der genaugenommen immer noch ein Würfel ist) entlang der Y-Achse strecken, also seine Tiefe vergrößern.

Dazu muß der Quader zunächst markiert werden. Anschließend muß im Hauptmenü der Befehlsbutton *SCL* angeklickt bzw. die Taste „S" betätigt werden. Sie sehen neben dem Button *SCL* einen Button mit der Bezeichnung *USCL*. Diese Bezeichnung ist die Abkürzung für *uniform scaling*. Wäre dieser Button aktiviert worden, würde der markierte Körper entlang aller drei Achsen gleichermaßen skaliert werden. Durch ein Anklicken des Buttons *CLR* können Sie das Skalieren eines Körpers bei Bedarf wieder rückgängig machen. Das heißt, daß beim Betätigen dieses Buttons die Skalierungsfaktoren für alle drei Achsen wieder auf Eins gesetzt werden.

Um einen Körper zu skalieren, haben Sie die Wahl, ob Sie es mit Hilfe der Maus oder durch die Eingabe der Skalierungsfaktoren von der Tastatur durchführen wollen.

Betrachten wir zunächst das Skalieren mit Hilfe der Maus. Wenn der Quader markiert und der Button *SCL* aktiviert ist, bringen Sie den Mauszeiger in das Fenster, in dem Sie arbeiten möchten. Ich empfehle, im Ansichtenfenster *TOP* zu arbeiten. Betätigen Sie die linke Maustaste, und halten Sie sie gedrückt. Wenn Sie die Maus nun bewegen, werden Sie sehen, wie der Körper in Abhängigkeit von der Bewegungsrichtung der Maus gestreckt oder gestaucht wird. Wird die Maus in positiver Achsenrichtung bewegt, wird der Körper gestreckt, wird sie in negativer Achsenrichtung bewegt, wird der Körper gestaucht.

Um also die Tiefe des Quaders zu erhöhen, sollten Sie die Maus, wenn Sie wie vorgeschlagen im Fenster *TOP* arbeiten, etwas nach oben bewegen. Bewegen Sie die Maus so lange, bis Sie in der rechten unteren Ecke im Feld für die Y-Koordinate eine 2 sehen.

Alternativ zum Skalieren mit der Maus können Sie die Skalierungsfaktoren auch mit Hilfe der Tastatur eingeben. In unserem Fall wäre das der Faktor für das Skalieren entlang der Y-Achse. Klicken Sie dazu das entsprechende Feld unterhalb des Buttons *SCL* an, und geben Sie den gewünschten Wert ein.

Einer besonderen Betrachtung bedarf das Skalieren einer Fläche. Wenn Sie in Moray eine Fläche markieren und anschließend skalieren, werden Sie sehen, daß sich die Fläche in den Ansichtenfenstern entsprechend Ihren Eingaben verändert. Es muß aber deutlich gesagt werden, daß Sie beim Skalieren einer Fläche in Moray nur Einfluß auf ihre Darstellung in den einzelnen Fenstern nehmen. Da eine Fläche in POV-Ray als unendlich groß behandelt wird, führt ein Skalieren auch immer wieder zu einer unendlich großen Fläche! Moray unterstützt das Skalieren einer Fläche als grafisches Hilfsmittel, das einer höheren Anschaulichkeit dienen soll. Wie dieses Hilfsmittel sinnvoll eingesetzt werden kann, werde ich Ihnen im Kapitel über CSG in Moray zeigen.

Das Rotieren eines Körpers

Wenn in POV-Ray von Rotationen die Rede ist, sind damit immer Rotationen eines Körpers um den Mittelpunkt des Koordinatensystems gemeint. Soll ein Körper um seine eigenen Achsen rotiert werden, ist vorher dafür zu sorgen, daß seine Körperachsen mit den Achsen des Koordinatensystems übereinstimmen. Wenn Sie in Moray für einen Körper eine Rotation festlegen, wird sie unabhängig von der Entfernung vom Koordinatenursprung immer um die Körperachsen erfolgen. Das heißt, daß Sie in Moray einen Körper an seine endgültige Lage positionieren und ihn dann um eine oder mehrere Körperachsen drehen können, ohne daß er gleichzeitig um die Achsen des Koordinatensystems rotiert. Ich habe Ihnen im zweiten Teil des Buches erläutert, daß sie einen solchen Effekt durch eine geschickte Gestaltung der Transformationsreihenfolge erreichen können, die allerdings immer einige Überlegungen voraussetzt. Diese Überlegungen nimmt Ihnen Moray nun ab.

Um einen Körper ausschließlich um die Achsen des Koordinatensystems rotieren zu lassen, gibt es in Moray einen gesonderten Befehl, den Sie in einem der nächsten Kapitel kennenlernen werden.

Lassen Sie uns nun den Quader etwas um die Z-Achse rotieren. Dazu müssen Sie ihn zunächst markieren. Anschließend aktivieren Sie im Hauptmenü den Befehlsbutton *ROTATE*. Sie könnten jetzt beispielsweise einfach das Eingabefeld für den Z-Winkel aktivieren und einen Wert von 30 eingeben. Sie können aber auch den Quader mit Hilfe der Maus drehen. Dazu bringen Sie den Mauszeiger in eins der drei Ansichtsfenster. Die Wahl des Fensters hängt dabei davon ab, um welche Achse Sie den Quader drehen wollen. Den Zusammenhang zwischen Ansichtsfenster und Rotationswinkel entnehmen Sie bitte der folgenden Tabelle.

Ansichtsfenster	Rotationsachse
FRONT	Y-Achse
SIDE	X-Achse
TOP	Z-Achse

Setzen Sie also den Mauszeiger in das Fenster *TOP*. Wenn Sie nun die Maus bei gedrückter linker Maustaste bewegen, werden Sie sehen, daß der Quader gedreht wird. Versuchen Sie, ihn um etwa 30° zu drehen.

Das Zuweisen von vordefinierten Texturen

Die Körper, die wir bisher erzeugt haben, würden beim Rendern schwarz erscheinen, da wir Ihnen bisher weder eine Farbe noch eine Textur zugewiesen haben. In diesem Abschnitt sollen Sie lernen, wie Sie einem Körper eine Textur zuweisen können, die in der Datei *mrytxtr.mdl* vordefiniert ist. Im nächsten Kapitel werden wir uns dann ausführlich mit dem Erstellen eigener Texturen beschäftigen.

Lassen Sie uns im ersten Schritt der Fläche eine Textur zuweisen. Dazu muß sie zunächst markiert werden. Nach dem Markieren sehen Sie unten links wiederum das Texturlistenfeld, das ich Ihnen schon weiter oben kurz erläutert habe. Dieses Listenfeld ist zur Zeit aber noch leer. Um in dieses Listenfeld Texturen aufzunehmen, gibt es zwei Möglichkeiten, die in den folgenden Abschnitten besprochen werden sollen.

Die erste Möglichkeit besteht darin, einfach den Button *NEW* anzuklicken. Daraufhin öffnet sich der Textureditor, wie Sie ihn in der Abbildung 14.3 sehen.

Im Moment wirkt der Editor noch sehr leer. Er wird sich aber gleich mit weiteren Buttons und Eingabefeldern füllen. Dazu klicken Sie den Button *GET* an. Es öffnet sich ein Listenfeld, in dem Sie die Bezeichnungen der vordefinierten Texturen sehen. Wenn Sie nun eine dieser Bezeichnungen anklicken, erscheinen im Textureditor weitere Buttons und Felder. Mit ihnen werden wir uns im nächsten Kapitel ausführlich beschäftigen.

Abbildung 14.3

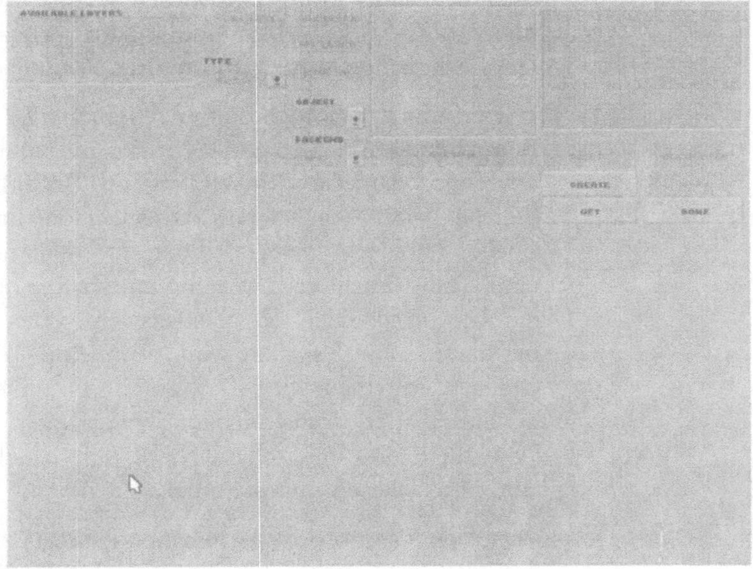

Sie könnten jetzt als Textur für die Fläche beispielsweise *Cork* wählen. Links oben sehen Sie dann im Feld *AVAILABLE LAYERS* die Bezeichnung *Cork1*. Die Zahl Eins deutet daraufhin, daß nicht die Originaltextur, sondern eine Kopie verwendet wird. Damit ist sichergestellt, daß die Originaldefinition bei Manipulationen nicht versehentlich überschrieben wird. Sie könnten jetzt den Textureditor durch das Anklicken des Buttons *DONE* beenden und die gewählte Textur der Fläche zuweisen. Wenn Sie aber zu diesem Zeitpunkt bereits wissen, welche Texturen Sie den anderen Körpern der Szene zuweisen wollen, können Sie jetzt diese Texturen in die Liste aufnehmen. Klicken Sie dazu erneut auf *GET,* und wählen Sie die gewünschten Texturen aus. Sie erscheinen ebenfalls in der Liste oben links. Ich habe für meine Szene folgende Texturen gewählt: für die Fläche *Cork*, für den Quader *White_Marble* und für die Kugel *Silver_Texture*. Natürlich steht es Ihnen frei, sich für andere Texturen zu entscheiden.

Um die Arbeit mit dem Textureditor zu beenden, klicken Sie auf *DONE.* Sie sehen nun in der Texturliste unten links die durch Sie gewählten Texturen. Lassen Sie uns nun dieses Texturen den Objekten zuweisen.

Wenn die Fläche noch markiert ist, können Sie nun in der Liste auf die Bezeichnung *Cork1* klicken. Sie erscheint daraufhin in dem Feld unter den drei Buttons. Das bedeutet, daß der Fläche nun die Textur *Cork1* zugewiesen wurde. Wenn Sie sich geirrt haben und das Zuweisen einer Textur rückgängig machen wollen, klicken Sie einfach den Button *CLR* an.

Interessant ist auch der Button zwischen *CLR* und *NEW*, der die Bezeichnung *LOCAL* trägt. Wenn Sie ihn anklicken, werden Sie erkennen, daß die Bezeichnung zu *GLOBAL* gewechselt hat. Welche Bedeutung hat nun dieser Button? Im zweiten Teil des Buches habe ich versucht, Ihnen zu erklären, daß die Position einer Transformationsanweisung innerhalb einer Objektdefinition darüber entscheidet, ob beispielsweise eine Textur zusammen mit einem Objekt skaliert wird, ob nur die Textur oder nur das Objekt manipuliert wird. Daß durch eine unterschiedliche Positionierung der Transformationsanweisungen innnerhalb einer Objektdefinition unterschiedliche Effekte erzielt werden können, wird durch diesen Button berücksichtigt.

Ist auf dem Button die Bezeichnung *LOCAL* zu sehen, bedeutet das, daß eine einem Objekt zugewiesene Textur mit diesem Objekt zusammen transformiert wird. Wird also beispielsweise der Radius einer Kugel verdoppelt, wird auch die Textur in gleichem Maße gestreckt.

Soll ein Körper skaliert oder rotiert werden, ohne daß davon die Textur beeinflußt wird, muß nach dem Zuweisen der Textur der Button so lange angeklickt werden, bis auf ihm die Bezeichnung *GLOBAL* erscheint.

Auf die gleiche Weise können Sie nun auch die Kugel und den Quader mit einer Textur versehen.

Schuldig bin ich Ihnen noch die Erläuterung der zweiten Möglichkeit, einem Körper eine Textur zuzuweisen. Klicken Sie zunächst den Button *CREATE* an. In dem sich nun öffnenden Menü finden Sie einen Button mit der Bezeichnung *TEXTURE*. Wenn Sie nun diesen Button anklicken, öffnet sich der Textur-editor. Sie haben also auf einem anderen Weg das gleiche wie oben erreicht. Doch warum gibt es diese Möglichkeiten? Der erste von mir beschriebene Weg ist nur möglich, wenn ein Objekt der Szene markiert ist. Wenn jedoch kein Körper markiert oder gar vorhanden ist, haben Sie nach der ersten Methode keine Chance, den Textureditor aufzurufen. Denkbar ist auch, daß Sie beispielsweise vor dem Generieren einer Szene zunächst alle benötigten Texturen erzeugen und zusammenstellen wollen. Dann werden Sie natürlich den zweiten Weg beschreiten.

Letzlich gilt, daß die zweite Methode immer funktioniert und die erste Methode nur dann möglich ist, wenn ein Körper markiert ist. Beide Wege führen aber immer zum gleichen Ergebnis.

Der Einsatz der Kamera

Ob eine Szene bereits eine Kamera hat oder nicht, können Sie schon daran erkennen, daß Sie die gestaltete Szene (oder zumindestens Teile davon) im 3D-Fenster sehen. Wäre noch keine Kamera vorhanden, wäre dieses Fenster leer.

Obgleich unsere Szene schon eine Kamera hat, wollen wir so tun, als gäbe es noch keine Kamera, um den gesamten Prozeß der Positionierung einer Kamera kennenzulernen.

Um diesen Zustand herbeizuführen, muß die vorhandene Kamera entfernt werden. Dazu wird sie zunächst markiert. Das geschieht so, wie bei jedem anderen Objekt einer Szene auch. Anschließend können Sie entweder den Button *DELETE* oder die Tastenkombination Alt-D betätigen. Wenn Sie den Button anklikken oder die Taste „D" drücken, öffnet sich ein Dialogfeld, indem Sie Ihre Löschabsicht bestätigen müssen. Betätigen Sie hingegen die Tastenkombination Alt-D, wird das markierte Objekt ohne Rückfrage gelöscht. Auf jeden Fall wird nach dem Löschen die Kamera beseitigt und das 3D-Fenster leer sein.

Lassen Sie uns nun eine Kamera in die Szene stellen. Klicken Sie dazu den Button *CREATE* an. In dem sich nun öffnenden Menü finden Sie recht weit unten den Button *CAMERA*. Klicken Sie diesen Button an. Es öffnet sich ein Dialogfeld, in dem Sie die Möglichkeit haben, der Kamera eine Bezeichnung zu geben. Bestätigen Sie Ihre Eingabe durch Return oder das Drücken der linken Maustaste. Daraufhin erscheint in ihrer Szene die Kamera. Gleichzeitig sehen Sie Ihre Szene wieder im 3D-Fenster. Unter den Fenstern erscheint ein neues Menü, mit dem Sie die Kameraeinstellungen näher spezifizieren können. Ihr Bildschirm sollte etwa wie in Abbildung 14.4 aussehen.

Um die gewünschten Bereiche der Szene im 3D-Fenster sehen zu können, kann es erforderlich sein, die Kameraposition oder die Position des Punktes zu verändern, auf den die Kamera gerichtet ist. (Sie werden sich erinnern, daß dieser Punkt in der Sprache von POV-Ray *look_at* genannt wird.) Ein Skalieren der Kamera ist unlogisch und demzufolge auch unmöglich.

Abbildung 14.4

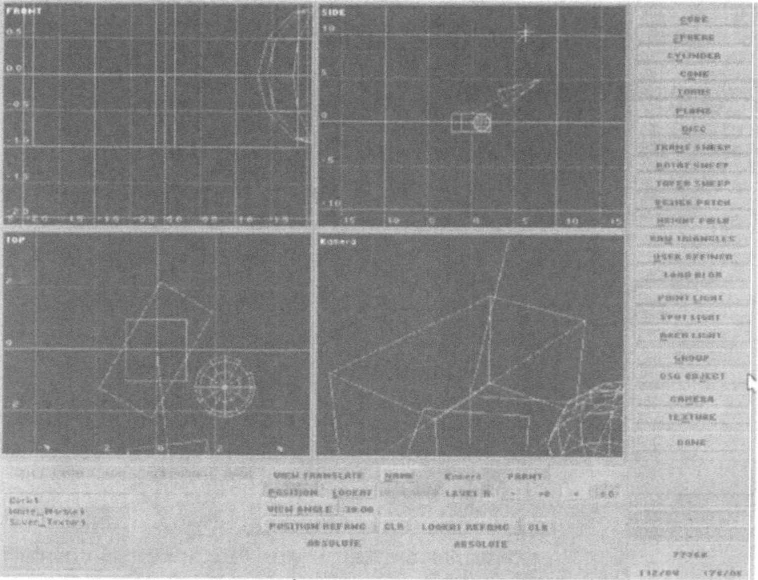

Um die Kamera verschieben zu können, müssen Sie zunächst das aktuelle Menü am rechten Bildschirmrand beenden und in das Hauptmenü zurückkehren. Bringen Sie dazu den Mauszeiger über das Menü, und klicken Sie die rechte Maustaste. Aktivieren Sie nun den Button *TRANS*. Jetzt können Sie die Kamera wie jeden anderen Körper auch mit Hilfe der Maus verschieben.

Häufig reicht es nicht aus, nur die Position der Kamera zu verändern, um den gewünschten Bereich einer Szene im Blick zu haben. Die Kamera müßte etwas gedreht werden, um das Objekt genau vor die „Linse" zu bekommen. Aus dem zweiten Teil wissen Sie, daß das Positionieren einer Kamera in POV-Ray folgendermaßen erfolgt: Die Kamera wird mit der *location*-Anweisung an eine bestimmte Stelle des Raums gesetzt. Anschließend wird sie automatisch so gedreht, daß sie auf die in der *look_at*-Anweisung angegebenen Koordinaten ausgerichtet ist.

In Moray sieht das Vorgehen ähnlich aus. Wenn durch das einfache Verschieben der Kamera die Szene nicht wie gewünscht einzufangen ist, muß der Punkt verschoben werden, auf den die Kamera gerichtet ist. Sie finden im Kameramenü unterhalb der Ansichtenfenster die Befehlsbutton *POSITION* und *LOOK AT*. Standardmäßig ist der Button *POSITION* aktiviert (gedrückt). Das bedeutet, daß sie in diesem Modus beim Verschieben die Position der Kamera verändern. Wenn Sie den Button *LOOK AT* aktivieren, wird beim Verschieben die Position des Punktes verändert, auf den die Kamera gerichtet ist. In den Ansichtenfenstern ist dieser Punkt das Ende der Linie, die von der Kamera ausgeht. Um ein Gefühl für das Verändern der Position der Kamera und der *look_at*-Punktes zu bekommen, sollten Sie ein wenig herumexperimentieren.

Im Kameramenü sehen Sie einen Button mit der Bezeichnung *VIEW ANGLE.* Wenn Sie diesen Button anklicken, öffnet sich ein Dialogfeld, in dem Sie einen Winkel eingeben können, unter dem die Szene betrachtet werden soll. Voreingestellt ist ein Winkel von 30°. Zur Verdeutlichung betrachten wir die Abbildung 14.5.

Abbildung 14.5

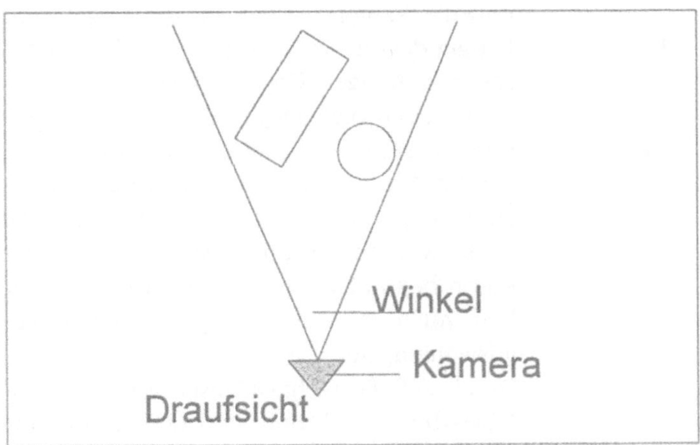

Je größer dieser Winkel gewählt wird, desto mehr Bereiche einer Szene werden sichtbar. Gleichzeitig werden die einzelnen Objekte einer Szene aber auch kleiner. Wir simulieren gewissermaßen eine Weitwinkelkamera. Wenn der Winkel kleiner gewählt wird, wird der sichtbare Bereich der Szene kleiner, einzelne Objekte werden aber vergrößert dargestellt (Simulation eines Teleobjektivs).

In der Sprache von POV-Ray würde das so aussehen, daß bei einer Vergrößerung des Winkels die Z-Komponente der *direction*-Anweisung verringert und bei einer Verkleinerung des Winkels vergrößert würde.

Wenn Sie möchten, können Sie an dieser Stelle mit unterschiedlichen Winkeln experimentieren, um die Szene noch besser „fotografieren“ zu können. Wenn Sie die Kamera so positionieren möchten, wie ich es getan habe, will ich Ihnen die Koordinaten nicht unterschlagen. Die Kamera habe ich auf die Koordinaten X=-0.8, Y=-13.4, Z=1.8 positioniert. Der *look_at*-Punkt hat die Koordinaten X=0.7, Y=-0.2, Z=0.3. Den Winkel habe ich bei 30° belassen.

Im Kameramenü finden Sie noch die beiden Befehlsbutton *POSITION REFERNC* und *LOOKAT REFERNC*. Unter beiden Button steht das Wort *ABSOLUTE*. Was ist die Bedeutung dieser beiden Button? Oben haben Sie die Kamera so positioniert, wie Sie es aus POV-Ray gewöhnt waren. Sie haben sowohl für die Position der Kamera als auch des *look_at*-Punktes absolute Koordinaten gewählt. Moray bietet nun die Möglichkeit, die Kamera oder den *look_at*-Punkt in bezug auf ein Objekt der Szene zu setzen. Lassen Sie mich das an einem Beispiel erläutern. Nehmen wir an, daß die Kamera immer auf die Kugel gerichtet sein soll, unabhängig davon, wo sich die Kugel befindet. Würden wir nach unserem bisherigen Wissensstand die Position der Kugel verändern, müßte auch die *look_at*-Anweisung entsprechend geändert werden. Diesem umständlichen Verfahren hat Moray nun ein Ende gesetzt. Um beispielsweise die Kamera immer auf die Kugel auszurichten, muß zunächst der Button *LOOKAT REFERNC* angeklickt werden. Es öffnet sich der Objektbrowser, mit dem Sie schon beim Markieren von Objekten Bekanntschaft gemacht haben. Aus der Liste der Objekte können Sie nun hier das Objekt auswählen, auf das die Kamera gerichtet sein soll. Mit einem Druck auf die rechte Maustaste schließen Sie anschließend den Objektbrowser. Damit wird die Kamera auch nach einer Veränderung der Objektposition immer noch auf das gewünschte Objekt gerichtet sein.

Wenn Sie hingegen wollen, daß die Kameraposition immer der Position eines bestimmten Objektes entspricht, klicken Sie den Button *POSITION REFERNC* an und verfahren ansonsten wie oben beschrieben.

Wenn Sie die Position der Kamera oder des *look_*at-Punktes wieder von der Position eines Objektes der Szene lösen wollen, müssen Sie einfach nur den Button *CLR* neben den beiden Button *POSITION REFERNC* bzw. *LOOK AT REFERNC* anklicken.

Punktförmige Lichtquellen

Den krönenden Abschluß bei der Gestaltung unserer ersten Szene soll das Plazieren einer Lichtquelle sein. Da Moray die Szene *mrystart.mdl* beim Starten automatisch geladen hat, verfügt unsere Szene bereits über eine Lichtquelle. Sie können Sie als weißes Strahlenbündel in den Ansichtenfenstern erkennen. Wir wollen diese Lichtquelle jetzt jedoch löschen und eine eigene Lichtquelle in unsere Szene setzen. Das Löschen von Objekten haben wir bereits im vorhergehenden Abschnitt praktiziert. Wenn Sie nicht mehr sicher sind, wie ein Objekt gelöscht wird, sollten Sie dort noch einmal nachlesen.

Moray unterstützt in der aktuellen Version 2.0 nicht alle durch POV-Ray unterstützten Lichtquellen. Ich habe Sie bereits darauf hingewiesen, daß Moray POV-Ray bis zur Version 2.2 unterstützt. Demzufolge können Sie in Moray nur die folgenden drei Lichtquellenarten einsetzen:

- punktförmige Lichtquellen
- Spotlichter
- flächige Lichtquellen

Wenn Sie eine der ab der POV-Ray-Version 3.0 möglichen Lichtquellen in einer Szene verwenden möchten, müssen Sie die aus Moray nach POV-Ray exportierte Szene mit einem Editor nachbearbeiten.

In diesem Kapitel werden wir uns nur damit beschäftigen, wie eine punktförmige Lichtquelle erzeugt und manipuliert werden kann.

Stellen Sie zunächst sicher, daß das Hauptmenü aktiv ist (Wenn auf der rechten Bildschirmseite andere Menüs aktiv sind, bringen Sie den Mauszeiger auf dieses Menü, und betätigen Sie so oft die rechte Maustaste, bis das Hauptmenü erschienen ist. Alternativ zur rechten Maustaste können Sie auch die Escape-Taste betätigen.

Klicken Sie nun den Button *CREATE* an. In dem sich öffnenden Menü finden Sie den Button *POINT LIGHT.* Klicken Sie diesen Button an. Es öffnet sich ein Eingabefeld, in das Sie eine Bezeichnung der Lichtquelle eingeben können. Ich habe sie als *LICHT* bezeichnet. Nachdem Sie Ihre Eingabe oder die vorgeschlagene Bezeichnung durch das Klicken der linken Maustaste oder das Betätigen der Return-Taste bestätigt haben, erscheint in den Ansichtenfenstern das Symbol einer punktförmigen Lichtquelle und unter den Ansichtenfenstern das zu dieser Art von Lichtquelle gehörende Menü. Diesen Zustand finden Sie auch in der Abbildung 14.6.

Abbildung 14.6

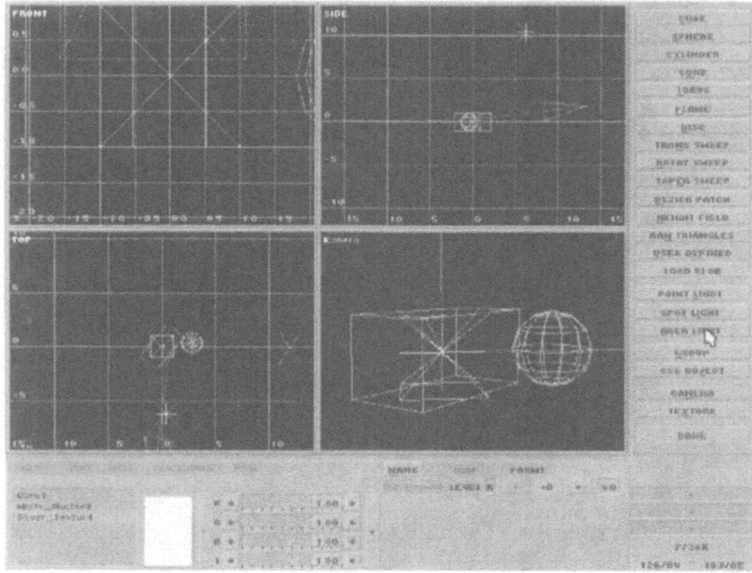

In dem Menü am unteren Bildschirmrand fällt zunächst die große weiße Fläche auf. In diesem Feld wird die Farbe der Lichtquelle dargestellt, die sich aus der Mischung ergibt, die mit den vier Schiebereglern rechts daneben erzeugt wurden. Wenn Sie sich die Regler ansehen, erkennen Sie jeweils einen Regler für Rot (gekennzeichnet mit „R"), einen für Grün (gekennzeichnet mit „G"), einen für Blau (gekennzeichnet mit „B") und einen für die Farbintensität (gekennzeichnet mit „I"). Da alle Regler ganz nach rechts geschoben sind (also den Wert 1 haben), ergibt sich in der Summe der Wert Weiß, da hier, wie Sie sicher schon erkannt haben, das RGB-Verfahren für das Mischen von Farbtönen verwendet wird.

Die Lichtquelle befindet sich noch genau im Koordinatenursprung. Da sie von dort ihren Beleuchtungsaufgaben nur schlecht nachkommen kann, muß sie an eine geeignete Stelle verschoben werden. Das Verschieben einer Lichtquelle erfolgt wie bei jedem anderen Objekt einer Szene. Sie benötigen also nach der bisherigen Lektüre keine Hilfestellung mehr. Meine Lichtquelle hat die Koordinaten X=0, Y=-25.7 und Z=23.4.

Das Speichern einer Szene

Wir wollen nun annehmen, daß unsere erste mit Moray erstellte Szene fertig ist. Deshalb wollen wir Sie speichern und anschließend natürlich auch rendern.

Um das Dialogfeld für das Speichern einer Szene aufzurufen, klicken Sie den Button *FILES* an. In dem sich öffnenden Menü müssen Sie nun den Button *SAVE AS* anklicken. Es öffnet sich ein Dialogfeld zum Speichern der Szene. Ich denke, daß Ihnen die Arbeit mit einem solchen Dialogfeld aus anderen Anwendungen vertraut ist. Ich beschränke mich daher auf der Erläuterung einiger Besonderheiten. In dem Listenfeld links oben finden Sie sechs Verzeichnisse, die Sie zuletzt benutzt haben. Als Dateinamen können Sie einen beliebigen Namen angeben, der den Konventionen des durch Sie benutzten Betriebssystems entspricht. Unter MS-DOS haben Sie also acht Zeichen für den Namen und drei Zeichen für die Dateiendung zur Verfügung. Standardmäßig wird durch Moray für Szenedateien die Endung *mdl* vergeben. Nachdem Sie einen Namen für Ihre Szene vergeben haben, können Sie Ihre Eingabe durch das Anklicken des *OK*-Buttons bestätigen. Sie finden die Szene auf der CD-ROM unter der Bezeichnung *moray001.mdl.*

Wenn Sie die Szene später weiter bearbeiten und die Ergebnisse Ihrer Arbeit unter dem gleichen Namen speichern wollen, müssen Sie sich allerdings nicht durch alle Menüs hangeln. Um eine Szene unter ihrem aktuellen Namen zu speichern, ist es ausreichend, die Taste F2 zu betätigen.

Das Exportieren und Rendern einer Szene

Nachdem die erste Szene erstellt und gespeichert ist, wollen Sie die Szene natürlich auch als gerendertes Bild sehen. Dazu muß die Szene in das POV-Ray-Format exportiert und anschließend POV-Ray aufgerufen werden. Beim Installieren von Moray haben wir bereits dafür gesorgt, daß eine Verbindung zwischen Moray und POV-Ray möglich ist, daß also eine Szene direkt aus Moray heraus gerendert werden kann.

Mit welchen Parametern POV-Ray gestartet wird, haben wir in den Dateien *povray.ini* und *moray.ini* festgelegt. Ein paar Parameter können auch direkt in Moray festgelegt und an POV-Ray übergeben werden. Diese Parameter werden über das *OPTIONS*-Menü eingestellt. Dieses Menü können Sie aus dem Hauptmenü aufrufen, indem Sie den Button *OPTIONS* anklicken. Das sich darauf öffnende Dialogfeld sehen Sie in der Abbildung 14.7.

Abbildung 14.7

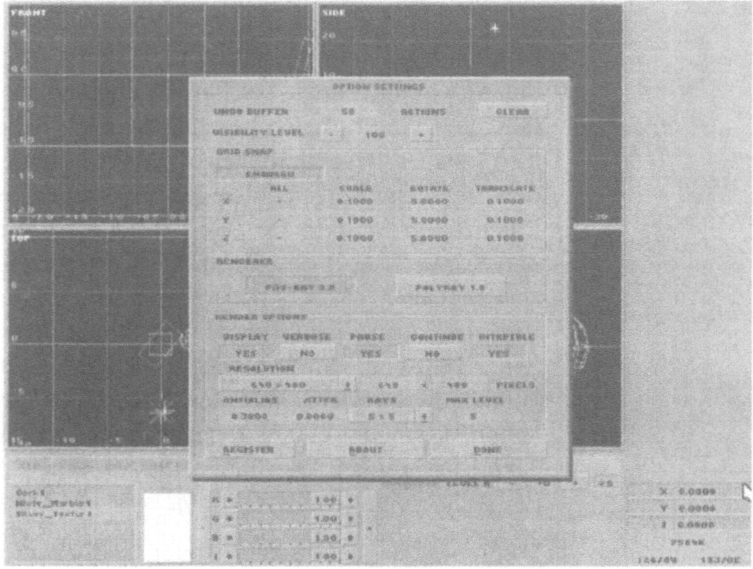

Obgleich wir an dieser Stelle nicht alle Einstellmöglichkeiten dieses Dialogfelds für das Rendern unserer Szene benötigen, will ich es Ihnen dennoch vollständig erläutern.

Im oberen Bereich des Dialogfelds finden Sie den Button *UNDO BUFFER*, dem eine Zahl und das Wort *ACTIONS* folgen. Die Bedeutung dieser Zeile ist wie folgt zu erklären: Im Hauptmenü wird Ihnen sicher schon der Button *UNDO* aufgefallen sein. Mit diesem Button können Sie Aktionen wieder rückgängig machen. An dieser Stelle des Dialogfelds können Sie festlegen, wie viele Aktionen rückgängig gemacht werden sollen. Maximal können es 50 sein. Da alle gemachten Aktionen durch Moray gespeichert werden müssen, um sie unter Umständen wieder rückgängig machen zu können, benötigt Moray natürlich sehr viel Arbeitsspeicher. Sollten Sie Probleme wegen eines nicht ausreichenden Arbeitsspeichers bekommen, sollten Sie diese Zahl auf jeden Fall auf einen deutlich geringeren Wert setzen.

Der nächste Bereich lautet *GRID SNAP*. Hier wird die Fangfunktion eingestellt. Eine Fangfunktion ist eine Funktion, die man in vielen CAD-Programmen findet. Sie hat die Aufgabe, Objekte an einem eingestellten Gitter auszurichten oder, wenn Sie so wollen, an einem imaginären Gitter einzurasten. Im Englischen hat diese Funktion die Bezeichnung „Snap“. Standardmäßig ist diese Fangfunktion eingestellt. In der Tabelle finden Sie die Rasterweiten. In der Spalte *SCALE* sehen Sie beispielsweise für alle drei Koordinaten einen Wert von 0.1. Das bedeutet, daß Sie bei aktivierter Fangfunktion beim Skalieren mit Hilfe der Maus mit einer Genauigkeit von 0.1 Einheiten arbeiten können. Beim Rotieren wäre es eine Genauigkeit von 5 Grad und beim Verschieben von 0.1 Einheiten. Sie können aber auch in der Spalte *ALL* einen Wert eingeben, der dann für alle Transformationsarten gleichermaßen gelten würde. Im Moment sollten wir diese Werte unverändert lassen.

Im nächsten Bereich des Dialogfeldes mit dem Titel *RENDERER* legen Sie fest, welches Raytracing-Programm Sie benutzen wollen bzw. in welches Format Moray die Szenen exportieren soll. Standardmäßig ist *POV-RAY 2.2* aktiviert. Wenn Sie mit Polyray arbeiten, müssen Sie natürlich den entsprechenden Button aktivieren.

Der folgende Bereich mit dem Titel *RENDER OPTIONS* hat nun unmittelbar Einfluß auf den Rendervorgang. Die Bedeutung der einzelnen Button und Felder entnehmen Sie bitte der folgenden Tabelle.

Parameter	**Bedeutung**
DISPLAY	Wenn der Button aktiviert ist, hat er die Bezeichnung *YES* und bewirkt, daß beim Rendern ein Vorschaubild angezeigt wird.
VERBOSE	Ist dieser Button aktiviert, werden beim Rendern Statusinformationen in Textform am Bildschirm ausgegeben. *VERBOSE* sollte inaktiv sein, wenn *DISPLAY* aktiv ist und umgekehrt.
PAUSE	Hiermit wird POV-Ray angewiesen, nach dem Rendern das Vorschaubild so lange anzuzeigen, bis ein Tastendruck erfolgt.
CONTINUE	Wenn dieser Button gedrückt ist, wird POV-Ray angewiesen, das Rendern eines zuvor nur unvollständig gerenderten Bildes fortzusetzen.
INTRPTBLE	Ist dieser Button aktiviert, kann der Rendervorgang durch einen Tastendruck abgebrochen werden.

RESOLUTION	Wenn Sie diesen Bereich anklicken, öffnet sich ein Listenfeld mit üblichen Bildauflösungen. Wenn Sie eine der in diesem Feld enthaltenen Einträge anklicken, legen Sie die Auflösung fest, mit der das Bild gerendert werden soll. Wenn Ihnen keine der hier enthaltenen Auflösungen zusagt, können Sie eigene Werte in die beiden Eingabefelder neben dem Listenfeld eintragen. Um einen ersten Eindruck von der Szene zu bekommen, reicht sicherlich eine Auflösung von 320 x 240 Pixeln aus.
ANTIALIAS	Hier legen Sie fest, ob beim Rendern eine Kantenglättung durchgeführt werden soll. Standardmäßig wird kein Antialiasing verwendet (*NO).* Um Antialiasing einzusetzen, geben Sie in das Eingabefeld einen Wert ein. Ich habe 0.3 verwendet.
JITTER	Hier stellen Sie den Jitter-Wert für das Antialiasing ein.
RAYS	Hiermit legen Sie fest, wie viele Strahlen beim Supersampling verwendet werden sollen.
MAX LEVEL	Hier geben Sie einen Wert für den Wert *max_tracelevel* an. Voreingestellt ist hier ein Wert von 5. Falls Sie mit diesem Begriff im Moment Schwierigkeiten haben, werfen Sie einen Blick in den ersten Teil des Buches. Die Syntax für diesen Parameter hat sich gegenüber der POV-Ray-Version 2.2 geändert. POV-Ray wird Sie daher nach jedem Rendervorgang darauf aufmerksam machen, daß sich die Syntax geändert hat. Lassen Sie sich dadurch jedoch nicht beirren. Noch wird durch POV-Ray (wenn auch unter Protest in Form einer Warnung) die alte Syntax unterstützt.

REGISTER	Klicken Sie diesen Button an, wenn Sie die Daten eingeben wollen, die Ihnen nach der Registrierung von Moray zugesandt wurden.
ABOUT	Hier finden Sie Informationen über die Autoren, den Zustand des Programms und den verwendeten VESA-Treiber
DONE	Durch das Anklicken dieses Buttons, beenden Sie die Arbeit mit diesem Dialogfeld.

Um die Szene aus Moray heraus zu rendern, klicken Sie, wenn Sie sich noch in dem Menü befinden, von dem aus Sie die Szene gespeichert haben, den Button *RENDER* an. Daraufhin wird zunächst die Szene in das POV-Ray-Format exportiert und anschließend POV-Ray gestartet. Sie können den Rendervorgang schneller starten, indem Sie einfach die Taste F9 betätigen. Dabei ist es egal, welches Menü gerade aktiv ist.

Zum Rendern muß noch gesagt werden, daß immer die Szene gerendert wird, die im Arbeitsspeicher vorhanden ist. Wenn Sie also eine Szene erzeugen, sie anschließend speichern, dann weiter an der Szene arbeiten und sie ohne sie erneut zu speichern, rendern, wird nicht die gespeicherte Szene, sondern die im RAM aktive Szene gerendert.

Das Exportieren einer Szene

Im vorhergehenden Abschnitt haben wir festgestellt, daß beim Anklicken des Buttons *RENDER* oder beim Betätigen der F9-Taste die Szene zunächst in das POV-Ray-Format exportiert und dann gerendert wird. Wenn Sie nun aber eine Szene nur exportieren, nicht aber rendern wollen, müssen Sie den Button *EXPORT* anklicken oder die Tastenkombination CTRL-F9 betätigen.

Ein solches Vorgehen bietet sich beispielsweise an, wenn Sie eine Szene mit Moray erzeugt haben, ihr aber vor dem Rendern noch ein paar Effekte der POV-Ray-Version 3.0 mit einem Editor hinzufügen wollen, die Moray noch nicht unterstützt.

Nach dem Rendern übernimmt dann wieder Moray die Kontrolle, und Sie können an Ihrer Szene weiterarbeiten, eine neue Szene beginnen oder die Arbeit mit Moray beenden.

Um Moray zu beenden, klicken sie im Hauptmenü den Button *QUIT* an, oder betätigen Sie die Tastenkombination ALT-X.

Das Laden einer Szene

Lassen Sie uns die Arbeit an unserer ersten Szene fortsetzen. In den letzten Abschnitten dieses Kapitels werden Sie kennenlernen, wie weitere Grundformen (Primitive) in einer Szene genutzt werden können. Darüber hinaus werden wir uns ansehen, wie Moray mit Spots und flächigen Beleuchtungen umgeht.

Wenn Sie Moray zwischenzeitlich beendet hatten, müssen Sie zunächst die gespeicherte Szene *moray001.mdl* laden. Sie wollen wir als Ausgangsmaterial für weitere Experimente mit Moray nutzen. Dazu klicken Sie im Hauptmenü den Button *FILES* an. In dem sich öffnenden Menü klicken Sie den Button *LOAD* an, um das Dialogfeld zum Laden einer Datei zu öffnen. Im Dateilistenfeld wählen Sie die Datei *moray001.mdl* aus und klicken auf *OK* bzw. klicken doppelt auf den Namen der zu öffnenden Datei (in diesem Fall auf *moray001.mdl*).

Sie können den ganzen Ladevorgang auch abkürzen, indem Sie einfach auf F3 drücken, um das Dialogfeld zum Laden der Datei zu öffnen. Dabei ist es unerheblich, welches Menü gerade an der rechten Bildschirmseite aktiv ist.

Erzeugen eines Zylinders

Das Prozedere zum Erzeugen der anderen durch Moray unterstützten Grundformen unterscheidet sich nicht von dem bei der Kugel, dem Quader und der Fläche praktizierten Verfahren. Im Hauptmenü wird als der Button *CREATE* angeklickt und im nächsten Menü auf den Button mit der Bezeichnung des zu erzeugenden Körpers geklickt.

Die Körper, die wir in den folgenden Abschnitten erzeugen werden, unterscheiden sich von denen, die wir weiter oben behandelt haben, durch die Objektmenüs.

Lassen Sie uns also damit beginnen, einen Zylinder in unsere Szene zu stellen. Klicken Sie dazu im Hauptmenü den Button *CREATE* und im nächsten Menü den Button *CYLINDER* an. Sie werden nun wiederum aufgefordert, einen Namen einzugeben. Ich habe mich originellerweise für die Bezeichnung *ZYLINDER* entschieden. Wenn Sie diese Eingabe bestätigen, sehen Sie in allen Ansichtenfenstern einen Zylinder und am unteren Bildschirmrand das zum Zylinder gehörende Objektmenü.

In diesem Objektmenü sehen Sie ein Feld mit der Bezeichnung *OPEN* und darunter einen Button, der die Bezeichnung *NO* trägt. Sie werden erkannt haben, daß mit diesem Button bestimmt wird, ob der Zylinder oben und unten geschlossen ist oder nicht. Diese Option haben wir ja bereits im 2. Teil des Buches besprochen.

Der Zylinder kann wie jedes andere Objekt skaliert, rotiert und verschoben werden. Ich habe ihn auf den Quader gestellt. Die Koordinaten des Zylinders lauten bei mir X= 0.6, Y=0.7, Z=1.0.

Damit dieser Körper im gerenderten Bild nicht nur als schwarzer Körper sichtbar ist, muß ihm eine Textur zugewiesen werden. An dieser Stelle sollten wie wiederum auf vordefinierte Texturen zurückgreifen. Ich habe mich für die Textur mit der Originalbezeichnung *DMFWood1* entschieden. Da Moray, wie ich Ihnen bereits erläutert habe, intern nie die Originaltextur, sondern immer eine Kopie verwendet, ändert das Programm auch die Bezeichnung der Textur, indem es der Bezeichung eine Ziffer anfügt bzw. die Zahl erhöht, wenn die Bezeichnung bereits eine Ziffer enthält. Aus diesem Grund finden Sie in Ihrer Texturliste die Bezeichung *DMFWood2*, obgleich Sie die Textur *DMFWood1* ausgewählt haben. Um Verwechslungen und Mißverständnisse auszuschließen, sollten Sie daher Texturen, deren Bezeichnungen am Ende Ziffern haben, nach der Auswahl aus der Dateiliste umbenennen.

Wenn Sie schon einmal den Textureditor geöffnet haben, können Sie gleich die Texturen für die nächsten beiden Körper (Kegel und Ring) auswählen, die wir erzeugen werden. Ich habe mich für *Brass_Texture* (für den Ring) und für *Jade* (für den Kegel) entschieden.

Erzeugen eines Kegels

Wie ein Körper erzeugt wird, sollten Sie aus den vorangegangenen Abschnitten wissen. Daß ein Kegel in POV-Ray die Bezeichnung *Cone* trägt, wissen Sie aus dem 2. Teil des Buches. Versuchen Sie daher, ohne jede Hilfe einen Kegel zu erzeugen. Damit Ihre und meine Szene annähernd gleich sind, will ich Ihnen sagen, daß ich als Bezeichnung *Kegel* gewählt habe.

Nachdem Sie den Kegel erzeugt haben, sollte das Bild auf Ihrem Monitor in etwa der Abbildung 14.8 entsprechen.

Abbildung 14.8

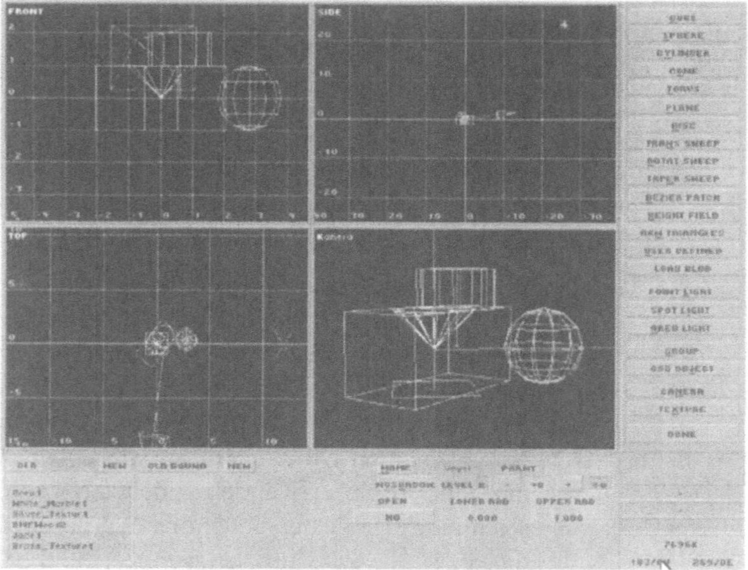

Sie sehen einen auf den Kopf gestellten Kegel. Betrachten wir das Objektmenü am unteren Bildschirmrand. Wie schon beim Zylinder, so finden Sie auch hier einen Button, mit dem Sie festlegen können, ob der Kegel offen oder nicht offen sein soll. Für die Dimensionen des Kegels sind die beiden Button daneben von Interesse.

In dem Eingabefeld unter *LOWER RAD* sehen Sie den Wert 0.000. Dabei handelt es sich um den Radius des Kegels der unteren Fläche. Im konkreten Fall bedeutet der hier angegebene Wert, daß ein Kegel und keine Kegelstumpf erzeugt wird. Lassen Sie uns diesen Wert verändern und sehen, was passiert. Klicken Sie dazu das Eingabefeld an, und geben Sie einen Wert von 1.0 ein. Nachdem Sie die Eingabe bestätigt haben, sehen Sie am Bildschirm keinen Kegel, sondern einen Zylinder. Der Grund dafür ist, daß auch unter dem Feld *UPPER RAD*, das für den Radius der oben liegenden Fläche steht, ein Wert von 1.0 angegeben ist. Lassen Sie uns diesen Wert auf 0.2 verändern. Nun sehen wir einen Kegelstumpf.

Diesen Kegelstumpf sollten wir nun etwas verschieben, um alle Körper der Szene gut erkennen zu können. Ich habe ihn auf die Koordinaten X=1, Y=-2.5 und Z=-1.0 verschoben.

Das Erzeugen eines Ringes

Um den Ring in die Szene zu stellen, verfahren Sie so, wie Sie es bei den anderen Grundformen auch getan haben. Als Bezeichnung habe ich *Ring* verwendet.

Abbildung 14.9

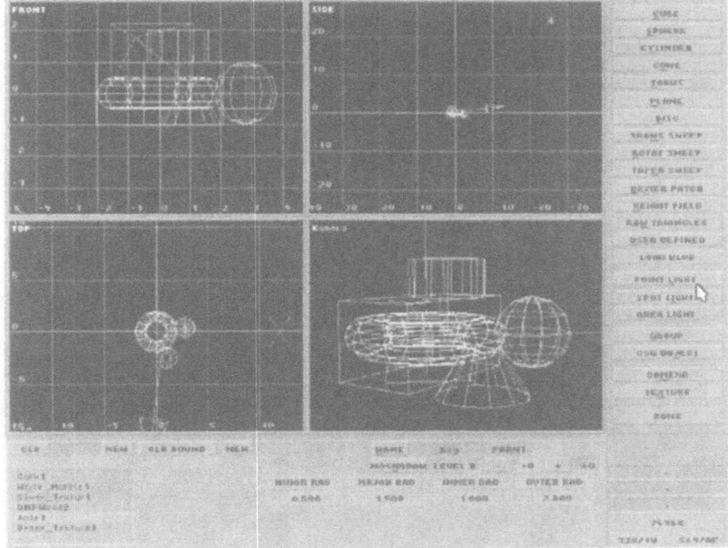

Sie haben nun einen Standardring erzeugt, dessen Mittelpunkt im Mittelpunkt des Koordinatenursprungs liegt und dessen innerer und äußerer Radius jeweils eine Einheit betragen. Ausgestattet mit den Kenntnissen aus dem 2. Teil des Buches sind das für Sie keine neuen Informationen. Im Objektmenü finden sie auch die entsprechenden Eingabefelder *INNER RAD* und *OUTER RAD*. Doch was bedeuten die Felder *MINOR RAD* und *MAJOR RAD*.

Abbildung 14.11

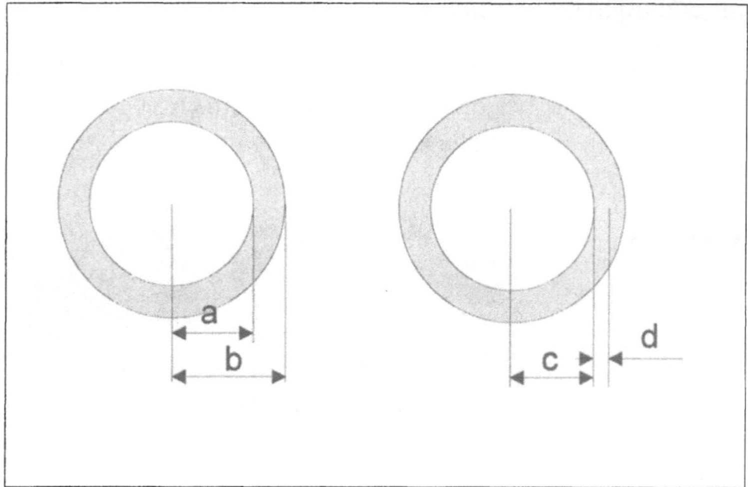

Abbildung 14.12

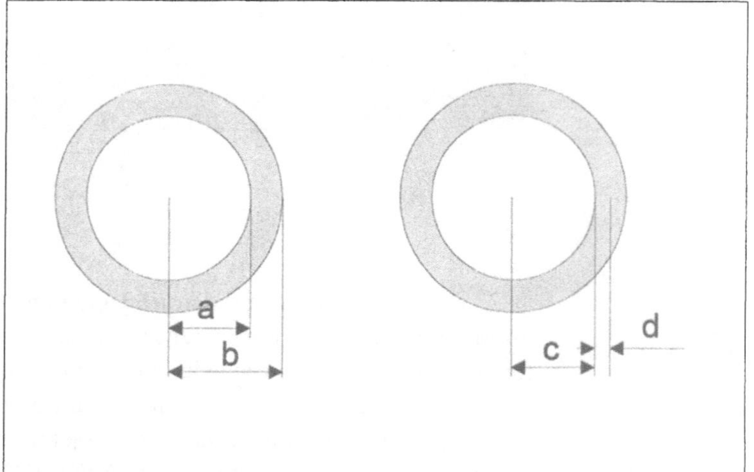

Den Unterschied zwischen den einzelnen Radien machen die Abbildungen 10 und 11 deutlich. Der Radius *a* steht für *IINNER RAD*, *b* für *OUTER RAD*, *c* für *MINOR RAD* und *d* für *MAJOR RAD*. Im zweiten Teil des Buches haben wir jedoch festgestellt, daß ein Ring in POV-Ray ausschließlich durch die Angabe des inneren und des äußeren Radius definiert wird. Die zusätzlichen Möglichkeiten, die Moray offeriert, stehen dazu jedoch nicht im Widerspruch. Sie können zwar einen Ring in Moray etwas anders als in POV-Ray definieren, beim Exportieren in das POV-Ray-Format wird jedoch stets die dort mögliche Syntax verwendet, die Definition des Ringes also unter Umständen umgerechnet. Sie müssen sich also auch an dieser Stelle um die korrekte Syntax Ihrer Szenedatei keine Gedanken machen und können einen Ring so definieren, wie Sie es bevorzugen. Beachten Sie bitte, daß ein Ring nicht auf die konventionelle Art und Weise skaliert werden kann. Wenn sie Sie einen Ring vergrößern oder verkleinern wollen, können Sie das ausschließlich durch eine Veränderung der Radien erreichen.

Um ein Gefühl für die Wirkung unterschiedlicher Werte in den einzelnen Eingabefeldern zu bekommen, sollten Sie an dieser Stelle ein wenig experimentieren. Anschließend können Sie dann meine Werte übernehmen, um Ihre Szene in Übereinstimmung mit meiner Szene zu bringen (OUTER RAD: 1.5, INNER RAD 0.5).

Vergessen Sie nicht, dem Ring eine Textur zuzuweisen. Ich habe mich für *Brass_Texture* entschieden, die als *Brass_Texture1* in der Texturliste enthalten ist.

Da der Ring im Moment noch durch andere Körper verdeckt wird bzw. in ihnen steckt, sollten wir ihn verschieben und etwas drehen. Ich habe in meiner Szene den Ring zunächst um 45° um die X-Achse und dann um 25° um die Y-Achse gedreht. Anschließend habe ich ihn an die Koordinaten X=-1.1, Y=0, Z=0.5 verschoben.

Damit haben Sie gesehen, wie die durch POV-Ray unterstützten Grundformen in Moray verwendet werden. Sie werden festgestellt haben, daß ich die Scheibe *Disc* nicht behandelt habe. Das hat seinen Grund darin, daß ich glaube, daß Sie nunmehr in der Lage sind, mit dieser Form ohne Hilfe umzugehen. Sie werden Elemente der POV-Ray-Syntax im Objektmenü der *Disc* finden, die Sie mit Ihrem Wissen aus dem 2. Teil und dem bisher im 3. Teil erworbenen Wissen gestalten können sollten.

Speichern Sie daher die bisher entstandene Szene unter *moray002.mdl.* Wenn Sie möchten, können Sie die Szene natürlich auch Rendern. Drücken Sie dazu nach dem Speichern einfach auf die Taste F9.

Weitere Lichtquellen

Zum Abschluß dieses Kapitel wollen wir uns noch ansehen, wie in Moray Spotlichter und flächige Beleuchtungen erzeugt und manipuliert werden. Sie werden schnell merken, daß der Umgang mit diesen beiden Arten von Lichtquellen wegen der hervorragenden grafischen Unterstützung extrem einfach geworden ist.

Spots

Lichtquellen werden wie jedes andere Objekt in Moray erzeugt, indem zunächst im Hauptmenü der Button *CREATE* angeklickt wird. In dem sich darauf öffnenden Menü wird der Button *SPOT LIGHT* betätigt. In das sich nun öffnende Dialogfeld können Sie eine Bezeichnung für den Spot eingeben oder die vorgeschlagene Bezeichnung übernehmen. Ich habe mich für „Spot" entschieden.

Nach der Bestätigung der Bezeichnung für den Spot sehen Sie in den Ansichtenfenstern den Spot. Er wird wie eine punktförmige Lichtquelle durch ein Strahlenbündel dargestellt. Von diesem Strahlenbündel gehen beim Spot allerdings zwei Kegel aus. Der innere Kegel ist dabei der eigentliche Lichtkegel. Die Differenz zwischen dem inneren Kegel und dem äußeren Kegel ist der Bereich, indem die Lichtintensität gegen Null geht, also gleichsam gedämpft wird.

Die Größe dieser beiden Kegel wird durch einen Winkel angegeben (siehe 2. Teil). Sie sehen im Objektmenü des Spotlichtes drei Schieberegler. Der Regler mit der Bezeichnung *FALL* dient zum Verändern der Größe des äußeren Radius (in POV-Ray *Fall off*). Standardmäßig wird ein Winkel von 15° verwendet. Sie können diesen Wert ändern, indem Sie den Mauszeiger auf den Regler bringen und die Maus bei gedrückter linker Maustaste nach links oder rechts bewegen. Sie können aber auch das Eingabefeld auf dem Regler anklicken und den gewünschten Wert über die Tastatur eingeben. Ich habe allerdings den Wert unverändert gelassen.

Mit dem nächsten Regler, der die Bezeichnung *RAD* hat, wird die Größe des inneren Radius, also des Lichtkegels, bestimmt. Es versteht sich von selbst, daß der Lichtkegel immer kleiner sein muß als der fall-off-Radius. Ich habe mich für einen Wert von 10° entschieden.

Der dritte Regler mit der Bezeichnung *LEN* hat keinerlei Auswirkungen auf den eigentlichen Spot. Er dient dazu, die Länge des Spots zu verändern, um das Ausrichten eines Spots auf eine bestimmte Stelle der Szene zu erleichtern. Ich betone nochmals, daß dieser Regler nur ein weiteres grafisches Hilfsmittel in Moray ist.

Die Schieberegler zum Festlegen der Farbe der Lichtquelle wurden bereits im Zusammenhang mit einer punktförmigen Lichtquelle besprochen und sollen daher an dieser Stelle vernachlässigt werden.

Der Spot befindet sich immer noch im Koordinatenursprung. Es wird also Zeit, ihn an eine Stelle zu verschieben, von der aus die Szene gut beleuchtet werden kann. Zum Verschieben können Sie, wie bereits geübt, die Maus verwenden oder die gewünschten Koordinaten über die Tastatur eingeben. Ich habe den Spot an die Koordinaten X=0, Y=-7.4, Z=9.3 gesetzt. Zum Ausleuchten unserer Szene ist der Spot damit aber immer noch nicht geeignet. Wie Sie sehen, ist der Lichtkegel senkrecht nach unten gerichtet und erreicht damit kein Objekt der Szene.

Wir sollten also den Spot so drehen, daß sein Licht tatsächlich Objekte der Szene erreicht. Zum Ausrichten eines Spots verfügt Moray über ein grandioses Hilfsmittel. Es handelt sich dabei um eine Kamera, die im Spot positioniert ist und den Teil des Szene zeigt, auf den der Lichtkegel gerichtet ist. Diese Kamera steht allerdings nur zur Verfügung, wenn eine Szene einen Spot enthält. Auch Sie ist nur ein grafisches Hilfsmittel in Moray, das keinerlei Beziehungen zu POV-Ray hat.

Um diese Hilfskamera zu aktivieren, bewegen Sie zunächst den Mauszeiger in das 3D-Fenster unten rechts, das die Bezeichnung *KAMERA* hat. Betätigen Sie nun die rechte Maustaste. Es öffnet sich ein Pop-Up-Menü mit mehreren Button. Ganz unten finden Sie einen Button mit der Bezeichnung *VIEW:3D:KAMERA*. Das ist die Spezifikation der in diesem Fenster aktiven Ansicht. Klicken Sie auf diesen Button, und es erscheint ein weiteres Pop-Up-Menü. Klicken Sie ganz unten auf den Button *SPOTKAM001*. Damit haben Sie die oben beschriebene Hilfskamera aktiviert. Sie sehen nun im Fenster unten rechts die Objekte, auf die der Spot gerichtet ist (im Moment ist das die unter dem Spot liegende Fläche).

Wir wollen jetzt den Spot auf die Objekte richten. Aktivieren Sie im Hauptmenü den Button *ROTATE* und bringen Sie den Mauszeiger in das Fenster mit der Seitenansicht. Wenn Sie nun den Spot drehen, sehen Sie wie sich gleichzeitig das Bild im Fenster unten rechts verändert. Sie sollten nun den Spot so lange drehen, bis in diesem Fenster die Stelle der Szene erschienen ist, auf die der Spot gerichtet sein soll. Dazu müsen Sie nicht unbedingt nur mit der Seitenansicht arbeiten. Bei der Arbeit mit der Maus ist es häufig notwendig, in mehreren Ansichtenfenstern Manipulationen vorzunehmen. Sie können selbstverständlich auch alle Werte über die Tastatur eingeben. Ich habe den Spot um -40° um die Y-Achse gedreht.

Wenn der Spot Ihren Vorstellungen entsprechend positioniert und ausgerichtet ist, können Sie die Hilfskamera wieder „abschalten". Bringen Sie dazu erneut den Mauszeiger auf das 3D-Fenster, drücken Sie die rechte Maustaste. In dem sich öffnenden Pop-Up-Menü klicken Sie auf *VIEW:3D:SPOTKAM001*. Im nächsten Pop-Up-Menü klicken Sie auf den Button mit der Bezeichnung *KAMERA*. Damit sehen Sie im 3D-Fenster wieder die Voransicht Ihrer Szene.

Sie können die Szene nun unter *moray003.mdl* speichern und sie rendern, um sich die Wirkung des Spots anzusehen.

Flächige Beleuchtungen

Um den Umgang mit flächigen Beleuchtungen in Moray kennenzulernen, laden wir als Ausgangsbasis zunächst die Datei *moray002.mdl*. Diese Szene soll in diesem Abschnitt um eine flächige Beleuchtung *area_light* ergänzt werden.

Klicken Sie dazu im Hauptmenü auf den Button *CREATE*. Betätigen Sie anschließend den Button *AREA LIGHT*, und geben Sie in das Eingabefeld eine Bezeichnung für dieses Lichtquelle eine. Ich habe mich für *flaech_Licht* entschieden.

Nachdem Sie die Bezeichnung der Lichtquelle bestätigt haben, präsentiert sich Ihnen das in der Abbildung 14.12 gezeigte Bild.

Abbildung 14.13

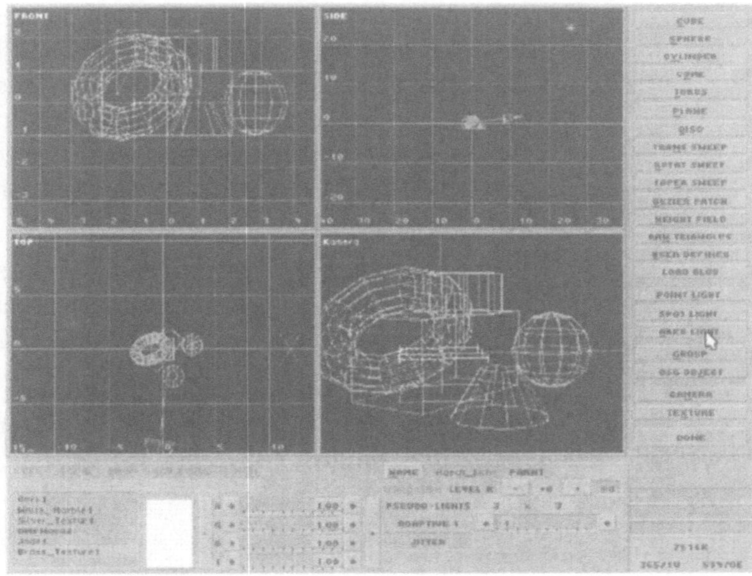

Betrachten wir das Objektmenü. Die Bedeutung der Regler zum Einstellen der Farbe der Lichtquelle ist Ihnen ja bereits bekannt. Rechts finden Sie den Parameter *PSEUDO LIGHTS* mit den Werten 3 x 3. Die Bedeutung dieses Parameters läßt sich schon aus der Bezeichnung ableiten. Sie legen an dieser Stelle fest, aus wie vielen einzelnen Lichtquellen sich die flächige Beleuchtung zusammensetzt. Voreingstellt sind also 9 Lichtquellen (3 x 3), die standardmäßig gleichmäßig über eine Fläche mit einer Kantenlänge von jeweils einer Einheit verteilt werden. Grafisch wird ein *area_light* in Moray durch ein Gitternetz dargestellt. Die Anzahl der Schnittpunkte dieses Gitternetzes entspricht dabei der Anzahl der Pseudolichtquellen. Lassen Sie uns die Anzahl der Pseudolichtquellen auf 5 x 5 erhöhen. Sie sehen, daß sich gleichzeitig auch das Gitternetz in den Ansichtenfenstern entsprechend verändert.

Mit dem Schieberegler mit der Bezeichnung *ADAPTIVE* steuern Sie den Wert des gleichnamigen POV-Ray-Parameters.

Im Objektmenü finden Sie den aktivierten Button *JITTER*. Er sorgt im eingeschalteten Zustand für eine zufällige Verteilung der Pseudolichtquellen über die Fläche des *area_light*. Ist er inaktiv, werden die Lichtquellen regelmäßig über die Fläche verteilt.

Da sich die Lichtquelle noch im Koordinatenursprung befindet, wollen wir sie verschieben. Ich schlage folgende Koordinaten vor: X=0, Y=-9.7, Z=16.5.

Empfehlenswert ist auch ein Skalieren der gesamten Lichtquelle, damit sie möglichst alle Objekte der Szene bestrahlt. Ich habe die Lichtquelle entlang der X- und der Y-Achse um den Faktor 3 skaliert. Ein Skalieren der Lichtquelle entlang der Z-Achse ist zwar in Moray möglich und wird auch angezeigt. Beim Rendern der Szene wird diese Skalierung vernachlässigt, weil sie unsinnig ist.

Um einen noch besseren Beleuchtungseffekt zu erzielen und um Ihnen zu zeigen, daß eine flächige Beleuchtung auch gedreht werden kann, habe ich sie um -15° um die X-Achse rotiert.

Speichern Sie nun die Szene unter der Bezeichnung *moray004.mdl.* Anschließend können Sie sie durch das Betätigen der F9-Taste rendern.

15 Die Arbeit mit dem Textureditor

Bereits in den ersten beiden Kapiteln haben Sie Bekanntschaft mit dem Textureditor gemacht. Allerdings konnten Sie dabei nicht einmal einen Bruchteil des Leistungsvermögens kennenlernen, den Ihnen dieser Editor eröffnet. Mit der Version 2.0 vefügt Moray mit diesem Textureditor über ein leistungsstarkes Werkzeug zum einfachen Erstellen von Texturen. Sie werden in diesem Kapitel sehen, wie Sie mit wenigen Mausbewegungen ansehnliche Texturen „zusammenschieben" können.

Beginnen werden wir mit dem Erzeugen von einfachen Farbmischungen. Dann werden wir uns ansehen, wie wir Farbtabellen nutzen, überlagerte Texturen, Kachel- und Fliesenstrukturen sowie Image Maps erzeugen können. Sie werden sehen, daß mit dem Textureditor auch die Oberflächennormalen und die *finish*-Anweisungen manipuliert werden können.

Das Erzeugen von einfachen Farbmischungen

Unterstützte Farbmodelle

Sie wissen noch aus dem zweiten Teil des Buches, daß in POV-Ray Farben nach dem RGB-Modell aus den drei Farben Rot, Grün und Blau durch Addition zusammengesetzt werden. Darüber hinaus können Sie in POV-Ray die Modelle RGBF (mit der Filterung einer oder mehrerer Komponenten) und RGBT (mit der Transluzenz einer oder mehrerer Komponenten) verwenden. Das RGBT-Modell wird durch Moray in der Version 2.0 noch nicht unterstützt. Wenn Sie solche Effekte in Ihren mit Moray erstellten Szenen verwenden wollen, müssen Sie die exportierte Szenedatei mit einem geeigneten Texteditor nachbearbeiten.

Lassen Sie uns in einem ersten Schritt einen hellblauen Farbton erzeugen. Ich gehe davon aus, daß Sie Moray bereits gestartet haben und wir sofort beginnen können, uns mit dem Textureditor zu beschäftigen. Wenn Sie sich im Hauptmenü befinden, rufen Sie den Textureditor durch das Anklicken des Buttons *TEXTURE* auf. Im vorigen Kapitel haben Sie hier bereits durch das Anklicken des Button *GET* die Liste mit den vordefinierten Texturen aufgerufen. Neben diesem Button sehen Sie noch weitere, deren Bedeutung Sie bitte der folgenden Tabelle entnehmen.

Button	Bedeutung
GET	Öffnet ein Listenfeld mit vordefinierten Texturen
DELETE	Löscht eine aktivierte Textur aus dem Listenfeld und damit auch aus der gerade bearbeiteten Szene
COPY	Erstellt eine Kopie einer aktivierten Textur. Die Bezeichnung der dabei entstehenden Textur unterscheidet sich von der Originaltextur durch eine Ziffer am Ende der Bezeichnung.
DEL UNUSED	Löscht alle Texturen, die zwar definiert, aber in der Szene nicht verwendet werden.
DONE	Schließt den Textureditor.
CREATE	Erzeugt eine neue Textur.

Da wir nun nicht mehr auf vordefinierte Texturen zurückgreifen wollen, klicken wir jetzt nicht den Button *GET*, sondern *CREATE* an. In das sich öffnende Eingabefeld geben Sie eine Bezeichnung der zu erzeugenden Textur ein oder bestätigen die Vorgabe durch das Drücken der linken Maustaste. Für den Moment reicht es aus, als Bezeichnung *Texture01* zu verwenden. Wir werden diese Bezeichnung später durch eine aussagekräftigere ersetzen. Der Bildschirm präsentiert sich Ihnen nun so wie in der Abbildung 15.1 zu sehen.

Abbildung 15.1
Der Textureditor

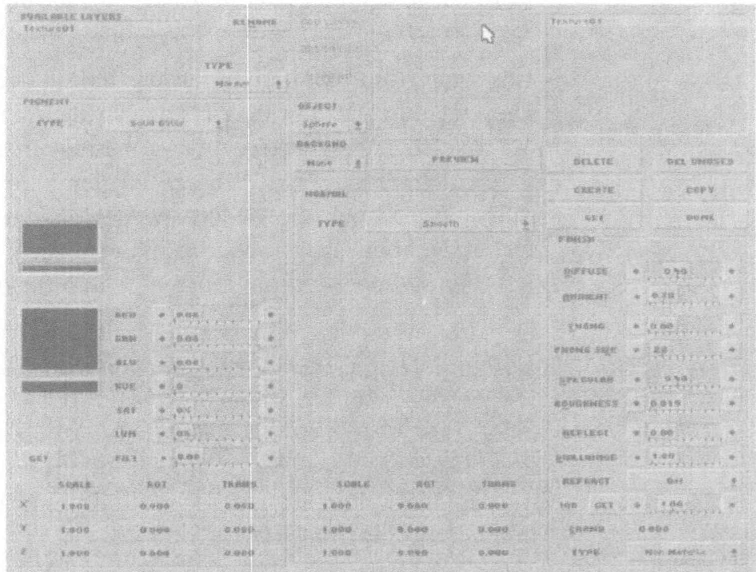

Die Texturbezeichnung ist in zwei Listenfeldern zu sehen. Sie finden Sie im Listenfeld *AVAILABLE LAYERS* und im Listenfeld rechts oben, wo alle aktiven Texturen, daß heißt alle Texturen, die in der aktuellen Szene zur Verfügung stehen, aufgeführt werden. Wenn eine Textur bearbeitet werden soll, muß Sie im Feld rechts oben angeklickt werden. Im Moment steht dort nur eine Bezeichnung, die demzufolge auch aktiviert ist.

Beginnen wir also mit dem Mischen eines hellblauen Farbtons. Zunächst müssen wir festlegen, um welchen Typ es sich bei unserer Textur handeln soll. Wenn Sie auf das Dropdown-Listenfeld neben dem Feld *AVAILABLE LAYERS* klicken, erhalten Sie eine Aufstellung aller möglichen Typen. Für die aktuelle Aufgabe muß der Typ *NORMAL* angeklickt werden.

Die nächsten Einstellungen werden wir in dem mit *PIGMENT* überschriebenen Bereich vornehmen.

Hier finden Sie ebenfalls ein Dropdownfeld mit der Bezeichnung *TYPE*. Wenn Sie es anklicken, sehen Sie ein lange Liste mit möglichen Pigmentmanipulationen. In unserem Fall muß *Solid Color* aktiviert bleiben.

Auf der rechten Seite sehen Sie vier schwarze Flächen. Das erste und das zweite Feld haben beim einfachen Mischen von Farben noch keine Bedeutung. Beim Erstellen von Farbmustern werden neben diesem Feld weitere Felder angezeigt, in denen die einzelnen Farbtöne gezeigt werden. Sie werden in den nächsten Abschnitten genauer sehen, was damit gemeint ist.

Uns interessiert im Moment nur das größte der schwarzen Felder. Dieses Feld stellt den Bereich dar, in dem das Ergebnis unserer Mischversuche angezeigt wird. Sie haben ein solches Feld bereits im Zusammenhang mit den Lichtquellen kennengelernt. Deshalb dürfte Ihnen auch die Bedeutung der oberen drei Schieberegler rechts daneben nicht unklar sein. Sie dienen zum Einstellen der Rot-, Grün, und Blaukomponente beim Mischen eines Farbtons.

RGB-Modell

Die drei folgenden Schieberegler mit den Bezeichnungen *HUE*, *SAT* und *LUM* dienen zum Erzeugen von Farbtönen nach dem HSL-Modell, das ich Ihnen im ersten Teil des Buches erläutert habe. Unabhängig davon, welchen Regler Sie bewegen, wird das Ergebnis Ihrer Versuche beim Exportieren nach POV-Ray immer in das RGB-Modell umgerechnet, da nur dieses Farbmodell durch POV-Ray unterstützt wird.

HSL-Modell

Ganz unten sehen Sie noch einen weiteren Regler. Mit ihm kann die Transparenz geregelt werden. Standardmäßig ist dieser Regler auf 0 eingestellt (keine Transparenz). Wenn Sie diesen Regler nach rechts schieben, sehen Sie das Ergebnis in dem zweiten und vierten schwarzen Feld.

Um einem Körper eine Farbe zuzuweisen, müssen Sie sie nicht selbst mischen. Wenn Sie auf den Button *GET* im Bereich *PIGMENT* drücken, öffnet sich ein Listenfeld mit den Bezeichnungen aller in der Datei *colors.inc* vordefinierten Farbtöne. Doch diese Variante wollen wir jetzt nicht nutzen. Wir mischen uns einen eigenen Blauton.

Durch das Verschieben der Schieberegler sollten Sie in der Lage sein, einen hellblauen Ton zu erzeugen. Ich habe die Regler auf folgende Werte gestellt: Rot = 0.79, Grün = 0.79 und Blau = 1.00.

Die Vorschaufunktion

Im ehemals schwarzen Feld neben den Schiebereglern sehen Sie nun das Ergebnis Ihrer Bemühungen. Bei komplizierten Texturen kann man an dieser Stelle zwar einen Eindruck von der Farbe einer Komponente bekommen. Eine Vorstellung vom Aussehen der kompletten Textur hat man deshalb jedoch nicht. Der Textureditor verfügt jedoch über eine Vorschaufunktion, die dieses Manko beseitigt und es Ihnen schnell ermöglicht, eine Aussage zu treffen, ob die Textur gelungen ist oder nicht.

Im oberen Bereich des Editors finden Sie einen Button mit der Bezeichnung *PREVIEW*. Bevor Sie ihn allerdings betätigen, sollten wir uns die beiden Dropdown-Listenfelder daneben mit den Bezeichnungen *OBJECT* und *BACKGND* ansehen. Über das Listenfeld *OBJECT* legen Sie fest, an welchem Objekt Sie die Textur ansehen wollen. Die soeben durch uns erzeugte Textur sollten wir uns an einer Kugel ansehen und klicken deshalb auf *Sphere*. Mit Hilfe des Listenfeldes mit der Bezeichnung *BACKGND* können Sie bestimmen, in welchem „Umfeld“ das gewählte Objekt (in unserem Fall also die Kugel) präsentiert werden soll. Möglich ist dabei, nur eine Grundfläche darzustellen (*Floor*) oder nur mit einer Rückwand (*Back Wall*) oder gar zusammen mit beiden Flächen (*Floor + Back Wall*). Möglich ist aber auch, nur das Objekt anzuzeigen (*None*). Wenn Sie hier Ihre Auswahl getroffen haben, können Sie den Button *PREVIEW* betätigen.

Rendern des Vorschaubildes

Damit übergibt Moray die Kontrolle an POV-Ray, das ein Bild entsprechend der getroffenen Objekt- und Hintergrundauswahl rendert, auf dem die erzeugte Textur zu sehen sein wird. Damit die Vorschau so funktioniert, müssen Sie meinen Vorschlägen zur Manipulation der Datei *moray.ini* gefolgt sein. Wie Sie sich sicher erinnern, ging es insbesondere um das Anlegen einer Datei namens *povray.def*. Sollte die Vorschau bei Ihnen nicht funktionieren, blättern Sie zum Beginn dieses Teils zurück und lesen den Abschnitt über das Einrichten der Datei *moray*.ini.

Nachdem POV-Ray das Vorschaubild erzeugt hat, wird es durch Moray in das dafür vorgesehene Feld über dem Button *PREVIEW* geladen. Sie bekommen nun einen Eindruck vom Aussehen der durch Sie soeben erzeugten Textur (vgl. Abb. 14). Beachten Sie bitte, daß hier wirklich nur von einem Eindruck von der Textur die Rede sein kann. In der Szene kann diese Textur in Abhängigkeit von den Lichtverhältnissen innerhalb der Szene ganz anders wirken.

Texturen aus Farbmustern

POV-Ray unterstützt in der Version 3.0 drei Farbmuster. Es handelt sich dabei um das Schachbrett-, das Sechseck- und das Ziegelmuster. Da Moray 2.0 jedoch nur die POV-Ray-Syntax bis zur

Version 2.2 unterstützt, kennt das Programm nur die beiden ersten Muster.

Wir wollen den Einsatz von Farbmustern am Beispiel des Sechseckmusters kennenlernen.

Da wir eine neue Textur erzeugen, klicken Sie zunächst auf den Button *CREATE*. Als Bezeichnung schlage ich *Sechseck* vor. Diese Bezeichnung erscheint nach der Bestätigung in den beiden Listenfeldern links und rechts oben.

Klicken Sie nun bitte das Dropdown-Listenfeld mit der Bezeichnung *TYPE* im Bereich *PIGMENT* an, und aktivieren Sie den Typ *Hexagon*. Danach sollten Sie am Bildschirm ein Bild wie in der Abbildung 15.2 sehen. Im Vorschaufenster ist übrigens noch die Vorschau der Textur *Hellblau* zu sehen.

Abbildung 15.2

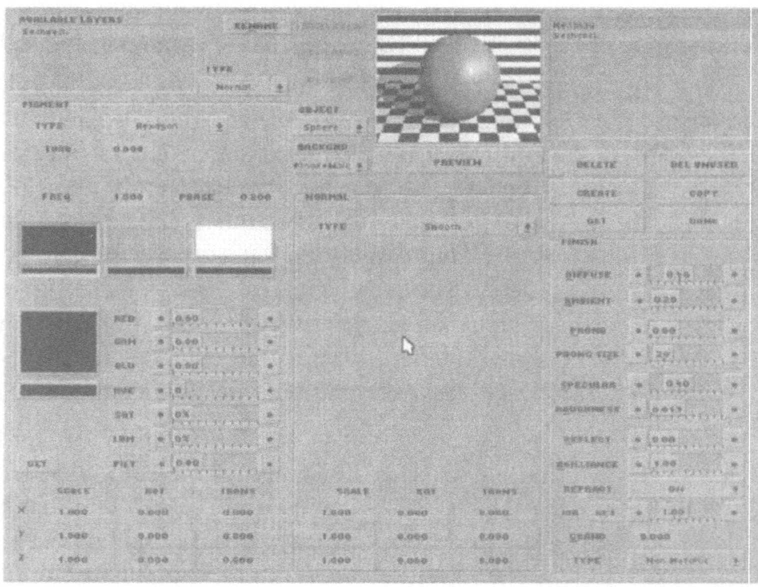

Der Bereich *PIGMENT* hat im Vergleich zur ersten Textur weitere Eingabefelder und Buttons bekommen. Über den Schiebereglern für das Einstellen der Farbanteile finden Sie nunmehr drei Felder. Sie wissen aus dem 2. Teil, daß das Farbmuster *Hexagon* durch die Syntax:

```
pigment{hexagon color FARBE1, FARBE2, FARBE3}
```

definiert wird. Die drei genannten Felder dienen der Darstellung von *FARBE1*, *FARBE2* und *FARBE3* (von links nach rechts). Das linke der drei Felder ist aktiv. Wenn Sie nun, wie beim Erzeugen der Textur *Hellblau,* die Schieberegler Ihren Vorstellungen entsprechend verschieben, werden Sie erkennen, daß sich die in diesem Feld dargestellte Farbe gleichermaßen verändert. Lassen Sie uns als *FARBE1* folgende Werte einstellen: R=0.56, G=0.98, B=0.19.

Um *FARBE2* und *FARBE3* einzustellen, werden die entsprechenden Felder durch Anklicken zunächst aktiviert. Anschließend werden mit den Reglern die Farbtöne eingestellt. Ich habe folgende Werte verwendet:

FARBE2: R=0.12, G=0.82, B=0.50, *FARBE3:* R=0.0, G=0.89, B=1.0.

Das Ergebnis können wir uns erneut durch das Anklicken des Buttons *PREVIEW* ansehen. Ich habe allerdings als *Object* eine Fläche (plane) und als *Backgnd* nichts (none) gewählt.

Nach dem gleichen Schema können Sie ein Schachbrettmuster erzeugen. Im Gegensatz zum Sechseckmuster haben Sie es dann allerdings nur mit zwei Farben zu tun.

Texturen aus Farbtabellen

Im 2. Teil dieses Buches haben Sie alle möglichen Muster kennengelernt, die mit Hilfe von Farbtabellen (color_map) gebildet werden. Ich werde mich an dieser Stelle darauf beschränken, Ihnen an einem Beispiel exemplarisch zu erläutern, wie im Textureditor von Moray mit Farbtabellen umgegangen wird. Ich habe mich dabei für das Generieren eine Holztextur entschieden. Wenn Sie das Vorgehen verstanden haben, wird es Ihnen leicht fallen, auch Marmor-, Granit-, Achattexturen usw. zu erzeugen.

Wir beginnen also wie bekannt damit, daß wir zunächst den Button *CREATE* anklicken. Als Bezeichnung für diese neue Textur habe ich *Neues_Holz* verwendet.

Im Bereich *PIGMENT* wählen Sie aus dem Listenfeld *TYPE* die Bezeichnung *Wood* aus. Ihr Bildschirm sollte nun so wie in Abbildung 15.3 aussehen.

Im Vorschaubild sehen Sie übrigens noch die Sechsecktextur.

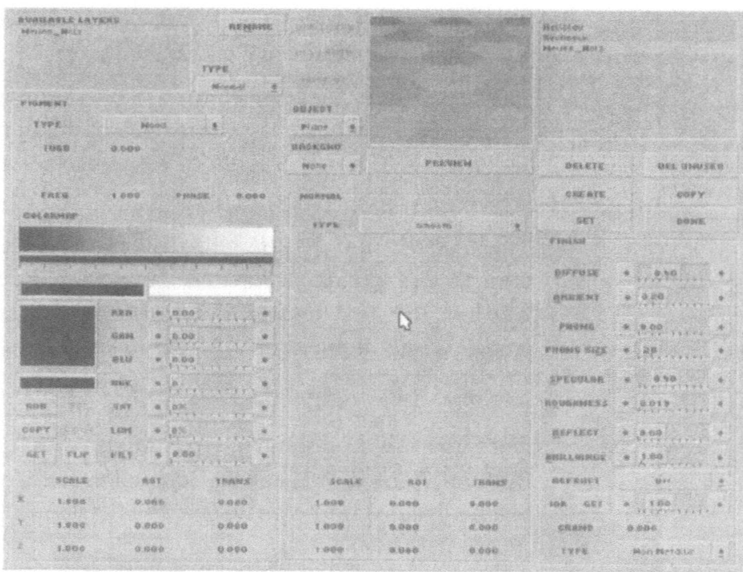

Abbildung 15.3 Erzeugung eines Hexagonmusters

Erzeugung der color_map

Gegenüber den ersten beiden Beispielen sind im Bereich *PIGMENT* erneut ein paar Veränderungen festzustellen. Dort, wo vorher die Felder für die Darstellung der Farbtöne waren, finden Sie nun ein langes Feld mit der Bezeichnung *COLORMAP*. Unter diesem Feld befinden sich ein schwarzes und ein weißes Feld. Diese beiden Felder repräsentieren die aktuelle Farbtabelle. In dem Feld mit der Bezeichnung *COLORMAP* sehen Sie, wie der Übergang zwischen diesen beiden Farben aussehen würde.

Da es wenig wahrscheinlich ist, daß man mit einer Farbtabelle, die nur aus zwei Komponenten besteht, ein interessantes Holzmuster erzeugen kann, sollten wir mehr Farbtöne in die Farbtabelle aufnehmen. Dazu klicken Sie den Button *ADD* im Bereich *PIGMENT* an. Zwischen dem schwarzen und dem weißen Feld erscheint ein graues Feld. Die Farbtabelle besteht nun aus drei Komponenten. Wenn Sie erneut den Button *ADD* anklicken, wird der Farbtabelle eine vierte Komponente hinzugefügt. Bei dieser Zahl wollen wir es dann auch belassen.

Bevor wir mit der weiteren Gestaltung der Holztextur fortfahren, will ich Ihnen die Syntax der Holzstruktur in Erinnerung rufen.

```
texture{pigment{wood
color_map{
[Parameter color Farbe1]
```

```
[Parameter color Farbe2]
[Parameter color Farbe3]
[Parameter color Farbe4]
.
.
[Parameter color Farbe20]
}}}
```

Parameter steht dabei für die Breite des angegebenen Farbtons. Analog zu dieser Syntax wird auch in Moray ein Holzmuster zusammengesetzt. Die Anzahl der Komponenten der Farbtabelle haben wir festgelegt. Wir werden nun für jede einzelne Komponente einen Farbton zusammenmischen. Beginnen wir mit der ersten Komponente. Klicken Sie dazu das linke (noch schwarze) Feld an. Mit den Schiebereglern mischen Sie nun wie bekannt den ersten Farbton zusammen. Dannach legen Sie die Farbtöne der anderen drei Komponenten fest. Wenn Sie das Muster so wie ich gestalten wollen, entnehmen Sie bitte die Werte für die einzelnen Komponenten der Farbtabelle der folgenden Aufstellung.

	FARBE1	**FARBE2**	**FARBE3**	**FARBE4**
Rot	0.38	0.89	0.61	0.00
Grün	0.16	0.95	0.41	0.00
Blau	0.00	0.94	0.00	0.00

Wie bereits erwähnt, ist es auch in Moray nicht nötig, sich alle Farben immer selbst zu mischen. Sie haben auch aus Moray heraus die Möglichkeit, auf vordefinierte Farben zurückzugreifen. Klicken Sie dazu auf den Button *GET* im Bereich *PIGMENT,* und es wird ein Listenfeld geöffnet, aus dem Sie die gewünschten Farben auswählen können. Selbstverständlich steht es Ihnen frei, einen solchen Farbton nach der Auswahl mit den Schiebereglern zu verändern.

Im Feld *COLORMAP* können Sie nun den Übergang zwischen den einzelnen Komponenten betrachten, der allerdings noch sehr regelmäßig ist. Lassen Sie uns daher die Breite der einzelnen Komponenten verändern. In der Syntax von POV-Ray ausgedrückt, bedeutet das, daß wir nun für jede Komponente den Wert *PARAMETER* einstellen.

Wenn Sie sich die Abbildung 15.4 genau ansehen, werden Sie erkennen, daß von jedem Farbfeld eine Linie mit einem Pfeil ausgeht, der auf eine Skala zeigt. Die Linie eines aktivierten Farbfeldes wird weiß dargestellt und ist beweglich. Bewegen Sie dazu den Mauszeiger auf die aktive Linie, drücken Sie die linke Maustaste, und bewegen Sie die Maustaste bei gedrückter linker Maustaste nach links oder rechts. Sie können beobachten, daß sich der Pfeil analog zu Ihren Mausbewegungen verschiebt und den Bereich der jeweiligen Farbkomponente verkleinert bzw. vergrößert.

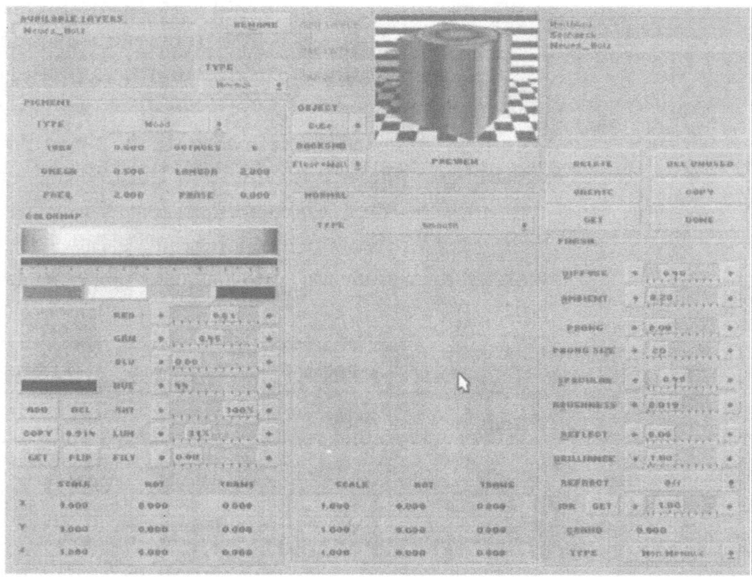

Abbildung 15.4
Holzmuster in Moray

Aus dem 2. Teil des Buches wissen Sie, daß sich Farbübergänge standardmäßig immer über eine Einheit erstrecken (von X=0 bis X=1). Entsprechend ist die Bedeutung der Striche auf der Skala. Der linke Rand entspricht dem Wert X=0, der rechte Rand X=1. Die größeren Striche dazwischen stehen für eine Zehntel Einheit (also 0.1, 0.2, 0.3 usw.), die kleinen Striche halbieren den Bereich zwischen zwei größeren Strichen (also 0.15, 0.25 usw.)

Mit diesem Wissen können Sie nun die Farbtabelle weiter spezifizieren. Da die erste Komponente einer Farbtabelle immer bei X=0 beginnt und die letzte Komponente immer bei X=1 endet, können Sie die zu diesen Feldern gehörenden Linien natürlich nicht verschieben. Anders sieht es mit der Breite der zweiten und dritten Komponente aus, die Sie verändern können und sogar verändern sollten.

Bei mir zeigt der Pfeil der zweiten Komponente auf etwa 0.14 und der Pfeil der dritten Komponente auf etwa 0.91.

Wenn Sie nun die Vorschaufunktion aufrufen, werden Sie mit dem Ergbnis nicht zufrieden sein, da das Muster (die „Jahresringe) noch viel zu regelmäßig ist (vgl. Abb. 15.4).

Turbulenz und Frequenz

Es ist daher empfehlenswert, im Bereich *PIGMENT* die Werte für die Frequenz und die Turbulenz zu ändern. Ich schlage folgende Werte vor:

FREQ: 1.00

TURB: 0.60

Dieses Muster kann eher überzeugen. Ob es allerdings Ähnlichkeit mit einer in der Natur vorkommenden Holzart hat, kann ich nicht sagen.

Wenn Ihnen das Muster noch immer nicht zusagt, können Sie ja weitere Experimente vornehmen. Mitunter reicht es aus, einfach die Reihenfolge der Komponenten völlig umzudrehen. Dazu brauchen Sie nur den Button *FLIP* anzuklicken.

Wenn Sie einen Farbton in mehr als einer Komponente verwenden wollen, müssen Sie ihn jedoch einmal mischen. Um ihn auch in einer anderen Komponente einzusetzen, klicken Sie zunächst auf den Button *Copy*. Im Mauszeiger erscheint daraufhin das Wort *From*. Damit werden Sie aufgefordert, auf die Komponente zu klicken, die Sie kopieren möchten.

Haben Sie die Komponente angeklickt, erscheint im Mauszeiger das Wort *To*. Das ist für Sie die Aufforderung, nunmehr die Komponente anzuklicken, in die Sie den Farbwert der Ausgangskomponente kopieren wollen.

Texturen mit einer image_map

In diesem Abschnitt wollen wir eine Textur erzeugen, indem wir eine Grafik auf einen Körper projizieren. Dieses Verfahren ist Ihnen bereits als Imagemapping bekannt.

Klicken also wiederum auf *CREATE*, um das Generieren einer neuen Textur zu beginnen. Benennen Sie sie als *Erde*. Im Bereich *PIGMENT* muß als *TYPE* nun *Image_map* gewählt werden.

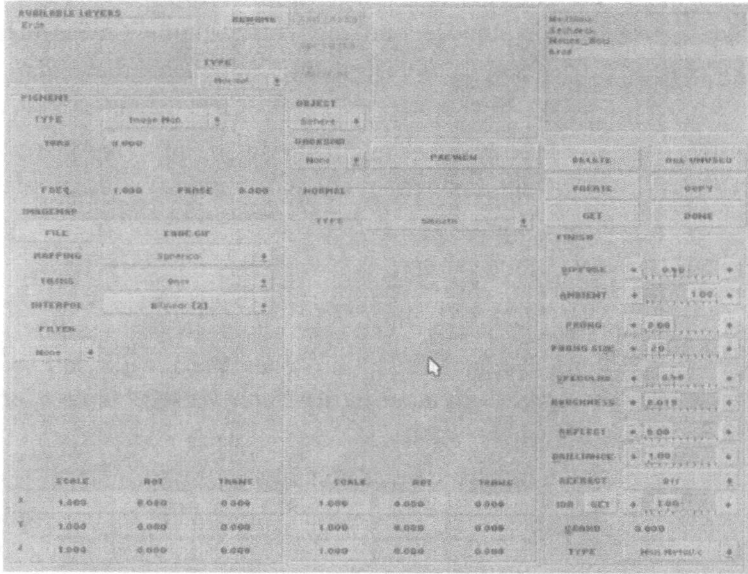

Abbildung 15.5
image_map in Moray

Die Bedeutung der nun erschienenen Button sollte Ihnen verständlich sein. Klicken Sie zunächst den Button *FILE* an. In dem sich öffnenden Dialogfeld wählen Sie die Datei *erde.gif* aus. Klicken Sie dazu zunächst den Namen des entsprechenden Verzeichnisses an und wählen Sie dann aus der Dateiliste die gewünschte Bezeichnung.

Nach dem Anklicken des Button *Mapping* entscheiden Sie sich in diesem Fall natürlich für *Spherical*, denn die Grafik mit der Erde soll später auf eine Kugel projiziert werden.

Obgleich Sie nach dem Anklicken des Button *Tiling* die Option *Tiled* auswählen können, ist das natürlich falsch, da bei der Projektion einer Grafik auf eine Kugel in POV-Ray nur die Option *Once* möglich ist.

Hinter dem Button *Interpol* verbirgt sich nicht die gleichnamige internationale Polizeiorganisation, sondern Sie finden dort die Optionen für die Art der Interpolation der Grafikpixel bei der Projektion auf einen Körper.

Überlagerte Texturen

Sie wissen, daß Sie in POV-Ray Texturen übereinanderlegen können, um somit weitere interessante Texturen und Effekte zu erzeugen. Dabei ist es allerdings wichtig zu beachten, daß alle

Texturen, die auf eine oder mehrere Texturen gelegt werden, einen gewissen Grad an Transparenz aufweisen müssen. Ansonsten würden Sie alle Texturen unter ihr verdecken. Wir wollen uns nun ansehen, wie im Textureditor von Moray überlagerte Texturen erzeugt und gehandhabt werden.

Wir generieren also eine neue Textur, die wir als *Layer* bezeichnen wollen. Wichtig ist, daß jetzt im Listenfeld neben dem Feld *AVAILABLE LAYERS* mit der Bezeichnung *TYPE* der Typ *Layered* ausgewählt wird. Damit ändert sich auch die Darstellung der Texturbezeichnung im Feld *AVAILABLE LAYERS.* Sie finden dort die durch uns für diese Textur vergebene Bezeichnung *Layer.* Versetzt sehen Sie darunter die Bezeichnung *LayerL1.* Diese Bezeichnung setzt sich aus dem durch uns vergebenen Namen sowie aus dem Buchstaben *L* und der Zahl 1 zusammen. *L1* steht dabei für *Schicht1,* ist also die Bezeichnung der untersten Lage der gesamten durch Überlagerung mehrerer Texturen entstandenen Textur. Aktivieren Sie in diesem Feld die Bezeichnung *Layer.* Darauf erscheint rechts daneben ein Button mit der Bezeichnung *ADD LAYER.* Wenn dieser Button angeklickt wird, wird der Textur eine neue Schicht hinzugefügt. Die zweite Schicht wird in unserem Fall die Bezeichung *Layer L2* erhalten.

Jetzt können wir damit beginnen, die einzelnen Texturen zu erzeugen. Leider bietet uns Moray nicht die Möglichkeit, auf vordefinierte Texturen zurückzugreifen. So müssen Sie also die Kenntnisse einsetzen, die Sie sich in den bisherigen Abschnitten dieses Kapitels angeeignet haben. Sie können dabei die Gelegenheit nutzen und das Erzeugen von Texturen mit Farbtabellen üben. Wählen Sie dazu beispielsweise im Bereich *PIGMENT* aus dem Listenfeld *TYPE* den Typ *Marble* für das Erzeugen einer Marmorstruktur aus. Ansonsten verfahren Sie so, wie Sie es beim Erzeugen des Holzmusters getan haben. Fügen Sie also zunächst weitere Komponenten der Farbtabelle hinzu, und mischen Sie für jede dieser Komponenten einen Farbton.

Ich habe insgesamt vier Komponenten verwendet. Die Werte für die einzelnen Farbmischungen entnehmen Sie bitte der folgenden Tabelle.

	FARBE1	**FARBE2**	**FARBE3**	**FARBE4**
Rot	0.00	0.50	1.00	1.00
Grün	0.58	0.26	1.00	1.00
Blau	0.00	0.14	0.72	1.00

Die zweite Komponente beginnt bei 0.31 und die dritte bei 0.75. Als Turbulenz habe ich einen Wert von 0.6 und als Frequenz einen Wert von 1.0 verwendet.

Damit wäre die erste (also die unterste) Schicht der Textur *Layer* definiert. Es bleibt nun noch die Definition der zweiten Schicht mit der Bezeichnung *LayerL2*. Um Sie zu erzeugen, habe ich im Bereich *PIGMENT* den Button *GET* angeklickt und aus der Liste die Farbe *GRAY95* ausgewählt. Oben haben wir gesagt, daß alle Schichten mit Ausnahme der untersten Schicht in einer überlagerten Textur eine gewisse Transparenz aufweisen müssen. Aus diesem Grund habe ich den Regler mit der Bezeichnung *F* auf einen Wert von 0.75 geschoben.

Damit ist die überlagerte Textur mit der Bezeichnung *Layer* fertig, und Sie können sie sich in der Voransicht ansehen. Natürlich können Sie der Textur noch weitere Schichten hinzufügen und Ihre bisher erworbenen Kenntnisse vertiefen.

Kachelstrukturen

Kachelstrukturen sind ähnlich aufgebaut wie das Schachbrettmuster. Neben der unterschiedlichen Syntax beider Erscheinungen besteht der wesentliche Unterschied zwischen beiden Mustern darin, daß für das Erzeugen eines Schachbrettmusters nur „reine" Farben, für das Generieren einer Kachelstruktur hingegen „komplette" Texturen verwendet werden können.

Lassen Sie uns also eine neue Textur mit der Bezeichnung *Fliese* erzeugen. Im Feld *TYPE* neben dem Feld *AVAILABLE LAYERS* muß natürlich die Option *TILES* gewählt werden.

Im Feld *AVAILABLE LAYERS* sehen Sie nun die Bezeichnung *Fliese* und versetzt darunter *FlieseT1*. Diese Bezeichnung bedeutet, daß es sich um die erste Textur der Kacheltextur *Fliese* handelt. Wenn Sie den Button *ADD* anklicken, erscheint die Bezeichnung *FlieseT2* für die zweite Textur.

Um die Kachelstruktur nun endgültig fertigzustellen, verfahren Sie ähnlich wie beim Erzeugen der überlagerten Textur. Markieren Sie nacheinander die Texturen, aus denen sich die endgültige Textur zusammensetzen soll, und gestalten Sie sie nach Ihren Vorstellungen.

Kachelstrukturen mit 3D-Effekt

material_map und bump_map

Wir haben bereits im 2. Teil des Buches bei der Besprechung des Einsatzes von Texturen festgestellt, daß die durch POV-Ray breitgestellten Mittel in ihrer Urform nicht unbedingt geeignet sind, akzeptable Kachelstrukturen zu erzeugen. Ich habe Ihnen daher einen anderen Weg erläutert, der aus der Verknüpfung einer *material_map* und einer *bump_map* besteht. Lassen Sie uns nunmehr die Erzeugung einer solchen Kachelstruktur mit Hilfe des Textureditors von Moray betrachten. Dabei werden Sie kennenlernen, wie Sie eine *material_map* erzeugen. Am Beispiel der *bump_map* werden wir die Manipulation von Oberflächennormalen betrachten.

Die im folgenden entstehende Textur kann nur generiert werden, wenn die Dateien *matmap.gif* und *bump.gif*, die wir im 2. Teil erzeugt haben, vorhanden sind. Sollten sich diese Dateien nicht auf Ihrer Festplatte befinden, sollten Sie sie von der CD-ROM kopieren.

Erzeugen Sie also eine neue Textur. Benennen Sie sie als *Material*. Wenn Sie im Listenfeld *TYPE* neben dem Feld *AVAILABLE LAYERS* den Eintrag *Material map* auswählen, erscheint im Feld *AVAILABLE LAYERS* unter der Bezeichnung *Material* die Bezeichnung *MaterialM1*. Das ist der Name der Textur, die den Farbton mit dem Index 0 in der Datei *matmap.gif* ersetzen will. Sie werden sich erinnern, daß die als *material_map* dienende Grafik aus drei Farben mit den Indexen 0, 1 und 2 besteht. Wir benötigen daher drei Texturen. Klicken Sie also noch zweimal auf den Button *ADD*, um die Bezeichnungen *MaterialM2* und *MaterialM3* zu generieren.

Nach diesen Vorarbeiten können wir mit der Erstellung der Textur und ihrer Komponenten beginnen. Aktivieren Sie zunächst im Feld *AVAILABLE LAYERS* die Bezeichnung *Material*. Im Bereich *PIGMENT* wählen Sie nun als Typ *Image_map* aus dem Listenfeld *TYPE*. Nach dem Anklicken des Buttons *FILE* können Sie in dem sich öffnenden Dialogfeld die Grafikdatei auswählen, die als Grundlage für die *material_map* verwendet werden soll. In unserem Fall also die Datei *matmap.gif*. Bei *MAPPING* belassen Sie es bei der Voreinstellung *Planar*, da die Grafik auf eine Fläche projiziert werden soll. Durch das Anklicken des Buttons *TILING* können Sie entscheiden, ob die Grafik nur einmal auf den Körper projiziert werden soll oder so lange, bis er vollständig bedeckt ist. Selbstverständlich muß in unserem Fall *TILED* eingestellt sein.

Nachdem nun der „äußere Rahmen" der Textur definiert wurde, können wir damit beginnen, die einzelnen Texturen, die die Farbindexe der verwendeten Grafik ersetzen sollen, zu gestalten. Wir beginnen mit der Erzeugung der Textur für die Fugen zwischen den einzelnen Kacheln. Dazu klicken Sie im Feld *AVAILABLE LAYERS* auf die Bezeichnung *MaterialM1*. Nun können Sie eine Textur so erzeugen, wie Sie es in den ersten Abschnitten dieses Kapitels gelernt haben. Um Ihnen eine Anregung zu geben, will ich Ihnen kurz skizzieren, wie meine Fugentextur aussieht. Sie können die Textur so übernehmen, aber natürlich auch Ihre eigenen Ideen umsetzen.

Im Bereich *PIGMENT* habe ich im Feld *TYPE* den Typ *Solid Color* gewählt. Als Fugenfarbe habe ich mich für folgende Mischung entschieden: R: 0.44, G: 0.40, B: 0.40. Es entsteht also ein Grauwert.

Manipulation von Oberflächennormalen

Bis hierher sollten Sie mit dem Verständnis keine Probleme haben, da die bisher gemachten Operationen nur eine Wiederholung der Kenntnisse aus den ersten Abschnitten dieses Kapitels sind. Da wir uns entschlossen haben, eine Kachelstruktur mit einem 3D-Effekt zu erzeugen, müssen wir so wie im 6. Kapitel des 2. Teils verfahren. Das bedeutet, daß wir auch jetzt eine *bump_map* verwenden werden, um einen 3D-Effekt zu gestalten. Einfluß auf die Oberflächennormalen nehmen Sie im Textureditor im Bereich *NORMAL* (vgl. Abbildung 15.6). In den bisherigen Beispielen haben wir in diesem Bereich im Listenfeld *TYPE* immer den Standardparameter *Smooth* unverändert belassen. Um einen dreidimensionalen Effekt zu erzeugen, aktivieren wir jetzt in diesem Listenfeld die Option *BumpMap.* Mit den darunter erscheinenden Feldern, *AMNT* und *TURB* spezifizieren Sie die *bump_map,* wie im 2. Teil des Buches gezeigt.

Definition einer bump_map

Im Feld *FILE* müssen wir die Grafik angeben, die als *bump_map* verwendet werden soll. Übernehmen Sie die Werte, die Sie in der Abbildung 15.6 sehen. Sollten Sie Schwierigkeiten haben, die Bedeutung der einzelnen Parameter zu erkennen, lesen Sie bitte nochmals die entsprechenden Abschnitte im 2. Teil des Buches.

Damit ist die erste Textur definiert. Aktivieren Sie im Feld *AVAILABLE LAYERS* nun zunächst *MaterialM2* und anschließend

MaterialM3. Diese Texturen werden analog zur ersten gestaltet. Zunächst werden alle Einstellungen im Bereich *PIGMENT* vorgenommen. Anschließend werden die Parameter im Bereich *NORMAL* gesetzt. Hier ist zu beachten, daß diese Parameter für alle innerhalb der *material_map* verwendeten Texturen gleich sein müssen. Ansonsten kommt es zu unerwünschten Effekten.

Die durch mich verwendete Pigment-Gestaltung der Texturen *MaterialM2* und *MaterialM3* entnehmen Sie bitte der folgenden Tabelle.

	Typ	**Rot**	**Grün**	**Blau**
MaterialM2	Solid Color	0.31	0.75	1.00
MaterialM3	Solid Color	0.91	1.00	0.96

Abbildung 15.8

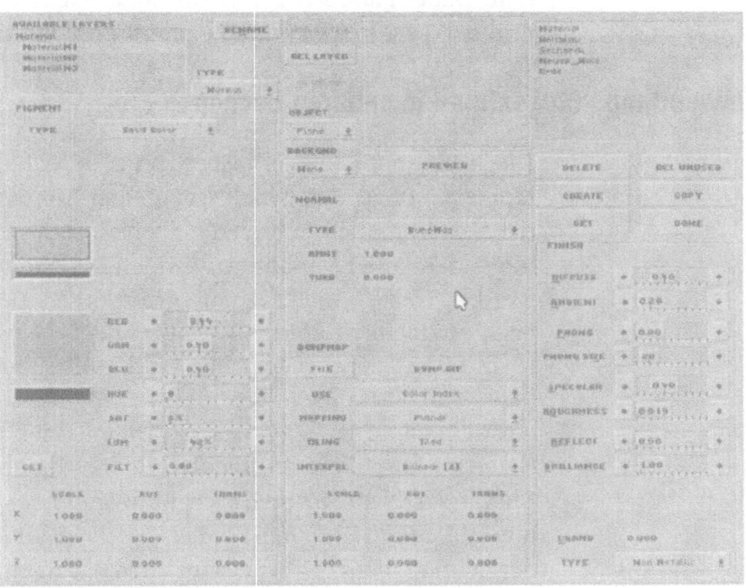

Im Bereich *NORMAL* können Sie sämtliche durch die POV-Ray-Version 2.2 unterstützten Möglichkeiten zur Manipulation von Oberflächennormalen auswählen und gestalten. Sie werden so wie oben bei der Gestaltung einer *bump_map* aus dem Listenfeld *TYPE* ausgewählt. In Abhängigkeit von der Art der gewählten Optionen erscheinen dann unter diesem Listenfeld Eingabefelder, in die Sie Werte für die einzelnen Parameter einstellen können.

Verwendung der *finish*-Anweisung

Sie werden sicher im Textureditor schon den Bereich *FINISH* entdeckt haben. Da Sie einerseits aus dem 2. Teil des Buches gute Kenntnisse der POV-Ray-Sprache mitbringen und Sie andererseits in den ersten Abschnitten dieses Kapitels ausreichend Gelegenheit hatten, die Bedienung des Textureditors kennenzulernen, bedarf es wohl keiner ausführlichen Erläuterung dieses Bereichs. Sie sehen, daß die Regler zum Einstellen der einzelnen Parameter auf bestimmte Werte eingestellt sind. Bei diesen Werten handelt es sich um die in POV-Ray standardmäßig verwendeten Größen, also um die Werte, die verwendet werden, wenn sie innerhalb einer Texturanweisung nicht explizit angegeben werden.

Um die Kachelstruktur etwas zu verändern, habe ich für die Texturen *MaterialM2* und *MaterialM3* die Reflexionswerte geändert. Dabei habe ich der Textur *MaterialM2* einen Wert von 0.28 und der Textur *MaterialM3* einen Wert von 0.17 zugewiesen.

Verwendung von Texturen in anderen Szenen

Die Texturen, die wir bisher definiert haben, können wir im Moment nur in der gerade geladenen Szene verwenden. Sollen die Texturen auch in anderen Szenen verwendet werden, müßte folgendermaßen verfahren werden: Die Szene muß gespeichert werden. Dabei sollte darauf geachtet werden, daß die Szene nach Möglichkeit keine Objekte enthält. Nachdem die Texturen so in einer Szene gespeichert sind, wird über *FILES* und *LOAD* bzw. durch das Betätigen der Taste F3 die Datei *mrytxtr.mdl* geladen. Diese Datei enthält die Definitionen aller vordefinierten Dateien. Anschließend klicken Sie im Hautpmenü erneut den Button *FILES* an. In dem sich nun öffnenden Menü klicken Sie nun auf *MERGE*. Damit können Sie eine andere Szenedatei mit der gerade aktiven Szene mischen. Wählen Sie in dem Dialogfeld die Szenebezeichnng aus, unter der Sie Ihre Texturen gespeichert haben. Bestätigen Sie Ihre Auswahl durch das Anklikken des OK-Buttons. Wenn Sie nun erneut den Textureditor aufrufen, werden Sie Ihre Texturen zusammen mit den vordefinierten Texturen finden. Es bleibt Ihnen nur noch, diese Szene als *mrytxtr.mdl* abzuspeichern.

Eine Beispielszene

Lassen Sie uns nun einige der Texturen in einer Beispielszene verwenden. Sie finden diese Szene auf der CD-ROM unter der Bezeichnung *moray005.mdl.* Die gerenderte Szene hat die Bezeichnung *moray005.tga.*

Die Szene besteht aus zwei Kugeln, die auf einer Grundfläche ruhen. Die gesamte Szene ist von einer hellblauen Kugel umgeben, die den Himmel bilden soll.

Wir beginnen mit dem Erzeugen der ersten Kugel, die folgerichtig die Bezeichnung *Kugel1* erhält. Wir werden ihre Lage und ihre Größe unverändert lassen. Dieser Kugel wird die Textur *Neues_Holz* zugewiesen. Wenn Sie nun einen Blick auf die Ansichtenfenster werfen, erkennen Sie, daß auf der Kugel die Holzstruktur in Form von grünen Kreisen angedeutet wird. Diese Kreise sind gewissermaßen die Jahresringe des Holzes. Diese Kreise sollen Ihnen bei der Ausrichtung eines Körpers behilflich sein. Im Moment befinden sie sich noch in der X-Y-Ebene. Lassen Sie uns diese Ringe so drehen, daß der Betrachter ihren Mittelpunkt sehen kann. Dafür gäbe es in POV-Ray zwei Möglichkeiten. Man könnte einerseits die Kugel entsprechend drehen oder läßt die Kugel unverändert und dreht nur die Textur. Und genau diese Möglichkeiten haben Sie auch in Moray.

Wenn Sie einen Körper drehen, verschieben und skalieren, wird sich die Textur entsprechend verändern, wenn Sie im Objektmenü bei der Zuweisung der Textur den Button *Local* aktiviert haben. Wenn dort der Button *Global* aktiviert wurde, wirken sich Transformationsanweisungen nur auf den Körper aus. Um eine Textur unabhängig von einem Körper transformieren zu können, haben Sie in Moray die Möglichkeit, nicht nur einen Körper, sondern auch die Textur auf ihm markieren zu können.

Lassen Sie uns diese Operation an der bereits erzeugten Kugel üben. Zunächst müssen Sie die Kugel markieren (sofern es noch nicht geschehen ist). Wenn Sie nun die Tastenkombination *Alt-T* betätigen, wird die der Kugel zugewiesene Textur markiert. Ob Sie mit dem Markieren der Textur erfolgreich waren, sehen Sie oben links auf Ihrem Bildschirm. Dort sollte jetzt anstelle der Bezeichnung für die Kugel die Bezeichnung für die Textur, nämlich *Neues_Holz* stehen.

Ist die Textur nun markiert, kann sie wie ein beliebiger Körper manipuliert werden. Um den Mittelpunkt der „Jahresringe" auf den Betrachter der Szene zu richten, aktivieren Sie zunächst im Hauptmenü den Button *Rotate* oder betätigen die Taste „R". Im Feld *X* können Sie nun den Rotationswinkel eingeben. Ich habe mich für 90° entschieden. Nachdem Sie diese Eingabe bestätigt haben, sehen Sie in den Ansichtenfenstern, daß die Textur tatsächlich gedreht wurde.

Wir wollen nun eine zweite Kugel neben diese Holzkugel stellen und ihr als Textur die *Erde* zuweisen. In meiner Szene befindet sich diese zweite Kugel an den Koordinaten x=2.7, y=1.1, Z=0.0.

Eine dritte Kugel soll unser Himmel sein. Ihr wird deshalb die Textur *Hellblau* zugewiesen. Ihr Mittelpunkt befindet sich im Koordinatenursprung, und sie wird entlang aller drei Achsen um den Faktor 2000 vergrößert.

Damit wollen wir es mit der Erzeugung von Kugeln bewenden lassen und eine Fläche erzeugen, auf der die Holz- und die Erdkugel ruhen sollen. Allerdings verwenden wir nicht die Form *plane*, sondern die Form *cube* (oder in der POV-Ray-Sprache *box*). Dieser Quader wird zunächst skaliert. Ich schlage folgende Skalierungsvektoren vor: x=20, y=20, z=0.5. Damit die beiden Kugeln tatsächlich auf der Oberseite des Quaders ruhen, muß er etwas nach unten, also in negativer Richtung entlang der Z-Achse verschoben werden. Wenn Sie es exakt machen wollen, müßten Sie den Quader in Z-Richtung um -1.5 Einheiten verschieben.

Dem Quader wird als Textur nun die Kachelstruktur zugewiesen, die bei uns die Bezeichnung *Material* erhielt. Allerdings sollte in diesem Fall über dem Texturlistenfeld der Button *Global* aktiviert sein, damit die Textur sich nicht automatisch der Größe des Quaders anpaßt. Die Dimension dieser Textur soll nun etwas verändert werden. Würden wir Sie so verwenden, wie wir sie erzeugt haben, wären die Kacheln sehr klein. Ich schlage vor, die Textur um die folgenden Faktoren zu vergrößern: x=8, y=8, z=1. Vorher muß jedoch die Textur wie oben beschrieben markiert werden.

Jetzt muß die Kamera noch in eine Position gebracht werden, die eine „schöne" Aufnahme der Szene ermöglicht. Unter Umständen ist auch in dieser Szene eine Verschiebung des *look_at*-Punktes notwendig. Die durch mich verwendeten Parameter entnehmen Sie bitte der folgenden Tabelle.

	x	**y**	**z**
Position	-2.1	-10.3	3.3
Look_at	1.1	0.0	0.4

Um die Szene gut auszuleuchten, sollten wir jetzt noch die Lichtquelle an eine geeignete Position bringen. Ich schlage die Koordinaten x=0.3, y=-100, z=70 vor.

Bevor wir die Szene nun rendern, speichern wir Sie als *moray005.mdl* ab. Anschließend können Sie die Szene durch das Betätigen der F9-Taste rendern.

16 Körperorientiertes Modellieren - CSG

Erste Bekanntschaft mit den CSG-Methoden haben Sie im zweiten Teil dieses Buches gemacht. Sie konnten dabei sehen, daß mit den CSG-Methoden zwar interessante Körperformen erzeugt werden können, daß Ihre Erzeugung aber stets einiger Vorüberlegungen und eines guten räumlichen Vorstellungsvermögens bedarf, um zu den gewünschten Ergebnissen zu kommen. In diesem Kapitel sollen Sie kennenlernen, wie CSG-Methoden in Moray gehandhabt werden. Auch bei der Arbeit mit Moray werden Sie nicht umhin kommen, Überlegungen anzustellen, wie die eine oder andere Form zu erzeugen wäre. Sie können aber in Moray dank der konsequenten grafischen Unterstützung beim Erzeugen von Szenen einen schnellen Eindruck vom Ergebnis Ihrer Überlegungen bekommen und schnell Änderungen vornehmen.

Darüber hinaus werden Sie auch in diesem Kapitel Gelegenheit haben, Kenntnisse, die Sie in den vorhergehenden Kapiteln erworben haben, weiter zu üben. Sie werden Grundformen erzeugen, Texturen erzeugen, Körper transformieren usw.

Sie werden in diesem Kapitel die Arbeit mit dem Objektbrowser, den wir schon im ersten Kapitel benutzt haben, ausführlich kennenlernen. Im letzten Abschnitt dieses Kapitels wollen wir uns dann dem Thema „Kopieren von Objekten" zuwenden. Dieses Thema ist nicht kompliziert. Moray bietet jedoch mit der Kopierfunktion weitere interessante Gestaltungsmöglichkeiten, die ich Ihnen nicht vorenthalten möchte.

Doch lassen Sie uns nun mit dem Erzeugen einer Szene beginnen, die Körper enthält, die durch verschiedene CSG-Operationen entstanden sind. Da der Begriff CSG und die durch POV-Ray unterstützten CSG-Methoden im 2. Teil des Buches ausführlich besprochen wurden, will ich an dieser Stelle auf eine Wiederholung dieser Erläuterungen verzichten. Ein Graustufenbild der gerenderten Szene finden Sie in der Abbildung 16.1 bzw. das Farbbild auf der CD-ROM unter der Bezeichnung *moray006.tga*. Es handelt sich dabei um ein Likörglas und eine Kaffeetasse, die auf einer hölzernen Fläche stehen.

Abbildung 16.1

Wir beginnen damit, den einzigen Körper zu erzeugen, der nicht auf CSG-Methoden basiert, nämlich mit der Fläche, auf der das Likörglas und die Kaffeetasse stehen. Das Erzeugen dieser Grundformen stellt für Sie nunmehr kein Geheimnis dar, und deshalb werde ich ab sofort darauf verzichten, Ihnen die Schritte zum Erzeugen der Grundformen immer wieder aufs neue zu erläutern.

Zum Zuweisen der Textur habe ich den Textureditor geöffnet und die Liste der vordefinierten Texturen (durch Anklicken von *GET*) geöffnet. Aus dieser Liste habe ich die Texture mit der Bezeichnung *DMFWood4* gewählt. Warum nach der Auswahl die Textur im Textureditor als *DMFWood5* bezeichnet wird, habe ich Ihnen bereits erläutert. Um Konfusionen zu vermeiden und eine Szenedatei besser „lesbar" zu gestalten, wollen wir uns von nun an angewöhnen, auch für die Texturen aussagekräftige Bezeichnungen zu verwenden. Klicken Sie also auf *RENAME*, und geben Sie eine neue Bezeichnung ein, beispielsweise *Flaechentextur*. Durch Anklicken des Buttons *DONE* schließen Sie den Textureditor. Im Objekteditor weisen Sie diese Textur der markierten Grundfläche zu. Betätigen Sie nun die Tastenkombination Alt-T, um die Textur zu markieren. Sie soll um den Faktor 4 entlang der X-Achse skaliert werden, um ihr zu einem etwas weniger regelmäßigen Aussehen zu verhelfen. (Das ist kein „Muß", sondern ein Erfahrungswert des Autors!)

Der zweite Körper soll das Likörglas sein. Wir werden dabei folgendermaßen vorgehen: Zunächst werden wir alle Einzelteile erzeugen, die dann zu einem einzigen Teil, dem Likörglas, miteinander verbunden werden.

Beginnen wir also mit dem Fuß, der aus einem Kegel gebildet werden soll. Bezeichnen Sie den Kegel als *Fuss* und weisen Sie ihm als *LOWER RAD* einen Wert von 3.0 und als *UPPER RAD* einen Wert von 0.2 zu. Das Ergebnis ist ein flacher Kegelstumpf. Wir sollten nun dem Fuß des Likörglases eine Textur zuweisen. Ich habe dazu aus der Liste der vordefinierten Texturen *Glass3* ausgewählt und als *Glastextur* bezeichnet. Diese Textur werden wir dann auch den anderen Bestandteilen des Glases zuordnen.

In diesem Zusammenhang sollten wir die Frage besprechen, ob und wann einzelnen Bestandteilen einer aus CSG-Methoden enstandenen Form eine Textur zugewiesen wird und wann nur dem Gesamtobjekt. Im Prinzip haben wir diese Frage schon im zweiten Teil des Buches behandelt. Entscheidend ist dabei nur, ob alle Bestandteile eines CSG-Objektes die gleiche Textur haben sollen oder ob sich die Texturen der einzelnen Komponenten voneinander unterscheideen. Im ersten Fall ist es natürlich nicht nötig, jedem Objekt eine Textur zuzuweisen, im zweiten Fall ist es hingegen obligatorisch.

Der zweite Körper soll der Stiel des Likörglases sein. Sie werden schon richtig vermuten, daß wir dafür einen dünnen, langgestreckten Zylinder verwenden werden. Der Durchmesser dieses Zylinders entspricht dem oberen Radius des als Fuß dienenden Kegels, also 0.2. Die Höhe des Zylinders soll 4 Einheiten betragen. Als Textur wird ihm ebenfalls die *Glastextur* zugewiesen. Damit der Zylinder genau auf der oberen Fläche des Kegels aufsetzt, muß er um eine Einheit in Richtung der Z-Achse angehoben werden.

Die Erzeugung des Kegels und des Zylinders stellen für Sie bisher nur die Wiederholung bereits erworbener Kenntnisse dar. Sie werden nun kennenlernen, wie in Moray CSG-Operationen gehandhabt werden. Unser Ziel soll es dabei sein, den Kelch unserer Likörglases zu erzeugen. Wir werden so vorgehen, daß ein kleiner Kegel aus einem größeren Kegel herausgeschnitten wird und sich somit ein hohler Kegel ergibt. Natürlich könnte man auch nur einen Kegel verwenden und ihn durch das Aktivieren des Buttons *OPEN* im Objektmenü „aushöhlen". Bei diesem Vorgehen hätte man aber keinen Einfluß auf die Dicke des Kelchrandes.

Erzeugen wir also zunächst den Kegel, der die äußere Begrenzung des Kelches bilden soll, und benennen ihn als *Kelch_aussen*. Die Werte für *LOWER RAD* und *UPPER RAD* lauten 0.2 bzw. 3.0. Da der Kegel noch zu gedrungen ist, um als Kelch eines eleganten Likörglases zu dienen, wird er nun entlang der Z-Achse um den Faktor 4 skaliert.

Im nächsten Schritt erzeugen wir den inneren Kegel und bezeichnen ihn als *Kelch_innen*. Dieser Kegel muß kleiner sein als der Kegel *Kelch_aussen*. Demzufolge erhält er als *LOWER RAD* einen Wert von 0.1 und als *UPPER RAD* einen Wert von 2.9. Er wird ebenfalls entlang der Z-Achse um den Faktor 4 skaliert. Aus zweierlei Gründen wird dieser Kegel nun um 0.1 Einheiten in Richtung der positiven Z-Achse verschoben. Zum einen erschaffen wir damit eine dünne Wand am Boden des Kelches, und zum anderen erreichen wir damit, daß der *Kelch_innen* aus dem *Kelch_aussen* etwas herausragt und das Ergebnis der CSG-Operation später auch zu sehen ist.

Nachdem nun beide Operanden für unsere Subtraktionsaufgabe zur Verfügung stehen, wollen wir mit dem Schneideprozeß beginnen. Klicken Sie dazu im Hauptmenü den Button *CREATE* an. In dem sich öffnenden Menü klicken Sie auf *CSG OBJECT*. Bezeichnen Sie das entstehende Objekt als *Kelch*, und bestätigen Sie Ihre Eingabe.

Abbildung 16.2

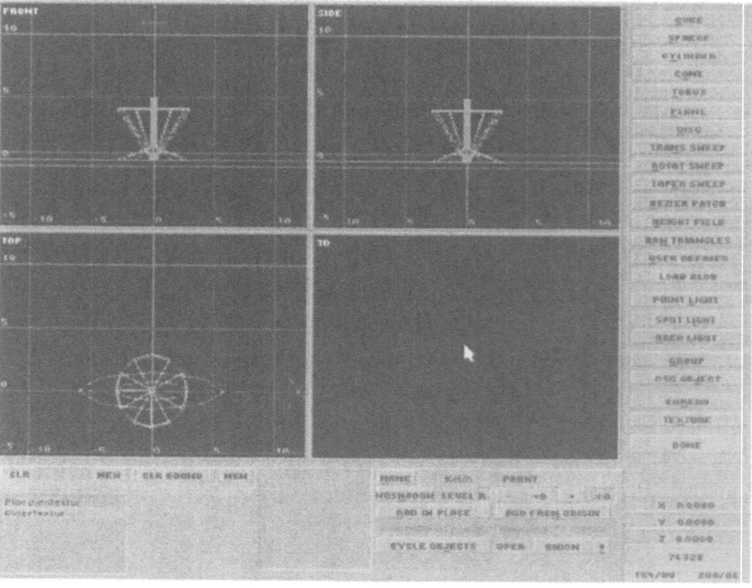

Sie haben damit ein Objekt erzeugt, das bisher aus nichts weiter als aus seinem Namen besteht. Unsere Aufgabe ist es nun, es mit Leben, d.h. mit Objekten zu füllen. Betrachten Sie bitte das Objektmenü für dieses CSG-Objekt (Abbildung 16.2). In der Mitte des Menüs sehen Sie ein Listenfeld, in dem alle Objekte aufgeführt sind, aus denen das markierte CSG-Objekt besteht. Um Objekte zu einem CSG-Objekt hinzuzufügen, wird zunächst auf den Button *ADD IN PLACE* oder *ADD FROM ORIGIN* geklickt. Beide Buttons dienen dazu, Objekte zu einem CSG-Objekt hinzuzufügen. Worin besteht der Unterschied zwischen beiden Buttons?

Klicken Sie auf *ADD FROM ORIGIN,* werden beim Hinzufügen eines Objektes zu einem CSG-Objekt sämtliche Transformationen auf dieses Objekt angewandt, die bis dahin auf das CSG-Objekt angewandt wurden. Wurde also beispielsweise ein CSG-Objekt um den Faktor 2 skaliert, wird das hinzukommende Objekt ebenfalls um diesen Faktor vergrößert.

Wenn Sie auf *ADD IN PLACE* klicken, bleibt das gewählte Objekt beim Hinzufügen zu einem CSG-Objekt unverändert.

In unserem Fall ist es allerdings gleichgültig, auf welchen der beiden Buttons wir klicken, da unser CSG-Objekt noch leer und unverändert ist. Klicken Sie also auf einen der beiden Button. Es öffnet sich der Objektbrowser, mit dem Sie bereits gearbeitet haben. Ein detaillierte Einführung in die Arbeit mit dem Objektbrowser erhalten Sie in wenigen Minuten. Im Moment wollen wir nur sehen, wie wir Objekte zu unserem CSG-Objekt *Kelch* hinzufügen können.

Im Objektbrowser sehen Sie, daß der Button mit der Bezeichnng *Kelch* markiert ist. Da *Kelch* aus der Differenz von *Kelch_aussen* und *Kelch_innen* gebildet werden soll, müssen diese beiden Objekte hinzugefügt werden. Dabei gehen Sie folgendermaßen vor: Bringen Sie den Mauszeiger auf den Button mit der Bezeichnung *Kelch_aussen.* Klicken Sie auf die linke Maustaste. Der Button ist nun markiert (erkennbar an der nunmehr gelben Schrift der Bezeichnung). Wenn Sie nun auf die rechte Maustaste klicken, wird der markierte Button hinter den Button *Kelch* gesetzt. Analog verfahren wir mit dem zweiten Objekt, nämlich *Kelch_innen*: Markieren des entsprechenden Buttons und Drükken der rechten Maustaste. Im Objektbrowser erkennen Sie nun die Struktur des Objektes *Kelch*, das aus den Objekten *Kelch_aussen* und *Kelch_innen* besteht (Abbildung 16.3).

Abbildung 16.3

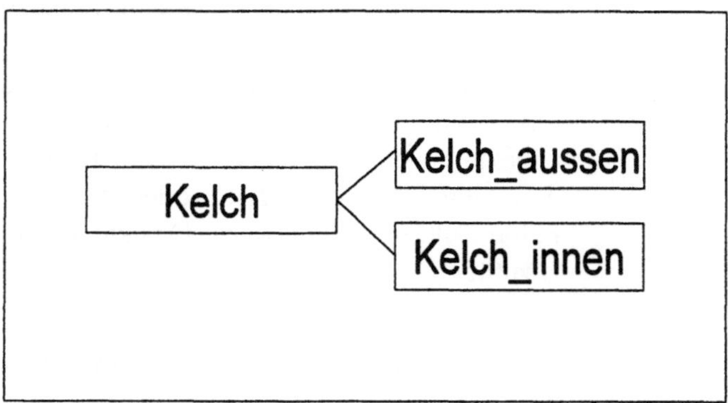

Da nun alle notwendigen Objekte dem Körper *Kelch* hinzugefügt wurden, können wir nun den Objektbrowser schließen. Dazu wird, ohne zuvor ein Objekt zu markieren, auf die rechte Maustaste gedrückt.

Im Objektmenü sehen Sie nun in dem bereits oben angesprochenen Listenfeld die Bezeichnung der beiden im Objektmenü gewählten Körper. Das so entstandene Objekt ist standardmäßig eine *union*. In unserem Fall muß es aber eine Differenz sein. Um die entsprechende Veränderung vorzunehmen, klicken Sie auf das Listenfeld neben der Bezeichnung *OPER*. Sie sehen nun die Bezeichnungen aller in POV-Ray möglichen CSG-Operationen. Wählen Sie die Bezeichnung *DIFFRNC*.

Ab der Version 2.0 bietet Moray die Möglichkeit, sich einen Eindruck vom Aussehen der entstandenen Form zu verschaffen. Klicken Sie dazu im Objektmenü auf den Button *EVALUATE*. Moray versucht nun, ein Drahtgittermodell zu berechnen, das dem Körper entspricht. Sie können diese Option wieder rückgängig machen, indem Sie den Button erneut drücken, der nunmehr die Bezeichnung *UNEVALUATE* trägt.

Während es bei einer *union* unerheblich ist, in welcher Reihenfolge Objekte einer CSG-Form hinzugefügt werden, ist es bei einer *difference* oder *intersection* entscheidend für das Ergebnis. Sollten Sie einmal versehentlich ein falsche Reihenfolge der Objekte festgelegt haben, können Sie diese Reihenfolge im Objektmenü des CSG-Objektes korrigieren. Markieren Sie dazu im Listenfeld die Bezeichnung des Objektes, dessen Position Sie verändern wollen, und klicken Sie anschließend so lange auf den

Button *CYCL OBJ,* bis das Objekt den richtigen Platz innerhalb der Reihenfolge einnimmt.

Haben Sie einer CSG-Form irrtümlicherweise ein Objekt zugewiesen, daß dort nicht zugehört, können Sie es jederzeit wieder aus dem CSG-Objekt entfernen. Klicken Sie im Listenfeld auf die Bezeichnung des zu entfernenden Objekts. Anschließend können Sie es durch das Anklicken des Button *UNGROUP IN PLACE* bzw. *UNGROUP TO ORIGIN* entfernen.

Doch zurück zum Kelch des Likörglases. Nachdem wir nun seine Form festgelegt haben, fehlt noch das Zuweisen der Textur. Wir sollten uns auch hier für *Glastextur* entscheiden.

Bevor wir das Likörglas nun aus den einzelnen Bestandteilen zusammensetzen, wollen wir noch einen Körper erzeugen, der uns als Wein im Glas dienen soll. Generieren Sie dazu einen Kegel mit der Bezeichnung *Wein.* Dieser Kegel soll sich im Innern des Kelches befinden. Dementsprechend muß seine Größe verändert werden. Vorher wird er jedoch um 0.1 Einheiten in Richtung der Z-Achse verschoben. Der Wert für *LOWER RAD* entspricht dem gleichen Wert des Kegels *Kelch_innen.* Den Wert für *UPPER RAD* (2.2) habe ich durch Probieren ermittelt. Er ist ja abhängig von der Höhe des Kegels, für die ich einen Wert von 3 verwendet habe. Wenn Sie exakt arbeiten wollen, können Sie sie natürlich auch berechnen. Ich denke aber, daß für unsere Szene der durch Probieren ermittelte Wert ausreichend genau ist.

Diesem Körper soll eine Textur zugewiesen werden, der ich die Bezeichnung *Weintextur* gegeben habe. Die *PIGMENT*-Werte entnehmen Sie bitte der folgenden Tabelle. Beachten Sie bitte, daß die *Weintextur* durch die Veränderung des *Filter*-Parameters leicht transparent ist.

Rot	0.39
Grün	0.03
Blau	0.30
Filter	0.26

Da eine Flüssigkeit nicht nur transparent ist, sondern in aller Regel auch einfallendes Licht bricht, soll im Bereich *FINISH* des Textureditors eine Lichtbrechung definiert werden. Klicken Sie dazu zunächst auf das Listenfeld *REFRACTION,* und aktivieren Sie die Option *ON.* Anschließend klicken Sie auf den Button

IOR. In dem sich öffnenden Listenfeld können Sie einen der vordefinierten Brechungsindexe auswählen. Ich habe mich für die Option *Water* entschieden und damit angenommen, daß Wasser und Wein den gleichen Brechungsindex haben. Selbstverständlich können Sie den Brechungsindex auch mit Hilfe des Schiebereglers entsprechend Ihren Vorstellungen einstellen.

Klicken Sie auf *DONE*, um den Textureditor zu beenden. Zurück im Objektmenü können Sie die eben erzeugte Textur dem Objekt *Wein* zuweisen.

Jetzt ist der Moment gekommen, wo wir alle bisher entstandenen Objekte zu einem Objekt zusammenbauen. Dabei werden wir allerdings einen Zwischenschritt machen. Zunächst wollen wir den Kelch und den Wein miteinander verbinden. Das ist sinnvoll, weil sich beide Körper noch „zu Füßen" des Likörglases befinden und an ihren endgültigen Platz gesetzt werden müssen. Da beide Körper eine logische Einheit bilden, sollten wir sie auch als einen Körper behandeln können.

Erzeugen Sie also ein neues CSG-Objekt, und bezeichnen Sie es beispielsweise als *Kelch_mit_Wein.* Diesem Objekt werden nun die Objekte *Kelch* und *Wein* hinzugefügt. Da standardmäßig als CSG-Operation die *union* verwendet wird, ist unsere Arbeit an diesem neuen Objekt fast beendet. Da wir nun die beiden zusammengehörenden Objekte zusammengefaßt haben, wollen wir Sie an ihren endgültigen „Standort" verschieben. Stellen Sie zunächst sicher, daß das Objekt *Kelch_mit_Wein* markiert ist. Sie sollten diese Bezeichnung ganz oben im Hauptmenü sehen. Klicken Sie anschließend im Hauptmenü auf *TRANSLATE,* und verschieben Sie den Körper um 5 Einheiten in Z-Richtung. Danach können Sie schon das fertige Likörglas sehen. Bei genauem Betrachten muß man allerdings feststellen, daß das Glas immer noch in die Grundfläche eindringt. Es muß also etwas angehoben werden. Um nicht jede Komponente des Likörglases einzeln verschieben zu müssen, werden wir es zu einer *union* zusammensetzen. Klicken Sie also im Hauptmenü auf *CREATE* und anschließend auf *CSG-OBJECT.* Bezeichnen Sie das entstehende Objekt als *Likörglas.* Dieses Objekt bilden Sie nun, indem Sie ihm die Objekte *Kelch_mit_Wein*, *Stiel* und *Fuss* hinzufügen. Das komplette Objekt *Likörglas* kann dann wie jedes andere Objekt verschoben werden. In unserem Fall sollten wir es um 0.5 Einheiten in Richtung der Z-Achse verschieben, damit es genau auf der Grundfläche steht.

Der Objektbrowser

Sie haben in den bisherigen Beispielen bereits regen Gebrauch vom sogenannten Objektbrowser gemacht. Wir wollen uns in diesem Abschnitt diesen Browser genauer ansehen. Versuchen Sie nicht, den Begriff *Objektbrowser* zu übersetzen. Dieser Begriff hat sich auch in der deutschen Fachsprache etabliert. Wir sollten ihn daher auch so verwenden. Wenn Sie versuchen, das Wort *to browse* zu übersetzen, wird Ihnen ein Wörterbuch den Begriff *schmökern* anbieten. Vielleicht kann Ihnen dieser Begriff als Eselsbrücke für das Verständnis der Funktionen eines Objektbrowsers dienen. Er dient nämlich dazu, verwendete Objekte und die Beziehungen zwischen ihnen grafisch zu veranschaulichen. Solche Objektbrowser finden zunehmend Verwendung in den Entwicklungsumgebungen von objektorientierten Programmiersprachen und tragen dort zu einer Arbeitserleichterung für den Programmierer bei. Eine ähnliche Funktion hat auch der Objektbrowser in Moray.

Lassen Sie uns einen Blick auf den Objektbrowser werfen. Sie können ihn öffnen, indem Sie die Tastenkombination Alt-S betätigen oder im Hauptmenü den Button *Select* anklicken (Abbildung 16.4).

Abbildung 16.4

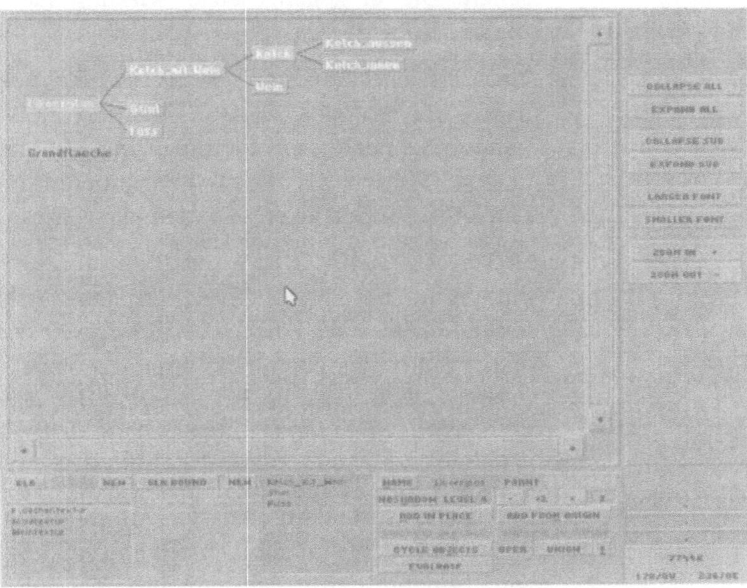

In dem Ihnen schon bekannten großen Listenfeld des Objektbrowsers finden Sie nun alle durch Sie erzeugten Körper wieder. Gleichzeitig sehen Sie, daß die Beziehungen zwischen Ihnen grafisch dargestellt sind. Standardmäßig werden alle Ebenen eines Objektes angezeigt. In unserem Beispiel wären es also vier Ebenen für das Objekt *Likoerglas*. Insbesondere bei umfangreichen und komplizierten Szenen ist es zweckmäßig, untere Ebenen sozusagen auszublenden. Zum Abschalten von bestimmten Ebenen können Sie die Tastenkombination Alt-*Ziffer* benutzen. *Ziffer* steht dabei für die Anzahl der Ebenen, die angezeigt werden sollen. Wollen Sie also beispielsweise nicht sehen, aus welchen Einzelobjekten *Likoerglas* aufgebaut ist, müßten Sie Alt-1 betätigen. Würden Sie hingegen Alt-3 betätigen, würden Ihnen alle Ebenen bis einschließlich *Kelch* und *Wein* angezeigt werden. Mit Alt-0 erreichen Sie wiederum, daß alle Objekte der Szene angezeigt werden.

Eine weitere Möglichkeit zur Manipulation der Darstellungsart der Objekte im Objektbrowser stellt das Menü an der rechten Bildschirmseite dar, das wir nun genauer betrachten wollen.

Wenn Sie den Button *COLLAPSE ALL* anklicken, werden alle Unterebenen aller Objekte ausgeblendet. Im obigen Beispiel würden Sie nur noch die Objekte *Likoerglas* und *Grundflaeche* sehen. Die entgegengesetzte Wirkung hat ein Klick auf den Button *EXPAND ALL*.

Eine ähnliche Wirkung wie die beiden beschriebenen Button haben die Button *COLLAPSE SUB* und *EXPAND SUB*. Ihre Wirkung beschränkt sich allerdings nur auf das gerade markierte Objekt. Würden wir also *Kelch* markieren und anschließend auf *COLLAPSE SUB* klicken, würden die Objekte *Kelch_innen* und *Kelch_aussen* ausgeblendet.

Einfluß auf die Art der Objektdarstellung nehmen auch die Button *LARGER FONT* und *SMALLER FONT*. Wie die Bezeichnung dieser Button vermuten läßt, zeichnen diese beiden Button dafür verantwortlich, daß die Bezeichnung der Objekte in einem größeren bzw. kleineren Schriftgrad dargestellt wird.

Die beiden Button *ZOOM IN* und *ZOOM OUT* bewirken nicht nur äußerliche Veränderungen der Art der Objektdarstellung. Das heißt, daß nicht nur die Darstellung verkleinert oder vergrößert wird, sondern daß gleichzeitig auch der auf den Button vorhandene Informationsgehalt wächst oder verkleinert wird. Sie schalten mit diesen Button zwischen drei Darstellungstiefen hin und her. In der geringsten Stufe sehen Sie im Listenfeld des Objektbrowsers nur kleine Button ohne jegliche Beschriftung und die zwischen ihnen existierenden Beziehungen. Die mittlere Stufe ist die Stufe, die standardmäßig eingeschaltet ist, wenn der Objektbrowser geöffnet wird. Diese Art der Darstellung ist Ihnen daher bereits bekannt. In der höchsten Stufe sehen Sie zwar die wenigsten Objekte am Bildschirm, Sie erhalten jedoch die meisten Informationen zu jedem Objekt (neben der Objektbezeichnung auch die Körperart und die dem Körper zugewiesene Textur). Das Zoomen können Sie auch mit den Tasten „+“ und „-“ erreichen.

Gegenüber früheren Moray-Versionen ist die Arbeit mit dem Objektbrowser deutlich komfortabler geworden, da sich nach dem Markieren eines Objektbuttons sofort am unteren Bildschirmrand das zu diesem Objekt gehörende Objektmenü öffnet.

So wie in den Ansichtenfenstern können Sie auch hier Objekte löschen. Wenn Sie die Taste „D“ betätigen, müssen Sie den Löschbefehl bestätigen, betätigen Sie hingegen Alt-D, wird das markierte Objekt ohne Rückfrage gelöscht.

Sie schließen den Objektbrowser, indem Sie auf die rechte Maustaste klicken oder die Escape-Taste betätigen.

Die Sichtbarkeit von Objekten

Bevor wir die Arbeit an unserer Szene fortsetzen, wollen wir uns mit einer weiteren interessanten Funktion von Moray beschäftigen, dem Einstellen der Sichtbarkeit bzw. der Unsichtbarkeit von Objekten. Moray unterstützt die Möglichkeit, beim Erzeugen komplizierter Szenen Körper, deren Neuzeichnen viel Zeit kostet oder die einfach beim weiteren Bearbeiten der Szene stören, unsichtbar zu machen. Zu diesem Zweck arbeitet es mit einer Option, die intern als *Visibility Level* bezeichnet wird. Dieser *Visibility Level* entscheidet, ob ein Objekt sichtbar ist oder nicht. (Wenn hier von der Sichtbarkeit bzw. Unsichtbarkeit eines Objekts gesprochen wird, bezieht sich das nur auf die Ansichtenfenster und meint nur ein grafisches Hilfsmittel. Ein als „unsichtbar“ definiertes Objekt wird im gerenderten Bild auf jeden Fall zu sehen sein).

Jede Szene hat einen *Visibility Level*, der über den Button *OPTIONS* im Hautpmenü eingestellt wird. Standardmäßig ist hier 100 eingestellt. Dieser Wert gilt für die gesamte Szene. Weiterhin kann jedem Objekt im Objektmenü ein eigener *Visibility Level* zugewiesen werden. Ist dieser unter dem für die gesamte Szene geltenden *Visibility Level*, ist das Objekt sichtbar. Ist der Wert größer als der Wert des *Visibility Level* der gesamten Szene, ist das Objekt unsichtbar. Würden wir also unserer Szene im Dialogfeld *OPTIONS* einen Wert von 3 zuweisen und dem Objekt *Likoerglas* einen Wert von 4, dann wäre es in den Ansichtenfenstern nicht mehr zu sehen.

Um den *Visibility Level* der gesamten Szene zu verändern, müssen sie jedoch nicht unbedingt das Dialogfeld *OPTIONS* aufrufen. Sie können die entsprechenden Werte auch durch das Betätigen der Tastenkombination Alt-*Ziffer* ändern. *Ziffer* steht dabei für einen Wert zwischen 0 und 9. Bei einem Wert von 1 wird ein Level von 1, bei 2 ein Level von 2 und bei einem Wert von 0 wird als *Visibility Level* 10 eingestellt.

Bisher sprachen wir ausschließlich vom absoluten *Visibility Level*, bei dem ein Zusammenhang zwischen der Sichtbarkeit eines Körpers und dem *Visibility Level* der Szene besteht. Darüber hinaus kennt Moray jedoch auch einen relativen *Visibility Level*. Dieser Level wird eingestellt, wenn im Objektmenü der Button *R* hinter der Bezeichnung *LEVEL* gedrückt ist. Der dann eingestellte *Visibility Level* bezieht sich immer auf das in der Objekthierarchie über dem aktiven Objekt stehende Objekt. Lassen Sie uns das Ganze am Beispiel betrachten. Setzen Sie zunächst mit Alt-2 den *Visibility Level* auf 2. Öffnen Sie nun das Objektmenü, und markieren Sie das Objekt *Likoerglas* und setzen im Objektmenü den Level auf 1. Markieren Sie anschließend das Objekt *Kelch_mit_Wein* und setzen dessen *Visibility Level* auf 1. Da dieses Objekt hierarchisch unter dem Objekt *Likoerglas* steht und durch das Drücken des Buttons *R* im Objektmenü ein relativer *Visibility Level* (relativ zum darüberstehenden Objekt) eingestellt ist, hat dieses Objekt eine Sichtbarkeit, die um 1 höher ist als sein „Elternobjekt" (Parent). Sie sehen deshalb neben dem Button mit dem Pluszeichen einen Wert von „*2". Der Stern bedeutet, daß es sich um einen akkumulierten Wert handelt, der sich aus den Werten beider Ebenen zusammensetzt.

Jetzt wird es noch verrückter! Markieren Sie nun im Objektbrowser das Objekt *Wein*, und setzen Sie dessen *Visisbility Level* auf 1. Hinter dem Pluszeichen steht nun „*3" (Summe der *Visibility Levels* der Objekte *Likoerglas*, *Kelch_mit_Wein* und *Wein*). Da wir gesagt haben, daß alle Objekte unsichtbar sind, deren Visibility Level über dem der gesamten Szene liegt, müßte das Objekt Wein nach dem Beenden des Objektbrowsers nicht mehr zu sehen sein. Klicken Sie also auf die rechte Maustaste, und Sie werden genau dieses Ergebnis sehen.

Wozu kann man nun diesen relativen Visibility Level nutzen? Bevor ich alzu sehr theoretisiere, wollen wir ein kleines Experiment machen, daß die Frage fast vollständig beantwortet. Setzen Sie zunächst den Vi*sibility Level* der Szene mit Alt-3 auf einen Wert von 3. Es sollten nun wieder alle Objekte sichtbar sein. Markieren Sie im Objektbrowser das Objekt *Likoerglas* und schließen Sie den Objektbrowser. Im Objektmenü des Objekts *Likoerglas* erhöhen Sie nun den *Visibility Level* auf 2. Entsprechend erhöhen sich die Werte der der diesem untergeordneten Objekt. Das Objekt *Wein* hat nun einen *Visibility Level* von 4 und wird damit unsichtbar. Wenn der Wert für *LEVEL* im Objektmenü des Objekts *Likoerglas* auf 3 erhöht, „verschwindet" auch das Objekt *Kelch_mit_Wein*, da sein *Visibility Level* damit schon bei 4 und damit über dem der gesamten Szene liegt.

Ich denke, daß Ihnen dieses Experiment recht gut gezeigt hat, daß diese relative Sichtbarkeit gut genutzt werden kann, um einfach untergeordnete Objekte auszublenden und später auch wieder sichtbar zu machen.

Wir wollen nun die Arbeit an unserer Szene fortsetzen und die Kaffeetasse erzeugen. Vorher können Sie Ihre so eben erworbenen Kenntnisse üben. Da das Objekt bei der Arbeit an der Kaffeetasse nur stören würde, sollten wir es im Moment unsichtbar machen. Wenn der *Visibility Level* der Szene bei Ihnen immer noch 3 entspricht, sollten Sie im Objektmenü des Objektes Likoerglas dessen *Visibility Level* auf 4 setzen. Damit ist in den Ansichtenfenstern nicht mehr zu sehen (wohl aber im Objektbrowser und auch im gerenderten Bild).

Das Vorgehen beim Erzeugen des Kaffeetasse ähnelt dem bei der Generierung des Likörglases. Nur werden wir nun einen Zylinder aus einem Zylinder schneiden und den Henkel der Kaffeetasse durch die *intersection*-Methode erzeugen.

Erzeugen Sie also zunächst zwei Zylinder, deren „technische" Daten Sie der folgenden Tabelle entnehmen können.

	scale	translate	Bezeichnung
1. Zylinder	x: 2.5 y: 2.5 z: 6.0	x: 0.0 y: 0.0 z: 0.0	Tasse_aussen
2. Zylinder	x: 2.0 y: 2.0 z: 6.0	x: 0.0 y: 0.0 z: 0.5	Tasse_innen

Bevor diese beiden Zylinder zum Tassenkörper zusammengefaßt werden, wollen wir noch schnell eine geeignete Textur für die Tasse erzeugen. Ich habe mich für folgende *PIGMENT*-Werte entschieden: R: 0.82, G: 0.82, B: 1.00 und die Textur als *Tassentextur* bezeichnet. Diese Textur habe ich den beiden Zylindern zugewiesen.

Aus beiden Zylindern wird nun der Körper der Tasse gebildet. Dabei gehen wir so vor wie oben beim Erzeugen des Kelches. Erzeugen Sie ein CSG-Objekt, und bezeichnen Sie es als *Tassenkoerper*. Im Objektmenü dieses Objektes klicken Sie nun auf *ADD IN PLACE* und wählen im Objektbrowser die beiden benötigten Objekte aus. Achten Sie dabei auf die richtige Reihenfolge (*Tasse_aussen* vor *Tasse_innen*). Schließen Sie den Objektbrowser durch das Klicken der rechten Maustaste und wählen Sie im Objektmenü im Feld *OPER* die Option *DIFFRNC*. Der Körper der Tasse wäre damit fertig, wenn der obere Rand der Tasse wegen seiner Rechtwinkligkeit nicht so häßlich wäre. Lassen Sie ihn uns also „abrunden“. Dazu verwenden wir einen Ring, den wir mit *CREATE TORUS* erzeugen, als *Tassenrand* bezeichnen und dem wir die Textur *Tassentextur* zuweisen. Die Werte für *INNER RAD* und *OUTER RAD* lauten entsprechend 1.5 und 2.5 und entsprechen dem inneren und äußeren Radius des Tassenkörpers. Der Ring wird nun so weit nach oben verschoben, daß seine obere Hälfte aus dem Rand des Tassenkörpers herausragt. Mathematisch ausgedrückt bedeutet das, daß der Ring um 6 Einheiten in Richtung der Z-Achse verschoben wird. Die Tasse hat damit einen runden oberen Rand.

Der Henkel der Kaffeetasse wird aus einem Ring gebildet, von dem eine Hälfte abgeschnitten wird. Wir erzeugen also zunächst einen Ring mit der Bezeichnung *Henkelring* mit den Maßen: *IN-*

NER RAD = 2.00 und *OUTER RAD* = 2.5. Dieser Ring wird um die X-Achse um -90 Grad gedreht. Im nächsten Schritt erzeugen wir eine Fläche, die uns als „Schnittfläche" dienen soll und auch so bezeichnet wird. Wenn Sie einen Blick auf die Fläche werfen, erkennen Sie, daß Moray auch die für den Umgang mit Flächen wichtige Oberflächennormale darstellt. Wir drehen die Fläche nun so, daß die Oberflächennormale in die Richtung der negativen X-Achse zeigt. Wir rotieren Sie also um 90 Grad um die Y-Achse. Sie erkennen nunmehr in den Ansichtenfenstern, daß die Fläche den Ring bereits halbiert. Wir müssen nun nur noch beide Körper in eine CSG-Form „gießen".

Erzeugen Sie also ein CSG-Objekt, und bezeichnen Sie es als *Henkel.* Ordnen Sie diesem Objekt die Objekte *Henkelring* und *Schnittflaeche* zu. Da wir beide Objekte durch die *intersection*-Methode verbinden wollen, muß im Objektmenü im Feld *OPER* die Option *INTRSCT* aktiviert werden. Weisen Sie zum Schluß diesem Objekt die Textur *Tassentextur* zu.

Bevor wir die komplette Tasse „montieren", wollen wir schon den Kaffee eingießen. Ihn werden wir aus einem Zylinder mit der Bezeichnung *Kaffee* und einer entsprechenden Textur erzeugen. Der Zylinder wird folgendermaßen skaliert: X= 2.0, Y=2.0, Z =1. Anschließend wird er um 4.5 Einheiten entlang der Z-Achse verschoben. Die Textur mit der Bezeichnung *Kaffeetextur* hat folgende *PIGMENT*-Werte: R: 0.4, G: 0.28, B: 0.22.

Nachdem nun alle Komponenten der Kaffeetasse erzeugt sind, wollen wir sie zusammensetzen. Dazu erzeugen wir ein CSG-Objekt mit der Bezeichnung *Kaffeepott* und fügen diesem Objekt die Objekte *Tassenkoerper*, *Tassenrand*, *Henkel* und *Kaffee* hinzu. Da alle diese Körper durch eine *union* verbunden werden sollen, die standardmäßig in Moray eingestellt ist, ist die Kaffeetasse damit fertig. Wir sollten sie jetzt nur noch etwas verschieben. Sie befindet sich ja immer noch an der gleichen Stelle wie das noch unsichtbare Likörglas. Um beide Körper gut zueinander zu positionieren, sollten Sie das Likörglas zunächst wieder sichtbar machen. Anschließend verschieben Sie die Kaffeetasse. Ich habe sie an die Koordinaten <7.5, 6.4, 0.6> verschoben. Da die Kaffeetasse im Vergleich zum Likörglas etwas zu klein geraten wirkt, habe ich die Tasse markiert und anschließend entlang aller Achsen um den Faktor 1.5 vergrößert. Hierbei bietet es sich an, im Hauptmenü den Button *USCL* zu aktivieren, um den Faktor nur einmal eingeben zu müssen.

Jetzt fehlen nur die Kamera und eine Beleuchtung. Bei mir befindet sich die Kamera an den Koordinaten <1, -3.5, 26.9>, und der *look_at*-Punkt hat die Koordinaten <4.3, 1.8, 8.4>.

Als Licht habe ich eine punktförmige, weiße Lichtquelle an den Koordinaten <0, -23.7, 108.4> verwendet.

Damit ist die Szene komplett, und Sie können sie als *moray006.mdl* speichern und anschließend rendern.

Gestalten mit der Kopierfunktion

Zu den stärksten Funktionen von Moray zählt mit Sicherheit die Kopierfunktion, die ab Moray 2.0 noch interessantere Gestaltungsmöglichkeiten bietet. Wir wollen uns in den folgenden Abschnitten ansehen, wie die Kopierfunktion eingesetzt wird und mit Ihrer Hilfe in Sekundenschnelle komplizierte Körper erzeugen. Wir wollen uns dabei von den mit Moray zusammen gelieferten Beispielen *tutor11.mdl* und *tutor11a.mdl* inspirieren lassen. In diesen Beispielen wird demonstriert, wie mit Hilfe der Kopierfunktion und des Einsatzes von CSG-Methoden eine Wendeltreppe erzeugt werden kann.

Wir wollen es uns nun zur Aufgabe machen, ebenfalls eine Wendeltreppe zu erzeugen, werden dabei allerdings einen etwas anderen, vielleicht auch einfacheren Weg beschreiten.

Für eine Wendeltreppe benötigen wir eine zentrale Achse und die einzelnen Treppenstufen, die sich um diese Achse winden. Sie finden die fertige Treppe im Beispiel *moray007.mdl.*

Beginnen wir mit der Erzeugung der Achse. Sie wird durch einen Zylinder gebildet, den wir entlang der Z-Achse um den Faktor 10 skalieren. Als Textur habe ich im Beispiel *moray007.mdl* dem Zylinder die Farbe Blau zugewiesen.

Als nächstes beginnen wir mit dem Erzeugen der Treppenstufen. Prinzipiell werden wir dabei so vorgehen, daß wir nur die unterste Stufe „manuell" erzeugen werden. Die übrigen Stufen werden durch den geschickten Einsatz der Kopierfunktion hinzugefügt.

Erzeugen Sie also zunächst einen Quader, und skalieren Sie ihn um den Faktor <1, 4, 0.2>. Weisen Sie diesem Quader eine Textur zu (ich habe mich auch hier für Blau entschieden). Anschließend muß er so verschoben werden, daß eine der Kanten, die die Tiefe der Stufe repräsentiert, durch die Querachse des

Zylinders verläuft. Wenn Sie diesen Vorgang nicht sofort nachvollziehen können, verschieben Sie den Quader um den Faktor <0, 4, 0.2>, und sehen Sie sich das Ergebnis an.

Nach diesen Vorarbeiten wollen wir nun die restlichen Stufen generieren. Wie bereits angedeutet, wollen wir dazu die Kopierfunktion nutzen. Beachten Sie, daß der Quader markiert ist, und betätigen Sie im Hauptmenü den Button *Copy*. Daraufhin öffnet sich das Kopiermenü. Lassen Sie sich im Moment nicht von der Vielfalt der Einstellmöglichkeiten irritieren. Ich werde sie alle an Beispielen erläutern.

Um beim Kopieren von Objekten die gewünschten Ergebnisse zu erzielen, sind immer ein paar Vorüberlegungen notwendig, die ich im folgenden deutlich formulieren werde.

Wenn wir die einzelnen Treppenstufen einer Wendeltreppe betrachten, stellen wir fest, daß sie sich von den Nachbarstufen dadurch unterscheiden, daß sie eine unterschiedliche Höhe über dem Boden haben und um einen anderen Winkel gegenüber der Achse gedreht sind. Würden wir eine solche Treppe aufbauen, würden wir zunächst die erste Stufe auf dem Boden aufsetzen lassen, die nächste Stufe würde auf der untersten Stufe aufsetzen und wäre um einen bestimmten Winkel gegenüber dieser Stufe verdreht. Nach diesem Prinzip wollen wir auch in Moray verfahren.

Das Kopiermenü ähnelt im oberen Teil dem Transformationsmenü. Sie sehen auch hier Einstellmöglichkeiten für das Skalieren, Rotieren und Verschieben, die allerdings etwas umfangreicher sind. Daran können Sie schon erkennen, daß Sie mit der Kopierfunktion von Moray Objekte nicht nur einfach kopieren, sondern sie beim Kopieren gleichzeitig transformieren können. In unserem Beispiel müssen wir den markierten Quader entsprechend den oben angestellten Vorüberlegungen anheben und etwas drehen. Beginnen wir mit der Drehung. Im Kopiermenü finden Sie die beiden Button *ROT FCT* und *ROT OFF*. Je nachdem, welcher der beiden Button aktiviert wurde, erfolgt beim Kopieren eine Drehung um einen eingestellten Winkel (*ROT OFF*) bzw. um einen Faktor (*ROT FCT*). Da der Winkel zwischen den einzelnen Stufen konstant sein soll, müssen wir den Button *ROT OFF* (*OFF* steht für Offset) anklicken. Da sich die Treppe um den Zylinder windet, der parallel zur Z-Achse verläuft, müssen wir nur eine Einstellung im Feld für die Drehung um die Z-Achse machen. Ich schlage vor, einen Winkel von 10 Grad zu verwenden.

Da jede Stufe immer auf der vorhergehenden Stufe aufsetzt, müssen wir jetzt dafür sorgen, daß die markierte Stufe beim Kopieren angehoben, also in Richtung der Z-Achse verschoben wird. Diese Einstellung erfolgt im nächsten Bereich, in dem Sie die Button *XLAT FCT* und *XLAT OFF* sehen. Diese beiden Button sind dafür verantwortlich, ob ein Objekt beim Kopieren um einen bestimmten Faktor oder um eine konstante Entfernung verschoben wird. Da wir einen konstanten Wert benötigen, klicken wir auf den Button *XLAT OFF*. Wir haben gesagt, daß jede Stufe auf der jeweils vorhergehenden Stufe aufsetzt und müssen deshalb jede Stufe um 0.4 Einheiten in Richtung der Z-Achse verschieben.

Der nächste Button im Kopiermenü ist *ORBIT*. Wir haben im zweiten Teil des Buches immer wieder betont, daß in POV-Ray sämtliche Drehungen immer um die Achsen des Koordinatensystems erfolgen. Wenn ein Körper um seine Achsen gedreht werden soll, muß dafür gesagt werden, daß sie mit den Achsen des Koordinatensystems übereinstimmen. Moray handhabt Drehungen jedoch anders. In Moray werden sämtliche Körper um ihre Körperachsen gedreht. Es muß deshalb explizit angegeben werden, daß ein Körper um die Achsen des Koordinatensystems gedreht wird, gewissermaßen also eine Orbitalbahn um den Mittelpunkt des Koordinatensystem einnehmen soll. Und genau solch eine Drehung benötigen wir in unserem Beispiel, denn die Stufen sollen sich um den Zylinder drehen, dessen Längsachse genau auf der Z-Achse liegt. Wir aktivieren deshalb den Button *ORBIT*.

Der nun folgende Button *ATTACH* hat zwar für unser Beispiel keine Bedeutung, seine Funktion soll dennoch nicht verschwiegen werden. Stellen Sie sich vor, daß Sie ein Objekt kopieren wollen, das Teil eines CSG-Objektes ist. Wenn Sie nun ein solches Objekt kopieren, haben Sie die Möglichkeit, zu entscheiden, ob das durch das Kopieren entstehende Objekt ebenfalls dem Vaterobjekt des kopierten Objektes zugeordnet werden soll oder nicht. Wollen Sie, daß die Kopie des Objektes auch zum CSG-Objekt gehört, müssen Sie den Button *ATTACH* anklicken. Da in unserem Fall kein Kindobjekt kopiert wird, läßt sich dieser Button auch nicht aktivieren.

Interessant wird für uns in unserem Beispiel wieder der Button *Copies*. Hier können Sie einstellen, wie viele Kopien des markierten Objektes Sie erzeugen wollen. Da wir eine Rotation von 10 Grad eingestellt haben, erscheint in diesem Feld automatisch die Zahl von 35 Kopien. Insgesamt erhalten wir damit 36 Objekte, die sich bei dem eingestellten Winkel genau um einen Vollkreis plazieren. Wir wollen diese Zahl auch übernehmen.

Im Vergleich zu früheren Versionen von Moray ist die nächste Button *REFERENCE* neu. Wenn Sie ihn aktivieren, werden beim Kopieren keine eigenständigen neuen Objekte, sondern Verweise auf das Originalobjekt erzeugt. Was das bedeutet, wollen wir uns an zwei kurzen Listings ansehen. Im ersten Listing werden beim Kopieren neue Objekte erzeugt, im zweiten Listing Referenzen.

Listing 1:

```
#declare Cube001 = object {
  box { // Cube001
    <-1, -1, -1>, <1, 1, 1>
    texture {
      stufentextur
    }
    scale <1.0, 4.0, 0.2>
    translate  <0.0, 4.0, 0.2>
  }
}

object { // Cube36->Cube001
  Cube001
  rotate 10.0*z
  translate  <0.0, 0.0, 14.0>
}


object { // Cube35->Cube001
  Cube001
  rotate 20.0*z
  translate  <0.0, 0.0, 13.6>
}
```

Listing 2:

```
box { // Cube36
  <-1, -1, -1>, <1, 1, 1>
  texture {
```

```
      stufentextur
    }
    scale <1.0, 4.0, 0.2>
    rotate -350.0*z
    translate <-0.694593, 3.939231, 14.2>
  }

  box { // Cube35
    <-1, -1, -1>, <1, 1, 1>
    texture {
      stufentextur
    }
    scale <1.0, 4.0, 0.2>
    rotate -340.0*z
    translate <-1.368081, 3.75877, 13.8>
  }

  box { // Cube001
    <-1, -1, -1>, <1, 1, 1>
    texture {
      stufentextur
    }
    scale <1.0, 4.0, 0.2>
    translate <0.0, 4.0, 0.2>
  }
```

Ausgangspunkt für beide Kopiervorgänge war immer der Quader *Cube001*. Wenn Sie die beiden Listings vergleichen, können Sie sehen, daß im ersten Listing immer nur ein Bezug auf den Ursprungskörper genommen wird, dessen Definition also immer nur einmal wiederholt wird. Im zweiten Beispiel stellt jeder Quader einen vollkommen unabhängigen neuen Körper dar. Ob Sie nun beim Kopieren Referenzen erzeugen oder nicht hängt nicht zu letzt davon ab, wie Sie die durch das Kopieren erzeugten Körper weiter verwenden wollen. Um beispielsweise die Textur aller durch uns erzeugten Stufen zu verändern, reicht es aus, die Textur des Ausgangsobjektes zu verändern. Gleiches gilt auch für Verformungen, die sich nicht nur auf das Ausgangsobjekt, sondern auch auf alle Kopien auswirken.

Wenn Sie mit Referenzen arbeiten, können Sie allerdings niemals das Ausgangsobjekt löschen, ohne vorher die Kopien gelöscht zu haben. Das kann manchmal nachteilig sein und sollte daher beachtet werden. Der große Vorteil der *REFERENCE*-Funktion besteht darin, daß die beim Export nach POV-Ray entstehenden Listings wesentlich kompakter werden. Bei früheren Moray-Versionen wurden innerhalb einer POV-Datei so viele *declare*-Anweisungen verwendet, daß sich POV-Ray weigerte, die Datei zu bearbeiten. Ohne Zusatztools, die die Zahl der *declare*-Anweisungen drastisch reduzierte, konnten umfangreiche Szenen nicht gerendert werden. Ein weiterer Vorteil ist wie gesagt, daß man eine große Anzahl von Objekten mit einem Schlag entsprechend seinen Wünschen modifizieren kann.

Um mit Referenzen zu arbeiten, muß so lange auf den Button *REFERENCE* geklickt werden, bis neben ihm das Wort *Yes* steht.

Damit haben wir alle notwendigen Einstellungen vorgenommen. Klicken Sie nun im Kopiermenü auf den Button *OK*, um das Kopieren einzuleiten. Das Ergebnis sehen Sie in der Abbildung 16.5.

Abbildung 16.5

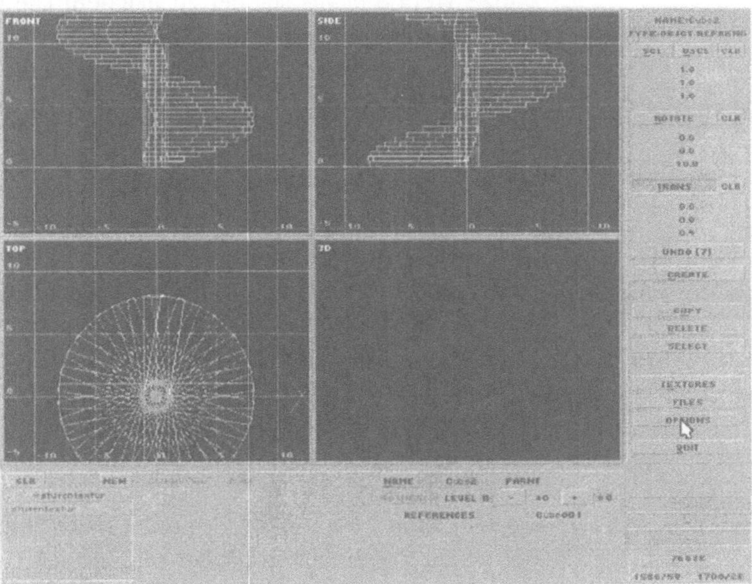

Ich habe um die fertige Treppe vier Quader als Boden und Seitenwände positioniert und ihnen als Textur die Farbe Weiß zugewiesen. Die Skalierungs- und Translationsparameter dieser Objekte entnehmen Sie bitte der folgenden Tabelle.

Bezeichnung	**scale**	**translate**
Boden	<40, 40, 1>	<0, 0, -1>
Wand1	<40, 1, 40>	<0, 40, 40>
Wand2	<1, 40, 40>	<-40, 0, 40>
Wand3	<40, 1, 40>	<0, -40, 40>

Jetzt bleibt uns nur noch übrig, eine Kamera und Lichtquellen zu positionieren. Im Beispiel *moray007.mdl* hat die Kamera die Position <50, 16.6, 13.3>. Die beiden Lichtquellen besitzen die Koordinaten <26.3, 29.7, 14.2> und <243.7, 34.7, 109.7>. Speichern Sie die Szene nun ab und rendern Sie sie.

Diese Szene wollen wir nun als Ausgangspunkt für die weitere Gestaltung der Treppe nehmen. Unsere Aufgabe soll es sein, die ganze Treppe etwas stabiler zu machen. Die bis jetzt auf der einen Seite frei schwebenden Stufen sollen auf einen festen Untergrund gestellt werden. Auch dafür werden wir die Kopierfunktion nutzen, werden uns aber diesmal die Skalierung beim Kopieren ansehen.

Wir erzeugen zunächst den Quader, der den Untergrund für die erste Stufe bilden soll. Er wird um den Faktor <1, 0.2, 0.4> skaliert und an die Position <0, 7.8, -0.1> verschoben. Als Textur habe ich ihm ebenfalls die Farbe Blau zugewiesen. Klicken Sie nun auf den Button *COPY*, um das Kopiermenü zu öffnen. Bevor wir mit den Einstellungen beginnen, wollen wir uns wiederum überlegen, wie wir den markierten Körper kopieren müssen. Jeder entstehende Körper soll eine Ausdehnung entlang der Z-Achse haben, die von der Oberkante des Bodens bis zur Unterkante der jeweiligen Stufe reicht. Da jede Stufe eine Höhe von 0.4 Einheiten besitzt, muß der unter jeder Stufe befindliche Quader genau 0.4 Einheiten größer sein als sein Vorgänger. Aus diesem Grund klicken wir im Kopiermenü zunächst den Button *SCL OFF* an und geben als Z-Wert 0.4 ein. Die übrigen Einstellungen für die Rotation, die Verschiebung usw. sind wie im vorhergehenden Beispiel. Übernehmen Sie diese Werte, und klicken Sie anschließend auf *OK*, um den Kopiervorgang einzuleiten. Speichern Sie die Szene anschließend als *moray008.mdl* und rendern Sie sie. Im fertigen Bild werden Sie sehen, daß das gewünschte Ergebnis eingetreten ist.

Wenn Sie wollen, können Sie jetzt alle zur Treppe gehörenden Objekte in einer *union* zusammenfassen. Mit dem Wissen aus diesem Kapitel sollten Sie nun auch verstehen können, wie die zu Beginn erwähnte Szene *tutor11a.mdl* erstellt wurde, in der CSG-Methoden und die Kopierfunktion gemeinsam genutzt werden.

17 Erzeugen komplizierter Körperformen

Wir wollen in diesem Kapitel sehen, welche weiteren Möglichkeiten der Szenegestaltung uns MORAY bietet. Dabei werden wir uns insbesondere ansehen, wie MORAY mit Höhenfeldern und Bézierflächen (*bicubic_patch*) umgehen kann. Im letzten Abschnitt dieses Kapitels wollen wir uns dann mit Extrusions- und Rotationskörpern sowie der Verwendung von Körpern beschäftigen, die mit Drittprogrammen angefertigt wurden.

Höhenfelder

Um den Umgang mit Höhenfeldern in MORAY kennzulernen und zu üben, wollen wir eine Szene erzeugen, bei der die beiden Schriftzüge „MORAY 2.0“ und „POV-RAY 3.0“ auf einer Fläche ruhen. Beide Schriftzüge habe ich mit CorelDRAW erzeugt und als *MOR.TGA* und *POV.TGA* exportiert.

Starten Sie zunächst MORAY und erzeugen Sie mit *FILES NEW* eine leere Arbeitsfläche. Wir wollen uns auch nicht mit der Vorrede aufhalten und mit dem Erzeugen von Höhenfeldern beginnen. Klicken Sie also im Hauptmenü auf den Button *HEIGHT FIELD*. Sie werden wiederum aufgefordert, eine Bezeichnung für den zu erzeugenden Körper einzugeben oder den vorgeschlagenen Namen zu übernehmen. Ich habe als Bezeichnung *MOR* gewählt. Nachdem Sie die Eingabe bestätigt haben, öffnet sich das Dialogfeld mit der Bezeichnung *SET HEIGHT FIELD*. In diesem Dateifeld können Sie zunächst das Verzeichnis auswählen, in dem sich die für das Erzeugen des Höhenfeldes zu verwendende Grafikdatei befindet. MORAY unterstützt allerdings nicht alle in POV-Ray einsetzbaren Grafikformate, sondern lediglich die Formate *GIF* und *TGA*. Wenn irgendwie möglich, sollten Sie in MORAY das Targaformat verwenden. Warum, werden Sie weiter unten sehen. Lassen Sie uns zunächst die Datei *MOR.TGA* verwenden. Wählen Sie also im Dialogfeld zunächst die Datei *MOR.TGA*.

Höhenfelder aus Grafiken im Targa-Format

Unter den Ansichtenfenstern wurde das für Höhenfelder typische Objektmenü geöffnet, indem diese Objektart weiter spezifiziert werden kann. Lassen Sie uns zunächst den Button *READ* betrachten, da er die Arbeit mit Höhenfeldern in MORAY enorm vereinfacht. Wenn Sie als Ausgangsdatei für das Erzeugen eines Höhenfeldes in MORAY eine Grafikdatei im Targa-Format verwenden, können Sie durch das Anklicken dieses Buttons erreichen, daß die spätere Form des Höhenfeldes als Drahtmodell dargestellt. Da diese Funktion nur bei Grafiken im Targa-Format möglich ist, habe ich Ihnen oben die Empfehlung gegeben, dieses Format zu verwenden. Klicken Sie auf den Button, und Sie werden den Schriftzug „MORAY 2.0" erkennen.

Einstellen des water_level

Hinter dem Button *WATER* verbirgt sich die Möglichkeit, den sogenannten *Waterlevel* einzustellen. (Sollten Sie hier die verwendeten Begriffe nicht verstehen, lesen Sie bitte die entsprechenden Abschnitte des 2. Teils dieses Buches nach.) Sie haben hier die Möglichkeit, über den Schieberegler Werte zwischen 0.0 und 1.0 einzustellen. Ich habe mich für einen Wert von 0.7 entschieden. Beim Verschieben des Reglers können Sie im Höhenfeld eine Linie erkennen, die den Waterlevel darstellt.

Ob Sie den Button *SMOOTH* aktivieren oder nicht, hängt - wie bereits im 2. Teil des Buches erläutert - davon ab, ob Sie mit dem Aussehen des Höhenfeldes nach dem Rendern des Bildes zufrieden sind oder nicht. Verwenden Sie eine Grafik mit einer recht hohen Auflösung, können Sie auf die Option *Smooth* verzichten, da Sie mit keiner deutlichen Verbesserung des Ergebnisses, wohl aber mit einer deutlich längeren Rechenzeit rechnen müssen.

Der Button *STEP* dient einer verbesserten Darstellung eines Höhenfeldes nach dem Betätigen des *READ*-Buttons. Mit ihm wird definiert, jedes wievielte Pixel der Ausgangsdatei in Moray angezeigt und mit seinen Nachbarn mit einer Linie verbunden werden soll. Standardmäßig wird der Wert 10 verwendet. Wollen Sie die Struktur eines aus einer Targa-Datei erzeugten Höhenfeldes noch besser sehen, müssen Sie diesen Wert verringern. Wie so oft werden auch hier solche verbesserten Darstellungen mit einer höheren Rechenzeit erkauft.

Im Hauptmenü habe ich das so erzeugte Höhenfeld nun skaliert (x=5, y=5). Sie werden nach dem Skalieren feststellen, daß das Höhenfeld verzerrt wirkt. Abhilfe schafft hier das Aktivieren des Buttons *ADJ SCL*. Durch diesen Button wird wieder das ursprüngliche Seitenverhältnis der Ausgangsgrafik hergestellt.

Bevor wir nun dieses Höhenfeld an seine endgültige Position setzen, wollen wir noch schnell die Fläche erzeugen, auf der dann später beide Höhenfelder ruhen sollen.

Erzeugen Sie also mit *CREATE PLANE* eine Fläche und bezeichnen Sie sie beispielsweise als *Grundflaeche*. Diese Fläche sollte nun so in negativer Z-Richtung verschoben werden, daß die unteren Kanten der Buchstaben auf der Fläche liegen. Jetzt wird so richtig deutlich, wie gut die Entscheidung war, eine Grafik im Targa-Format zu verwenden. Bei mir befindet sich die Fläche etwa bei z=-0.7. Um das Verschieben der Fläche noch etwas zu erleichtern, empfiehlt es sich, die Fläche in X- und Y-Richtung zu skalieren. Dadurch ist sie einfach besser zu sehen und zu handhaben. Da eine Fläche ein unendlich großer Körper ist, wird diese Skalierung selbstverständlich keinen Einfluß auf das mit POV-Ray gerenderte Bild haben.

Nachdem nun die Grundfläche erzeugt ist, wollen wir das erste Höhenfeld an seine endgültige Position bringen. Dazu muß es natürlich zunächst markiert werden. Bislang liegt dieses Höhenfeld bei genauerer Betrachtung der FRONT-Ansicht noch auf dem Rücken. Wir drehen es deshalb zuerst um -90° um die X-Achse. Um es in die gewünschte Lage zu bringen, habe ich das Höhenfeld anschließend um -35° um die Z-Achse gedreht und entlang der X-Achse um -5.1 Einheiten und entlang der Y-Achse um 1.8 Einheiten verschoben.

Es ist nun an der Zeit, das zweite Höhenfeld zu generieren. Dazu verfahren Sie so wie oben beschrieben. Wählen Sie aus dem Dateidialogfeld die Grafikdatei *POV.TGA*. Bezeichnen Sie das Höhenfeld als *POV*. Wenn Sie anschließend im Objektmenü des Höhenfeldes auf den Button *READ* klicken, können Sie den Schriftzug „POV-RAY 3.0“ erkennen. Auch diesem Höhenfeld habe ich als *waterlevel* einen Wert von 0.7 zugewiesen. Die disem Höhenfeld zugrundeliegende Grafikdatei hat die gleiche Größe wie die des ersten Höhenfeldes. Das Höhenfeld wird deshalb ebenfalls entlang der X- und der Y-Achse um 5 Einheiten skaliert. Durch das anschließende Betätigen des Buttons *ADJ SCL* im Objektmenü des Höhenfeldes wird das ursprüngliche Seitenverhältnis der Grafik wieder hergestellt.

Auch das zweite Höhenfeld muß um die X-Achse um -90° gedreht werden. Um es in seine endgültige Position zu bringen, wird es dann um die Z-Achse um 35° gedreht und entlang der X-Achse um 5.5. Einheiten und entlang der Z-Achse um 0.7 Einheiten verschoben.

Bevor wir das Bild nun rendern können, müssen wir den einzelnen Objekten der Szene noch Texturen zuweisen. Für die Höhenfelder habe ich *White_Marble* und für die Fläche die Farbe Schwarz verwendet. Die Textur der Fläche habe ich allerdings durch die Anweisung *finish{reflection 1.0}* zu einem Spiegel gemacht.

Nachdem Sie der Szene eine Lichtquelle und eine Kamera hinzugefügt haben, können Sie sie unter *moray009.tga* speichern und anschließend rendern.

Abbildung 17.1 Einsatz von Höhenfeldern

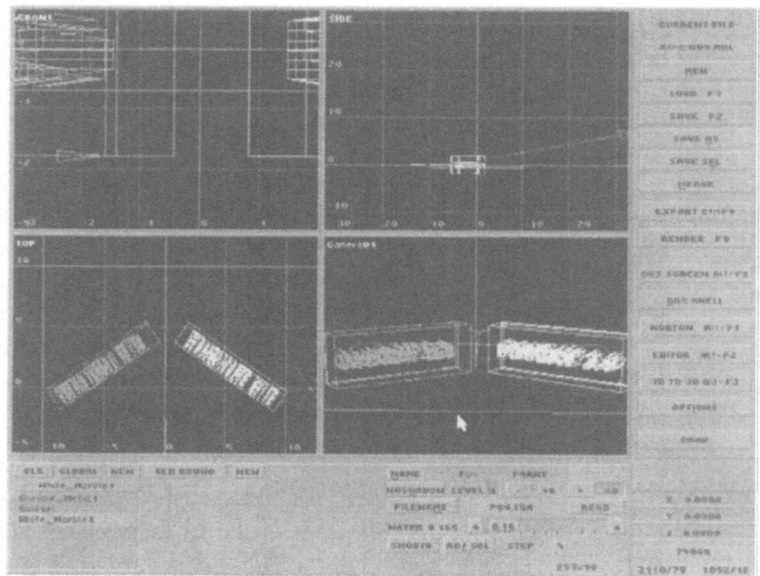

Bézierflächen

Als wir im 2. Teil des Buches über die POV-Ray-Anweisung *bicubic_patch* sprachen, habe ich angedeutet, daß Moray in der Lage ist, uns das Erzeugen von komplizierteren Körperformen mit Hilfe von Bèzierflächen zu erleichtern. In diesem Abschnitt will ich Ihnen eine Einführung in die Arbeit mit Bézierflächen in Moray geben.

Utah-Teekanne

Das wohl bekannteste Beispiel für den Einsatz von Bézierflächen ist die berühmte Utah-Teekanne. Eine Datei zum Erzeugen dieses Objektes wird zusammen mit POV-Ray ausgeliefert. Sie finden Sie im Verzeichnis *\povray3\povscn\level3\teapot*. Um das Teeservice etwas zu erweitern, wollen wir ein kleines Milchkännchen erzeugen. Die dafür notwendigen Schritte sollen Sie in diesem Abschnitt finden.

Erzeugen Sie zunächst eine neue Datei. Anschließend klicken Sie im Hauptmenü auf den Button *CREATE BEZIER*. Es öffnet sich ein Dialogfeld, in dem Sie die Art der Bèzierfläche und weitere Parameter spezifizieren können. Als Ausgangsform bietet uns Moray drei Formen an. Es handelt sich dabei um eine Fläche und zwei Zylinderarten, die sich dadurch voneinander unterscheiden, daß sie aus zwei bzw. aus vier Formen vom Typ *bicubic_patch* zusammengesetzt sind. Dabei werden die Kontrollpunkte so gewählt, daß sich die Kontrollpunkte benachbarter Patches überlappen und jeweils als ein Kontrollpunkt erscheinen. Damit wird in Moray gewährleistet, daß ein homogenes Ganzes entsteht, obgleich wir es eigentlich mit zwei bzw. vier POV-Ray-Objekten zu tun haben.

In unserem Fall entscheiden wir uns für *Cylinder (4 patch)*. Neben den drei Button für die Auswahl der zu erzeugenden Form sehen Sie weitere Eingabefelder, in denen Sie die Größe *Size* (in Einheiten) und die Anzahl der Patches einstellen, aus denen der Bézierkörper bestehen soll.

Bézier-Editor

Bestätigen Sie Ihre Eingabe, indem Sie auf *OK, CREATE* klicken. Nachdem nun eine zylinderförmige Bézierfläche entstanden ist, sehen Sie am unteren Rand das Objektmenü einer Bézierfläche, in der der Button *EXTENDED EDIT* zu finden ist. Hinter diesem Button verbirgt sich der Editor, der notwendig ist, um die Bézierfläche in die gewünschte Form bringen zu können. Lassen Sie uns also diesen Button anklicken.

Sie befinden sich nun im Editor für Bézierflächen. Lassen Sie sich von der Vielzahl der Button im unteren Bereich des Bildschirms nicht verwirren. Sie werden sie alle im weiteren Verlauf dieses Abschnitts kennenlernen und anwenden.

Vergrößern Sie zunächst das *FRONT*-Fenster, und zoomen Sie die Bèzierfläche etwas näher heran. Um ganz genau zu sein, müßte man sagen, daß sowohl die Bézierfläche zu sehen ist als auch das Netz der Kontrollpunkte, an die die Bézierfläche angenähert wird. Die Kontrollpunkte befinden sich an den Schnittpunkten der hellblauen Linien. Die grünen Linien stellen die eigentliche Bézierfläche dar. Doch beginnen wir nun mit dem Erzeugen unseres Milchkännchens. Wir wollen zunächst den gesamten Zylinder entlang der Z-Achse etwas strecken. Im Gegensatz zur bisher praktizierten Verfahrensweise werden wir den Zylinder jedoch nicht skalieren. Wir markieren zunächst alle Kontrollpunkte, die auf der obersten hellblauen Linie liegen.

Markieren der Kontrollpunkte

Um einen Kontrollpunkt zu markieren, muß die Strg-Taste gehalten werden, der Mauspfeil über den Schnittpunkt zweier hellblauer Linien gebracht und dann die linke Maustaste geklickt werden. Eine andere Möglichkeit besteht darin, die Shift-Taste gedrückt zu halten, und bei gedrückter linker Maustaste ein Rechteck so aufzuziehen, daß sich ein Kontrollpunkt in ihm befindet. Auf diese Weise können auch mehrere Kontrollpunkte gleichzeitig markiert werden. Werden die eben beschriebenen Handlungen an einem markierten Kontrollpunkt durchgeführt, wird die Markierung dieses Kontrollpunktes wieder aufgehoben.

Wollen Sie alle Kontrollpunkte gleichzeitig markieren, genügt es, den Button *MARK ALL* anzuklicken. Mit *UNMARK ALL* würden alle vorhandenen Markierungen aufgehoben. Wird der Button *TOGGLE MARK* angeklickt, werden alle nicht markierten Kontrollpunkte markiert und die Markierung aller markierten Kontrollpunkte wird aufgehoben. Über dem Button *MARK ALL* sehen Sie übrigens die Zahl aller markierten Kontrollpunkte.

Markieren Sie also die oberste Reihe. Am leichtesten funktioniert das, wenn Sie wie beschrieben bei gedrückter Shift- und linker Maustaste ein Rechteck um alle Punkte ziehen. Wenn Sie die Punkte in der *FRONT*-Ansicht markieren, wird es Ihnen auch nicht schwerfallen, alle Kontrollpunkte dieser Ebene gleichzeitig zu markieren. Schwieriger wäre es, wenn beispielsweise nur die vorderen Kontrollpunkte markiert werden sollten. Da bei der beschriebenen Methode alle Punkte der Ebene markiert würden, müßten Sie unerwünschte Markierungen in den anderen Ansichtenfenstern wieder aufheben.

Die markierten Punkte sollen nun nach oben verschoben werden, um so den gesamten Körper zu vergrößern. Da sie nur entlang der Z-Achse verschoben werden sollen, können wir ein versehentliches Verschieben entlang einer der anderen beiden Achsen verhindern, indem wir am Bildschirm rechts unten das X- und Y-Feld mit der Koordinatenangabe anklicken. Wenn anstelle beider Felder ein Button zu sehen ist, sind Bewegungen entlang dieser beiden Achsen ausgeschlossen. Anschließend verschieben Sie die markierten Kontrollpunkte nach oben. Bewegen Sie dazu den Mauszeiger auf ein Ansichtenfenster, und bewegen Sie die Maus bei gedrückter linker Maustaste. Schieben Sie die Maus so lange nach oben, bis die Kontrollpunkte einen Z-Wert von ungefähr 4 Einheiten besitzen.

Als nächster Schritt folgt das Verschieben der Kontrollpunkte der zweiten Reihe von oben auf eine Z-Koordinate von etwa 3 Einheiten. Bevor Sie diese Punkte verschieben können, müssen Sie zunächst mit *UNMARK ALL* die Markierung der Kontrollpunkte der ersten Reihe aufheben. Jetzt können Sie die Kontrollpunkte der zweiten Reihe von oben markieren und verschieben. Auf die gleiche Weise verschieben Sie anschließend die Kontrollpunkte der dritten Reihe von oben auf eine Höhe von z = 1.

Wir wollen nun den „Bauch" unserer Kanne gestalten. Stellen Sie dafür zunächst sicher, daß die Kontrollpunkte der dritten Reihe von oben markiert sind. Der Radius der Ebene, die durch diese Kontrollpunkte gebildet wird, muß nun vergrößert werden, um die bauchige Form der Kanne zu erhalten. Dazu aktivieren Sie zunächst den Button *SCL* für das Skalieren und den Button *UFRM*, der für ein gleichmäßiges Skalieren entlang aller drei Koordinatenachsen steht. Wird der Button *LOCAL* aktiviert, erfolgt das Skalieren relativ zu markierten Kontrollpunkten. Das bedeutet, daß das geometrische Zentrum der markierten Punkte ermittelt wird und das Skalieren bezogen auf diesen Punkt erfolgt.

Setzen Sie nun den Mauspfeil auf den am weitesten rechts liegenden markierten Kontrollpunkt, und ziehen Sie die Maus bei gedrückter linker Maustaste so weit nach rechts, bis in den Feldern für die Koordinatenangabe als x-Wert etwa 2 angezeigt wird. Sie werden feststellen, daß beim Skalieren die Ebene nach oben verschoben wird. Lassen Sie sich dadurch nicht weiter beeindrucken, und skalieren Sie den Körper wie beschrieben. Wenn er den gewünschten Radius hat, aktivieren Sie den Button *TRANSLATE* und verschieben die markierte Ebene auf einen Wert von ungefähr z = 0.5. Mit *UNMARK ALL* werden die Markierungen wieder aufgehoben.

Als nächster Schritt wird die Tülle der Kanne erzeugt. Wir werden dabei so vorgehen, daß wir die Tüllenform aus dem oberen Rand der Kanne herausziehen werden. Markieren Sie zunächst die obere Kontrollpunktreihe. Maximieren Sie nun die *TOP*-Ansicht. Sie sehen hier und im Menü, daß sechs Kontrollpunkte markiert sind. Wie benötigen jedoch nur die beiden Punkte, die in der *TOP*-Ansicht unten zu sehen sind. Die Markierung der anderen vier Punkte muß demzufolge aufgehoben werden. Dafür kann es notwendig sein, daß Sie in die anderen Ansichtenfenster zurückschalten müssen. Sie sollten jedoch nach Abschluß dieser Arbeiten wieder die *TOP*-Ansicht maximieren.

Aktivieren Sie im Objektmenü den Button *TRANSLATE,* und verschieben Sie die beiden markierten Kontrollpunkte auf einen y-Wert von etwa -2.7. Die Form der Kanne sollte in der Draufsicht dann etwa so wie in der Abbildung 17.2 aussehen. Sie können nun das *TOP*-Fenster verkleinern und durch das Anklicken des Buttons *DONE* die Arbeit mit dem Bézier-Editor beenden.

Abbildung 17.2

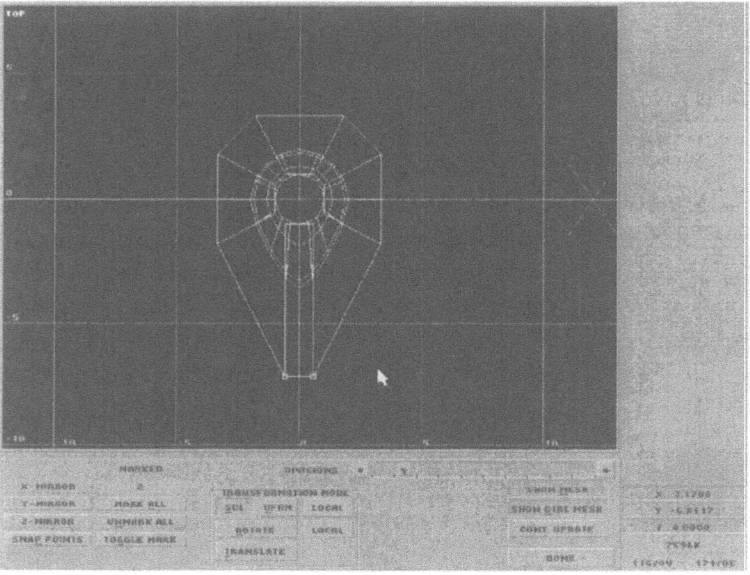

Es bleibt uns nur noch, den Henkel der Kanne zu erzeugen. Auch dazu werden wir eine Bézierfläche verwenden. Erzeugen Sie also erneut eine solche Fläche, wählen Sie aber nun als Typ einen *CYLINDER (2 patch).* Bezeichnen Sie diesen Körper als Henkel.

Durch das Anklicken des Buttons *EXTENDED EDIT* schalten Sie in den Bézier-Editor. Für die nächsten Schritte ist es sinnvoll, die *FRONT*-Ansicht zu maximieren. Wir wollen zunächst den Radius des Zylinders verkleinern. Dazu markieren Sie mit *MARK ALL* alle Kontrollpunkte, aktivieren die Button *SCL* und *UFRM* und bewegen die Maus bei gedrückter linker Maustaste in der *FRONT*-Ansicht so lange nach links, bis die Kontrollpunkte einen x-Wert von etwa 0.3 haben. Heben Sie die Markierung aller Punkte durch *UNMARK ALL* wieder auf. Diesen Zylinder bringen wir nun in die Form des Henkels. Dazu makieren Sie die obere Reihe des Zylinders. Aktivieren Sie den Button *TRANSLATE.* „Ergreifen“ Sie nun mit dem Mauspfeil den linken oberen Kontrollpunkt, und verschieben Sie ihn auf die Koordinate x = 2.5 und z = 5.2. Mit *UNMARK ALL* heben Sie die Markierung dieser beiden Punkte wieder auf. Auf analoge Weise verschieben Sie nun den unteren linken Kontrollpunkt zu den Koordinaten x = 2.5 und z = 0.0. Aktivieren Sie nun die Button *ROTATE* und *LOCAL*. Damit wird die Funktion zum Drehen zweier Punkte um den Mittelpunkt zwischen ihnen aufgerufen. Wäre *LOCAL* nicht aktiviert, würde die Drehung um den Mittelpunkt des Koordinatensystems erfolgen. Mit dem Mauszeiger „schnappen" Sie sich nun den rechten unteren Kontrollpunkt und drehen ihn so, daß er sich genau über dem anderen Kontrollpunkt befindet. Mit *UNMARK ALL* heben Sie die Markierung der Kontrollpunkte auf. Markieren Sie nun erneut die Kontrollpunkte der oberen Reihe der Bézierfläche und drehen Sie hier den rechten Kontrollpunkt so, daß er unter dem linken Kontrollpunkt positioniert wird.

Damit ist die Form des Henkels hergestellt. Durch das Anklicken des Buttons *DONE* verlassen Sie den Bézier-Editor. Da der Henkel viel zu groß für die Kanne ist, skalieren Sie sie entlang aller drei Achse um den Faktor 0.5. Anschließend drehen Sie den Henkel um z = 90°, um ihn korrekt zur Kanne auszurichten. Im letzten Schritt muß durch Drehen und Verschieben sichergestellt werden, daß der Henkel in der gewünschten Weise mit der Kanne verbunden wird. Als Orientierungswerte gebe ich Ihnen die von mir verwendeten Werte an:

TRANSLATE:	x = 0.0	y = 3.0	z = 1.5
ROTATE:	x = 0°	y = -20°	z = 90°

Wenn Sie nun der Kamera noch eine Kamera und eine Lichtquelle hinzugefügt und der Kanne und dem Henkel eine Textur zugewiesen haben, können Sie die Szene unter *moray010.mdl* speichern und rendern.

Sweep-Körper

Zu den Sweep-Körpern gehören Rotations- und Extrusionskörper. Moray unterstützt gegenwärtig noch nicht die in POV-Ray ab der Version 3.0 möglichen Körper *Lathe*, *Surface of Revo lution* oder *Prism*. Zwar können auch in Moray Objekte erzeugt werden, die so wie die genannten Körper aussehen. Sie werden jedoch stets als aus Dreiecken bestehende Objekte nach POV-Ray exportiert. Möglicherweise wird nach einem Update Moray die neuen POV-Ray-Objekttypen unterstützen. Wir wollen uns in diesem Abschnitt mit der Erzeugung eines Rotationskörpers beschäftigen und dabei die wesentlichsten Techniken bei der Handhabung von Sweep-Körpern kennenlernen. Darüber hinaus unterstützt Moray die Typen Translational Sweep und Tapering Sweep. Beide Typen stellen Extrusionskörper dar. Ein Tapering Sweep weist die Besonderheit auf, daß die Ausgangsfläche beim Extrudieren immer weiter verkleinert wird, bis sie schließlich in einem Punkt endet.

Wir wollen in diesem Abschnitt einen Rotationskörper gestalten, der die Form eines Kelchs hat und dem im vorhergehenden Kapitel erzeugten Objekt ähnelt. Um einen Rotationskörper zu erzeugen, klicken Sie im Hauptmenü auf *CREATE* und *ROTAT SWEEP*. Geben Sie als Bezeichnung „Kelch" an. In den Ansichtenfenstern sehen Sie nun den Rotationskörper, der durch Moray standardmäßig als Ausgangsbasis für die eigene Gestaltung erzeugt wird. Im Objektmenü des Rotationskörpers sehen Sie den Button *EXTENDED EDIT*, der Sie in den Editor zum Bearbeiten des Rotationskörpers führt.

Abbildung 17.3

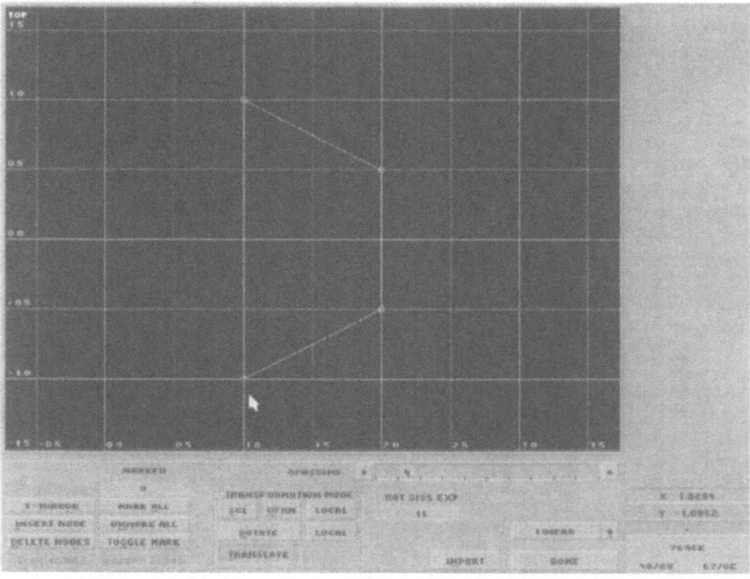

Sie erkennen im Ansichtenfenster den Linienzug, aus dem der Rotationskörper gebildet wird. Die einzelnen Bereiche des Menüfeldes im unteren Bereich des Bildschirms werden Sie im weiteren Verlauf dieses Abschnitts kennenlernen. Lassen Sie uns die Form des Linienzugs so verändern, daß eine Kelchform entsteht. Dazu müssen die einzelnen Eckpunkte entsprechend verschoben werden. Um einen Eckpunkt verschieben zu können, muß er markiert sein. Das Markieren eines Eckpunktes funktioniert wie das Markieren eines Kontrollpunktes im Bézier-Editor. Sie haben allerdings im Sweep-Editor die Möglichkeit, einen Eckpunkt mit dem Mauszeiger direkt „anzufassen“. Dazu bringen Sie den Mauszeiger in das kleine Rechteck um den Eckpunkt und drücken die linke Maustaste. Das Rechteck hat nun eine gelbe Farbe. Bei gedrückter linker Maustaste können Sie den Eckpunkt jetzt verschieben oder auch drehen und skalieren, wenn die entsprechenden Button aktiviert sind.

Verschieben Sie zunächst den unteren Eckpunkt auf die Koordinaten x = 0 und z = 0 und dann den zweiten Eckpunkt von unten auf die Koordinaten x = 1 und z = 0. Die Linie zwischen diesen beiden Punkten soll die Grundfläche unseres Kelchs werden.

Es ist zu diesem Zeitpunkt eigentlich schon klar, daß die Anzahl der vorhandenen Eckpunkte nicht ausreicht, um die Silhouette des Kelchs zu beschreiben. Wir wollen deshalb dem Linienzug weitere Punkte hinzufügen. Klicken Sie dazu im Objektmenü auf den Button *INSERT NODE.* Unterhalb des Mauszeigers sehen sie daraufhin den Schriftzug *INS.* Bewegen Sie den Mauszeiger auf die Linie zwischen dem zuletzt bearbeiteten Punkt und dem zweiten Punkt von oben und klicken Sie auf die linke Maustaste. Ein zusätzlicher Punkt wurde damit eingefügt. Auf die gleiche Weise sollten Sie noch einen weiteren Punkt auf diese Linie setzen. Außerdem benötigen wir noch einen zusätzlichen Punkt auf der Linie zwischen dem obersten Punkt und dem zweiten Punkt von oben. Wenn Sie einen Eckpunkt entfernen wollen, klicken Sie auf den Button *DELETE NODE.* Der Mauszeiger erhält damit den Schriftzug *DEL.* Bewegen Sie den Mauszeiger in das Rechteck um den zu löschenden Punkt, und klicken Sie die linke Maustaste. Der Punkt ist damit entfernt.

Um Kommunikationsprobleme zu vermeiden, sollten wir vereinbaren, wie die einzelnen Punkte zu benennen wären. ich schlage vor, daß wir alle Punkte auf dem Linienzug in Gedanken durchnumerieren und mit dem ehemals untersten Punkt beginnen, der demzufolge die Bezeichnung *Punkt 1* erhält. Der ehemals oberste Punkt wird von uns nun als *Punkt 7* angesprochen.

Da die Anzahl der Eckpunkte nun ausreichend ist, beginnen wir, die einzelnen Punkte an ihre endgültige Position zu verschieben. Wir fangen mit dem *Punkt 3* an, der die Koordinaten x = 0.75 und y = -0.86 erhält. *Punkt 4* wird auf x = 0.75 und y = -0.04,

Punkt 5 auf x = 1.26 und y = 1, *Punkt 6* auf x = 1.12 und y = 1 sowie *Punkt 7* auf x = 0 und y = 0 positioniert. Der Linienzug sollt eine Form haben, wie sie in der Abbildung 17.4 gezeigt wird.

Abbildung 17.4

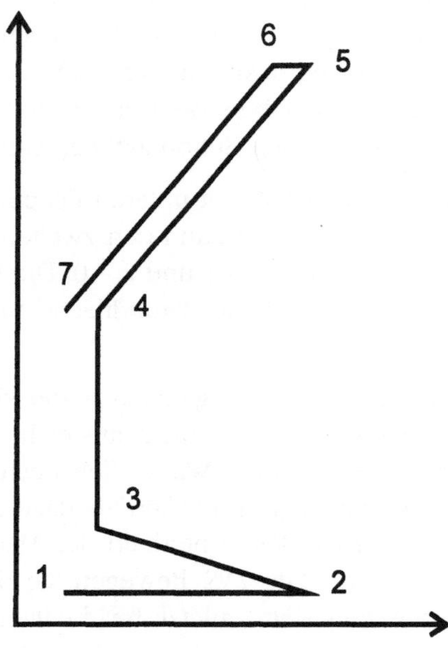

Damit ist die Silhouette des Kelchs beschrieben. Wenn Sie im Objektmenü auf *DONE* klicken, können Sie den Sweep-Editor verlassen und in den Ansichtenfenstern das Ergebnis überprüfen. Wir wollen uns jedoch noch ein wenig mit dem Sweep-Editor beschäftigen. Wie beim *Lathe*-Objekt können Sie auch in Moray festlegen, auf welche Weise die Eckpunkte miteinander verbunden werden sollen. Sie finden im Objektmenü ein Listenfeld mit der Aufschrift *LINEAR*. Wenn Sie dieses Listenfeld anklicken, öffnet es sich und bietet Ihnen die Auswahl zwischen *LINEAR*, *QUADRATIC*, *CUBIC* und *GLYPH*. Diese Bezeichnungen stehen für die Verfahren, nach denen die Eckpunkte verbunden werden. Wird *LINEAR* gewählt, werden alle Eckpunkte durch Geraden miteinander verbunden, bei *QUADRATIC* sind es Linien, die den Gesetzen quadratischer Funktionen unterliegen, und bei *CUBIC* wird die Verbindung nach Funktionen dritten Grades ermittelt. Am interessantesten ist *GLYPH*. Wird diese Verbindungsart gewählt, kann man festlegen, ob zwischen zwei Eckpunkte eine Bézierlinie (also eine geschwungene Linie) oder eine Gerade gezogen werden soll. Da beide Linienarten innerhalb einer Körpers quasi nebeneinander vorkommen können, ist die Möglichkeit gegeben, sowohl gerade als auch geschwungene Linien für das Zeichnen der Kontur eines Rotationskörpers zu verwenden. Wie das praktisch aussieht, wollen wir uns an dem von uns erstellten Linienzug ansehen.

Wir wählen deshalb aus dem Listenfeld zunächst *GLYPH.* Damit werden standardmäßig für die Verbindungen zwischen allen Eckpunkten Bézierlinien verwendet. Ob zwei Eckpunkte durch eine Gerade verbunden werden, hängt davon ab, ob die Eckpunkte auf der Kurve liegen oder nicht. Wenn sie auf der Kurve liegen, gibt es scharfe Übergänge von einem Segment des Linienzugs zum anderen, es wird also eine Gerade verwendet. Liegen die Eckpunkte nicht auf der Kurve, erzeugen wir weiche Übergänge zwischen den einzelnen Segmenten des Linienzugs.

Ob ein Eckpunkt auf einer Kurve liegt oder nicht, erfahren Sie, wenn Sie ihn zunächst markieren (wie im Bézier-Editor) und einen Blick auf das Objektmenü werfen. Dort sehen Sie unter dem Wort *MARKED* die Zahl der markierten Knoten und in Klammern dahinter den Zustand der Knoten. Möglich Zustände sind *ON CURVE*, *OFF CURVE* und *MIXED* (wenn mehrere Punkte mit unterschiedlichen Zuständen markiert sind).

Markieren Sie *Punkt 4,* und klicken Sie auf den Button *ON/OFF CURVE*, um in den anderen Zustand umzuschalten (in diesem Fall also in *ON CURVE*). Heben Sie die Markierung auf, markieren Sie *Punkt 3,* und schalten Sie ihn in den Zustand *ON CURVE.* Damit haben Sie eine gerade Linie zwischen diesen beiden Punkten erzeugt, die später die Außenseite des Kelchstils bilden wird.

Bevor Sie durch das Anklicken des Buttons *DONE* den Sweep-Editor verlassen, will ich Ihnen noch die Bereiche des Menüs erläutern, die Ihnen noch unbekannt sind. Das Markieren und Transformieren erfolgt so wie im Bézier-Editor. Durch das Verstellen des Schiebereglers *DIVISIONS* bestimmen Sie, wie detailliert die Darstellung des Rotationskörpers in Moray erfolgt. Bei hohen Werten wird der Körper exakter dargestellt. Der Bildaufbau erfolgt jedoch langsamer.

Mit dem Feld *ROT DIVS EXP* legen Sie fest, wie detailliert der Rotationskörper nach POV-Ray exportiert werden soll. Je kleiner die Werte hier sind, desto kantiger wirkt der Rotationskörper. Hohe Werte bedeuten, daß mehr Dreieicke zur Darstellung des

Körpers verwendet werden und führen zu weicheren Übergängen und einer höheren Rechenzeit.

Der Button *Y-Mirror* dient zum Spiegeln des Linienzugs um die Y-Achse. Im Ergebnis wird also der Körper „auf den Kopf gestellt".

Nach dem Anklicken des Buttons *IMPORT* öffnet sich ein Dialogfeld, mit dem Sie eine Datei einlesen können, in der Objektdaten im *GLYPH*-Format abgelegt sind.

Beenden Sie die Arbeit mit dem Sweep-Editor, indem Sie auf den Button *DONE* klicken. Um die Szene zu vervollständigen, habe ich dem Kelch eine Chromtextur zugewiesen und auf eine Marmorfläche gestellt. Die gesamte Szene wird durch eine punktförmige Lichtquelle beleuchtet und eine Kamera „fotografiert". Sie finden die Szene unter der Bezeichnung *moray011.mdl.*

Arbeit mit „Fremd"-Körpern

Moray ist nicht nur in der Lage, Körper zu erzeugen, sondern auch Objekte zu importieren, die mit anderen Programmen erzeugt wurden. Dabei muß zwischen Objekten unterschieden werden, die Moray direkt importieren kann und Objekten, die erst in ein für Moray „verdaubares" Format gebracht werden müssen. Für den letzten Fall gibt es eine ganze Reihe von Konvertierprogrammen, die es beispielsweise ermöglichen, mit AutoCAD erzeugte Objekte in eine POV-Ray-Szene einzubinden und zu rendern. Ein ausgezeichnetes Konvertierprogramm, *3DTO3D*, wird zusammen mit Moray geliefert und soll weiter unten in diesem Kapitel besprochen werden.

Import von Blob-Objekten

Moray selbst ist nicht in der Lage, Blobs zu erzeugen. Ab der Version 2.0 kann das Programm jedoch Blob-Dateien einlesen, die mit dem Programm *Blob Sculptor* erzeugt wurden. Es muß darauf hingewiesen werden, daß die Blobs allerdings dem Stand der POV-Ray-Version 2.0 entsprechen. Das bedeutet, daß Blobs nur aus Kugeln gebildet werden und daß die einzelnen Komponenten nicht unterschiedliche Texturen besitzen können. Wollen Sie die neuen POV-Ray-Möglichkeiten in mit Moray erzeugten Szenen einsetzen, sind Sie im Moment noch gezwungen, die exportierten Szenedateien manuell nachzubearbeiten. Sicher wird ein Update von Moray auch in dieser Frage Abhilfe schaffen.

Um einen Blob in Moray zu importieren, klicken Sie im Hauptmenü zuächst auf *CREATE* und anschließend auf *LOAD BLOB*. Akzeptieren Sie die vorgeschlagene Bezeichnung. Wenn Sie sich nun darüber wundern, daß in den Ansichtenfenstern nichts zu sehen ist, lassen Sie sich gesagt, daß es damit seine Richtigkeit hat. Um eine Blob-Datei in Moray zu laden, müssen Sie im Objektmenü den Button *IMPORT* anklicken. In dem sich nun öffnenden Dialogfeld wählen Sie die Datei *hand.blb*. Diese Datei gehört zum Lieferumfang des Blobsculptors und soll hier als Beispiel verwendet werden. Nach dem Anklicken des *OK*-Buttons sehen Sie in den Ansichtenfenstern die Kugeln, aus denen der Blob besteht. Um einen Eindruck vom tatsächlichen Aussehen des Blobs zu bekommen, klicken Sie den Button *EVALUATE* an. Daraufhin werden Sie aufgefordert, einen Wert einzugeben bzw. den angebotenen Wert zu akzeptieren. Dieser Wert kann zwischen 10 und 40 liegen und ist dafür verantwortlich, wie exakt der Blob in Moray angezeigt wird. Hohe Werte führen zu einer sehr genauen Darstellung, bedürfen allerdings auch einer längeren Rechenzeit. Der vorgeschlagene Wert von 20 stellt einen guten Kompromiß zwischen kurzer Rechenzeit und guter Darstellungsqualität dar.

Durch das Eingabefeld *Threshold* haben Sie in Moray geringe Möglichkeiten, auf das Aussehen des Blobs Einfluß zu nehmen. Ansonsten steht es Ihnen natürlich frei, einen Blob in Moray nach Belieben zu transformieren.

Im Textur-Editor sollten Sie nun eine dem Blob angemessene Textur „zusammenrühren" sowie der Szene eine Lichtquelle und eine Kamera hinzufügen. Speichern Sie die Szene als *moray012.mdl*, und rendern Sie das Bild.

Import von RAW-Dateien

Eine RAW-Datei ist eine Datei, in der die Daten eines Objekts gespeichert werden, das aus vielen kleinen Dreiecken zusammengesetzt ist. In der RAW-Datei stehen dann in jeder Zeile die Koordinaten eines Dreiecks. Solche Dateien können mit Moray, aber auch mit anderen Programmen erzeugt werden.

Um eine RAW-Datei in Moray zu importieren, klicken Sie im Hautpmenü auf den Button *CREATE* und anschließend auf *RAW TRIANGLE*. Bezeichnen Sie das zu erzeugende Objekt als *Venus*.

Wie schon beim Import von Blob-Dateien sind hier die Ansichtenfenster zunächst leer. Um eine RAW-Datei einzulesen, müssen Sie im Objektmenü auf den Button *IMPORT* klicken. In dem sich öffnenden Dialogfeld wählen Sie die zu importierende Datei, in unserem Fall *venus.raw.* Um das Objekt sichtbar zu machen, klicken Sie den Button *READ* an. Nun beginnt Moray, die Daten aus dieser Datei einzulesen und das in der RAW-Datei gespeicherte Objekt als Drahtgittermodell darzustellen. Für die Darstellung in Moray ist das Eingabefeld *FEATURE ANGLE* wichtig. In diesem Feld wird der Winkel zwischen zwei benachbarten Dreiecken angegeben, ab dem diese Dreiecke erst in Moray dargestellt werden. Bei dem standardmäßig verwendeten Wert von 15 werden in Moray also nur die Dreiecke angezeigt, zwischen denen ein Winkel von mindestens 15° vorhanden ist. Je höher der verwendete Winkel ist, desto grober wird die Darstellung. Ich möchte betonen, daß diese Einstellung keinerlei Auswirkungen auf das gerenderte Bild hat und nur dazu dient, den Bildschirmaufbau in Moray zu beschleunigen.

Moray kann nur RAW-Dateien einlesen, die kleiner als 500 kByte sind. Sie sollten allerdings generell vermeiden, allzu starken Gebrauch von RAW-Dateien zu machen, da sie viel Speicher und einen hohen Verwaltungsaufwand erfordern. Besser ist es, eine RAW-Datei zunächst mit dem im nächsten Abschnitt besprochenen Programm *3DTO3D* in ein sogenanntes *user defined object* umzuwandeln, das ebenfalls in Moray eingeladen werden kann, jedoch sehr viel weniger Speicher benötigt und einfacher zu handhaben ist.

Um auch in der Beispieldatei den Bildaufbau zu beschleunigen und den Arbeitsspeicher zu entlasten, sollten Sie im Objektmenü auf den Button *WRITE UDO* klicken, um das erwähnte *user defined object* zu erzeugen. Geben Sie als Bezeichnung für das UDO-Objekt *Venus* an, und bestätigen Sie Ihre Eingabe. Daraufhin wird unter der angegebenen Bezeichnung eine Datei im UDO-Format und eine Datei mit der Endung *INC* erzeugt. Sie können nun die aus der RAW-Datei erzeugte Venus löschen. Wir werden an ihre Stelle ein UDO, also das soeben erzeugte *user defined object* setzen. Dazu klicken Sie im Hauptmenü den Button *CREATE* und anschließend den Button *USER DEFINED* an. In dem sich öffnenden Dialogfeld wählen Sie die Datei *venus.udo* aus und bestätigen Ihre Eingabe. In den Ansichtenfenstern sehen Sie nun das gleiche Bild wie wenige Bilder zuvor. Der Unterschied ist, daß es sich hierbei um ein für Moray wesentlich schneller und einfacher zu handhabbarendes *user definied object* handelt. Beim Export der Szene nach POV-Ray wird dann später nicht dieses UDO sondern die beim Erzeugen des UDO-Objekts generierte *INC*-Datei verwendet.

Weisen Sie der Venus eine Textur zu, plazieren Sie in die Szene eine Lichtquelle und eine Kamera, und speichern Sie die Szene unter der Bezeichnung *moray013.mdl.*

Erzeugen von UDO-Dateien

Bereits im vorhergehenden Abschnitt haben Sie eine Möglichkeit kennengelernt, UDO-Dateien zu erzeugen. Wir haben eine solche Datei erzeugt, um bei der Darstellung von aus vielen Dreiecken bestehenden Körpern den Bildschirmaufbau zu beschleunigen und um Arbeitsspeicher zu sparen. Die eigentliche Bedeutung der UDO-Dateien besteht jedoch darin, Objekte in Moray anzuzeigen, die in Moray selbst nicht erzeugt werden können bzw. in Moray nicht erzeugt wurden.

Wenn Sie sich beispielsweise im CompuServe-Forum *Graphdev* umsehen, werden Sie viele Hilfsprogramme finden, mit denen Dateien, die mit anderen Programmen erzeugt wurden, in das RAW-Format konvertiert wurden. Dabei handelt es sich insbesondere um Programme, die die Konvertierung von Dateien im DXF-Format (Auto-CAD) oder im 3DS-Format (3D-Studio) in eine für POV-Ray verständliche Form vornehmen. Zu diesen Programmen gehört das zusammen mit Moray ausgelieferte Programm *3DTO3D* von Tomas Baier. Dieses Programm befindet sich standardmäßig im Moray-Unterverzeichnis *utils*. *3DTO3D* ist ein Kommandozeilenprogramm. Das bedeutet, daß das Programm zusammen mit einer Reihe von Parametern von DOS aus oder in einer DOS-Box in Windows gestartet wird. Die Syntax zum Aufrufen des Programms lautet:

```
3dto3d dateiname [Optionen]
```

Dabei sind folgende Optionen möglich:

```
/iWert
```

Mit dieser Option bestimmen Sie das Format der zu konvertierenden Datei. Als *Wert* geben Sie eine ganze Zahl an, die für einen bestimmten Dateityp steht. Gegenwärtig werden die Dateiformate RAW (0), das Ausgabeformat des *3D-Studios* 3DS (1) und des Raytracing-Programm *Imagine* OBJ (2) unterstützt.

`/oWert`

Hiermit geben Sie an, in welches Format die angegebene Dateien konvertiert werden sollen. Das Format wird dabei durch eine ganze Zahl repräsentiert, die folgende Werte annehmen kann:

0	Ausgabe im RAW-Format
1	Ausgabe im RAW-Format unter Verwendung von geglätteten Dreiecken (*smooth triangles*)
2	Erzeugen einer UDO-Datei und einer INC-Datei für den Einsatz zusammen mit Moray und POV-Ray
3	Erzeugen einer UDO-Datei und einer INC-Datei für den Einsatz zusammen mit Moray und Polyray
4	Ausgabe im ASCII-Format des 3D-Studios
5	Ausgabe als OBT-Datei für das Raytracing-Programm *HigLight Pro*
6	Ausgabe im RPL-Format, in dem Makros des Raytracing-Programms *Real3D* gespeichert werden
7	Ausgabe im 3DS-Format von *3D-Studio*
8	Erzeugen einer UDO-Datei und einer INC-Datei für den Einsatz zusammen mit Moray und POV-Ray. Im Gegensatz zur Ausgabeoption 2 entsteht hierbei ein UDO-Objekt, das aus Kugeln und Zylindern gebildet wird.

`/eWert`

Als *Wert* geben Sie hierbei einen Winkel an. In den bei der Ausgabeoption 2 und 3 erzeugten UDO-Dateien werden nur dann Dreiecke berücksichtigt, wenn der Winkel zwischen ihnen den angebenen *Wert* übersteigt.

`/tWert`

Mit dieser Option haben Sie die Möglichkeit, die Achsenausrichtung eines Objekts zu ändern. Standardmäßig wird als *Wert* 0 verwendet. Die Achsenausrichtung des Ausgangsobjekts bleibt unverändert. Bei einem *Wert* von 1 wird aus der X- die Y-Achse, bei einem *Wert* von 2 aus der X- die Z-Achse und bei einem *Wert* von 3 aus der Y- die Z-Achse.

`/sWert`

Hiermit können Sie einen Winkel zwsichen zwei Dreiecken angeben. Wird der hier angegebene *Wert* überschritten, werden die Dreiecke geglättet. Standardmäßig wird ein Winkel von 70° verwendet. Kleinere Werte führen zu einer glatteren Oberfläche, benötigen aber auch höhere Rechenzeiten.

`/v`

Geben Sie in der Kommandozeile diese Option an, werden Sie am Bildschirm über den Fortgang des Konvertiervorgangs informiert.

Lassen Sie uns eine mit dem Programm 3D-Studio erzeugte Datei so konvertieren, daß wir Sie in Moray verwenden können. Begeben Sie sich von Moray aus zunächst über das Anklicken der Buttons *FILES* und *DOS-SHELL* bis zur Eingabeaufforderung von MS-DOS. Kopieren Sie die Datei *mann.3ds* in das Verzeichnis *utils.*

Geben Sie an der DOS-Eingabeaufforderung folgendes ein:

```
3dto3d mann.3ds /i1 /o2 /v
```

Damit wird die Datei *mann.3ds* in das UDO-Format von Moray und in eine Include-Datei für den Einsatz in POV-Ray konvertiert. Nachdem die Konvertierung abgeschlossen ist, können Sie durch die Eingabe von *exit* wieder zu Moray zurückkehren.

Wenn Sie im Hautpmenü nun auf den Button *CREATE* und anschließend auf *LOAD USER DEFINED* klicken, können Sie in dem sich öffnenden Dialogfeld das UDO *mann.udo* auswählen und durch das Anklicken von *OK* in Moray einladen. Die Daten werden eingelesen und der aus der 3DS-Datei entstandene Körper wird in Moray dargestellt. Weisen Sie dem Körper eine Textur zu.

Erzeugen Sie nun eine Kamera. Um den Körper sehen zu können, müssen Sie die Kamera deutlich verschieben. Positionieren Sie nun noch eine Lichtquelle, speichern Sie die gesamte Szene unter *moray014.mdl* ab, und rendern Sie das Bild.

Anhang 1 - POV-Ray-Parameter

In diesem Anhang finden Sie eine vollständige Aufstellung aller für die Arbeit mit POV-Ray notwendigen Parameter nach Themen geordnet. Wie die Parameter verwendet werden, wird im 2. Teil des Buches erläutert. In der Aufstellung wird zunächst die alte Schreibweise angegeben und dann, sofern vorhanden, die alte Schreibweise. Anschließend folgt die Erläuterung der einzelnen Parameter. Beachten Sie bitte, daß für einige der alten Kommendozeilenparameter in der neuen Schreibweise mitunter zwei oder mehr Kommandos verwendet werden müssen.

Eingabeparameter

neue Schreibweise: Input_File_Name=*Dateiname*

alte Schreibweise: +I*Dateiname*

Bedeutung: Hiermit teilen Sie POV-Ray mit, welche Szenedatei gerendert werden soll. Wenn sich die zu rendernde Szene nicht in einem Verzeichnis befindet, das in der path-Anweisung der *autoexec.bat* steht, oder sich nicht im POV-Ray-Verzeichnis oder einem der Bibliothekenverzeichnisse befindet, müssen Sie hier die komplette Pfadangabe setzen. Die Dateiendung der Szenedatei muß nur dann explizit angegeben werden, wenn sie von der standardmäßig vorgegebenen Endung *pov* für Szenedateien abweicht.

neue Schreibweise: Library_Path = *Pfadname*

alte Schreibweise: +L*Pfadname*

Bedeutung: Mit diesem Parameter geben Sie an, in welchem Verzeichnis sich Dateien (Szenedateien, Include-Dateien, Bilddateien) befinden, die für das Rendern eines Bildes verwendet werden sollen. Für jedes Verzeichnis, in dem POV-Ray nach benötigten Dateien suchen soll, müssen Sie eine solche Angabe machen.

Darstellungsoptionen

neue Schreibweise:	Display = on
alte Schreibweise:	+D
Bedeutung:	Hiermit wird während des Rendervorgangs das erzeugte Bild grafisch dargestellt. Die Qualität des beim Rendern am Bildschirm angezeigten Bildes entspricht häufig nicht der Qualität des in die Datei geschriebenen Bildes. Sie hängt von den Darstellungsmöglichkeiten Ihrer Grafikkarte und Ihres Monitors ab. Sollten Sie also mit der Darstellungsqualität unzufrieden sein, sollten Sie daraus auf keinen Fall Rückschlüsse auf das tatsächliche Aussehen der durch POV-Ray erzeugten Grafik ziehen.

neue Schreibweise:	Display = off
alte Schreibweise:	-D
Bedeutung:	Damit wird die Vorschau während des Renderns abgeschaltet. Diese Einstellung wird durch POV-Ray standardmäßig verwendet.

neue Schreibweise:	
alte Schreibweise:	+Dx
Bedeutung:	Mit dieser Anweisung werden die Vorschaufunktion eingeschaltet und die verwendete Grafikkarte (x) eingestellt. Die möglichen Werte für x entnehmen Sie bitte unten der Tabelle 2.

neue Schreibweise:	
alte Schreibweise:	-Dx
Bedeutung:	Damit wird die Vorschau während des Renderns abgeschaltet.

neue Schreibweise:	
alte Schreibweise:	+Dxy
Bedeutung:	Mit dieser Anweisung werden die Vorschaufunktion einge-

schaltet, die verwendete Grafikkarte (x) eingestellt und die Palette y ausgewählt. Die möglichen Werte für x entnehmen Sie bitte unten der Tabelle 2b, die Werte für y der Tabelle 3.

neue Schreibweise: Palette = y

alte Schreibweise:

Bedeutung: Mit dieser Anweisung wird für die Vorschaufunktion die Palette y ausgewählt. Die möglichen Werte für y entnehmen Sie bitte unten der Tabelle 3.

neue Schreibweise:

alte Schreibweise: -Dxy

Bedeutung: Damit wird die Vorschau während des Renderns abgeschaltet.

neue Schreibweise: Display_Gamma = n.n

alte Schreibweise:

Bedeutung: Die Notwendigkeit einer Gammakorrektur wurde im ersten Teil dieses Buches besprochen. Dieser Parameter dient dazu, die zu Ihrem Monitor passende Gammakorrektur anzugeben. Beachten Sie bitte, daß dieser Parameter ausschließlich in einer ini-Datei verwendet werden kann. Diese Anweisung ist wirkungslos, wenn in der gerenderten Szene keine *assumed_gamma*-Anweisung enthalten ist.

neue Schreibweise: Preview_Start_ Size = n

alte Schreibweise: +SPn

Bedeutung: Während der Designphase will man häufig weniger ein Bild sofort in voller Pracht genießen, sondern vielmehr zunächst kontrollieren, ob alle Objekte der Szene korrekt angeordnet sind. Deshalb möchte man möglichst schnell einen Eindruck von der Szene bekommen. Neben dem Verringern der Bildauflösung bietet sich auch die sogenannte Mosaikvorschau an, um zu einer schnellen Bildvorschau zu gelangen. Bei der Mosaikvorschau wird jedes Bild in mehreren Durchgängen gerendert. Die in dieser Anweisung angegebene Zahl gibt an, wie groß die beim ersten Renderdurchgang zu berechnende Fläche ist. Möglich sind hier alle Zahlen, die durch das Potenzieren einer ganzen Zahl mit Zwei gewonnen werden (1,2,4,8 usw.). Setzen Sie also hier 8 ein, werden beim ersten Rendern jeweils 8x8 Pixel große Flächen berechnet, beim zweiten Durchgang dann 4x4 Pixel große Flächen.

neue Schreibweise: Preview_End_ Size = n

alte Schreibweise: +EPn

Bedeutung: Mit diesem Parameter geben Sie an, bis zu welchem Grad die Mosaikvorschau durchgeführt werden soll. Geben Sie hier die Eins an, wird die Mosaikvorschau so lange wiederholt, bis die maximale Bildqualität erreicht wurde. Erst beim Erreichen dieses Wertes wird das gerenderte Bild in eine Datei geschrieben. Wenn Sie den Renderprozeß vor dem Erreichen dieses Wertes abbrechen, wird keine Grafikdatei erzeugt.

neue Schreibweise:

alte Schreibweise: +Q *Wert*

Bedeutung: Es ist nicht immer sinnvoll, ein Bild in voller Pracht zu erzeugen. Insbesondere in der Designphase will man sich häufig einen ersten Eindruck von der Szene verschaffen, um die Lage einzelner Objekte zu kontrollieren. Dabei ist es mitunter unwichtig, ob durch Farben und Texturen die gewünschten Effekte erzielt werden. In einem solchen Fall kann durch das Festlegen der Renderqualität ein Bild erzeugt werden, das nur die Effekte anzeigt, die zum jeweiligen Zeitpunkt erwünscht sind. Die Qualität bestimmen Sie mit dem Parameter *+QWert*. Als Wert sind ganze Zahlen zwischen 0 und 9 möglich. Die Bedeutung der einzelnen Werte entnehmen Sie bitte der Tabelle 1.

neue Schreibweise:

alte Schreibweise: -Q

Bedeutung: siehe +Q

neue Schreibweise: Video_Mode = x

alte Schreibweise:

Bedeutung: Mit dieser Anweisung wird die Darstellungsqualität x für die Vorschaufunktion eingeschaltet. Die möglichen Werte für x entnehmen Sie bitte unten der Tabelle 2.

Tabelle 1 - Renderqualität

Wert	Renderqualität
0	Als Farben werden nur die als Quick Colors definierten Farben verwendet (die Erläuterung zu Quick Colors finden Sie im Kapitel 3).
1	Wie bei 0, jedoch zusätzlich wird als Beleuchtung das Umgebungslicht (ambient light) der Objekte verwendet.
2, 3	Wie bei 0 und 1, jedoch zusätzlich mit diffusem Licht und ambientem Licht.
4, 5	Es werden Schatten erzeugt und bei 5 die definierten Lichtquellen verwendet.
6, 7	Es werden Oberflächentexturen erzeugt.
8, 9	Maximale Qualität mit allen Lichteffekten (Spiegelung, Transparenz, Brechung usw.)
R	Es wird Radiosity verwendet.

Tabelle 2 - Darstellungsoptionen

In der folgenden Tabelle finden Sie die möglichen Werte für den Kommandozeilenparameter *+DWert.* Ich habe ja schon weiter oben darauf hingewiesen, daß die Vorschau des gerade gerenderten Bildes möglich ist, jedoch keinen vollständigen Eindruck vom tatsächlichen Eindruck des erzeugten Bildes vermittelt, da diese Vorschau doch in starkem Maße von den Möglichkeiten Ihrer Grafikkarte abhängt. Ob Ihre Grafikkarte durch POV-Ray unterstützt wird, können Sie der Tabelle entnehmen. Finden Sie Ihre Grafikkarte dort nicht, können Sie versuchen, die VESA-Option zu verwenden. Wenn auch diese Variante fehlschlägt, bleibt Ihnen leider nur, eine der VGA-Optionen zu verwenden.

Wert	unterstützte Grafikkarte
+D0	VGA oder SVGA. Das Wort "oder" bedeutet, daß POV-Ray selbst versucht zu entscheiden, welche der beiden Möglichkeiten Ihr Grafiksystem offeriert.
+D1	Standard-VGA mit 320 x 200 Pixel
+D2	Standard-VGA mit 640 x 480 Pixel
+D3	Tseng Labs 3000 bis zu 640 x 480 Pixel
+D4	Tseng Labs 4000 bis zu 1014 x 768 Pixel. Bei einer Auflösung von 800 x 600 erfolgt die Darstellung in HiColor.
+D5	AT&T VDC600 bis 640 x 400 Pixel
+D6	Oak Technologies
+D7	Video 7 SVGA 640 x 480
+D8	Video 7 Vega (Cirrus) VGA 640 x 480 Pixel
+D9	Paradise SVGA
+DA	Ahead Systems Version A SVGA
+DB	Ahead Systems Version B SVGA
+DC	Chips & Technologies SVGA
+DD	ATI SVGA bis zu 1024 x 768 Pixel
+DE	Everex SVGA
+DF	Trident SVGA
+DG	VESA-Standard
+DH	ATI XL-Grafikkarte
+dI	Diamond Computer Systems SpeedSTAR 24X

Tabelle 3 - Paletten für die Grafikdarstellung

Wir haben gesagt, daß POV-Ray Grafikdateien mit einer Farbtiefe von 24 Bit erzeugt. Wenn Sie ein Grafiksystem verwenden, das eine solche Farbtiefe nicht darstellen kann, muß POV-Ray für die Vorschau die Bildinformationen auf die durch Ihr System unterstützte Farbtiefe herunterrechnen. Bei der Vorschau des gerenderten Bildes verwendet POV-Ray dann zum Herunterrechnen Farbpaletten. Sie haben die Möglichkeit, die Auswahl POV-Ray zu überlassen oder sie selbst zu bestimmen. Die Angabe über die zu verwendende Farbpalette wird an den Parameter *+DWert* "angehängt". Geben Sie keine Palette an, verwendet POV-Ray die 332-Palette. Dabei handelt es sich um eine VGA-Farbpalette, die jeweils 3 Bit für Rot und Blau und 2 Bit für Grün enthält.

Parameter für die Paletten-auswahl	**Palette**
3	332-Palette mit Dithering (Streumuster). Diese Palette wird standardmäßig verwendet und für VGA-Systeme empfohlen.
h	Verwendung von HiColor (16-Bit-Farbtiefe). Diese Palette wird durch alle VESA-kompatiblen Grafikkarten sowie durch die SpeedSTAR 24X, die ATI XL HiColor und durch die Tseng 4000 mit einem Sierra- und Sierra-kompatiblen DAC (Digital-Analog-Wandler) unterstützt.
0	verwendet die HSV-Palette für VGA-Systeme H=Hue (Farbton) S=Saturation (Farbsättigung) V=Value (Farbwert)
g	verwendet die Graustufenpalette für VGA-Systeme
t	verwendet True-Color (24-Bit-Farbtiefe). Diese Option wird nur durch die Diamond SpeedSTAR 24X und durch 24-Bit-VESA-kompatible Karten unterstützt.

Ausgabeparameter

neue Schreibweise: End_Row = n oder End_Row = 0.n

alte Schreibweise: +EWert oder +E0.n

Bedeutung: Dieser Parameter gibt POV-Ray an, bis zu welcher Bildreihe das Bild gerendert werden soll. Die Werte können zwischen 1 und 32767 Zeilen (Wert) oder zwischen 0 und 100% (bei 0.n) liegen. Dieser Parameter ist sinnvoll, wenn Sie in der Designphase nur einen Eindruck von einem bestimmten Teil des Bildes haben wollen. Zusammen mit den Parametern für das Rendern bis zu einer bestimmten Spalte und Zeile, und das Rendern ab einer bestimmten Spalte und einer bestimmten Zeile können Sie ein Rechteck definieren, in dem sich nur die Teile einer Szene befinden, die Sie sich ansehen möchten.

neue Schreibweise:	End_Column = n oder End_Column = 0.n
alte Schreibweise:	+ECWert oder +EC=0.n
Bedeutung:	Mit dieser Anweisung beenden Sie den Rendervorgang an einer bestimmten Spalte, die Sie als absolute Spaltenzahl (Wert) oder als prozentualen Wert (0.n) hinter den Parameter schreiben. Möglich sind Werte zwischen 1 uns 32767 bzw. 0 und 100%. Natürlich ist es sinnlos, einen Wert zu verwenden, der über der tatsächlichen Spaltenanzahl liegt.

neue Schreibweise:	Output_to_File = on
alte Schreibweise:	+F
Bedeutung:	Damit wird festgelegt, daß eine Grafikdatei erzeugt werden soll. Es wird das für das jeweilige Betriebssystem standardmäßig vorgesehene Format verwendet (bei MS-DOS das Targa-Format).

neue Schreibweise:	Output_to_File = off
alte Schreibweise:	-F
Bedeutung:	Hiermit wird die Ausgabe in eine Datei unterdrückt.

neue Schreibweise:	Output_File_ Type = x
alte Schreibweise:	+Fx
Bedeutung:	Hiermit wird das zu verwendende Grafikformat festgelegt. X kann dabei folgende Bedeutungen haben:

C -	komprimiertes Targa-24-Format
N -	PNG-Format
P -	Unix PPM-Format
S -	systemspezifisch (PIC am Mac, BMP in Windows)
T -	umkomprimiertes Targa-24-Format

neue Schreibweise:	Output_Alpha = on
alte Schreibweise:	+UA

Bedeutung: Die Formate TGA und PNG erlauben die Speicherung von Informationen über Transparenz im Alpha-Kanal. Mit dieser Anweisungen haben Sie die Möglichkeit, einen Alphakanal zu erzeugen und mit abzuspeichern.

neue Schreibweise: Output_Alpha = off

alte Schreibweise: -UA

Bedeutung: Hiermit wir die Ausgabe eines Alphakanals abgeschaltet. Diese Anweisung wird durch POV-Ray standardmäßig verwendet.

neue Schreibweise: Output_File_Name = *Dateiname*

alte Schreibweise: +O*Dateiname*

Bedeutung: Mit dieser Anweisung legen Sie den Namen der Grafikdatei fest, in der das gerenderte Bild gespeichert werden soll. Bei der Namensfestlegung müssen Sie natürlich die Konventionen des durch Sie verwendeten Betriebssystems beachten. Die Dateiendung wird durch POV-Ray entsprechend dem spezifizierten Ausgabeformat vergeben. Soll die Bezeichnung der Grafikdatei der Bezeichnung der Szenedatei entsprechen, müssen Sie dies nicht explizit angeben und können auf diese Anweisung verzichten.

neue Schreibweise: Buffer_Output = on

alte Schreibweise: +B

Bedeutung: Standardmäßig schreibt POV-Ray nach jeder berechneten Bildzeile die errechneten Daten in die zu erzeugende Grafikdatei. Mit dieser Anweisung weisen Sie POV-Ray an, einen Puffer anzulegen, in dem die Daten geschrieben werden. Erst wenn dieser Puffer voll ist, werden die Daten auf die Festplatte geschrieben. Wenn Sie über ausreichend Arbeitsspeicher verfügen, können Sie den Renderprozeß durch die Bereitstellung eines entsprechenden Puffers beschleunigen, da dann weniger zeitaufwendige Schreibzugriffe auf die Festplatte notwendig sind.

neue Schreibweise: Buffer_Output = off

alte Schreibweise: -B

Bedeutung:	Mit dieser Anweisung schalten Sie einen eingerichteten Pufferspeicher ab.

neue Schreibweise:	Buffer_Size = n
alte Schreibweise:	+Bn
Bedeutung:	Hiermit legen Sie die Größe des Pufferspeichers in kByte fest.

neue Schreibweise:	
alte Schreibweise:	-Bn
Bedeutung:	Hiermit schalten Sie den Pufferspeicher ab.

neue Schreibweise:	Height=n
alte Schreibweise:	+HWert
Bedeutung:	Dieser Parameter legt die Höhe der zu erzeugenden Grafik in Pixeln fest. n bzw. Wert stehen dabei für die Pixelanzahl. Zusammen mit dem Parameter +WWert wird die Größe der Datei festgelegt. Um unerwünschte Verzerrungen der definierten Szene zu vermeiden, sollte das Verhältnis zwischen Breite und Höhe des Bildes dem Verhältnis zwischen up und right in der Kameradefinition der Szene entsprechen.

neue Schreibweise:	Output_File_ Name = Dateiname
alte Schreibweise:	+ODateiname
Bedeutung:	Hiermit teilen Sie POV-Ray mit, wie die Ausgabedatei heißen soll. Wenn Sie wollen, daß die Datei in ein bestimmtes Verzeichnis geschrieben werden soll, müssen Sie den kompletten Pfad mit angeben.

neue Schreibweise:	Pause_When_ Done = on
alte Schreibweise:	+P
Bedeutung:	Mit dieser Anweisung veranlassen Sie POV-Ray, nach dem Rendern des Bildes eine Pause einzulegen. Wenn Sie die Vorschaufunktion eingeschaltet haben, können Sie dann Ihr Werk in aller Ruhe betrachten. Diese Anweisung ist natürlich sinnlos, wenn Sie die Vorschaufunktion

ausgeschaltet haben!

neue Schreibweise: Pause_When_ Done = off

alte Schreibweise: -P

Bedeutung: Ist dieser Parameter eingestellt, können Sie bei eingeschalteter Vorschaufunktion zwar das Erzeugen des Bildes verfolgen. Wenn POV-Ray jedoch den letzten Bildpixel generiert hat, wird die Voranzeige sofort abgeschaltet.

neue Schreibweise:

alte Schreibweise: +RWert

Bedeutung: Mit diesem Parameter bestimmen Sie, wieviel Strahlen für die Berechnung der Kantenglättung verwendet werden sollen. Die Anzahl der Strahlen ergibt sich dabei aus der Formel Wert x Wert. Möglich sind ganze Zahlen zwischen 1 und 9. Verwenden Sie also den Parameter +R4, werden 16 Strahlen (4 x 4) für das Berechnen der Kantenglättung verwendet. Höhere Werte führen zu einem besseren Ergebnis, benötigen aber auch eine längere Rechenzeit.

neue Schreibweise:

alte Schreibweise: -RWert

Bedeutung: siehe +RWert

neue Schreibweise: Start_Column = n oder Start_Column = 0.n

alte Schreibweise: +SCWert oder +SC0.n

Bedeutung: Hiermit geben Sie an, ab welcher Bildspalte das Bild gerendert werden soll. Dabei wird entweder die absolute Spaltenzahl (mit n oder Wert) angegeben oder nach wieviel Prozent von links das Bild gerendert werden soll (mit 0.n).

neue Schreibweise: Start_Row = n oder Start_Row = 0.n

alte Schreibweise: +SRWert oder +S0.n

Bedeutung: Hiermit geben Sie an, ab welcher Bildzeile das Bild erzeugt werden soll. Dabei wird entweder die absolute Zeilenzahl (mit n oder Wert) angegeben oder nach wieviel Prozent von oben das Bild gerendert werden soll (mit 0.n).

neue Schreibweise:	Width=n
alte Schreibweise:	+WWert
Bedeutung:	Hiermit bestimmen Sie die Breite des zu erzeugenden Bildes in Pixeln, deren Zahl in n oder Wert abgelegt ist. Um unerwünschte Verzerrungen der definierten Szene zu vermeiden, sollte das Verhältnis zwischen Breite und Höhe des Bildes dem Verhältnis zwischen up und right in der Kameradefinition der Szene entsprechen.

Renderparameter

neue Schreibweise:	Antialias = on
alte Schreibweise:	+A
Bedeutung:	Mit dieser Anweisung wird festgelegt, daß beim Rendern der Bildes Antialiasing-Methoden angewandt werden sollen.

neue Schreibweise:	- A
alte Schreibweise:	Hiermit wird Antialiasing abgeschaltet
Bedeutung:	

neue Schreibweise:	Sampling_Method = n
alte Schreibweise:	+AMn
Bedeutung:	Hiermit geben Sie an, welche Antialiasing-Methode verwendet werden soll. Sie wird als ganze Zahl für *n* angegeben. Möglich sind die Werte 1 oder 2, wobei die 1 für nicht adaptives Supersampling und die 2 für adaptives Supersampling steht. Standardmäßig verwendet POV-Ray nicht adaptives Supersmapling.

neue Schreibweise:	Antialias_Threshold = n.n
alte Schreibweise:	+An.n
Bedeutung:	Mit dieser Anweisung legen Sie den Schwellenwert fest, bei dem Antialiasing zur Anwendung kommen soll. Dieser Schwellenwert ist die Farbdifferenz zwischen zwei benachbarten Pixeln. Erst ab dieser Differenz werden durch POV-Ray zusätzliche Strahlen verwendet, um die Farbe des

Pixels zu berechnen. Die Werte können zwischen 0.0 und 3.0 liegen. Werte, die näher an 0.0 liegen, machen die Übergänge zwischen benachbarten Bildpunkten weicher, erhöhen aber die Rechenzeit. Werte, die näher an 3.0 liegen, machen die Übergänge zwischen benachbarten Bildpunkten gröber. Wegen dem direkten Zusammenhang zwischen der Stärke der Kantenglättung und der Rechenzeit sollten Sie in der Testphase eines Bildes das Antialiasing ausschalten und erst zum Rendern des endgültigen Bildes einschalten.

neue Schreibweise:	
alte Schreibweise:	-An.n
Bedeutung:	Hiermit wird das Antialiasing abgeschaltet.

neue Schreibweise:	Antialias_Depth = n
alte Schreibweise:	+Rn
Bedeutung:	Beim nicht adaptiven Supersampling werden durch POV-Ray standardmäßig 9 zusätzliche Strahlen verwendet. Mit dieser Anweisung können Sie durch die Wahl des Parameters *n* die Zahl der beim Supersampling verwendeten Strahlen festlegen. Die Zahl der verwendeten Strahlen entspricht dem Quadrat des als *n* festgelegten Wertes. Bei n = 5 werden also 25 zusätzliche Strahlen verwendet.

Beim adaptiven Supersampling wird durch *n* angegeben wie hoch die Rekursionstiefe beim Supersampling sein soll. Das adaptive Supersampling wird mit vier Strahlen begonnen. Ist die Differenz zwischen den Farben der Nachbarpixel zu hoch, wird der untersuchte Pixel weiter unterteilt und die einzelnen Subpixel werden ebenso wie der Ausgangspixel untersucht. Die Zahl der maximal erlaubten Unterteilungen beim adaptiven Supersampling werden in diesem Parameter angegeben.

neue Schreibweise:	Jitter = on
alte Schreibweise:	+J
Bedeutung:	Um das Antialiasing zu unterstützen und um unerwünschte Treppen aus einem Bild zu entfernen, können die Stellen,

an die die zusätzlichen Strahlen beim Supersampling gesetzt werden, durch diese Anweisung etwas „verrauscht“, also etwas stärker zufällig gewählt werden.

neue Schreibweise:	Jitter = off
alte Schreibweise:	-J
Bedeutung:	Hiermit wird kein Jitter beim Antialiasing verwendet.

neue Schreibweise:	Jitter_Amount = n
alte Schreibweise:	+Jn.n
Bedeutung:	Hiermit bestimmen Sie, wie stark das Rauschen beim Antialiasing sein soll. Standardmäßig verwendet POV-Ray einen maximalen Jitter. Wollen Sie den Jitter verringern, können Sie Werte zwischen 0 und 1 verwenden. Mit n = 0.2 reduzieren Sie den Jitter beispielsweise auf ein Fünftel der maximalen Stärke.

neue Schreibweise:	
alte Schreibweise:	-Jn.n
Bedeutung:	Hiermit wird verhindert, daß Jitter beim Antialiasing verwendet wird.

neue Schreibweise:	Continue_Trace= on
alte Schreibweise:	+C
Bedeutung:	Mit diesem Parameter veranlassen Sie POV-Ray, das Rendern eines Bildes fortzusetzen, das nicht bis zum Ende geführt wurde. Unvollendet gerenderte Bilder erhalten Sie, wenn Sie den Rendervorgang beim Rendern durch einen Tastendruck unterbrechen oder wenn Sie Parameter für ein partielles Rendern in der Kommandozeile verwendet haben. Probleme kann es allerdings geben, wenn Sie beim wiederholten Rendern eines Bildes an einer Spalte oder Zeile beginnen, bis zu der zuvor noch nicht gerendert haben. Ein falsches Ergebnis ist dann die unvermeidliche Folge. Sie sollten also ein Bild beim erneuten Rendern nach einem Abbruch stets mit den gleichen Parametern rendern.

neue Schreibweise: Continue_Trace = off

alte Schreibweise: -C

Bedeutung: Wenn dieser Parameter in der Kommandozeile steht, wird das Bild stets von der ersten Zeile an gerendert. Dabei ist es unwichtig, ob das Bild zuvor schon partiell gerendert wurde oder nicht. Die alte Grafikdatei mit der gleichen Dateibezeichnung wird ohne Rückfrage überschrieben.

Wenn keine Datei mit dem angegebenen Namen vorhanden ist, erscheint eine Fehlermeldung, daß das partielle Rendern nicht fortgesetzt werden kann.

neue Schreibweise: Create_Ini= dateiname

alte Schreibweise: +GIDateiname

Bedeutung: Mit diesem Parameter können Sie beim Rendern eine ini-Datei erzeugen, in die alle beim Rendern der Datei verwendeten Parameter geschrieben werden. darin eingeschlossen sind auch die Parameter, die Sie nicht explizit angeben, die POV-Ray aber standardmäßig verwendet. Die dabei entstehende Datei trägt die Bezeichnung, die Sie als Dateiname angeben. Beachten Sie bitte, daß Sie auch die Dateiendung explizit angeben müssen.

neue Schreibweise: Create_Ini= true

alte Schreibweise: +GI

Bedeutung: Dieser Parameter hat die gleiche Bedeutung wie der eben beschriebene. Der Unterschied besteht darin, daß als Dateiname für die beim Rendern erzeugte ini-Datei die Bezeichnung der Szenedatei mit der Endung ini. verwendet wird.

neue Schreibweise: Create_Ini= false

alte Schreibweise: -GI

Bedeutung: Hiermit verhindern Sie, die Ausgabe einer ini-Datei. Diese Option mag Ihnen unsinnig erscheinen, da es eigentlich ausreichend ist, keine der beiden zuvor genannten Parameter zu verwenden, um keine ini-Datei zu erzeugen. Wenn Sie aber in einer beim Rendern verwendeten ini-

Datei einen der beiden eben beschriebenen Parameter verwenden und Sie z.B. beim Austesten einer Szene nicht immer wieder eine ini-Datei erzeugen wollen, können Sie diese Anweisung während der Testphase in der Kommandozeile verwenden und somit die zuvor gemachten Einstellungen ausschalten.

neue Schreibweise:	Version = n.n
alte Schreibweise:	+MVWert
Bedeutung:	Seit der Version 1.0 hat die Szenebeschreibungssprache von POV-Ray viele Veränderungen erfahren, die nicht mehr kompatibel zu den Versionen 2.0, 2.2 und 3.0 sind. Um solche „alten" Szenen dennoch mit der aktuellen POV-Ray-Version rendern zu können, müssen Sie POV-Ray zwingen, auch die Syntax früherer Programmversionen zu akzeptieren. Wollen Sie beispielsweise eine Szene rendern, die für die Version 1.0 erstellt wurde, muß der entsprechende Parameter in der Kommandozeile +MV1.0 oder Version= 1.0 lauten.

Der in der Initialisierungsdatei oder in der Kommandozeile definierte Parameter muß jedoch nicht zwangsläufig für die gesamte Szene gelten. Sie haben auch die Möglichkeit, Szenen zu rendern, die sowohl die Syntax der Version 1.0 als auch die Syntax der folgenden Versionen verwenden. In einem solchen Fall müssen Sie dann innerhalb der Szenedatei kenntlich machen, auf welcher Syntax ein bestimmter Teil der Szenedatei folgt.

Nehmen wir an, Sie haben eine Szene in der Sprache der Version 2.2 erzeugt, wollen aber in ihr Teile aus Szenedateien verwenden, die Sie für die Version 1.0 erstellt haben. In der Kommandozeile könnten Sie dann durch +MV2.0 global als Version 2.0 angeben. In Ihrer Szenedatei müßten Sie dann vor die Definition aller Objekte mit der Syntax der Version 1.0 die Zeile #version1.0 setzen. Beim Rendern würde POV-Ray dann die so gekennzeichneten Objekte auch mit ihrer eigentlichen "falschen" (weil von der Version 1.0 stammenden) Syntax akzeptieren.

neue Schreibweise:	
alte Schreibweise:	-MVWert
Bedeutung:	Siehe +MVWert.

neue Schreibweise: Draw_Vistas = on

alte Schreibweise: +UD

Bedeutung: Mit dieser Option können Sie die zur Beschleunigung des Rendervorgangs verwendeten Vista Buffer sichtbar machen. Eine nähere Erläuterung der Vista Buffer finden Sie weiter unten bei den Beschleunigungsparametern.

neue Schreibweise: Draw_Vistas = off

alte Schreibweise: -UD

Bedeutung: Hiermit schalten Sie das Zeichnen der als Vista Buffer verwendeten Rechtecke in der Vorschau wieder ab.

neue Schreibweise: Verbose = on

alte Schreibweise: +V

Bedeutung: Wenn Sie die Vorschaufunktion mit -D abgeschaltet haben und dennoch Informationen über den Renderfortschritt haben wollen, können Sie mit +V erreichen, daß ihnen solche Informationen während des Renderns als Textinformation am Bildschirm angezeigt werden. Sie sollten diesen Parameter nicht verwenden, wenn Sie die Vorschaufunktion eingeschaltet haben. Die Textinformationen würden dann über das Vorschaubild geschrieben werden.

neue Schreibweise: Verbose = off

alte Schreibweise: -V

Bedeutung: Mit diesem Parameter schalten sie die Ausgabe von Textinformationen während des Renderns ab.

neue Schreibweise: Test_Abort=on

alte Schreibweise: +X

Bedeutung: Wenn Sie diesen Parameter in der ini-Datei angeben, haben Sie die Möglichkeit, die Bildgenerierung durch einen Druck auf eine beliebige Taste während des Renderns abzubrechen.

neue Schreibweise: Test_Abort=off

alte Schreibweise: -X

Bedeutung: Geben Sie diesen Parameter an, haben Sie keine Möglichkeit, den Renderprozeß abzubrechen.

neue Schreibweise: Test_Abort_ Count=n

alte Schreibweise: +Xn

Bedeutung: Die in n festgelegte Zahl steht für die Anzahl von Zeilen, nach denen eine Unterbrechung des Rendervorgangs möglich ist. Wird also beispielsweise n=10 verwendet, kann das Rendern nur alle 10 Zeilen unterbrochen werden.

neue Schreibweise:

alte Schreibweise: -Xn

Bedeutung: Momentan wird damit verhindert, daß der Rendervorgang unterbrochen wird. Geplant ist allerdings für spätere Versionen eine Erweiterung dieser Funktion.

Parameter zur Beschleunigung des Rendervorgangs

neue Schreibweise: Bounding = on

alte Schreibweise: +MB

Bedeutung: Mit dieser Anweisung veranlassen Sie POV-Ray, automatisch sogenannte *bounding boxes* um endlich große Objekte der Szene zu legen. Beim Rendervorgang wird dann erst untersucht, welche Wirkung ein auf einen Körper fallender Lichtstrahl hat, wenn er diese *bounding box* trifft. Da die Berechnungen für einen Quader wesentlich schneller erfolgen als beispielsweise für eine Bézierfläche wird der gesamte Renderprozeß beschleunigt, so daß weniger unnütze Berechnungen durchgeführt werden.

neue Schreibweise: Bounding = off

alte Schreibweise: -MB

Bedeutung: Hiermit wird das automatische Anlegen von *bounding boxes* unterbunden.

neue Schreibweise:	Bounding_Threshold = n
alte Schreibweise:	+MBn
Bedeutung:	Da das Verwalten der *bounding boxes* selbst Rechenkapazität verlangt, sollte das *automatic bounding* erst ab einer bestimmten Objektanzahl innerhalb einer Szene angewandt werden, damit die Bildberechnung wirklich schneller erfolgt. Mit dieser Anweisung geben Sie nun für *n* die Objektanzahl an, ab der automatisch *bounding boxes* angelegt werden. Standardmäßig verwender POV-Ray einen Wert von 25.

neue Schreibweise:	Light_Buffer = on
alte Schreibweise:	+UL
Bedeutung:	Wenn Sie das automatische Erzeugen von *bounding boxes* eingeschaltet haben und wenn die Objektanzahl über dem geforderten Schwellenwert liegt, können Sie ein weiteres Beschleunigungsverfahren, den sogenannten *light_buffer* nutzen und mit dieser Anweisung einschalten. Die erzeugte Struktur der *bounding boxes* wird auf einen unsichtbaren Würfel projiziert, der um eine punktförmige Lichtquelle gestellt wird.

neue Schreibweise:	Light_Buffer = off
alte Schreibweise:	-UL
Bedeutung:	Hiermit verhindern Sie die Nutzung eines *light_buffers.*

neue Schreibweise:	Vista_Buffer = on
alte Schreibweise:	+UV
Bedeutung:	Der *Vista_Buffer* ist ein weiteres Beschleunigungsverfahren, das nur funktioniert, wenn *automatic bounding* verwendet wird. Die beim *bounding* erzeugten Würfel werden als Rechtecke auf den Bildschirm projiziert. Beim Aussenden der Sehstrahlen werden nur die Pixel untersucht, die sich innerhalb eines solchen Rechtecks befinden. Mit der Anweisung *Draw_Vistas = on* können die beschriebenen Rechtecke sichtbar gemacht werden.

neue Schreibweise:	Vista_Buffer = off

alte Schreibweise: -UV

Bedeutung: Hiermit schalten Sie die Verwendung von *vista_buffer* ab.

neue Schreibweise: Remove_Bounds = on

alte Schreibweise: +UR

Bedeutung: Da POV-Ray nunmehr das Verfahren *automatic bounding* beherrscht, kann eigentlich darauf verzichtet werden, sozusagen von Hand durch die *bounded_by*-Anweisung zu schnelleren Ergebnissen zu gelangen. Viele ältere Szenedateien werden jedoch noch solche Anweisungen enthalten. Mit dieser Anweisung werden solche *bounded_by*-Kommandos ignoriert, wenn sie zu keiner schnelleren Berechnung führen. Diese Anweisung wird durch POV-Ray standardmäßig verwendet.

neue Schreibweise: Remove_Bounds = off

alte Schreibweise: -UR

Bedeutung: Mit dieser Anweisung werden sämtliche *bounded_by*-Anweisungen berücksichtigt, unabhängig davon, ob es zu einer Verlängerung oder Verkürzung der Rechenzeit kommt.

neue Schreibweise: Split_Unions = on

alte Schreibweise: +SU

Bedeutung: Standardmäßig werden Objekte, die durch CSG-Operation *union* erzeugt wurden und um die eine *bounding box* gelegt wurde, in ihre Bestandteile aufgesplittet, da bei diesen Einzelobjekten das *automatic bounding* zu einer Verkürzung der Rechenzeit führt. Diese Anweisung führt zu einem Aufsplitten solcher Körper.

neue Schreibweise: Split_Unions = off

alte Schreibweise: -SU

Bedeutung: Verwenden Sie diese Anweisung, werden *unions*, die mit einer *bounding box* umgeben sind, nicht in ihre Einzelbestandteile aufgesplittet. Sie schalten damit die standardmäßig verwendete Anweisung *Split_Unions = on* ab.

Anweisungen zum Ausführen von Befehlen auf Betriebssystemebene

Sie können während der Arbeit mit POV-Ray zu bestimmten Zeitpunkten Befehle auf der Betriebssystemebene ausführen. Dazu wird zwischen POV-Ray und dem Befehlsinterpreter des Betriebssystems umgeschaltet. Damit haben Sie beispielsweise die Möglichkeit, eine Grafikdatei nach dem Rendern mit einem Bildbetrachtungsprogramm anzusehen oder die entstandene Grafikdatei in ein Archiv zu packen. POV-Ray stellt folgende Befehle bereit, um Anweisungen auf der Betriebssystemebene auszuführen.

neue Schreibweise:	Pre_Scene_Command = *befehl*
alte Schreibweise:	
Bedeutung:	Hiermit veranlassen Sie POV-Ray, den in *befehl* abgelegten Befehl vor dem Rendern des Bildes auszuführen.

neue Schreibweise:	Pre_Frame_Command = *befehl*
alte Schreibweise:	
Bedeutung:	Mit dieser Anweisung wird POV-Ray gezwungen, den angegebenen Befehl vor dem Rendern eines Einzelbildes einer Animation abzuarbeiten.

neue Schreibweise:	Post_Scene_Command = *befehl*
alte Schreibweise:	
Bedeutung:	Diese Anweisung läßt POV-Ray den angegebenen Befehl nach dem Rendern eines Bildes abarbeiten.

neue Schreibweise:	Post_Frame_Command = *befehl*
alte Schreibweise:	
Bedeutung:	Auf Grund dieser Anweisung führt POV-Ray den angegebenen Befehl nach dem Rendern eines Einzelbildes einer Animation aus.

neue Schreibweise:	User_Abort_Command = *befehl*

alte Schreibweise:

Bedeutung: Diese Anweisung veranlaßt POV-Ray, den angegebenen Befehl abzuarbeiten, wenn der Rendervorgang durch den Beutzer abgebrochen wurde.

neue Schreibweise: Fatal_Error_Command = *befehl*

alte Schreibweise:

Bedeutung: Der in dieser Anweisung angegebene Befehl wird abgearbeitet, wenn ein Systemfehler zum Abruch des Rendervorgangs führte.

Beachten Sie bitte, daß die oben genannten Anweisungen nur in Initialisierungsdateien verwendet werden können.

Wie bei Befehlen auf der Kommandozeilenebene können Sie auch im Zusammenhang mit den genannten Anweisungen innerhalb der Befehle Platzhalter verwenden. Wollen Sie also beispielsweise, daß die beim Rendern der Szene entstehende Grafik sofort nach dem Rendern in ein Archiv gepackt wird, könnten Sie folgende Anweisung verwenden.

```
Post_Scene_Command = pkzip %s %o
```

Es wird das Packprogramm *pkzip* aufgerufen. Als Befehlsparameter werden die Platzhalter *%s* und *%o* übergeben. Beim Ausführen des Befehls werden dann *%s* durch den Namen der gerenderten Szenedatei und *%o* durch den Namen der Grafikdatei ersetzt. Weitere mögliche Platzhalter sind *%n* für die aktuelle Nummer des Einzelbildes einer Animation, *%k* für den *clock*-Wert bei einer Animation, *%h* für die Bildhöhe, *%w* für die Bildbreite. Außerdem kann mit *%%* das Prozentzeichen übergeben werden.

Ausgabe von Systemmeldungen

Sie werden beim Rendern einer Szene festgestellt haben, daß POV-Ray vor, während und nach dem Rendern umfangreiche Informationen ausgibt. Diese Informationen lassen sich folgendermaßen klassifizieren:

Banner: Angaben zu den POV-Ray-Autoren, Copyright-Hinweise

Debug: Debug-Informationen

Render:	Informationen über den Rendervorgang
Fatal:	Informationen beim Abbruch des Programms
Statistics:	Statistische Informationen
Status:	Statusinformationen
Warning:	Warnhinweise

Sie als POV-Ray-Anwender haben teilweise die Möglichkeit zu entscheiden, ob und wie diese Informationen ausgegeben werden. Sie können die Ausgabe abschalten bzw. auf dem Bildschirm erscheinen lassen oder in eine Datei ausgeben. Bis auf die *banner*-Information können Sie alle Informationsausgaben abschalten. Die Syntax lautet dabei folgendermaßen:

```
Infoart_Console = on/off
```

Hiermit schalten Sie die Ausgabe der zur jeweiligen Informationsklasse gehörenden Informationen an oder ab. *Infoart* kann dabei folgende Bedeutung haben: *Debug*, *Fatal*, *Render*, *Statistic*, *Warning* oder *All* (wenn alle Informationen gleichzeitig an oder abgeschaltet werden sollen).

Auf der Kommandozeilenebene lautet die entsprechende Anweisung +(-)G*Anfangsbuchstabe*. *Anfangsbuchstabe* ist dabei der erste Buchstabe der Bezeichnung der Informationsart (z.B. *F* für *Fatal*).

Um die Informationen in Dateien auszugeben, verwenden Sie die Anweisungen:

```
Infoart_File = true/false
```

und

```
Infoart_File = dateiname
```

Die Kommandozeilenvariante faßt beide Anweisungen zusammen und lautet:

```
+(-)GAnfangsbuchstabeDateiname
```

Inhalt der Informationsausgaben

Wenn Sie Einfluß auf den Inhalt der ausgebenen Informationen nehmen wollen und beispielsweise während des Renderns Informationen über den genauen Renderfortschritt haben wollen, können Sie das tun, indem Sie innerhalb der Szenedatei die Anweisungen

```
#debug Zeichenkette
#fatal Zeichenkette
#render Zeichenkette
#warning Zeichenkette
#statistics Zeichenkette
```

verwenden. Möglich ist also beispielsweise die Anweisung:

```
#debug „Jetzt bin ich hier.\n"
```

Diese Informationen sind dann während des Rendervorgangs sichtbar, wenn die Ausgabe von verbalen Informationen mit *Verbose=on* oder *+v* angeschaltet ist.

Das Zeichen *\n* am Ende der Zeichenkette dürfte C-Programmierern bekannt sein. Diese Zeichenkombination dient zur Textformatierung und löst einen Zeilenumbruch nach der Ausgabe des davor stehenden Textes aus. Weitere Kombinationen zur Textformatierung sind:

"\a"	Ausgabe eines Pieptons
"\b"	Löschen des linken Zeichens
"\f"	Seitenumbruch
"\n"	Zeilenumbruch
"\r"	Absatzschaltung
"\t"	Horizontaler Tabulator
"\v"	Vertikaler Tabulator
"\0"	Null
"\\"	Backslash
"\'"	Einfache Anführungszeichen
"\""	Doppelte Anführungszeichen

Renderparameter innerhalb von Szenedateien

Die bisher besprochenen Parameter werden ausschließlich in der Kommandozeile beim Starten von POV-Ray angegeben. Daneben gibt es weitere Parameter, die den Rendervorgang beeinflussen. Diese Parameter werden jedoch ausschließlich innerhalb der Szenedateien angegeben. Sie werden in POV-Ray unter der Bezeichnung *global_settings* zusammengefaßt. Obgleich in den folgenden Abschnitten die Parameter einzeln und unabhängig voneinander behandelt werden, werden sie jedoch in einer *global_settings*-Anweisung zusammengefaßt.

Einstellen der Strahlenverfolgungstiefe

Innerhalb einer Szenedatei können sie festlegen, bis zu welchem Grad POV-Ray einen einzelnen Strahl verfolgen soll. Dazu verwenden sie die Anweisung:

```
global_settings{max_trace_level Parameter}
```

Beträgt der Parameter z.B. 1, überprüft POV-Ray, was ein Strahl macht, der von einer Oberfläche reflektiert wird. Der reflektierte Strahl wird weiter verfolgt. Trifft der Strahl auf eine nicht reflektierende Oberfläche wird die Farbe an dieser Stelle der Oberfläche dargestellt. Ist jedoch auch dieses Fläche reflektierend, wird die Verfolgung des Strahls abgebrochen und der Punkt, den der Strahl vor dem Abbruch der Verfolgung erreicht hat, wird schwarz dargestellt. Standardmäßig verwendet POV-Ray als Parameter für die Anweisung *max_trace_level* einen Wert von 5. Bei einer großen Zahl von reflektierenden und transparenten Oberflächen kann es daher vorkommen, daß bestimmte Körper einer Szene nur schwarz dargestellt werden, da ein Wert von 5 nicht ausreicht. Wenn ein solcher Effekt beim Rendern eines Bildes auftritt, sollten Sie an den Anfang Ihrer Szenedatei die Anweisung *max_trace_level* mit einem Parameter von größer als 5 setzen. Wie groß dieser Parameter sein darf, ist im Prinzip nicht begrenzt. Höhere Parameter führen allerdings zu einer längeren Renderzeit und zu einem größeren Bedarf an Arbeitsspeicher. Wenn Sie einen zu großen Parameter gewählt haben, wird POV-Ray den Rendervorgang mit der Fehlermeldung stack overflow error abbrechen. Sie sollten dann die Werte für Parameter so lange heruntersetzen, bis diese Meldung nicht mehr erscheint.

Einstellen des Stacks für die Schnittpunkte

POV-Ray verwendet intern einen Stack, um die Koordinaten zu speichern, an denen sich Strahlen und Objekte schneiden. In diesem Stack können maximal 64 Punkte gespeichert werden. Bei komplexen Szenen ist eine solche Anzahl natürlich nicht ausreichend. Ungeachtet der nicht ausreichenden Stackgröße wird POV-Ray das Bild aber dennoch rendern. Das Ergebnis kann ein partiell falsch erzeugtes Bild sein. Um sicher zu sein, daß die Stackgröße für das Rendern eines komplexen Bildes ausreichend war, sollten Sie sich nach dem Rendern den Statistikbildschirm ansehen. Wenn Sie dort die Meldung *I-Stack Overflows* sehen, bedeutet das, daß der Stack für die gerenderte Szene zu klein war.

In einem solchen Fall sollten Sie an den Anfang Ihrer Szenedatei die Anweisung

```
global_settings{max_intersections Parameter}
```

setzen. Die Werte für *Parameter* sollten Sie so lange erhöhen, bis die Meldung nicht mehr im Statistikbildschirm erscheint.

Einstellen der adaptiven Tiefenkontrolle

Bei Szenen mit vielen reflektierenden Oberflächen kann die oben eingestellte Strahlenverfolgungstiefe zwar korrekt sein, um alle Strahlen zu behandeln. Sie kann jedoch zu groß sein, da nicht alle untersuchten Strahlen tatsächlich zum Erzeugen des Bildes beitragen, weil sie beispielsweise zu weit vom Betrachter entfernt eine Wirkung auslösen. POV-Ray unterstützt daher ein Verfahren, das als adaptive Tiefenkontrolle bezeichnet wird, und das verhindert, daß Strahlen, die in nur sehr geringem Maße zum Aussehen des Bildes beitragen, berechnet werden. Die Anweisung lautet:

```
global_settings{adc_bailout Parameter}
```

Als *Parameter* wird standardmäßig 1/255 verwendet. Die POV-Ray-Autoren empfehlen, diesen Wert unverändert zu lassen. Wird der Wert auf Null gesetzt, wird die adaptive Tiefenkontrolle abgeschaltet.

Einstellen der Farbe des Umgebungslichtes

Die Anweisung *ambient* haben Sie im Zusammenhang mit der *finish*-Anweisung kennengelernt. Innerhalb der *global_settings*-Anweisung haben Sie eine weitere Möglichkeit, auf das Umgebungslicht Einfluß zu nehmen. Die Anweisung lautet:

```
global_settings{ambient_light Stärke Farbe}
```

Die beiden Parameter *Stärke* und *Farbe* können einzeln oder zusammen verwendet werden. Mit *Stärke* beeinflussen Sie die Stärke des Umgebungslichtes aller Objekte, die eine *ambient*-Anweisung enthalten. Die Stärke des dann tatsächlich wirkenden Umgebungslichts ergibt sich aus der Multiplikation der Stärke, die in der *finish*-Anweisung festgelegt wurde und der *Stärke* aus der *global_settings*-Anweisung. Mit *Farbe* legen Sie die Farbe des Umgebungslichts fest.

Beispiel:

```
global_settings{ambient_light .6 rgb <0,0,1>}
```

Einstellen der Gammawerte

Wenn Sie sich ein gerendertes Bild auf verschiedenen Computern am Bildschirm ansehen, ist es sehr wahrscheinlich, daß das Bild nicht einheitlich aussieht. Unterschiedliche Monitorqualitäten führen dazu, daß die Helligkeit eines Bildes am Monitor nicht korrekt ist. Um ein Bild unabhängig von der Monitorqualität in immer gleicher Helligkeit anzuzeigen, muß eine sogenannte Gamma-Korrekur entsprechend den Monitorparametern erfolgen. Welches Gamma für Ihren Monitor zu verwenden ist, können Sie beim Kalibrieren des Monitors in einem guten Bildbearbeitungsprogramm erfahren.

Um auf ähnlichen Systemen ähnliche Anzeigen zu gewährleisten, wurde in POV-Ray die Anweisung *assumed_gamma* also angenommenes Gamma eingeführt. Die Anweisung lautet:

```
global_settings{assumed_gamma Wert}
```

Wert ist der für den jeweiligen Monitortyp typische Gammawert.

Einstellen der Wellenlänge für die Irideszenz

Mit der Anweisung

```
global_settings{irid_wavelength Farbe}
```

können Sie festlegen, welche Wellenlänge (definiert durch die Farbe) bei der Berechnung der Irdiszenz dominieren soll.

Einstellen der Wellenanzahl

Mit der Anweisung

```
global_settings{number_of_waves Wert}
```

können Sie festlegen, wie viele leicht gegeneinander versetzte Wellen bei der Erzeugung der Muster *waves* und *ripples* genutzt werden sollen. Standardmäßig wird als *Wert* 10 verwendet. Diese Anweisung wirkt sich auf alle *waves*- und *ripples*-Anweisungen einer Szene aus.

Einstellen der Werte für Radiosity

Was Radiosity ist, wurde im 1. Teil des Buches beschrieben. Ab der Version 3.0 bietet auch POV-Ray die Möglichkeit, Szene nach dem Radiosity-Verfahren zu rendern. Dabei handelt es sich nicht um ein Verfahren, mit dem die Qualität der gerenderten Bilder verbessert werden soll. Radiosity ist ein Verfahren, das auf anderen Prinzipien beruht und anderen Zwecken dient. Insbesondere dient es zur Darstellung der Wirkungen der diffusen Beleuchtung, die beim Raytracing-Verfahren unberücksichtigt bleiben. Da Radiosity sehr zeitaufwendig ist, sollten Sie sich stets die Frage stellen, ob Radiosity notwendig ist, um die gewünschte Wirkung im Bild zu erzielen.

Radiosity in POV-Ray bedeutet, daß das in der Szene verwendete konstante Umgebungslicht durch Lichtwerte ersetzt wird, die für jeden Pixel berechnet werden und sich aus der an jedem Pixel wirkenden direkten und indirekten (diffusen) Beleuchtung zusammensetzt. Zum Ermitteln der direkten und indirekten Lichtquellen (Oberflächen von Objekten der Szene), die zur Farbgebung des gerade untersuchten Pixels beitragen, werden zusätzliche Strahlen ausgesandt. Aus den sich aus diesen Untersuchungen ergebenden Ergebnissen wird der Durchschnittswert ermittelt und dem Pixel als Farbwert zugewiesen. Damit die Rechenzeit nicht proportional zur Anzahl der zusätzlich verwendeten Strahlen ansteigt (es geht um eine Größenordnung von einigen hundert Strahlen), bedient man sich eines Tricks. Da man davon ausgehen kann, daß die Helligkeit nicht abrupt, sondern über eine bestimmte Strecke abnimmt, werden die für einen Pixel ermittelten Werte gespeichert und bei der Berechnung anderer Pixel wiederverwendet, wenn bestimmte Bedingungen erfüllt sind, die weiter unten beschrieben werden.

Sie veranlassen POV-Ray, das Radiosity-Verfahren anzuwenden, indem Sie in der Kommandozeile oder in der verwendeten Initialisierungsdatei die Anweisungen:

```
+QR
```

oder

```
Radiosity = on
```

verwenden. Daneben gibt es eine Reihe von innerhalb der *global_settings*-Anweisung verwendeten Parametern, mit denen Sie Einfluß auf den Radiosity-Vorgang nehmen. Sie sollen im folgenden kurz beschrieben werden.

brightness *Wert*

Mit dieser Anweisung bestimmen Sie den Faktor, um den das Umgebungslicht aufgehellt wird. Standardmäßig wird 3.3 verwendet.

count *Wert*

Hiermit bestimmen Sie, wie viele zusätzliche Strahlen beim Radiosity ausgesandt werden sollen. Standardmäßig verwendet POV-Ray 100 Strahlen.

distance_maximum *Wert*

Wenn ein Pixel von einem Pixel so weit entfernt ist, wie in deser Anweisung angegeben, werden für seine Berechnung nicht die für den anderen Pixel gespeicherten Werte verwendet, sondern es erfolgt eine völlige Neuberechnung. Standardmäßig ist der *Wert* gleich Null.

error_bound *Wert*

Mit diesem Wert bestimmen Sie die zulässige Fehlertoleranz beim Radiosity. Geringere Toleranzen führen zu besseren Ergebnissen, verlangen aber auch nach einer längeren Rechenzeit. Standardmäßig wird 0.4 verwendet.

gray_threshold *Wert*

Beim Radiosity wird zur Vereinfachung und zur Verkürzung der Berechnung jedem Pixel eine bestimmter Grauanteil hinzugefügt. Dieser Grauanteil wird in *Wert* festgelegt. Bei 0.6 besteht der Pixel zu 60% aus Grau und zu 40% aus der Farbe des Umgebungslichts. Standardmäßg verwendet POV-Ray einen *Wert* von 0.5.

low_error_factor *Wert*

In dieser Anweisung geben Sie einen Wert an, mit dem der Wert für *error_bound* bei den ersten Durchgängen der Mosaikvorschau multipliziert wird. Erst beim letzten Durchgang wird dann der in der *error_bound*-Anweisung angegebene Wert verwendet. POV-Ray verwendet, wenn nicht anders angegeben, einen *Wert* von 0.4.

minimum_reuse *Wert*

Hier geben Sie den Radius um einen Pixel herum an, innerhalb dessen die für diesen Pixel gespeicherten Werte für die Berechnung benachbarter Pixel verwendet werden. Der Radius wird dabei in Prozent, bezogen auf die Bildbreite, angegeben. Ein *Wert* von 0.035 würde bedeuten, daß der Radius 3.5% der Bildschirmbreite entspricht. Durch POV-Ray wird standardmäßig 0.015 (also 1.5%) verwendet.

nearest_count *Wert*

Hier geben Sie die Anzahl von *ambient*-Werten an, die verwendet werden soll, um den Durchschnittswert zu bilden. Möglich sind Werte zwischen 4 und 10. Standardmäßig wird 6 verwendet.

recursion_limit *Wert*

Mit dieser Anweisung legen Sie die Rekursionstiefe während der Radiosity-Berechnung fest. Möglich sind 1 oder 2.

Anhang 2 - Grundlagen der Szenebeschreibungssprache

Relationale Operatoren

Operation	Bedeutung
(x < y)	x ist kleiner als y
(y <= y)	x ist kleiner gleich y
(x = y)	x ist gleich y
(x! = y)	x ist ungleich y
(x>=y)	x ist größer gleich y

Logische Operatoren

<table>
<tr><th>Operation</th><th>Bedeutung</th></tr>
<tr><td>(x & y)</td><td>Die Aussage ist wahr, wenn sowohl x als auch y wahr sind.</td></tr>
<tr><td>(x | y)</td><td>Die Aussage ist wahr, wenn entweder x oder y oder beide wahr sind.</td></tr>
</table>

Deklarierung von Konstanten

So wie in anderen Programmiersprachen kann auch in POV-Ray mit Konstanten gearbeitet werden, die bestimmte Werte aufweisen. In POV-Ray werden solche Konstanten mit der Anweisung *#declare* eingeführt.

Beispiel:

```
#declare Wert = 4.5
```

Im weiteren Verlauf des Listings kann dann mit der Konstanten *Wert* gearbeitet werden. Die beiden folgenden Listings sind also identisch:

```
#declare Wert = 4.5
sphere{<0,0,0>,Wert}            sphere{<0,0,0>,4.5}
```

Sollen Parameter vor ihrer weiteren Verwendung beispielsweise multipliziert werden, so erfolgt die Multiplikation ebenfalls in einer *declare*-Anweisung.

```
#declare Wert1 = 3
#declare Wert2 = 4.5
#declare Wert = Wert1 * Wert2
sphere{<0,0,0>,Wert}
```

Einige Konstanten sind bereits in POV-Ray vordefiniert. Sie können diese Konstanten verwenden, ohne sie in einer Szenebeschreibung gesondert zu deklarieren. Es handelt sich dabei um folgende Konstanten:

Konstante	Bedeutung
pi	3.1415926535897932384626
true	1
yes	1
on	1
false	0
no	0
off	0
u	<1,0>
v	<0,1>
x	<1,0,0>
y	<0,1,0>
z	<0,0,1>
t	<0,0,0,1>

Umgang mit Vektoren

Viele Anweisungen in POV-Ray enthalten Vektoranweisungen. In der einfachsten Schreibweise werden die Koordinaten eines Vektors, durch Komma getrennt, in eckigen Klammern geschrieben:

```
scale<2,0,0>
```

Da im Beispiel nur der x-Wert ungleich Null ist, wäre auch eine solche Schreibweise möglich:

```
scale x*2
```

Diese Form bedeutet für POV-Ray, daß der Wert der anderen Koordinaten gleich Null ist.

Vektorfunktionen

Funktion	Bedeutung
vcross(v1,v2)	Kreuzprodukt der Vektoren v1 und v2
vdot(v1,v2)	Punktprodukt der Vektoren v1 und v2
vlength(v)	Länge des Vektors v1
vnormalize(v)	Erzeugt einen Vektor mit einer Länge von einer Einheit
vrotate(v1,v2)	Dreht den Vektor v1 um den Vektor v2.

Fließkommafunktionen

Funktion	Bedeutung
abs(x)	absoluter Betrag von x
acos(x)	Arcoscosinus von x
asin(x)	Arcossinus von x
atan2(x)	Arcostangens von x
ceil(x)	Ganzzahliger Nachfolger von x
cos(x)	Cosinus von x
degrees(x)	Umwandlung von Rad in Grad
div(x,y)	Ganzzahliger Rest der Division von x durch y
exp(x)	e^x
floor(x)	Ganzzahliger Vorgänger von x
int(x)	Ganzzahliger Teil von x. Rundung gegen Null
log(x)	Natürlicher Logarithmus von x.
max(x,y)	Maximaler Wert von x oder y
min(x,y)	Minimaler Wert von x oder y
mod(x,y)	Rest der Division x geteilt durch y
pow(x,y)	x^y
radians(x)	Umwandlung von Grad in Rad
sin(x)	Sinus von x
sqrt(x)	Quadratwurzel von x
tan(x)	Tangens von x

Zeichenkettenoperationen

Funktion	Bedeutung bzw. Rückgabewert
asc(x1)	ASCII-Wert des ersten Zeichens der Zeichenkette x1
chr(x)	Zeichen, dessen ASCII-Wert gleich x ist
concat(x1,x2 ...)	Verknüpfung der in den Klammern angegebenen Zeichenketten x1, x2 usw.
file_exists(x)	Sucht nach dem Dateinamen x in allen angegebenen Bibliothekspfaden. War die Suche erfolgreich, wird die Datei geöffnet und die Eins als Rückgabewert übergeben, bei Mißerfolg wird eine Null zurückgegeben.

str(x,Laenge, Dezimal)	Konvertiert die Fließkommazahl x in eine Zeichenkette. *Laenge* ist die Mindestlänge der Zeichenkette. *Dezimal* gibt an, wie viele Dezimalstellen ausgegeben werden sollen.
strcmp(x1,x2)	Vergleicht die beiden Zeichenketten x1 und x2. Als Rückgabewerte werden 0 übergeben, wenn beide Zeichenketten gleich sind, einen positiven Wert, wenn der ASCII-Wert von x1 größer ist als der von x2. Anderenfalls wird ein negativer Wert zurückgegeben.
strlen(x1)	Länge der Zeichenkette x1
strlwr(x1)	Wandelt die Zeichenkette x1 in Klein-buchstaben um.
substr(x1, Position, Laenge)	Gibt die Zeichenkette aus x1 wieder, die an der *Position* beginnt und die angegebene *Laenge* hat
strupr(x1)	Wandelt die Zeichenkette x1 in Großbuchstaben um.
val(x)	Wandelt die Zeichenkette x in einen Fließkommawert um.

Schleifenstrukturen

POV-Ray verfügt wie eine Programmiersprache über die Möglichkeit, Programmschleifen zu verarbeiten, was insbesondere bei der Gestaltung und Steuerung von Animationen sehr von Nutzen sein kann. Zum Erzeugen von Programmschleifen bedient man sich in POV-Ray der *while-* und der *end*-Anweisung.

Beispiel:

```
#declare i = 1
#while (i <= 5)
#declare i = i + 1
#end
```

Zunächst wird der Variablen *i* der Wert 1 zugewiesen. In der nächsten Zeile wird überprüft, ob i kleiner oder gleich 5 ist. Wenn diese Bedingung erfüllt ist, wird der Bereich zwischen *while* und *end* abgearbeitet. In diesem Fall wird *i* um die Zahl 1 vergrößert. Anschließend wird erneut an den Beginn der Schleife gesprungen und die Bedingungen erneut überprüft. Dieser Vorgang wiederholt sich so lange, bis die Bedingung erfüllt, also wahr ist.

Entscheidungsstrukturen

Die einfachste Entscheidungsstruktur wird wie in anderen Programmiersprachen mit *if* und *else* gebildet. Diese Anweisungen funktionieren auch so, wie es Ihnen vielleicht bereits aus anderen Programmiersprachen bekannt ist.

Beispiel:

```
#if(a < b)
translate<1,1,1>
#else
translate<2,2,2>
#end
```

So lange a kleiner als b ist, wird ein imaginäres Objekt entlang aller Achsen um jeweils eine Einheit verschoben. Anderenfalls wird er um jeweils zwei Einheiten verschoben.

Eine weitere Entscheidungsanweisung in POV-Ray ist *ifdef.* Mit dieser Anweisung können Sie innerhalb einer Szenedatei überprüfen, ob ein Objekt oder eine Textur, die verwendet werden sollen, überhaupt deklariert wurden.

```
#ifdef (White_Marble)
sphere{<0,0,0>,1
texture{White_Marble}}
#else
sphere{<0,0,0>,1
texture{pigment{ color rgb <1,1,0>}}}
#end
```

Das Listing würde folgendes bewirken: Wenn innerhalb der Szene die Textur *White_Marble* deklariert wurde (z.B. durch das Einbinden der Datei *textures.inc*), würde eine Marmorkugel erzeugt, anderenfalls eine gelbe Kugel erzeugt werden.

Sollten Sie Erfahrungen im Umgang mit Programmiersprachen haben, wird Ihnen auch eine *case*-Anweisung bekannt sein. Im allgemeinen können mit *case*-Anweisungen auf einfache Art und Weise Entscheidungsstrukturen erzeugt werden. Auch POV-Ray verfügt über eine solche Möglichkeit, die insbesondere in Animationen sehr hilfreich ist. Sehen wir uns zunächst ein Beispiel an und erläutern es anschließend:

```
#switch (clock)
#case (0)
sphere{
pigment{color Red}}
#break
#case (0.5)
sphere{
pigment{color Blue}}
#break
#else
sphere{
pigment{color Red}}
#end
```

Die gesamte Entscheidungsstruktur beginnt mit *switch*. Mit dieser Anweisung wird die in der Entscheidungsstruktur zu beobachtende Variable festgelegt. In unserem Fall ist es die Variable *clock*. Die nächste Zeile *#case(0)* bedeutet, daß dann, wenn *clock = 0* ist, die Anweisungen bis zur ersten *break*-Anweisung abgearbeitet werden. Zu Beginn der Animation würde die Kugel also Rot sein. Hat die Variable *clock* einen anderen Wert, wird zur nächsten *case*-Anweisung gesprungen. Entspricht der Wert der Variable dem hier angegebenen Parameter, werden die dieser *case*-Anweisung folgenden Anweisungen abgearbeitet. Ist keine der in der Entscheidungsstruktur stehenden *case*-Anweisungen zutreffend, wird entweder der Bereich abgearbeitet, der zwischen *#else* und *#end* steht, oder aber die Entscheidungsstruktur verlassen, wenn es keinen *else*-Bereich gibt.

In unserem Beispiel würden wir in einer Animation in der ersten Hälfte eine rote und in der zweiten Hälfte eine blaue Kugel erzeugen.

Während mit *case* abgefragt werden kann, ob die in *switch* definierte Variable einen bestimmten Wert hat, kann mit *range* geprüft werden, ob sich die Werte der in *switch* definierten Variablen innerhalb eines bestimmten Bereichs befinden.

Beispiel:

```
#switch(clock)
#range(0.2, 0.4)
```

In dieser Entscheidungsstruktur würde also geprüft werden, ob sich die Werte der Variablen *clock* im Bereich zwischen 0.2 und 0.4 befinden.

Anhang 3 - Parameter für die Arbeit mit Moray

Parameter der *moray.ini*

Zeile: *MemoryUse 700 800*
Bedeutung: Hiermit legen Sie fest, wieviel RAM für das Ablegen der Koordinaten und das Speichern der Körperkanten reserviert werden soll. Der erste Wert steht dabei für den Speicher der Koordinaten und der zweite Wert für die Speichergröße zum Ablegen der Körperkanten. Die Maßeinheit für beide Werte ist kByte. Sollten Sie bei umfangreichen Szenen Probleme wegen nicht ausreichendem Speicher bekommen, sollten Sie diese Werte erhöhen. beachten Sie bitte, daß die Summe der beiden Werte nicht über der Größe des physikalisch vorhandenden Arbeitsspeichers liegen kann.

Zeile: *ModelPath 'MDL\'*
Bedeutung: Hier wird angegeben, in welchem Verzeichnis die durch Moray erzeugten Szenen im mdl-Format gespeichert werden sollen. Standardmäßig wird das Unterverzeichnis *mdl* verwendet.

Zeile: *PrintPathPOV 'povscn\'*
Bedeutung: In dieser Zeile wird festgelegt, in welches Verzeichnis die Szenedateien im POV-Ray-Format exportiert werden sollen. Standardmäßig ist hier das Verzeichnis *povscn* angegeben. Wollen Sie beispielsweise, daß die Dateien in das Szeneverzeichnis Ihres POV-Ray-Verzeichnisses exportiert werden (so wie im ersten Teil des Buches), müßte die Zeile so aussehen *PrintPathPOV 'c:\pov\szenen\'*.

Zeile: *IncludeFilePOV 'MRYPOV.INC'*
Bedeutung: In dieser Zeile können Sie eine Include-Datei festlegen, die in jede POV-Datei integriert werden soll. Wollen Sie zum Beispiel jede Szene mit dem gleichen Himmel ausstatten, könnten Sie eine entsprechende Definition in diese Datei aufnehmen. Standardmäßig ist die Datei *mrypov.inc* leer.

Zeile: *IncludeFilePolyray*
Bedeutung: Diese Zeile ist nur von Bedeutung, wenn Sie das Raytracing-Programm *POLYRAY* verwenden und soll daher nicht weiter

erläutert werden.

Zeile: *TextureList 'MRYTXTR.LST'*

Bedeutung: Diese Anweisung verweist auf eine Datei im ASCII-Format (*mrytxtr.lst*), in der die in Moray zur Verfügung stehenden vordefinierten Texturen aufgelistet sind.

Zeile: *PreDefTextures 'MRYTXTR.MDL'*

Bedeutung: Diese Anweisung weist Moray an, die Datei *mrytxtr.mdl* zu verwenden, wenn vordefinierte Texturen zum Einsatz kommen. In dieser Datei finden sich all jene Texturen, die in der Datei *textures.inc* vordefiniert sind.

Zeile: *StartupScene 'MRYSTART.MDL'*

Bedeutung: Wenn Moray das erste Mal gestartet wird, beim Aufruf keine Szenedatei angegeben wird und keine andere Szene zuvor aus Moray gerendert wurde, wird die in dieser Zeile angegebene Szene automatisch geladen. Wurde aus Moray heraus eine Szene gerendert, wird jedoch die zuletzt gerenderte Szene automatisch geladen, wenn in der Kommandozeile nicht explizit eine anderer Szenedatei angegeben wurde (dazu mehr bei der Erläuterung der Startparameter weiter unten in diesem Kapitel).

Zeile: *ColorDefinition 'MRYDEFLT.COL'*

Bedeutung: Diese Zeile weist Moray an, für die farbliche Gestaltung seiner Oberfläche die Farbdefinitionen zu verwenden, die in der in dieser Anweisung enthalten Datei definiert sind. Die Datei *mrydeflt.col* ist eine Datei im ASCII-Format. Sie können sie mit jedem Editor Ihren Wünschen anpassen.

Zeile: *CheckTextures Yes*

Bedeutung: Mit dieser Zeile können Sie festlegen, ob Moray vor dem Exportieren einer Szenedatei in das POV-Ray-Format überprüfen soll, ob allen Objekten eine Textur zugewiesen wurde oder nicht. Standardmäßig erfolgt durch den Parameter *Yes* eine Überprüfung. Wurde einem Objekt einer Szene keine Textur zugewiesen, wird die Szene weder exportiert noch gerendert. Statt dessen bekommt der Anwender die Möglichkeit, dem jeweiligen Objekt eine Textur zuzuweisen. Wollen Sie diese Überprüfung abschalten, ersetzen Sie *Yes* durch *No*.

Zeile: *AskOnExport No*

Bedeutung: Mit dieser Anweisung legen Sie fest, ob Sie beim Exportieren einer Szene in das POV-Ray-Format vor dem Überschreiben einer gleichnamigen Datei gewarnt werden oder nicht. Standardmäßig wird eine vorhandene Datei beim Exportieren einer Szene ohne Vorwarnung und Rückfrage überschrieben. Wenn sie beim Exportieren einer Szene darauf hingewiesen werden möchten, daß eine Szenedatei mit dem gleichen Namen bereits vorhanden ist, sollten Sie in dieser Zeile *No* durch *Yes* ersetzen.

Zeile: *RenderWithShell Yes*

Bedeutung: In dieser Zeile definieren Sie, auf welche Weise POV-Ray mit Moray zusammenarbeitet. Beim Starten von POV-Ray aus Moray heraus besteht die Möglichkeit, daß sowohl Moray als auch die gerade bearbeitete Szene im Speicher verbleiben und POV-Ray zusätzlich gestartet wird. Der Vorteil ist, daß nach dem Rendern der Szene sofort Moray zur Verfügung steht. Eine andere Variante besteht darin, beim Aufruf von POV-Ray aus Moray heraus Moray zu beenden und anschließend POV-Ray zu starten. Nach dem Rendern der Szene wird dann erneut Moray gestartet.

Die erste Variante ist sehr komfortabel und schnell, benötigt jedoch viel Speicher. Die Autoren des Programms empfehlen, von dieser Variante erst bei einem Arbeitsspeicher von 16 und mehr Megabyte Gebrauch zu machen. In diesem Fall kann die Anweisung wie oben gezeigt verwendet werden. Hat ihr PC einen geringeren Arbeitsspeicher sollten Sie *Yes* durch *No* ersetzen.

Zeile: *GraphicsMode 640x480x256*

Bedeutung: Mit dieser Anweisung legen Sie den Grafikmodus fest, in dem Moray laufen soll. Die ersten beiden Zahlen stehen für die horizontale und Vertikale Auflösung und die dritte Zahl für die Farbtiefe. Es muß an dieser Stelle jedoch angemerkt werden, daß Moray nur noch eine Farbtiefe von 256 Farben unterstützt. Welche Auflösung Sie verwenden möchten, hängt von den Möglichkeiten Ihrer Grafikkarte, der Größe Ihres Monitors und von der Geschwindigkeit Ihres PC's ab. Höhere Auflösungen empfehlen sich nur bei großen Monitoren und schnellen Rechnern.

Zeile: *UseLinearFrameBuffer Yes*

Bedeutung: In dieser Zeile legen Sie fest, ob der durch die VESA-Spezifikation definierte lineare Bildspeicher verwendet werden soll oder nicht.

Zeile: *WireFrameDivs 12 12 12 12 24 12*

Bedeutung: Mit dieser Anweisung haben Sie Einfluß darauf, wie häufig die Drahtgittermodelle der Grundformen (Primitive) am Bildschirm unterteilt werden sollen. Die sechs Werte stehen für die Darstellung folgender Körper: Kugel, Zylinder, Kegel, Ring, Spotlicht, Scheibe Standardmäßig besteht also das Drahtgittermodell einer Kugel (erster Wert) aus 12 und das eines Spots (fünfter Wert) aus Unterteilungen. Je größer die Zahl der Unterteilungen, desto besser ist natürlich die Form des Körpers zu erkennen. Diese Verbesserung muß allerdings durch eine längere Zeit für den Bildschirmaufbau erkauft werden. Es gilt also hier einen Kompromiß zwischen der Darstellungsqualität und der Geschwindigkeit des Bilschirmaufbaus zu finden. Als Werte können Sie alle gerade Zahlen verwenden, die größer bzw. gleich acht sind.

Zeile: *KeyboardDelay 0.5*

Bedeutung: Da Sie auch mit den Cursortasten den Mauszeiger verschieben können, wird in dieser Zeile angegeben, wie lange auf einen Tastendruck gewartet wird, um den Mauszeiger weiter zu verschieben.

Zeile: *ViewLines 1000*

Bedeutung: Jedem Ansichtenfenster steht in POV-Ray ein bestimmter Zeitrahmen zur Verfügung, in dessen Verlauf der Inhalt des Fensters neu gezeichnet wird. In dieser Zeile legen Sie fest, wie viele Linien innerhalb dieses Zeitrahmens neu gezeichnet bzw. aufgefrischt werden.

Zeile: *SkipDrives AB*

Bedeutung: Mit dieser Anweisung legen Sie fest, welche Laufwerke Moray beim Starten nicht einlesen soll. Standardmäßig werden hier die Diskettenlaufwerke angegeben. Empfehlenswert ist es auch, hier den Buchstaben des CD-ROM-Laufwerks anzugeben, da es zu Problemen kommen kann, wenn sich beim Starten von Moray keine CD-ROM im Laufwerk befindet.

Zeile: *Use3DText No*

Bedeutung: Die Buttons der einzelnen Menüs können so dargestellt werden, als wären die Bezeichnungen in sie eingefräst (3-D-Effekt). Standardmäßig ist dieser Effekt allerdings ausgeschaltet. Wenn Sie eine solche kosmetische Operation der Programmoberfläche vornehmen wollen, sollten Sie *No* durch *Yes* ersetzen.

Empfehlenswert ist es allerdings nur auf schnellen Rechnern mit schnellen Grafikkarten, da ein solcher Effekt zwar schön anzusehen ist, jedoch viel Rechenzeit verbraucht.

Zeile: *UserCommand1 'NC'*
UserCommand2 'EDIT %r'
UserCommand3 'utils\3dto3d.EXE -e20 -v -s60 %p8'

Bedeutung: Moray bietet Ihnen ab dieser Version die Möglichkeit, externe Befehle auszuführen bzw. weitere Programme aufzurufen. Innerhalb von Moray wird von einem *UserCommand* gesprochen. Insgesamt können Sie drei solcher Befehle definieren. Standardmäßig sind folgende Befehle definiert:
UserCommand1: Starten des Norton Commanders
UserCommand2: Aufrufen des DOS-Programms *Edit* zusammen mit der aktuellen Szenedatei
UserCommand3: Mit diesem Befehl können Sie das Hilfsprogramm *3dto3d.exe* zum Konvertieren von Objektdateien, die mit Drittprogrammen erzeugt wurden, starten (mehr dazu im 17. Kapitel).

Zeile: *IgnoreErrorLevel No*
Bedeutung: Wenn Sie aus Moray heraus eine Szene rendern, wird durch POV-Ray nach dem Rendern ein Kode zurückgegeben, aus dem der Erfolg oder der Mißerfolg des Rendervorgangs zu erkennen ist. In dieser Zeile legen Sie fest, ob dieser Kode (Errorlevel) durch Moray berücksichtigt werden soll oder nicht.

Zeile: *ExtN*
Bedeutung: Hier können Sie Masken für Dateitypen ablegen, die Sie dann in allen Dateidialogfeldern zum schnelleren Suchen bestimmter Dateitypen verwenden können. Standardmäßig wird folgender Eintrag verwendet:
Ext1 MDL [Moray Scene]
Ext2 MDL [Moray Textures]
Ext3 INC [POV Includes]
Ext4 POV [POV Scenes]
Ext5 GIF [Bitmap]
Ext6 TGA [Bitmap]
Ext7 UDO [User Objects]
Ext8 RAW [RAW Mesh File]
Ext9 BLB [Blob File]
ExtA DAT [Glyph File]

ExtB * [All Files]
Sie können diese Liste manuell ergänzen, müssen jedoch die dafür notwendige Syntax beachten. Sie beginnen mit *Ext*, gefolgt von der laufenden Nummer in hexadezimaler (!) Schreibweise. Hinter einem Leerzeichen geben Sie die gewünschte Dateiendung ein. In eckigen Klammern folgt die Beschreibung des Dateityps.

Zeile: *HistN*
Bedeutung: Hier speichert Moray die sechs zuletzt benutzten Verzeichnisse.

Zeile: *ClassN*
Bedeutung: Hier legt Moray Informationen darüber ab, in welchem Verzeichnis sich welcher Dateityp befindet. Eine solche Zeile könne z.B. lauten:
Class1 1 C:\MOR\MDL 1
Das bedeutet, daß der Typ 1 (siehe oben) in diesem Verzeichnis zu finden ist.

Zeile: *TraceCall*
Bedeutung: Hier steht die Kommandozeile, die verwendet wird, wenn im Textureditor ein Vorschaubild der erzeugten Textur erzeugt werden soll.

Zeile: *ColMapGrey*
Bedeutung: Hier wird festgelegt, welche Grautöne durch den Textureditor intern verwendet werden sollen.

Zeile: *ColMapColors*
Bedeutung: Hier wird festgelegt, welche Farbtöne durch den Textureditor intern verwendet werden sollen.

Zeile: *ColDisplayColors*
Bedeutung: Hier wird festgelegt, welche Farbtöne durch den Textureditor zur Anzeige verwendet werden sollen.

Zeile: *PreviewObject*
Bedeutung: Hier wird festgelegt, welches Objekt in der Vorschau des Textureditors verwendet werden soll.

Zeile: *PreviewBackGnd*
Bedeutung: Hier wird festgelegt, welches Hintergrundobjekt in der Vorschau des Textureditors verwendet werden soll.

Zeile:	*RayTracer*
Bedeutung:	Hier steht, welches Raytracing-Programm aktuell zusammen mit Moray verwendet wird.
Zeile:	*Resolution*
Bedeutung:	Hier steht die aktuell verwendete Bildauflösung.
Zeile:	*Antialias*
Bedeutung:	Hier wird der Schwellenwert für das Antialiasing abgelegt.
Zeile:	*AntialiasMethod*
Bedeutung:	Diese Zeile hat nur zusammen mit Polyray Bedeutung.
Zeile:	*JitterRays*
Bedeutung:	In dieser Zeile steht die beim Supersampling verwendete Strahlenanzahl.
Zeile:	*PauseAfter*
Bedeutung:	Hier wird festgelegt, ob nach dem Rendern des Bildes die Vorschau aktiv bleibt oder nicht.
Zeile:	*Display*
Bedeutung:	In dieser Zeile wird bestimmt, ob beim Rendern ein Vorschaubild gezeigt werden soll oder nicht.
Zeile:	*Verbose*
Bedeutung:	Hiermit wird die Ausgabe von verbalen Informationen während des Renderns ein- oder ausgeschaltet.
Zeile:	*Continue*
Bedeutung:	Hier legen Sie fest, ob ein unterbrochener Rendervorgang fortgesetzt oder das Bild von Beginn an erneut gerendert werden soll.
Zeile:	*Interruptable*
Bedeutung:	Hier bestimmen Sie, ob der Rendervorgang durch einen Tastendruck abgebrochen werden kann.
Zeile:	*MaxTraceLevel*
Bedeutung:	Hier wird die eingestellte Strahlenverfolgungstiefe abgelegt.
Zeile:	*Snap*
Bedeutung:	Hiermit wird die Fangfunktion ein- oder ausgeschaltet.

Zeile: *SnapScale*
Bedeutung: Beim Skalieren können bei eingeschalteter Fangfunktion nur Werte eingestellt werden, die durch die hier festgelegten Werte ohne Rest geteilt werden können.

Zeile: *SnapRot*
Bedeutung: Beim Rotieren können bei eingeschalteter Fangfunktion nur Werte eingestellt werden, die durch die hier festgelegten Werte ohne Rest geteilt werden können.

Zeile: *SnapTrans*
Bedeutung: Beim Verschieben können bei eingeschalteter Fangfunktion nur Werte eingestellt werden, die durch die hier festgelegten Werte ohne Rest geteilt werden können.

Zeile: *UndoBufferSize*
Bedeutung: Hier wird die Zahl der maximal möglichen Rückgängigmachoperationen eingestellt.

Zeile: *ScrambleViews*
Bedeutung: Hier legen Sie fest, ob das Neuzeichnen der Linien in den Ansichtenfenstern geordnet oder durcheinander erfolgen soll.

Zeile: *PolyBias*
Bedeutung: Diese Zeile hat nur im Zusammenhang mit Polyray Bedeutung.

Die Datei *povtrace.bat*

In dem Verzeichnis, in das Moray die Szenedateien im POV-Ray-Format exportiert, muß sich die Datei *povtrace.bat* befinden. Diese Datei dient zum Starten von POV-Ray. Wenn in der *path*-Anweisung Ihrer *autoexec.bat* kein Verweis auf das POV-Ray-Verzeichnis enthalten ist, müssen Sie die Datei *povtrace.bat* editieren. Öffnen Sie dazu diese Datei, und geben Sie in der Zeile, in der POV-Ray gestartet wird, den kompletten Pfad an.

Die Datei callmray.bat

Obgleich Moray gestartet werden kann, indem an der Eingabeaufforderung einfach *moray* eingegeben wird, ist es empfehlenswert, das Programm durch die Datei *callmray.bat* zu starten.

Ein solches Vorgehen empfiehlt sich insbesondere dann, wenn Sie später aus Moray heraus Ihre Szenen rendern wollen. Wenn Sie die Verzeichnisnamen nicht verändert haben, können Sie diese Datei unverändert lassen. Sollten Sie Moray in einem Verzeichnis installiert haben, das nicht die Bezeichnung *moray* trägt, müssen Sie in der Datei *callmray.bat* die Zeile

```
cd \mor
```

so ändern, daß hinter dem Backslash der durch Sie gewählte Verzeichnisname steht.

Wenn Sie wollen, daß die Szenedateien im POV-Ray-Format nicht im Verzeichnis *povscn* gespeichert werden sollen, müssen Sie in der Datei *callmray.bat* die Zeile

```
cd povscn
```

so ändern, daß in das entsprechende Verzeichnis gewechselt wird.

Programmstartoptionen

Kommandozeilen-parameter	**Bedeutung**
dateiname	Hier geben Sie den Namen der Szenedatei an, die beim Starten von Moray automatisch geladen werden soll. Geben Sie hier keinen Dateinamen an, wird die Szenedatei geladen, die zuletzt gerendert wurde. Beim ersten Start des Programms wird die Szenedatei *mrystart.mdl* geladen.
-gX	Hier geben Sie an, welchen Grafikmodus Moray verwenden soll. Für *X* können alle geraden Zahlen zwischen 4 und 10 verwendet werden. Jede Zahl steht dabei für einen bestimmten Grafikmodus: 4 640 x 480 6 800 x 600 7 1024 x 768 8 1280 x 1024 10 1600 x 1200 Standardmäßig verwendet Moray die in der *moray.ini* angegebene Grafikauflösung. Wenn Sie in der Kommandozeile

	keine Grafikauflösung angeben, wird die in der *moray.ini* festgelegte verwendet. Geben Sie in der Kommandozeile eine Grafikauflösung an, wird dieser Parameter verwendet, und nicht der in der *moray.ini* enthaltene.
-gNxnnn	Alternativ zur Angabe des Grafikmodus können Sie auch den VESA-Modus angeben, den Moray nutzen soll. Von dieser Möglichkeit sollten sie allerdings nur Gebrauch machen, wenn Sie eine Grafikkarte oder einen VESA-Treiber verwenden, die der Spezifikation des VESA-Standards 1.2 entsprechen.
-L	Sollten Sie Probleme bei der Bildschirmdarstellung haben oder unter Umständen nur einen schwarzen Bildschirm nach dem Starten von Moray sehen, sollten Sie Moray mit diesem Parameter starten. Er schreibt beim Starten ein Protokoll in eine Datei mit der Endung *err*, die dann verwendet werden kann, um den Ursachen für die Probleme auf den Grund zu gehen.
-B	Mit diesem Parameter teilen Sie Moray mit, daß es aus einer Batch-Datei gestartet wurde.
-F	Mit diesem Parameter weisen Sie Moray an, nicht den linearen Bildspeicher zu verwenden (unabhängig davon, ob er vorhanden ist oder nicht).

Die CD-ROM zum Buch

Auf der beiliegenden CD-ROM finden Sie die im Buch besprochenen Programme POV-Ray, Moray und Blob Sculptor für Windows. POV-Ray liegt in der MS-DOS-Version vor. Sollten Sie Interesse an Versionen für andere Betriebssystemumgebungen haben, sollten Sie sich an den im ersten Teil des Buches angegebenen Stellen in CompuServe oder im Internet umsehen.

Neben den besprochenen Programmen finden Sie auf der CD-ROM das Programm DTA zum Erzeugen von Animationen aus Einzelbildern, die Programme DFV und AAPLAY zum Ansehen von FLIC-Animationen sowie das Programm QPV zum Betrachten von Grafiken.

Darüber hinaus enthält die CD-ROM sämtliche Szenelistings und die gerenderten Grafiken sowie die Beispieldateien im Moray-Format.

Stichwörterverzeichnis

—W—

—Z—